送電線建設技術研究会
技術委員会
TLS-1
(2005)

架空送電線路調査測量技術解説書

社団法人 送電線建設技術研究会

送電線建設技術研究会　技術委員会

TLS－1(2005)

架空送電線路調査測量技術解説書

緒　言

　本書は，調査測量基準専門委員会が昭和45年4月に発刊し昭和60年1月に改訂した，架空送電線路調査測量基準解説書を再度改訂したもので，平成15年11月に着手し，平成17年9月に成案を得たので，技術委員会に報告し発表するものである。
　本書の審議に関与した委員は次のとおりである。

技　術　委　員　会

委員長	五月女　久朗（システックエンジニアリング）	委　員	川手　良信（古河電気工業）
委　員	齊藤　秀男（東北電力）	〃	渡辺　幸光（山加電業）
〃	赤木　康之（東京電力）	〃	長江　忠昭（笹嶋工業）
〃	鈴木　健一（中部電力）	〃	西本　鴨之（中電工）
〃	安永　充宏（関西電力）	〃	濱田　佳宏（四電工）
〃	竹内　康人（中国電力）	〃	柴田　恭助（九建）
〃	今村　義人（九州電力）	幹　事	村井　正樹（TLC）
〃	大坪　芳次（電源開発）	〃	中山　忠彦（岳南建設）
〃	樽石　清（北海電気工事）	〃	西　正寛（サンテック）
〃	鈴木　實（ユアッテック）	〃	小野　貴章（TCパワーライン）
〃	小川　照夫（関電工）	〃	竹岡　春俊（トーエネック）
〃	松矢　孝一（岳南建設）	〃	中川　茂（きんでん）
〃	嶋田　潔（佐藤建設工業）		

本書の作成に関与した委員は次のとおりである。

架空送電線路調査測量基準解説書改訂分科会

主　　査	田中　輝彦	（JPハイテック）	委　　員	宝池　敬慎	（ユアッテック）
委　　員	遠藤　　誠	（東 北 電 力）	〃	風間　治夫	（関　電　工）
〃	鈴木　敬三	（東 京 電 力）	〃	矢田　　寿	（トーエネック）
〃	片桐　直光	（中 部 電 力）	〃	足立　幹雄	［かんでんエンジニアリング］
〃	斉藤　真一	（関 西 電 力）	〃	木下　　毅	［ケーエム送電エンジニアリング］
〃	本村　俊雄	（九 州 電 力）	〃	加茂　良夫	（東 電 設 計）
〃	大坪　芳次	（電 源 開 発）	途中退任	伊本　杉男	（関 西 電 力）

架空送電線路調査測量基準解説書改訂作業会

主　　査	風間　治夫	（関　電　工）	委　　員	木下　　毅	［ケーエム送電エンジニアリング］
委　　員	斎藤　　正	（東 北 電 力）	〃	薄井　靖宏	（三信計測工業）
〃	鈴木　敬三	（東 京 電 力）	〃	長久保　壽久	（成　栄　社）
〃	吉田　英彦	（中 部 電 力）	〃	原田　喜夫	（緑設計測量）
〃	名坂　　隆	（関 西 電 力）	〃	御手洗　正博	（三山コンサルタンツ）
〃	本村　俊雄	（九 州 電 力）	幹　　事	津田　　修	［ケーエム送電エンジニアリング］
〃	濱洲　英孝	（九 州 電 力）	〃	植田　和裕	（T　L　C）
〃	加茂　良夫	（東 電 設 計）	特別参加	田邉　　成	（東 京 電 力）
〃	森村　幸男	［かんでんエンジニアリング］	〃	伊藤　秀典	（アジア航測）
〃	水落　真司	（TCパワーライン）	〃	塩野　敏夫	［日本フィールド・エンジニアリング］

架空送電線路調査測量基準解説書の改訂にあたって

　既刊の「架空送電線路調査測量基準解説書」は，昭和45年4月に初版が「架空送電線路測量基準解説書」として出された。その後の大容量大型送電線建設に伴って技術的，環境的諸事項を反映する必要性が出てきたため，昭和59年改訂版が発刊された。改訂時前述のように部分的に改称されている。この新旧両書籍は，送電線調査測量に携わる技術者の教科書的存在として広く活用され，調査測量技術の向上に多大な貢献をしてきた。書籍は現在絶版となっているが，今日でもこれを惜しむ声がある。

　それから約20年，送電線測量を取り巻く環境は大いに変化している。まず，調査については，その重要性が広く認識されるようになってきている。すなわち，調査の優劣がルート選定に直結し，後々送電線建設の難易性を左右することになる。ルート選定の誤りから多くの阻害要因に遭遇する事例も散見されている。また，調査は送電線建設プロセスの中で上流部の業務に属し，コストダウンに対する自由度が大きい。経済的な送電線建設のためには十分な調査が肝要である。

　調査業務の技法面での進歩も着目に値する。アナログ主流からデジタルデータへの切り替えが進み，それを活用しての最適化検討が容易になった。付随して業務の迅速化・省力化にも貢献している現状にある。

　次に，測量については，トランシットから光波測距儀への全面的切り替えが最大の変化である。これは従来の野帳が電子野帳への転換に繋がり，測量現場から宿舎に戻っての野帳整理の光景が見られなくなった。縦断図・平面図・敷地縦横断図等の手書きもCADによる自動描画に変わってきた。平板測量は過去の技術と言える程に周辺から消えている。また，送電線測量のシンボルとも言える旗付けもいまやGPSの汎用化によりその本来的意義を急速に失いつつある。旗付け作業の技能を有する作業員を見つけることが困難になってきた今日的状況変化が，そのことに拍車をかけた側面も否定できない。

　送電線工事量は今日，最盛期に比べ大幅に減少している。送電線工事会社，測量会社でのリストラは進展し，熟達した技術者の離職も多くなっている。この状況が続くと送電線測量技術は確実に空洞化する懸念がある。電力会社を中心とした送電線調査技術もベテラン調査員の配置転換等から先進部の技術進化とは別に基盤部分が風化する危惧もある。

　以上の情況に鑑み，送研技術委員会は本書改訂を決定し「架空送電線路調査測量基準解説書改訂分科会」を設置した。さらにその下部に「作業会」を設けて活動の推進を図った。

　改訂分科会では以上の経緯を踏まえ，次の方針で改訂作業を推進した。

○本書活用の対象者を電力・工事会社・測量会社の特に若手技術者に置き，技術継承に力点を置いた記述内容とした。具体的には調査測量技術の基盤部分を補強し，調査測量技術の先進部分取り込みを図った。
○調査測量業務の省力化・効率化並びに設備形成効率化に役立つ資料を補充した。
・ルート調査の重要ポイントを中心に最新の調査技法による省力化等を紹介した。
・最新のトータルステーションを中心とした測量法を基礎から紹介した。
・付録については今日的情況の反映，本文との連携等を考慮の上，対象テーマの入れ替えと最新情報による全般的見直しを行った，

　一連の作業を終え，改訂版全体を改めて見渡すと，「基準解説書」の名称は必ずしも適切ではないとの意見が出された。送研既発刊シリーズ図書のタイトルとの関係もあり，技術委員会大にて審議の結果，「技術解説書」が妥当との結論に達した。このため今回改訂版でも名称を「架空送電線路調査測量技術解説書」に改めた。

　なお，本書の編集にあたって尽力された委員各位をはじめ，ご協力を賜った電力会社，その他の関係者の方々に衷心から謝意を表するものである。

平成17年12月

架空送電線路調査測量基準解説書改訂分科会
主査　田中　輝彦

送電線建設技術研究会　技術委員会

架空送電線路　調査測量技術解説書 (2005)

目　　次

1. **総　則**
   - 1.1 調査測量の重要性と意義 …………………………………………………… 1
   - 1.2 適用範囲 ……………………………………………………………………… 1
   - 1.3 調査測量の手順 ……………………………………………………………… 1
   - 1.4 調査測量の一般心得 ………………………………………………………… 3
     - 1.4.1 現地立入に当たっての留意事項 ……………………………………… 3
     - 1.4.2 調査測量実施に当っての留意事項 …………………………………… 3
     - 1.4.3 技術・用地の連絡体制の緊密化 ……………………………………… 4
   - 1.5 法令の遵守 …………………………………………………………………… 4
   - 1.6 用語の説明 …………………………………………………………………… 4

2. **設　計**
   - 2.1 設計の基本的な考え方 ……………………………………………………… 9
   - 2.2 基本設計
     - 2.2.1 鉄塔の種類 ……………………………………………………………… 9
     - 2.2.2 鉄塔の現地適用 ………………………………………………………… 10
     - 2.2.3 鉄塔基礎 ………………………………………………………………… 10
     - 2.2.4 架渉線の想定荷重 ……………………………………………………… 11
     - 2.2.5 架線設計 ………………………………………………………………… 12
   - 2.3 実施設計
     - 2.3.1 設計の流れ ……………………………………………………………… 12
     - 2.3.2 弛度張力計算 …………………………………………………………… 12
     - 2.3.3 弛度定規 ………………………………………………………………… 14
     - 2.3.4 弛度K定規 ……………………………………………………………… 15
     - 2.3.5 地上高の考え方 ………………………………………………………… 16
     - 2.3.6 鉄塔の裕度計算 ………………………………………………………… 19
     - 2.3.7 懸垂横振れ検討 ………………………………………………………… 21
     - 2.3.8 カテナリー角検討 ……………………………………………………… 23
     - 2.3.9 懸垂がいし装置強度検討 ……………………………………………… 24
     - 2.3.10 支持点張力検討 ………………………………………………………… 25

3. **ルート選定**
   - 3.1 ルート選定の基本事項 ……………………………………………………… 27
     - 3.1.1 自然環境 ………………………………………………………………… 27
     - 3.1.2 社会環境 ………………………………………………………………… 29
     - 3.1.3 技術調査 ………………………………………………………………… 30
   - 3.2 ルート選定の手順 …………………………………………………………… 41
   - 3.3 建設計画の確認 ……………………………………………………………… 42
   - 3.4 調査範囲の設定 ……………………………………………………………… 42
   - 3.5 ルートゾーン

  3.5.1 ルートゾーン調査の方針 …………………………………………………………… 43
  3.5.2 ルートゾーンの選定 ………………………………………………………………… 43
 3.6 概略ルート
  3.6.1 概略ルート選定の方針 ……………………………………………………………… 44
  3.6.2 概略ルートの選定 …………………………………………………………………… 44
 3.7 基本ルート
  3.7.1 基本ルート選定調査の方針 ………………………………………………………… 45
  3.7.2 図上検討の手順 ……………………………………………………………………… 45
  3.7.3 工作物などの横過箇所の検討 ……………………………………………………… 46
  3.7.4 一般箇所の平面・縦断検討 ………………………………………………………… 48
  3.7.5 ルートの現地詳細調査 ……………………………………………………………… 50
  3.7.6 基本ルートの決定 …………………………………………………………………… 52

4．測量準備
 4.1 測量準備の目的 ………………………………………………………………………… 53
 4.2 現地踏査準備 …………………………………………………………………………… 53
 4.3 現地踏査 ………………………………………………………………………………… 54
 4.4 基準測量 ………………………………………………………………………………… 54
  4.4.1 基準測量の注意事項 ………………………………………………………………… 55
  4.4.2 基準測量の準備 ……………………………………………………………………… 55
  4.4.3 測量器具の取扱い …………………………………………………………………… 55
  4.4.4 基準測量の成果品 …………………………………………………………………… 56
 4.5 基準点 …………………………………………………………………………………… 56
 4.6 測量方法の種類と精度 ………………………………………………………………… 57

5．中心測量
 5.1 中心測量の目的 ………………………………………………………………………… 59
 5.2 中心測量の準備 ………………………………………………………………………… 59
 5.3 測量器具の取扱い ……………………………………………………………………… 59
 5.4 中心測量の方針 ………………………………………………………………………… 61
 5.5 中心測量の実施 ………………………………………………………………………… 61
 5.6 ＴＰ杭の設置を必要とする箇所 ……………………………………………………… 62

6．縦断測量
 6.1 縦断測量の目的 ………………………………………………………………………… 64
 6.2 縦断測量 ………………………………………………………………………………… 64
 6.3 縦断測量の準備 ………………………………………………………………………… 65
 6.4 縦断測量の方針 ………………………………………………………………………… 65
 6.5 中心縦断測量の実施 …………………………………………………………………… 67
 6.6 線下縦断測量の実施 …………………………………………………………………… 68
 6.7 山腹測量の実施 ………………………………………………………………………… 69
 6.8 直線鉄塔本点の決定 …………………………………………………………………… 70
 6.9 地形縦断図の作成 ……………………………………………………………………… 71
 6.10 縦断図の作成
  6.10.1 作成の手順 ………………………………………………………………………… 73
  6.10.2 電線弛度の記入 …………………………………………………………………… 73
  6.10.3 直線鉄塔位置決定後の縦断図の修正 …………………………………………… 76
  6.10.4 鉄塔型およびがいし装置の決定 ………………………………………………… 77

	6.10.5　縦断図の修正と調査事項の記入	78

7.　平面測量
7.1	平面測量の目的	80
7.2	実測平面図の記載事項	80
7.3	工作物の横過接近規定	80
7.4	平面測量の準備	81
7.5	平面測量の実施	82
7.6	実測平面図の作成	82

8.　鉄塔敷地測量
8.1	鉄塔敷地測量の目的	86
8.2	鉄塔敷地測量の注意事項	86
8.3	鉄塔敷地測量の準備	86
8.4	鉄塔敷地測量の方針	87
8.5	鉄塔敷地測量の実施	88
8.6	鉄塔敷地図の作成	90
8.7	鉄塔敷地設計図の作成	90

9.　保安伐採範囲調査
9.1	保安伐採範囲調査の目的	95
9.2	伐採範囲調査の準備	96
9.3	伐採範囲調査の実施	97
9.4	伐採範囲図の作成	98

10.　出願箇所の調査測量
10.1	出願箇所調査の目的	99
10.2	道路横過箇所	99
10.3	河川運河および海峡，港湾横過箇所	99
10.4	鉄道軌道横過箇所	103
10.5	特別高圧架空電線路横過箇所	105
10.6	国公有林，自然公園などの横過箇所	107
10.7	通信線電磁誘導障害	
	10.7.1　電磁誘導電圧計算の事前調査	109
	10.7.2　電磁誘導電圧の計算式	109
	10.7.3　電磁誘導電圧計算結果の取りまとめ	110
	10.7.4　電磁誘導電圧軽減対策設計書の作成	110
10.8	通信線静電誘導障害	
	10.8.1　静電誘導電流計算の事前調査測量	111
	10.8.2　静電誘導電流の計算式	111
	10.8.3　静電誘導電流計算結果の取りまとめ	111
	10.8.4　静電誘導電流軽減対策設計書の作成	112
10.9	マイクロ波通信回線障害	
	10.9.1　マイクロ波通信回線の障害調査	112
	10.9.2　マイクロ波通信回線の障害検討	113
	10.9.3　マイクロ波通信回線の障害検討結果の取りまとめ	113
	10.9.4　情報管理の徹底	114

11. 検 測

- 11.1 検測の目的 ……………………………………………………………… 116
- 11.2 検測の準備 ……………………………………………………………… 116
- 11.3 検測の方針
  - 11.3.1 中心および縦断検測の方針 ………………………………………… 116
  - 11.3.2 平面検測の方針 ……………………………………………………… 117
  - 11.3.3 鉄塔敷地検測の方針 ………………………………………………… 117
  - 11.3.4 伐採範囲調査検測の方針 …………………………………………… 118
  - 11.3.5 検測のための樹木伐採 ……………………………………………… 118
- 11.4 検測の実施
  - 11.4.1 中心および縦断検測の実施 ………………………………………… 118
  - 11.4.2 平面検測の実施 ……………………………………………………… 118
  - 11.4.3 鉄塔敷地検測の実施 ………………………………………………… 118
  - 11.4.4 伐採範囲調査検測の実施 …………………………………………… 119
- 11.5 検測の取りまとめ
  - 11.5.1 中心および縦断検測の取りまとめ ………………………………… 119
  - 11.5.2 鉄塔敷地検測の取りまとめ ………………………………………… 119
  - 11.5.3 伐採範囲調査検測の取りまとめ …………………………………… 119

12. 工事施工調査

- 12.1 工事施工調査の目的 …………………………………………………… 121
- 12.2 運搬計画調査 …………………………………………………………… 122
  - 12.2.1 車両運搬　計画調査 ………………………………………………… 122
  - 12.2.2 索道・キャリア運搬　計画調査 …………………………………… 123
  - 12.2.3 モノレール運搬　計画調査 ………………………………………… 126
  - 12.2.4 ヘリコプタ運搬　計画調査 ………………………………………… 126
- 12.3 鉄塔工事　計画調査 …………………………………………………… 129
- 12.4 架線工事　計画調査 …………………………………………………… 131
- 12.5 工事伐採範囲調査
  - 12.5.1 工事伐採範囲調査の目的 …………………………………………… 136
  - 12.5.2 工事伐採範囲調査の準備 …………………………………………… 138
  - 12.5.3 工事伐採範囲調査の実施 …………………………………………… 138
  - 12.5.4 伐採範囲図の作成 …………………………………………………… 138
- 12.6 その他の調査 …………………………………………………………… 138

付録1. 測量の基礎技術

- 1.1 トータルステーションシステム ……………………………………… 139
- 1.2 トータルステーション ………………………………………………… 139
- 1.3 トータルステーション使用上の基本事項 …………………………… 140
- 1.4 トラバース測量 ………………………………………………………… 144
- 1.5 平板測量 ………………………………………………………………… 145
- 1.6 プレハブ架線用精密測量 ……………………………………………… 146
- 1.7 用地測量 ………………………………………………………………… 149

付録2. 調査測量の先進技術

- 2.1 航空測量 ………………………………………………………………… 152
  - 2.1.1 最近の航空写真測量 ………………………………………………… 152
  - 2.1.2 航空レーザ測量 ……………………………………………………… 155

  2.2 ルート調査・測量システム例 …………………………………………………………… 159

付録3. 鉄塔基礎・鉄塔敷地設計
  3.1 地質概要と調査 …………………………………………………………………………… 164
  3.2 鉄塔基礎形状の選定 ……………………………………………………………………… 172
  3.3 鉄塔敷地設計 ……………………………………………………………………………… 176

付録4. テレビ受信調査 …………………………………………………………………………… 182

付録5. 各種予測計算
  5.1 電界強度予測計算 ………………………………………………………………………… 190
  5.2 ラジオ受信障害予測計算（コロナノイズ） …………………………………………… 191
  5.3 電磁誘導電圧計算 ………………………………………………………………………… 193
  5.4 静電誘導電流計算 ………………………………………………………………………… 202
  5.5 マイクロ波通信回線障害計算 …………………………………………………………… 204

付録6. 主要な関係法令 …………………………………………………………………………… 206

付録7. 現地調査測量の安全心得 ………………………………………………………………… 254

付録8. 設計公式の証明 …………………………………………………………………………… 256

1. 総則

1.1 調査測量の重要性と意義

送電線路の調査測量は、建設の基本となる適切なルートを設定するものである。この良否は、建設工事の経済性、工事施工の難易を左右する決定的な要因となるばかりでなく、建設された設備の信頼性、保守管理ならびに周囲の地域および環境などに大きな影響をおよぼすことになる。このため、送電線路の調査測量にあたっては綿密かつ慎重に実施しなければならない。

1.1 調査測量の重要性について

本解説書改訂までのこの20年間、送電線を取巻く環境は大いに変化している。特に調査の重要性が広く認識されるようになってきている。すなわち、調査の優劣がルート選定に直結してくることから、その良否が後々建設の難易性を左右することになる。ルート選定を誤れば、多くの阻害要因に遭遇する恐れがある。

また、調査は送電線建設プロセスの中では上流部の業務に属し、コストダウンに対する自由度が大きい。このため、鉄塔1基、鉄塔高1m、水平角度1度でも少なくするなど、経済的な送電線建設のために十分な調査が肝要である。

こうした送電線路の建設環境条件の厳しさ、増大に対処するため、経験の豊かな有能な技術者を従事させ、調査の充実を図る必要がある。

また、調査測量に当たってはコンプライアンスを重視し、特に「電気設備技術基準（以下電技という）」については十分把握し調査しなければならない。

1.2 適用範囲

この技術解説書は、鉄塔を使用する特別高圧架空送電線路（以下「送電線路」という）の調査測量に適用する。

1.2 適用範囲について

支持物に木柱、鉄柱、鉄筋コンクリート柱を使用する送電線路は、一般に電線が細く支持物も鉄塔に比べて小規模であるため、電技で規定されている最大径間も小さく、支線を施設しなければならない箇所も指定されている。

したがって、解説書ではこれらの送電線路は適用範囲から除外しているが、以上の点を十分理解すればこの解説書は木柱、鉄柱、鉄筋コンクリート柱の送電線路調査測量業務にも十分適用できる。

1.3 調査測量の手順

送電線路の一般的な調査測量の流れを、下記に示す。

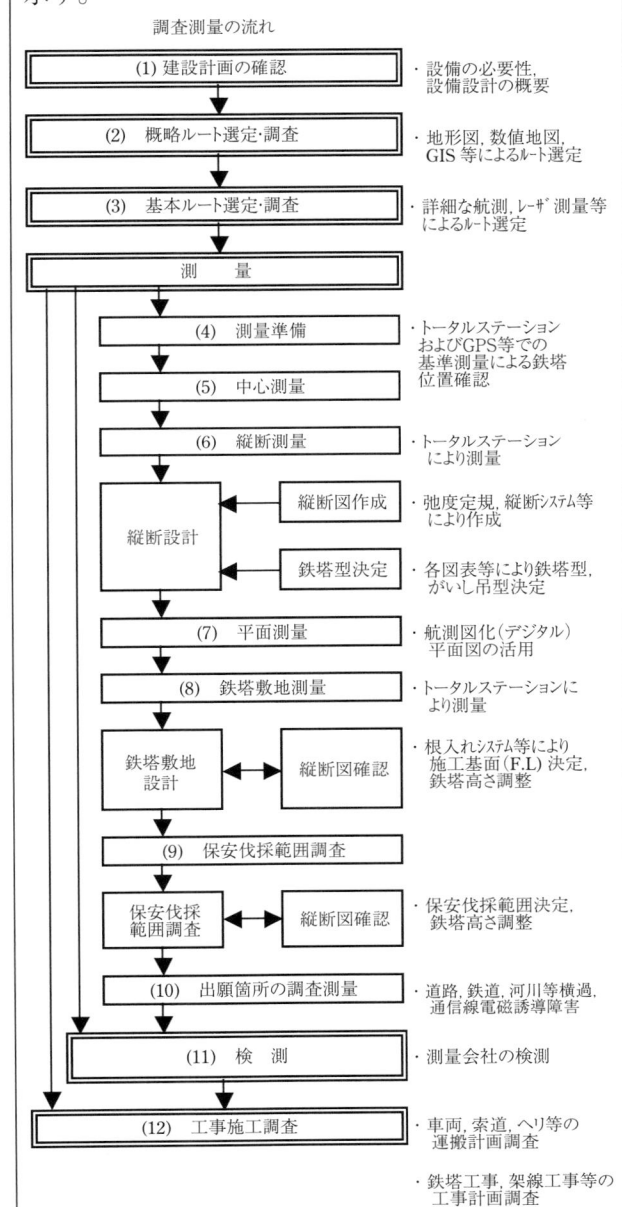

1.3 調査測量の手順について
(1) 建設計画の確認

送電線路のルート選定に着手するにあたって，あらかじめ「設備計画の概要」を確認しておく。なお，送変電設備建設に対する「地域社会の概況」を，必要に応じて把握しておくことも重要である。

(2) 概略ルート選定・調査

起点と終点を結ぶ幅をもった帯状の中で，概略ルートを選定する。(複数ルートの場合あり)

そのルートは，自然環境，社会環境，技術調査，用地調査などの結果によって得られた諸情報，留意事項などを総括し，送電線建設の具体的な可能性，経済性ならびに設備の保守管理等も考慮した合理的かつ建設可能なルートである。

選定にあたっては，地質図・地形図 (1/50,000，1/25,000，1/5,000)，50m メッシュ等の数値地図を利用した地図情報システム（GIS）等を活用する。

(3) 基本ルート選定・調査

選定された概略ルートについて GPS 等を使用して地形図と現地とを照合する現地詳細調査を行い，線路中心線の位置，基別の鉄塔位置を決定し，基本ルートとする。

現地詳細調査では，特にルートの制限箇所，回避すべき箇所，土地利用の状況，植生，地形地質等を重点的に調査する。また他工作物の横断，接近および用地伐採関係，施工方法，資材運搬方法についても調査を行う。

決定された基本ルートは，この時点で，地元に公表されるのが一般的であるが，対外説明においては「送電線の必要性」と「ルートの必然性」に対し理解を得ることが，最も重要なことであり，その説明責任を負う立場である事を十分に認識する必要がある。

(4) 測量準備

測量準備では，現地踏査と基準測量を行い，現地詳細調査で決定された基本ルートについて，直ちに中心測量ができる程度に正確な線路中心線の位置，鉄塔位置及び細部測量を実施できるようにする。このため基準となる位置をトータルステーションを使用したトラバース測量及び GPS 等により座標値付けを行う。(2002 年の測量法改正に伴い，基準点測量の成果は世界測地系で作成することになっている)

(5) 中心測量

中心測量は，線路中心点（角度鉄塔では塔心でない場合がある）を結ぶ線路中心線を決定し，中心縦断測量，線下縦断測量，山腹測量の基準となる位置を求めるために必要な杭を測設する。

(6) 縦断測量

縦断測量は，送電線路の縦断図作成のための測量で，縦断測量の中には，中心縦断測量と線下縦断測量があり，線下縦断測量に付随して山腹測量がある。縦断測量の結果から，縦断図を作成し，鉄塔位置・径間長（荷重径間長）・水平角度・地盤高低差が求められる。

また各図表等から，鉄塔型・がいし吊型等が決定され，総合的に鉄塔高さを決定する。

縦断図作成にあたっては，トータルステーションによる縦断測量結果をデーターレコーダ等により直接パソコンにデータを取り込み，縦断システム等のプログラムを活用して縦断図を作成し，鉄塔高さを決定する方法が現在は主流になってきた。

(7) 平面測量

平面測量は，送電線と交差又は接近する河川，道路，建造物及び他工作物等との平面的な位置関係を測量する。

現在，平面測量については，トータルステーションや GPS により取得した位置情報をもとに，地形図原図を作成する電子平板システムもある。

また実測平面図を作成するにあたり，横過，交差または接近する河川，道路，鉄道，建造物等のほか，他工作物を調査し，必要事項を平面図に記載する。

(8) 鉄塔敷地測量

鉄塔敷地測量は，送電線路の鉄塔敷地図作成のための測量であり，鉄塔敷地測量の結果から，鉄塔敷地平面図，鉄塔敷地断面図（対角・縦・横）が作成される。これにより適用基礎型を用い施工基面（F.L）・鉄塔継脚・片継脚・主脚継（ポスト継）等が決定される。

敷地図作成にあたっては，トータルステーションによる敷地測量結果をデーターレコーダ等により直接パソコンにデータを取り込み，根入れシステム等のプログラムを活用して敷地図を作成し，施工基面（F.L）を決定する方法が現在は主流になってきた。

(9) 保安伐採範囲調査

送電線の保守上において必要な接近木の伐採範囲を調査する。

(10) 出願箇所の調査測量

送電線路新設のため，各関係箇所への出願手続きに必要な調査測量を行う。

調査測量の対象としては，道路横過箇所，河川・運河・海峡・港湾横過箇所，鉄道軌道横過箇所，特別高圧架空電線路横過箇所，国公有林・自然公園などの通過箇所，通信線電磁誘導障害，通信線静電誘導障害箇所，マイクロ波通信回線障害箇所等がある。

(11) 検測

測量の結果は必ず検測する。検測には，測量直後

に行う測量検測と，工事施工前に行う工事検測がある。検測には，中心・縦断検測，平面検測，鉄塔敷地検測及び保安伐採検測がある。検測で重要な点は，測量で鉄塔位置，鉄塔高さが決定される箇所についての入念なチェックである。

⑿ 工事施工調査

工事施工調査には，運搬計画として，車両・索道・キャリア・モノレール・ヘリコプターの調査があり，工事計画として，鉄塔基礎工事・鉄塔工事・架線工事・用地関係・環境対策・その他の調査がある。

工事施工調査の実施時期については，設計，用地交渉ならびに申請業務を円滑に進めるため，早期に実施するのが望ましいケースが多い。

1.4 調査測量の一般心得
1.4.1 現地立入に当っての留意事項
(1) 現場調査においては，地権者ならびに地域の方々から不信感を招かないよう慎重な対応が必要である。
(2) 調査測量責任者は，土地立入許可証その他土地立入に必要な書類またはその写を常に携帯する。
(3) 調査測量のため他人の土地に立入るときは，事前に関係市町村長あるいは区長等の了解を得る。
(4) 測量の実施に当っては地元との融和を図り，無断立入・無断伐採などにより，無用な摩擦を起こさぬよう注意する。

1.4.1 (1) について
現場調査において，周囲から不信感を招くような行動は厳禁である。地域との融和を図り，設備建設を慎重に進めていく必要がある。

1.4.1 (2) について
（ⅰ）一般土地の立入手続（土地収用法上の記述）

送電線路の調査測量のために一般の土地に立入るときは，事業の種類，立入る土地の区域，期間を記載した申請書を都道府県知事に提出して許可を求める必要がある。（土地収用法第11条）

この期間は一般に1年間が限度で，引続き必要なときは新たに申請して更新する。

土地に立入るときは，この土地立入許可証を常に携行し，また土地立入りの5日前までに，その日時，場所を関係の市町村長に通知する。（土地収用法第12条）宅地または垣で囲まれた土地に立入るときは，その旨を占有者に告げる必要がある。立入ることのできる時間は，日の出から日没までである。（土地収用法第12条）

（ⅱ）国有林野の立入手続

送電線路の調査測量のために国有林野に立入るときは，あらかじめ文書により立入りの目的，日時，場所，代表者の氏名，人数などを森林管理署長に申請し許可を得る。

なお，事前の準備段階において所轄森林管理署と十分な調整をしておく必要がある。

国有林野の立木竹が調査測量に差しさわりが出る場合は，森林管理署長に伐採の目的，場所，代表者の氏各，人数および予定量を伐採の5日前までに文書で通知する。

立木竹を伐採した場合は，5日以内に伐採に係る場所，数量などを森林管理署長に報告するとともに，当該立木竹を現地において引渡す。

1.4.1 (3) について
他人の土地に立入るに当っての，関係市町村長あるいは区長などに対する事業説明および事前了解は用地部門等が別途行うもので，ここでいう了解とは測量の実施者が行う挨拶の意味である。

1.4.1 (4) について
現地での言動では，特に下記の点に配慮する。
（ⅰ）地元住民とは丁寧な言動で対応する。
（ⅱ）山菜・土石・高山植物等の採取は行なわない。
（ⅲ）現地で出たゴミ等は必ず持ち帰る。
（ⅳ）車は決められた場所以外には駐車しない。

1.4.2 調査測量実施に当っての留意事項
(1) 調査測量に必要な資料を携行する。
(2) 測量器材は常に点検手入れを行い，支障を生じないように注意する。

1.4.2 (1) について
調査測量に従事する者，特にその責任者は第1.4.1表の資料を携行する。

1.4.2 (2) について
測量用具は，野外の使用で損傷を受けやすいため，取扱いに注意する。測量の生命であるトータルステーションは特に丁寧に取扱い，据付けその他の場合に転倒しないようにする。また，縦断測量などでは，近距離の盛替に使用状態のまま運搬する場合もあるので，損傷は勿論，衝撃も与えないようにする。

トータルステーションは防湿にも注意する。山などで急な雨や深い霧の中に長時間放置すると，望遠鏡の中に湿気が入って使えなくなることがあるので，所定の覆いをして箱に納め，湿気の浸入を防止する。

第 1.4.1 表　調査測量に携行する資料

携行資料 ＼ 調査測量項目	概略ルート選定・調査	基本ルート選定・踏査	中心縦断測量	平面測量	鉄塔敷地測量	伐採範囲調査	出願箇所調査測量	検測	工事施工調査
土地立入許可証などの写し		○	○	○	○	○	○	○	○
送電線路計画概要	○	○							
計画ルートの記入地図(1/25,000,1/50,000)	○	○	○	○	○	○	○	○	○
図化平面図(1/2,000)		○	○	○	○	○	○		
仮縦断図							○		
航空写真	○	○	○	○	○	○	○		
環境情報地図	○	○	○	○	○	○	○		
関係諸法規集	○	○	○	○	○	○	○		
地質図	○	○							
設計仕様書		○	○	○	○	○	○	○	
各種概定図表		○	○			○	○		
測量仕様書	○	○	○	○	○	○	○		
用地面積概定表	○	○	○				○		
地籍図		○	○	○	○	○	○		○
鉄塔形状図			○	○	○	○	○	○	○
基礎形状図			○	○	○	○	○	○	○
中心・縦断測量の成果図書類					○	○	○	○	○
平面測量の成果図書類						○	○	○	○
鉄塔敷地測量の成果図書類							○	○	○
伐採範囲調査の成果図書類							○	○	○
出願箇所調査測量の成果図書類								○	○

また，トータルステーションは必要な精度を保持し，常に点検手入れを十分に行う。点検の結果調整を必要とする場合は，現場で簡単にできるものと不可能なものとがあるので判断を誤らないようにする。

ミラー，ポールの石突きなどの不備や変形，巻尺などの目盛りの汚損にも注意し，点検手入れを確実に行い測量の精度向上に努める。

> **1.4.3　技術・用地の連絡体制の緊密化**
> 的確な情報判断の適正化，調査測量の促進，課題の早期解決のため，調査測量業務体制を確立して，常に技術，用地で情報交換を行い，緊密化をはかるように努める。

1.4.3　技術・用地の連絡体制の緊密化について

最近のように用地事情が複雑多岐になってくると，調査測量業務は単に技術的な検討だけでなく，その地域の自然環境・社会環境，地方自治体などへの十分な配慮が必要である。また，用地担当者に対しても，技術面の情報，資料を提供し，先見性と総合性にもとづく高度な視野にたって，調査測量業務の促進と課題の早期解決を要請する必要がある。

そのため，技術部門と用地部門が一体となって調査測量業務体制を確立し，限定された期間内にもっとも充実した内容の調査測量が行えるよう相互の情報交換を緊密に行わなければならない。

> **1.5　法令の遵守**
> 送電線の測量調査にあたっては，関係する法令を遵守する。

1.5　法令の遵守について

送電線の調査測量にあたって関係する主な法律は以下のとおりであるが，具体的な内容や細部は法律に基づく政令，省令及び規則に定められている場合が多いので，これらをよく調べる必要がある。

また，環境影響評価法のように，国の法律では対象にならなくても各自治体が個別に定める条例で規定されているものもあるので注意が必要である。

(1) 電気事業法　　　　(2) 土地収用法
(3) 自然公園法　　　　(4) 自然環境保全法
(5) 景観法　　　　　　(6) 都市計画法
(7) 都市公園法　　　　(8) 文化財保護法
(9) 鳥獣の保護および狩猟の適正化に関する法律
(10) 森林法　　　　　　(11) 河川法
(12) 急傾斜地の崩壊による災害の防止に関する法律
(13) 地すべり等防止法　(14) 砂防法
(15) 道路法　　　　　　(16) 航空法
(17) 国有林野の管理経営に関する法律
(18) 国有財産法　　　　(19) 消防法
(20) 火薬類取締法　　　(21) 電波法
(22) 環境影響評価法　　(23) 海岸法
(24) 港湾法　　　　　　(25) 海上交通安全法
(26) 港則法　　　　　　(27) 振動規制法
(28) 騒音規制法　　　　(29) 農地法
(30) 農業振興地域の整備に関する法律
(31) 鉱業法　　　　　　(32) 砕石法
(33) 絶滅のおそれのある野生動植物の種の保存に関する法律　　(34) 環境基本法
(35) 廃棄物の処理及び清掃に関する法律
(36) 建設工事に関する資材の再資源化等に関する法律
(37) 国有林野の活用に関する法律
(38) 土地区画整理法　　(39) 測量法

> **1.6　用語の説明**
> この技術解説書において使用される主な用語の説明は以下のとおりとする。

1.6　用語の説明について

この技術解説書において，次の各号に掲げる用語の説明は，以下のとおりとする。
（1）若番側：支持物番号の小番号側を若番側とし，

(−)側ともいう。（電源線では発電所側）
(2) 老番側：支持物番号の大番号側を老番側とし、(+)側ともいう。（電源線では変電所側）
(3) 鉄塔の脚名称：若番側から老番側に向かって右下をA脚とし時計回りに、左下をB脚、左上をC脚、右上をD脚とする。

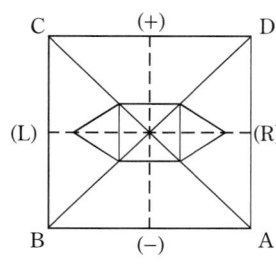

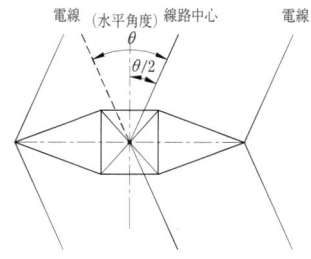

θ/2 据付

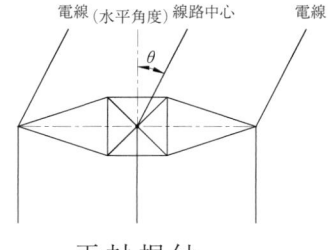

正対据付

(4) IP, FP, BP：測量は器械、フォア、バックの3班で実施する。器械点をIP（インスツルメントポイント）、フォア（前視）をFP（フォアポイント）、バック（後視）をBP（バックポイント）という。
(5) TP ：地形変化測点で小杭ありの点をいう。（ターニングポイント）
(6) SP ：地形変化測点で小杭なしの点をいう。（サイトポイント）
(7) HP ：線下縦断測量で線路中心地盤より高い地盤をHP（ハイポイント）という。
(8) 山腹測量：線路中心線上の測点を基準にして、横断面の線下位置から山側の地形を測量することをいう。
(9) 鉄塔据付：懸垂鉄塔ならびに角度鉄塔の場合は、線路横方向荷重が支配的であることから、θ/2据付が一般的である。
また、引留鉄塔ならびに若、老で極端に張力が異なる場合は、線路縦方向荷重が支配的であることから、正対据付が有利となる。

(10) 継脚：鉄塔高さについては、縦断設計において地形状況を考慮し、所定の地上高を確保できるよう、その高さを1.0～3.0mピッチで増減させ、この増減した値を継脚と称する。
その継脚には、次の3種類がある。
  (a) 鉄塔の標準高さ（平地の標準径間で必要地上高が確保できる高さ）を標準継脚（±0）として、継ぎ足し分を±で表示する。
  (b) 鉄塔の最低高さ（鉄塔位置で必要地上高が確保できる高さ）を標準継脚（±0）として、継ぎ足し分を+で表示する。
  (c) 鉄塔高さを最下アーム高さで表示する。

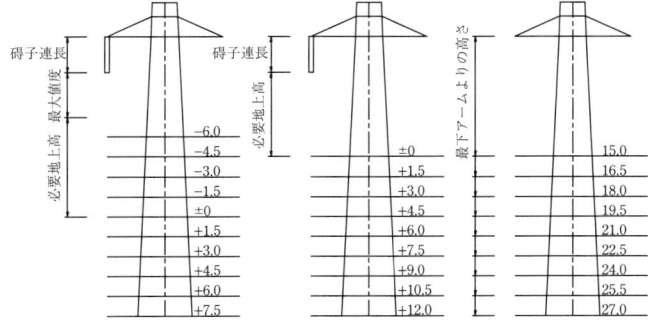

(11) F.L（フォーメイションレベル）：鉄塔高さの基準となる施工基面を表すもので鉄塔中心杭よりの高低差で表示される。F.Lの決定は鉄塔敷地設計における基礎の根入れ深さにより決まるもので、一般的にはもっとも地盤が高い脚を基準脚

としている。

(12) 偏心鉄塔：角度鉄塔で流し込みジャンパー装置の場合，ジャンパーと塔体との離隔を確保(線下幅は固定)するため，左右の腕金長さが異なる。この場合，鉄塔中心と線路中心が異なることを，偏心という。

(13) F.L.L(e.L)：偏心鉄塔において，線路中心地盤高(本点杭)と鉄塔中心地盤高(偏心杭)との高低差をF. L. L (e.L) と称する。
高低差の符号は，鉄塔中心地盤高が線路中心地盤高より高い場合プラス，低い場合マイナスを表示する。

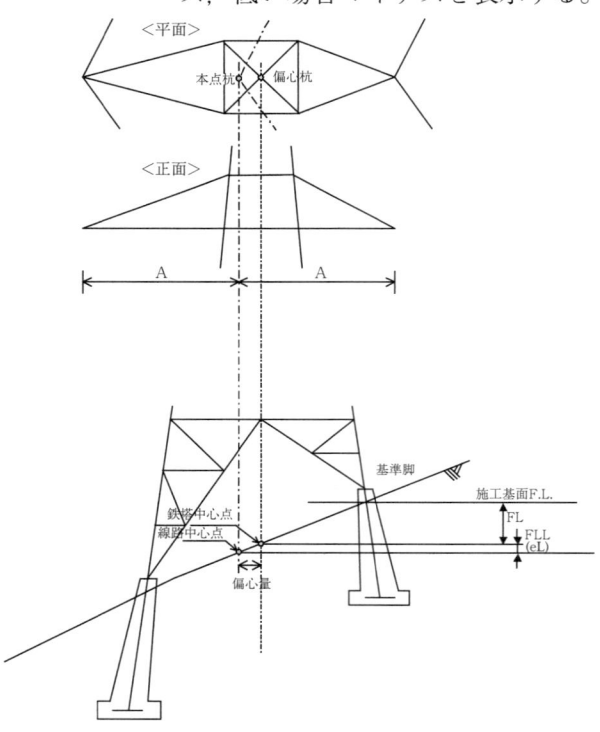

(14) 片継脚：傾斜地においては，斜面に応じ脚別にその長さを調整する必要がある。片継脚長さとは，施工基準面よりの高さで表す。

(15) 主脚継（ポスト継）：傾斜地の場合，谷側の基礎床板上の土量が不足し，標準根入れ深さでは，基礎の引揚耐力が確保できない場合がある。(逆T字形基礎など)
このような場合，基礎柱体部のみの長さを伸ばし，根入れを深くし，土量を増やし引揚耐力を確保する。この根入れ増加深さを，主脚継長さ(ポスト継長さ)と称し，0.3～0.5mピッチで最大2.0m程度が一般的である。

(16) 基礎根巻コンクリート：鉄塔敷地の整地では，地盤の起伏を元の形に戻す事を原形復旧という。
傾斜地で原形復旧する場合には，片継脚ならびに主脚継それぞれの長さ制限から，急傾斜などの地形状況によっては，鉄塔脚部の部材が地中埋設してしまう恐れがある。
この場合，土砂と主脚材が接触して防錆上のトラブルとならない様，鉄塔脚部をコンクリートで包む事を基礎根巻コンクリートという。

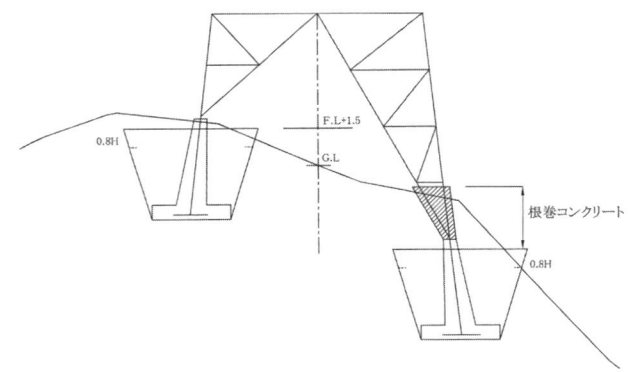

(17) GPS：全地球測位システムといい，人工衛星から送信される電波を用いて，地球上のどこでも位置が決定できるナビゲーションシステムをいう。(Global Positioning System)

(18) GIS：地理情報システムといい，地理的位置を手がかりに，位置に関する情報を持ったデータ（空間データ）を総合的に管理・加工し，視覚的に表示し，高度な分析や迅速な判断を可能にする技術をいう。(Geographic Information System)

(19) トータルステーション：光波測距儀（測距），トランシット（測角）およびメモリー

装置を一体化したものをいう。
(20) 航空測量：飛行機から地表面を撮影した航空写真から，もとの地形をそのまま縮小再現して地形図を作成したり，地形，地質などを読み取ったりする測量方法をいう。
(21) 航空レーザー測量：航空機（飛行機またはヘリコプター）から地上に向けて多数のレーザパルスを発射し，地表面や地物で反射して戻ってきたレーザパルスから，高密度な三次元デジタルデータを取得する測量方法をいう。
(22) 世界測地系：地球の正確な形状と大きさに基づき，世界的な整合性を持たせて構築された経度・緯度の測定の基準で，国際的に定められている測地基準系をいう。2002年の測量法改正に伴い，GPS（全地球測位システム）及びGIS（地理情報システム）というコンピュータシステムによる位置情報の測定・利用技術を世界測地系に基づいた，高精度な測地基準点成果及び地図成果が求められることとなった。

用語（11）～（15）の関連性

2. 設　計

2.1 設計の基本的な考え方

　設計とルート選定ならびに調査測量は，密接に関連した業務であり，お互いに協調させることにより自然環境や社会環境との調和が図れるとともに，設備信頼度や経済性を持つ設備を構築することが可能となる。
　これらを踏まえ，実施段階においては適切な現地適用設計が重要である。

2.1 設計の基本的な考え方について

　本編における設計とは，ルート選定ならびに調査測量と直結した実施段階での設計に関するものをいい，送電設備構成部分の細部設計を対象とするものではない。

2.2 基本設計
2.2.1 鉄塔の種類

　鉄塔の種類は，その使用目的により，「一般鉄塔」と「特殊鉄塔」に大別され，それぞれ右記のように区分される。

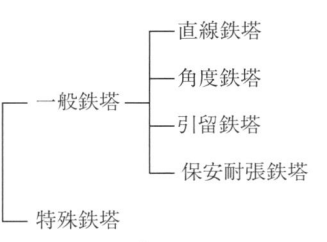

2.2.1 鉄塔の種類について

　鉄塔種類の呼称は，一般的に広く使用されている呼称とした。

（1）直線鉄塔
　電線路の直線部分に使用する。
（2）角度鉄塔
　電線路に水平角度がある箇所に使用する。
（3）引留鉄塔
　変電所の引込箇所などに使用するもので，変電所側などの鉄構側は低張力で架線されるため，線路側は全条の引留に耐える設計となる。
（4）保安耐張鉄塔（補強鉄塔）
　電線路を補強するために使用する。
電線路中，隣接径間長が甚だ異なり，大きな不平均張力が生じる箇所において，架渉線想定張力の1/3の不平均張力を全相に考慮し，補強されたものが一般的である。
　なお，鉄塔の場合，長径間とその隣接径間との間に不平均張力が生ずる恐れがあることを考慮して，使用電圧が170kV未満で径間長が600mを超える場合ならびに，使用電圧が170kV以上で径間長が800mを超える場合は，前記の1/3補強が必要となる。
　この170kV未満と170kV以上に区分された径間長は，それぞれの標準径間である300mならびに400mの2倍の値とされ，JESC E2003（1998年）「特別高圧架空電線路に使用する鉄塔の径間制限」により，電技解釈に取り込まれている。
　それ以前は600m一律であったことから，既設設備を再設計する場合は，この点に留意する。
　また，大型河川横断などの長径間の場合，第2.2.1図のとおり，土地の状況により，懸垂がいし装置の直線鉄塔と組み合わせることで，長径間に近接して保安耐張鉄塔を設けてもよい（電技解釈第121条）。
　この保安耐張鉄塔の高さを低くすることで，経済的に有利となる場合がある。

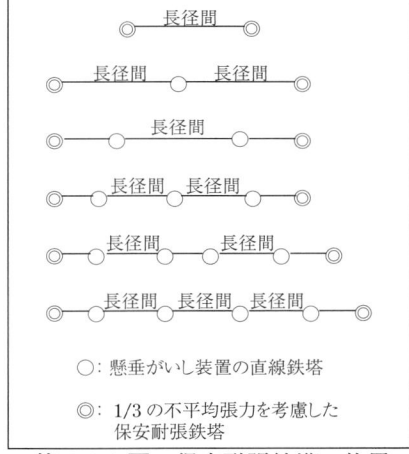

第2.2.1図　保安耐張鉄塔の位置

（5）特殊鉄塔
　一般鉄塔以外であり，分岐鉄塔・一般鉄塔の複合（角度引留複合）などをいう。
（6）がいし吊型による鉄塔呼称
　がいし吊型により，懸垂がいし装置を使用した鉄塔を「懸垂鉄塔」，耐張がいし装置を使用した鉄塔を「耐張鉄塔」と呼称することが一般的である。
　懸垂鉄塔の中には，電線路にわずかな水平角度（3〜8度が一般的）がある箇所にも，懸垂がいし装置

を第2.2.2図のように傾斜させて使用する角度型懸垂鉄塔があり，耐張鉄塔に比べ経済的に有利となる場合がある。

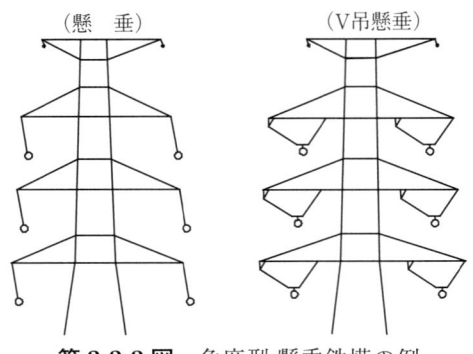

第2.2.2図　角度型 懸垂鉄塔の例

なお，懸垂鉄塔の施設制限（連続倒壊防止）として，懸垂鉄塔を10基連続して使用しないよう，10基以下ごとに，耐張鉄塔を1基もしくは，架渉線断線時の1.0倍（通常の懸垂鉄塔では0.6倍）の不平均張力を考慮した懸垂鉄塔1基を，施設しなければならない。
（電技解釈第116条）

> **2.2.2　鉄塔の現地適用**
> 　鉄塔の現地適用にあたり，鉄塔型は，裕度計算により概略決定されるのが一般的である。
> 　荷重設計上の鉄塔高さは，想定される最高高さとするのが一般的である。個々の鉄塔高さは縦断設計により決定される。

2.2.2　鉄塔の現地適用について
(1)　鉄塔型の決定
　鉄塔は両側の径間長，水平角度，隣接鉄塔との高低差などにより，基別に立地条件が異なっているので，個々の鉄塔を設計して使用する事は効率が悪い。
　このため，荷重径間，水平角度および垂直角度の異なる数種類の標準となる鉄塔を，あらかじめ型別設計しておき，その裕度内に個々の鉄塔の荷重条件が収まるかを判定し，適合鉄塔を決める手法（裕度計算）が一般的である。
(2)　鉄塔高さの決定
　鉄塔の荷重設計上の高さ（風の上空逓増を考慮）は，想定される最高高さとするのが一般的であるが，個々の鉄塔高さについては，縦断設計において地形状況を考慮し，所定の地上高を確保できるよう，その高さを1.0～3.0mピッチで増減させ決定する。

2.2.3　鉄塔基礎
　代表的な鉄塔基礎は，地盤への荷重伝達方法により，下記のとおり区分され，現場の地質，地形に適合したものを選定している。

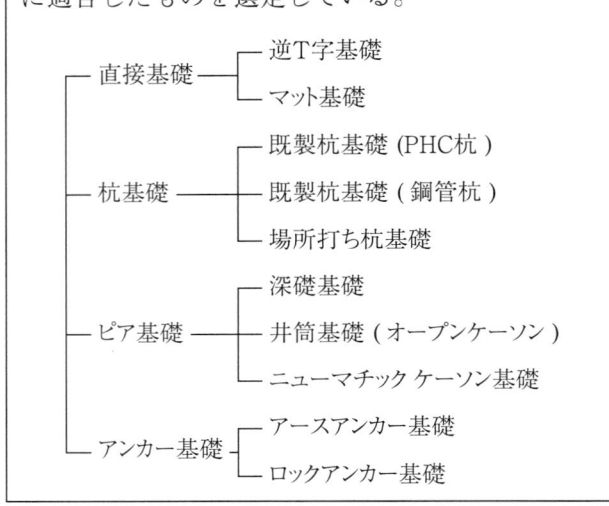

2.2.3　鉄塔基礎について
(1)　直接基礎
　床板部などにより荷重を地盤に直接伝達するもので，比較的良質な地盤に適用される逆T字基礎，支持層がきわめて深く，杭あるいはピア基礎の適用が困難な軟弱地盤に適用されるマット基礎などがある。
(2)　杭基礎
　支持層の深い軟弱地盤に適用される構造で，既製杭基礎（PHC杭，鋼管杭）および場所打ち杭基礎などがあり，逆T字基礎やマット基礎と併用される。
(3)　ピア基礎
　ピアなどにより荷重を地盤に伝達する構造のもので，地形が急傾斜な山岳地に適用される深礎基礎，軟弱地盤で湧水の多い場所に使用される井筒基礎やニューマチックケーソン基礎などがある。
(4)　アンカー基礎
　アンカーおよび床板部により荷重を伝達する構造で，岩盤または比較的良質な地盤に適用されるもので，岩盤に適用するロックアンカー基礎，固い地盤に適用するアースアンカー基礎などがある。

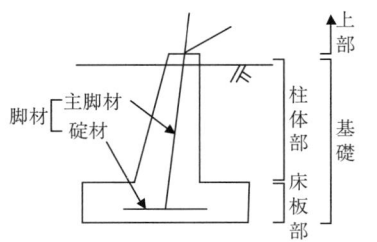
逆T字形コンクリート基礎

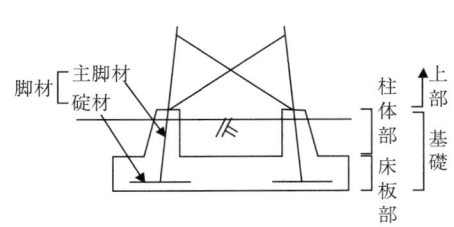
マット基礎(べた基礎)

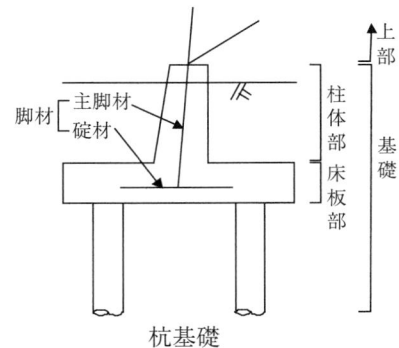
杭基礎

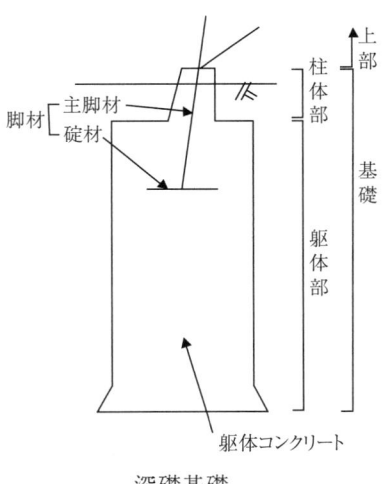
深礎基礎

井筒基礎

ロックアンカー基礎

第2.2.3図　各基礎の形状例

2.2.4　架渉線の想定荷重

架渉線に加わる荷重は，架渉線の重量，風圧荷重であり，着氷雪がある場合は，その重量および風圧荷重を付加する。

電技の荷重条件としては，夏季の台風時を想定した高温季荷重と，冬季の季節風時を想定した低温季荷重の2条件がある。

2.2.4　架渉線の想定荷重について

架渉線に加わる最悪状態の想定荷重は，電技により，夏季の台風時を想定した高温季荷重と，冬季の季節風時を想定した低温季荷重の2条件が想定されており，それぞれの荷重条件は第2.2.1表のとおりである。（電技省令第32条および解釈第57条）

第2.2.1表　架渉線の想定荷重条件

荷重および地方条件			区分	設計風速〔m/s〕	風圧荷重〔Pa〕	被氷厚さ〔mm〕	温度
高温季荷重			甲種	40	980	0	年平均気温
低温季荷重	氷雪の少ない地方		丙種	*	490	0	最低気温
	氷雪の多い地方	下記以外の地方	乙種	*	490	6	
		冬季に最大風力を生ずる地方（甲種又は乙種）	甲種	40	980	0	
			乙種	*	490	6	

注(1)：多導体の風圧荷重は，90％に低減できる。
なお，低減できる条件は，導体が水平に配列され，導体相互間隔がその外径の20倍以下の場合である。
(2)：被氷の比重は，0.9とする。
(3)：＊低温季荷重の設計風速は，風圧荷重490Paに相当する約28m/secである。
(4)：最低気温＝年平均気温 −30℃とする。
（北海道地方では，年平均気温 −35℃の場合がある）

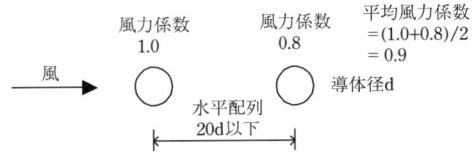

第2.2.4図　多導体における風圧荷重低減

2.2.5 架線設計

架線設計は設計最悪条件（高温季荷重または低温季荷重）において架渉線の最大使用張力が一定となるように弛度を決定する。

また，この時の最大使用張力は，架渉線の引張荷重に対し規定の安全率を満足するよう定める。

2.2.5 架線設計について

架線設計では，高温季，低温季のいずれの荷重条件においても最大使用張力を超えないように架線弛度を決定する。すなわち，設計最悪条件において各径間（懸垂の場合は等価径間長 Sr）の張力が一定の張力（最大使用張力）となるよう架線する。

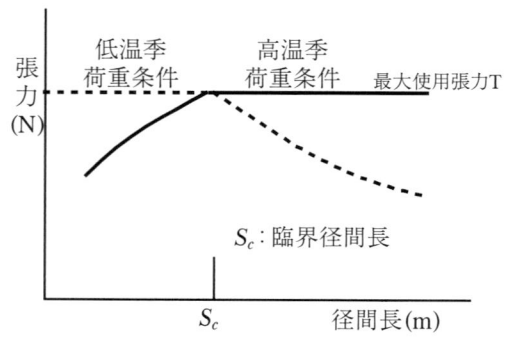

第2.2.5図 荷重条件と張力

この場合，第2.2.5図に示すように，臨界径間 S_c より長い径間では高温季荷重条件時に張力が一定（最大使用張力）となり，臨界径間 S_c より短い径間では低温季荷重条件時に張力が一定（最大使用張力）となる。

この臨界径間 S_c は，低温季荷重条件時の張力と高温季荷重条件時の張力が等しくなる径間長であり(2.2.1)式で求める。

$$S_c = \frac{T}{W_c}\sqrt{\frac{24\alpha(t_h - t_L)}{q_h^2 - q_L^2}} \quad (2.2.1)式$$

T：最大使用張力〔N〕
w_c：架渉線の質量〔kg/m〕
g：SI 単位換算係数（9.80665）
W_c：架渉線の重量〔N/m〕　$W_c = g \cdot w_c$
α：架渉線の線膨張係数〔1/℃〕
t_h：高温季荷重条件時温度〔℃〕
t_L：低温季荷重条件時温度〔℃〕
q_h：高温季負荷係数
q_L：低温季負荷係数

また最大使用張力は，架渉線の引張荷重に対して支持点張力が規定の安全率（銅系架渉線では2.2以上，その他の架渉線では2.5以上（電技解釈第106条，第67条））を確保するとともに，線路の経済性および架渉線の常時張力（EDS）等をも総合勘案して決定する必要がある。

なお，架空地線の最大使用張力は，標準径間長において，無風最低気温時における架空地線弛度が，電力線弛度の80％程度に協調するよう決定する。この協調については，径間途中での逆閃絡を防止するためであり，電技解釈第108条では，「支持点以外の箇所における電線と架空地線との間隔は，支持点における間隔より小さくないこと」と規定されている。

2.3 実施設計
2.3.1 設計の流れ

設計の流れは，下記の流れとする。

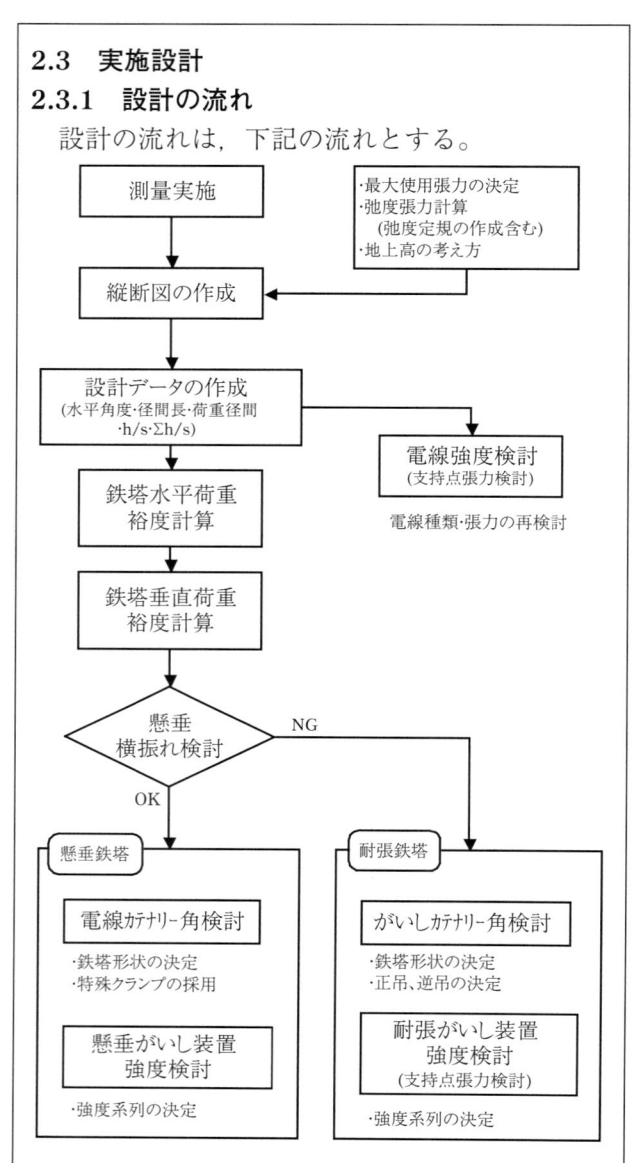

2.3.2 弛度張力計算

架線計算を行なう場合の弛度張力計算式は，一般にカテナリー式の双曲線関数を級数展開して，その第2項までをとった2次近似式をベースとした放物線近似式が用いられている。

$$\left.\begin{array}{l} f_2^2\{f_2-(K-\alpha tE)\} = M \\ K = f_1 - \dfrac{(q_1\delta)^2 S^2 E}{24 f_1^2} \\ M = (q_2\delta)^2 S^2 E / 24 \\ t = t_2 - t_1 \\ f_1 = T_1 / A \qquad f_2 = T_2 / A \\ \delta = W_c / A \end{array}\right\} \quad (2.1)\text{式}$$

$$q = \dfrac{\sqrt{(W_c + W_i)^2 + W_w^2}}{W_c}$$

$$W_c = g \cdot w_c$$
$$W_i = g \cdot \pi \rho k (D+k) \times 10^{-3}$$
$$W_w = P(D + 2k) \times 10^{-3}$$

T_1 ：設定条件時の架渉線張力〔N〕
T_2 ：求める条件時の架渉線張力〔N〕
q_1 ：設定条件時の負荷係数
q_2 ：求める条件時の負荷係数
t_1 ：設定条件時の温度〔℃〕
t_2 ：求める条件時の温度〔℃〕
α ：架渉線の線膨張係数〔1/℃〕
E ：架渉線の弾性係数〔N/mm²〕
S ：径間長〔m〕
A ：架渉線の断面積〔mm²〕
w_c ：架渉線の質量〔kg/m〕
g ：SI単位換算係数（9.80665）
W_c ：架渉線の重量〔N/m〕
W_i ：架渉線の着氷雪重量〔N/m〕
W_w ：架渉線の風圧荷重〔N/m〕
ρ ：着氷雪の密度〔g/cm³〕
k ：着氷雪の厚さ〔mm〕
D ：架渉線の外径〔mm〕
P ：架渉線の風圧〔Pa〕

2.3.2 弛度張力計算について

(2.1)式による2次近似式は、長径間や支持点高低差の大きな径間を除けば、その誤差は無視できるので、最も簡便かつ実用的な式である。

求める条件時（第2条件時）の架線張力は、(2.1)式を解いて求めることができ、その弛度 d_2 は(2.3.1)式で求まる。

$$d_2 = \dfrac{q_2 W_c S^2}{8 T_2} \quad (2.3.1)\text{式}$$

なお、設定条件時（第1条件時）における荷重は、一般的に設計最悪条件（高温季荷重または低温季荷重）をとっている。

(1) 懸垂径間の弛度張力計算

第2.3.1図のように、緊線区間に懸垂鉄塔がはいる場合は、等価径間長 S_R を算出し、その径間長で(2.1)式により弛度張力計算を行なう必要がある。

等価径間長で求めた第2条件時の架渉線張力は、径間長に関係なく、いずれの径間でも同一となる。

等価径間長は一般的には、(2.3.2)式で求めるが、支持点高低差が小さい場合は、Stillの式と呼ばれる(2.3.3)式で求める。

$$S_R = \sqrt{\dfrac{\sum_{i=1}^{n}(S_i^2 + h_i^2)^{\frac{3}{2}}}{\sum_{i=1}^{n}(S_i^2 + h_i^2)^{\frac{1}{2}}}} \quad (2.3.2)\text{式}$$

$$S_R = \sqrt{\dfrac{\sum_{i=1}^{n} S_i^3}{\sum_{i=1}^{n} S_i}} \quad (2.3.3)\text{式}$$

S_R ：等価径間長〔m〕
S_i ：i径間の径間長〔m〕
h_i ：i径間の支持点高低差〔m〕
n ：緊線区間の連続径間数

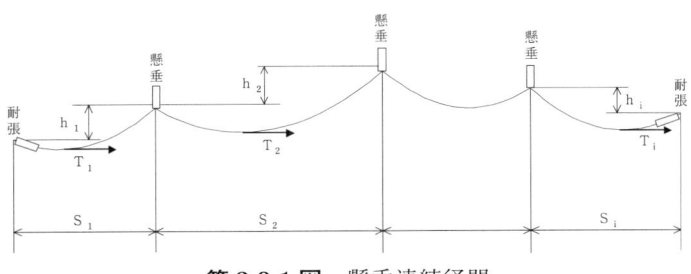

第2.3.1図 懸垂連続径間

(2) 短径間の張力計算

発変電所引込径間などの短径間では、緊線時の架渉線取り込み長さにより、その取り込み張力が、規定張力（架渉線強度限界やワイヤー類の作業限界などにより規定する張力）を超過する場合がある。

このため、下記の張力計算により、取り込み張力を確認するとともに、規定張力を超過する場合には、最大使用張力を低減させるなどの対応が必要となる。

$$\left.\begin{array}{l} f_3^2\left\{f_3-\left(K-\alpha tE + \dfrac{\Delta L}{S}E\right)\right\} = M \\ K = f_1 - \dfrac{(q_1\delta)^2 S^2 E}{24 f_1^2} \\ M = (q_3\delta)^2 S^2 E / 24 \qquad t = t_3 - t_1 \\ f_1 = T_1 / A \qquad\qquad f_3 = T_3 / A \end{array}\right\} \quad (2.3.4)\text{式}$$

T_1 ：設定条件時の架渉線張力（最大使用張力）〔N〕
T_3 ：緊線取り込み時の架渉線張力〔N〕
q_1 ：設定条件時の負荷係数
q_3 ：緊線取り込み時の負荷係数
t_1 ：設定条件時の温度〔℃〕
t_3 ：緊線取り込み時の温度〔℃〕
α ：架渉線の線膨張係数〔1／℃〕

E ：架渉線の弾性係数〔N/mm²〕
S ：径間長〔m〕
A ：架渉線の断面積〔mm²〕
ΔL ：緊線時の取り込み長さ〔m〕

> **2.3.3 弛度定規**
>
> 弛度定規は，横軸に径間長，縦軸に弛度をとり，弛度は径間長の2乗に比例するという仮定から作成される放物線の定規である。（縮尺は縦断図に合わせる）
> この弛度定規を使って，測量成果の縦断図上に電線の曲線を描き，所要の地上高を確保し，鉄塔の位置および高さを決定する。

2.3.3 弛度定規について

弛度定規の例ならびに弛度定規の用い方について，第2.3.2図ならびに第2.3.3図に示す。

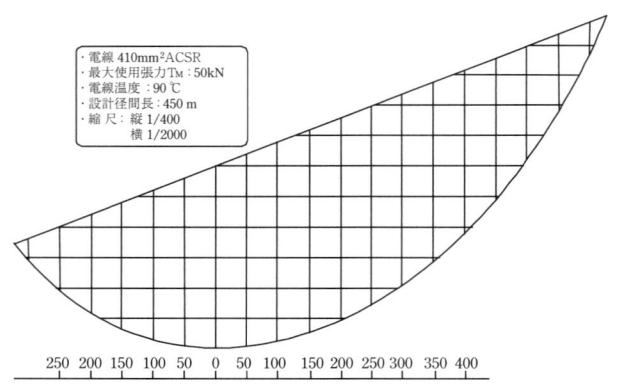

第2.3.2図　弛度定規の例

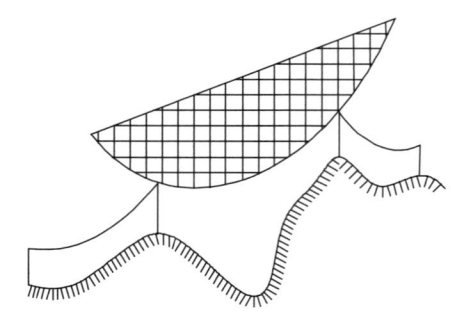

第2.3.3図　弛度定規の用い方

弛度定規の弛度は，(2.3.5) 式から求められる。
＜放物線式＞

$$d = \frac{W_c S^2}{8T} \qquad (2.3.5)\text{式}$$

d ：弛度〔m〕
S ：径間長〔m〕
W_c ：架渉線の重量〔N/m〕
T ：無風，無着雪時の適用温度および適用径間長における架渉線張力〔N〕

(2.3.4) 式の架渉線張力 T は，径間長により変化するため，弛度定規使用時の実径間長と弛度定規作成時の適用径間長との径間差を少なくする必要がある。

例えば，実径間長380mの縦断図に，適用径間長350mの張力で作成した弛度定規を使用すると，弛度が安全側（大きく）となる。

一般的に，弛度定規の種類としては，標準径間長，短径間長，長径間長の3種類を作成したり，径間長50mピッチで細分化したりして，多種類の弛度定規を作成している。

弛度定規の縮尺は，縦断図縮尺に合わせることが基本であるが，弛度定規の横縮尺：$1/H_c$，縦縮尺：$1/V_c$ とし，縦断図の横縮尺：$1/H$，縦縮尺：$1/V$ とし，$H_c^2/V_c = H^2/V$ の関係を守れば，任意縮尺の縦断図に既存の弛度定規が活用できる。

例えば，弛度定規の横縮尺：1/2 000，縦縮尺：1/400 とし，縦断図の横縮尺を1/5 000とすると，縦縮尺は上記の関係から，$V = (H/H_c)^2 \times V_c = 2\,500$ となり，縦断図の縦縮尺を 1/2 500 とすれば，この弛度定規が活用できる。

定規誤差については，弛度定規の弛度が，径間長の2乗に比例するという仮定から計算されていることから，長径間や支持点高低差が大きな場合では，誤差が大きくなる場合がある。

特に厳密さが求められる場合には，カテナリー式でチェックする必要がある。

＜カテナリー式＞

$$d = \frac{T}{W_c}\left\{\cosh\left(\frac{W_c \cdot S}{2T}\right) - 1\right\} \qquad (2.3.6)\text{式}$$

d ：弛度〔m〕
S ：径間長〔m〕
W_c ：架渉線の重量〔N/m〕
T ：無風，無着雪時の適用温度および適用径間長における架渉線張力〔N〕

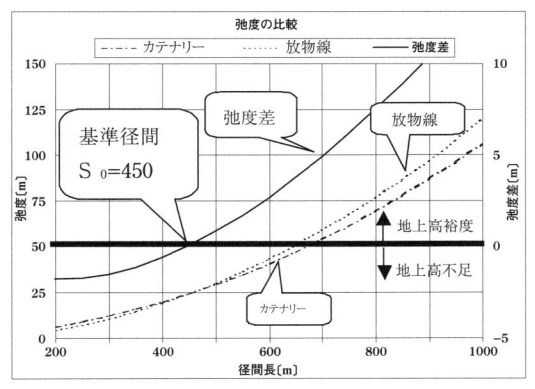

(計算条件)
電　　線：TACSR/AC 810　$T_{max}=56900$〔N〕
最悪時条件：高温季　980Pa　15℃
　　　　　　低温季　490Pa　−15℃　スリート0mm
基準径間　$S_0=450$ m
検討温度　150℃

弛度差 = 放物線 − カテナリー

第2.3.4図　放物線とカテナリーとの弛度差

2.3.4　弛度 K 定規

弛度定規の作成においては，電線種類（電線重量）・張力（温度）・径間長の組合せが異なるたびに，新たに作成する必要があり，その手間は多大となる。

この手間を省く目的で考案されたのが K 定規であり，下式により K 値を算出することで，上記の組合せによらず，同一 K 値での定規の流用が可能となる。

$$K = 10^5 \times d/(S/2)^2 \quad \text{または}$$
$$= 10^5 \times W/2T$$

2.3.4　弛度 K 定規について

(1)　K 定規の考え方

一般的な放物線式から弛度 d は，比例定数を k とすると，(2.3.7)式で表すことができる。

$$d = k \times (S/2)^2 \quad (2.3.7)式$$

また，放物線近似における弛度 d は，(2.3.8)式で表すことができる。

$$d = (W/8T) \times S^2 \quad (2.3.8)式$$

d：弛度〔m〕
W：架渉線の重量〔N/m〕
S：径間長〔m〕
T：架渉線張力〔N〕（最大使用張力 T_M ではない）

これを，(2.3.7)式の形に置き換えると

$$d = (W/2T) \times (S/2)^2 \quad (2.3.9)式$$

となり，ここで $k = W/2T$ と置き換え，

比例定数 k は

$$k = d/(S/2)^2 \quad (2.3.10)式$$

となり，W の値は数十N/mであり，T の値は数万Nであることから，この両辺に 10^5 を乗算し，改めて K とし，扱いやすい数字にする。

$$K = 10^5 \times k = 10^5 \times d/(S/2)^2 \quad (2.3.11)式$$

弛度 d は，K 値と径間長 S で表すことができ，K 値が同値であれば，定規の形は同一となる。

$$d = (K/10^5) \times (S/2)^2 \quad (2.3.12)式$$

K 定規の形は，$S/2$ を横軸，d を縦軸とし，第2.3.5図の放物線となる。

例えば，作成済みの弛度定規の K 値と，新たに作ろうとする弛度定規の K 値が同じであれば，流用によりその作成が省略できる。

なお，K 値は安全側（弛度大）となるよう，全て小数点以下を繰り上げて整数値としている。

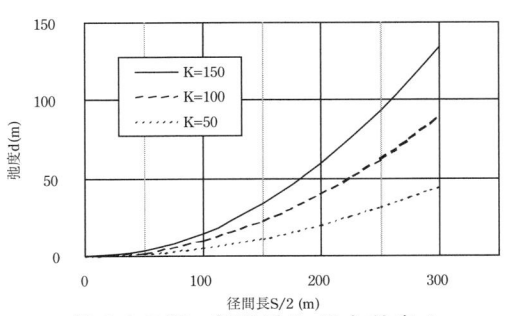

第2.3.5図　径間長 $S/2$ と弛度 d

(2)　K 定規の種類

K 値については，実際の架線条件で算出すると，概ね35〜155の範囲にあり，この範囲の K 値全ての定規（121枚）を作成しなければならない。

しかし，短径間になるほど，K の値が変化しても，弛度 d の値の変化は少なく，弛度許容誤差を想定すれば，K 定規の種類を減らすことができる。
（製図上の弛度50cmは縦縮尺1/400で1.25mmとなるから，弛度許容誤差を50cm程度と仮定する）

ここで，K 値は小数点以下を繰り上げて整数値としていることから，最大 $\Delta K = 1.0$ だけ分の弛度誤差 Δd が発生する。

$$\Delta d = (\Delta K/10^5) \times (S/2)^2$$
$$= (1/10^5) \times (S/2)^2 \quad (2.3.13)式$$

(2.3.12)式により，径間長 S と弛度誤差 Δd の関係を第2.3.1表に示す。

第 2.3.1 表 径間長 S と弛度誤差 Δd

径間長 S [m]	弛度誤差 Δd [cm]	K 値刻み 弛度許容誤差 50cm/Δd	実架線条件の K 値範囲（計算値）
100	2.50	50/2.50 = 20.0 20 刻み	75～155
150	5.63	50/5.63 = 8.88 8 刻み	59～111
200	10.00	50/10.00 = 5.0 5 刻み	51～90
260	16.90	50/16.90 = 2.96 3 刻み	44～77
300	22.50	50/22.50 = 2.22 2 刻み	41～71
350	30.63	50/30.63 = 1.63 1 刻み	39～69
400	40.00	50/40.00 = 1.25 1 刻み	37～68
450	50.63	50/50.63 = 0.99 1 刻み	36～67
500	62.50	50/62.50 = 0.8 1 刻み	35～66

次に，K 値と刻みの関係は，第 2.3.2 表のとおりとなり，弛度許容誤差を仮定することにより，定規枚数の種類を減らすことができる。（121→47枚）

第 2.3.2 表 K 値と刻み

径間長	最大 K	K 値	刻み	枚数
100m	155	120,140,160	20 刻み	3 枚
150m	111	98,106,114	8 刻み	3 枚
200m	90	80,85,90	5 刻み	3 枚
260m	77	74,77	3 刻み	2 枚
300m	71	71	2 刻み	1 枚
350～500 m	35～69	35～69	1 刻み	35 枚

計 47 枚

(3) K 定規の使用方法

K 定規の使用にあたっては，K 値を下式にて計算し，それより大きく（弛度安全側）て近い K 値の定規を使用すれば良い。

$$K = 10^5 \times d/(S/2)^2 \quad (2.3.14)式$$

又は

$$= 10^5 \times W/2T \quad (2.3.15)式$$

なお，K 定規縮尺と縦断図縮尺が異なる場合，K 定規の横縮尺：$1/H_k$，縦縮尺：$1/V_k$ とし，縦断図の横縮尺：$1/H$，縦縮尺：$1/V$ とすれば，(2.3.16)式により縮尺補正し，既存の K 定規が活用できる。

$$K' = [(H^2/V)/(H_k^2/V_k)] \times K \quad (2.3.16)式$$

例えば，横縮尺：1/2 000，縦縮尺：1/400 の K 定規を，横縮尺：1/2 500，縦縮尺：1/400 の縦断図に使用する場合，$K' = 1.57 \times K$ となり，K 値の 1.57 倍の K 定規を使用すればよい。

> **2.3.5 地上高の考え方**
> 電線地上高は，電技による規制のほか，送電線路の経過地（将来の土地利用も考慮）の違いによる地域状況（人の往来，建造物の種類など），横断工作物との離隔（工作物・樹木など），公衆に対する保安（船舶の航行・釣り場・積雪時）等を考慮し，必要な地上高が決定される。

2.3.5 地上高の考え方について

(1) 地上高確保について

電技における電線の高さを第 2.3.3 表に示す。

第 2.3.3 表 電線の高さ（電技による）

該当物件		電技解釈	35 kV 以下	66 kV	77 kV	154 kV	187 kV	220 kV	275 kV	500 kV
一般地域 *1	鉄道，軌道横断	107条	5.5	6.0		6.36	6.72	7.44	10.08	
	道路横断	〃	6.0	6.0		6.36	6.72	7.44	10.08	
	横断歩道および上記以外の一般箇所	〃	5.0	6.0		6.36	6.72	7.44	10.08	
山地等であって人が容易に立ち入らない場所		〃	5.0	5.0		5.36	5.72	6.44	9.08	
市街地等の密集地域 *2		101条	10.0	10.48	10.60	11.40	－	－	－	
水面上		107条	水面上の高さを船舶の航行等に危険を及ぼさないよう保持する							
氷雪の多い地方		〃	積雪上の高さを人や車両の通行等に危険を及ぼさないよう保持する							

本表は電圧別に必要とされる地上高を表示（計算）したものである
*1 鉄道，軌道は軌道面上，横断歩道橋は路面上の高さとする
*2 発変電所等の構内外を結ぶ 1 径間はこの限りではない

地上高については，第 2.3.3 表の電技規定値以外にも，地域状況から想定される建造物高さに，第 2.3.6 表の電技離隔距離を考慮した値とする場合があり，その一例を第 2.3.4 表ならびに第 2.3.5 表に示す。

第2.3.4表　170kV未満の地上高（一例）

地区	地域	地上高〔m〕	
		建造物考慮（一例）	地表上の高さ（電技解釈101条）（電技解釈107条）
A	高層化地域，または将来高層化が予想される地域	22〜24m	10〜11m
B	市街化区域および都市周辺部で建造物が密集している地域，または将来密集が予想される地域	17〜19m	10〜11m
C	市街化調整区域および村落周辺部で耕作地が多く，建造物が散在し人の往来が多い地域	15〜17m	5〜6m
D	・村落周辺部で耕作地が多く，人の往来が少ない地域 ・山地，山林地域，荒地	—	5〜6m

- 建造物考慮において，A地区は5階建ビル（高さ19m相当），B地区は3階建家屋（高さ12m相当），C地区は2階建家屋（高さ9m相当）を想定し，電技の離隔距離を確保している。
- 地表上の高さにおいて，154kV以上の場合は静電誘導防止を考慮する場合があるため注意を要する。

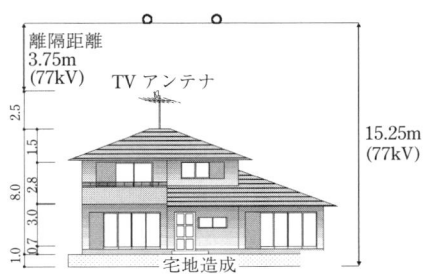

第2.3.6図　建造物を考慮した地上高超高圧未満（C地区）

第2.3.5表　170kV以上の地上高（一例）
上段：275kV
下段：500kV

地区	地域	地上高〔m〕	
		建造物考慮（一例）	地表上の高さ静電誘導
C	市街化調整区域および村落周辺部で耕作地が多く，建造物が散在し人の往来が多い地域	17m 21m	14〜15m 22〜27m
D	・村落周辺部で耕作地が多く，人の往来が少ない地域 ・山地，山林地域，荒地	—	10〜12m 16〜20m

- 建造物考慮において，C地区は2階建家屋（高さ9m相当）を想定し，電技の離隔距離を確保している。

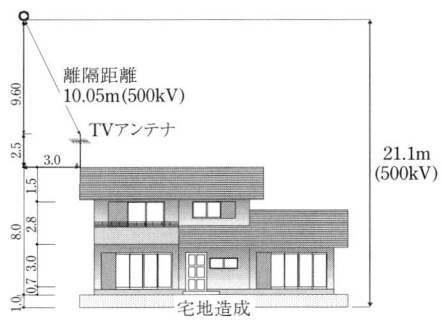

第2.3.7図　建造物を考慮した地上高超高圧以上（C地区）

- 超高圧以上の地表上の高さは，電技解釈第107条よりも，電技省令第27条および解釈第102条の誘導障害の防止から決まるケースが多い。

　ただし，誘導による地上高は，電線サイズ，導体数，導体間隔などにより異なるため，第2.3.5表の数値は概算値である。
（電界強度予測計算については，付録5.1参照）

　C地域については，電技の静電誘導による規定値（ほとんど感じない程度）である地上1m地点の電界強度3kV/mを満足する地上高である。

　D地域については，上記の電界強度3kV/mを，5kV/m（やや感じる程度）に置き換えた場合の地上高である。

(2) 離隔確保について

電技に規定されている離隔距離を，第2.3.6表に示す。

第2.3.6表　離隔距離（電技による）

工 作 物	離隔距離〔m〕								
	－	66 kV	77 kV	110 kV	154 kV	187 kV	220 kV	275 kV	500 kV
建　造　物 （電技解釈124条） 道路・鉄道・軌道 横断歩道橋 （電技解釈125条）	35kV 以下 3.0	3.6	3.75	4.2	4.8	5.4	5.85	6.6	10.05
索道 （電技解釈126条） 低高圧電線 等 （電技解釈127条） 特別高圧電線相互 （電技解釈128条） 他の工作物 （電技解釈129条） 植物，樹木 （電技解釈131条）	60kV 以下 2.0	2.12	2.24	2.6	3.2	3.56	3.92	4.64	7.28

・建造物との離隔においては，第2.3.8図に示すとおり，電技の離隔距離を確保する必要がある。

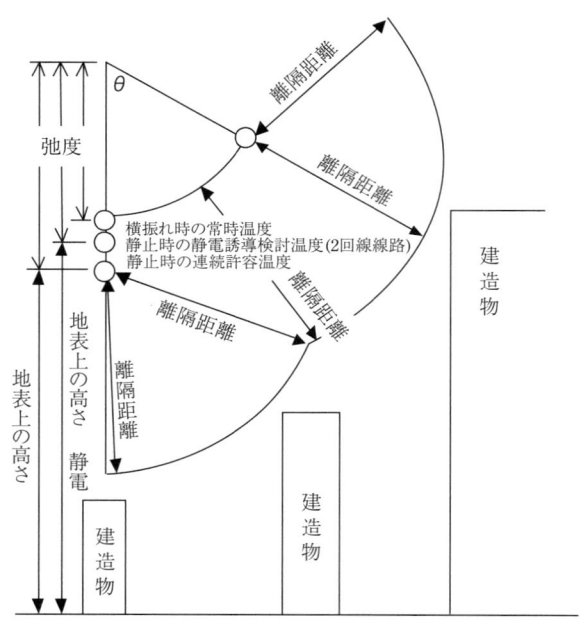

第2.3.8図　建造物との離隔検討

・樹木との離隔確保においても，電線静止時と電線横振れ時のいずれにおいても電技の離隔距離を確保する必要がある。

なお，樹林地帯の樹木高さは，将来の伐期を想定した「伐期想定樹高」とする場合が多い。

電線静止時において，樹木倒壊が予想される場合，倒壊時の最接近状態で離隔距離を確保する。

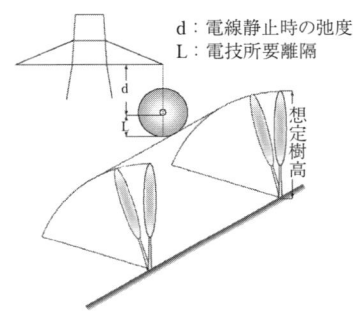

第2.3.9図　樹木との離隔検討（静止時）

ただし，電線横振れ時においては，横振れ時に電線方向への樹木倒壊が想定しにくい（横振れ方向と倒壊方向が逆）ことから，樹木倒壊を考慮しないのが一般的である。

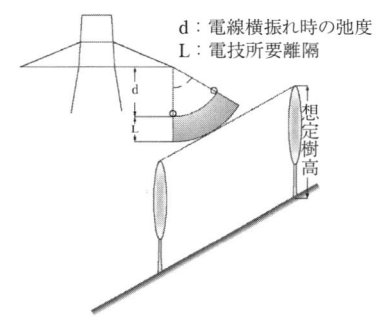

第2.3.10図　樹木との離隔検討（横振れ時）

(3) 電線温度について

地上高および離隔確保における電線温度の一例を，第2-3-7表に示す。

第2-3-7表　電線温度　（一例）

区　　分			温度 種類	具体的な電線温度〔℃〕		
				HDCC	ACSR	TACSR
静止時	超高圧未満		連続 許容	90	90	150
			短時間 許容	120	120	180
	超高圧以上	静電誘導障害検討	2回線線路	運用 限度	－	80	100
			1回線線路	連続 許容	－	90	150
		静電誘導障害検討以外	連続 許容	－	90	150
			短時間 許容	－	120	180
横振時			常時	45	45	75

・地上高確保における電線温度については，静止時の連続許容温度を基本とする。

ただし，超高圧以上の2回線線路で静電誘導障

害を考慮する場合は，2回線併用運転時の運用限度に見合う電線温度とする。
- 離隔距離確保における電線温度については，電線静止時に連続許容温度又は短時間許容温度，電線横振れ時に常時温度とする。
- 連続許容温度とは，電線まわりの気象条件が，気温 40℃，日射量 0.1W/cm^2，風速 0.5m/s の最悪条件で，連続的に電流を流しても，電線材質に有害な変化を与えない温度であり，その電流を連続許容電流と呼ぶ。
- 短時間許容温度とは，前記の気象条件において，短時間に限って電流を流しても，電線材質に有害な変化を与えない温度であり，その電流を短時間許容電流と呼ぶ。
- 電線横振れ時の常時温度とは，風による温度低下を考慮した弛度と，ほぼ同一弛度となる無風時の電線温度とする。

2.3.6 鉄塔の裕度計算

鉄塔の現地適用にあたっては，異なった設計条件でそれぞれ対応する鉄塔を設計しておき，各々の鉄塔をその機械強度の許される範囲で設計条件以外の荷重条件でも使用する。

このように，ある設計条件で設計された鉄塔の適用可能範囲を計算することを裕度計算といい，この方法は下記の想定荷重条件ごとに（2.2）式，（2.3）式，（2.4）式で計算し，いずれの条件に対しても適合させるものとする。
- 電線の高温季荷重条件
- 地線の高温季荷重条件
- 電線の低温季荷重条件
- 地線の低温季荷重条件

また，大型鉄塔に対しては，必要に応じ斜風の条件に対しても検討を行う。

なお実務の便を考えて，裕度計算結果をもとに鉄塔型別の適用可能範囲を図示したものが荷重裕度表であり，通常これにより鉄塔型を決定する。

(1) 水平荷重による裕度計算式

$$W_w S_m \cdot \sin^2\phi + 2T \sin\frac{\theta}{2}$$
$$\leq W_w S_0 \cdot \sin^2\phi + 2T \sin\frac{\theta_0}{2} \quad (2.2)\text{式}$$

(2) 垂直荷重による裕度計算式

(a) 引下げを受ける場合

$$(Wc+Wi)S_m + T\left(\frac{h_1}{S_1}+\frac{h_2}{S_2}\right)$$
$$\leq (Wc+Wi)S_0 + T\Sigma\tan\delta_0 \quad (2.3)\text{式}$$

(b) 引上げを受ける場合

$$(Wc+Wi)S_m + T\left(\frac{h_1}{S_1}+\frac{h_2}{S_2}\right)$$
$$\geq (Wc+Wi)S_0 + T\Sigma\tan\delta_0' \quad (2.4)\text{式}$$

wc ：架渉線の質量〔kg/m〕
g ：SI 単位換算係数（9.80665）
Wc ：架渉線の重量〔N/m〕
Wi ：架渉線の着氷雪重量〔N/m〕
Ww ：架渉線の風圧荷重〔N/m〕

$$Wc = g \cdot wc \qquad Wi = g \cdot \pi\rho k(D+k) \times 10^{-3}$$
$$Ww = P(D+2k) \times 10^{-3}$$

ρ ：着氷雪の密度〔g/cm^3〕
　　電技設計では 0.9 g/cm^3
k ：着氷雪の厚さ〔mm〕 電技設計では 6 mm
D ：架渉線の外径〔mm〕
P ：架渉線の風圧〔Pa〕
　　高温季荷重条件では 980 Pa
　　低温季荷重条件では 490 Pa
　　なお，多導体の場合は，この 90％ とする。
S_1, S_2 ：鉄塔の前後径間長〔m〕
h_1, h_2 ：前後の鉄塔との支持点高低差〔m〕
　　当該鉄塔の支持点が隣接鉄塔より
　　　　　　　　　　　　　　高い場合：正
　　　　　　　　　　　　　　低い場合：負

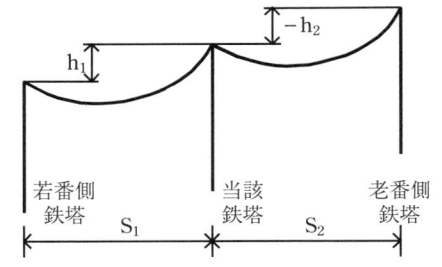

S_m ：当該鉄塔の荷重径間長〔m〕
　　$S_m = (S_1+S_2)/2$
S_0 ：当該鉄塔の設計条件である径間長〔m〕
ϕ ：風向角〔度〕 普通鉄塔は 90 度，
　　大型鉄塔で斜風を考慮する場合は 60 度
T ：当該鉄塔の設計条件である架渉線張力〔N〕
　　（最大使用張力）
θ ：当該鉄塔の水平角度〔度〕
θ_0 ：当該鉄塔の設計条件である水平角度〔度〕
$\Sigma\tan\delta_0$ ：当該鉄塔の設計条件である
　　　　　　　引下げ $\tan\delta_0$ の若老合計値
$\Sigma\tan\delta_0'$ ：当該鉄塔の設計条件である
　　　　　　　引上げ $\tan\delta_0'$ の若老合計値

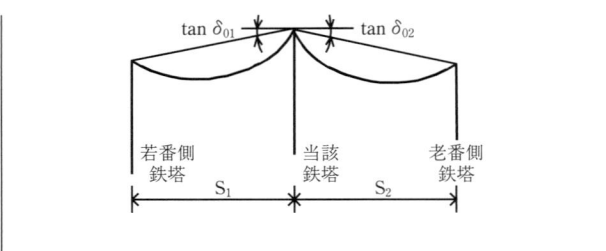

2.3.6 鉄塔の裕度計算について

(1) 荷重裕度表

荷重裕度表には水平荷重によるものと，垂直荷重によるものとがあり，第2.3.11図，第2.3.12図のような形で示される。

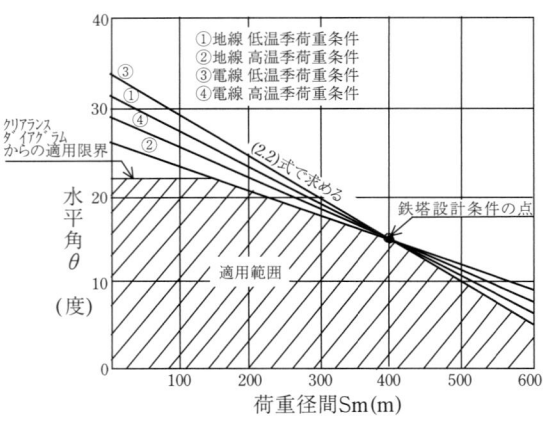

第2.3.13図 水平荷重による裕度表

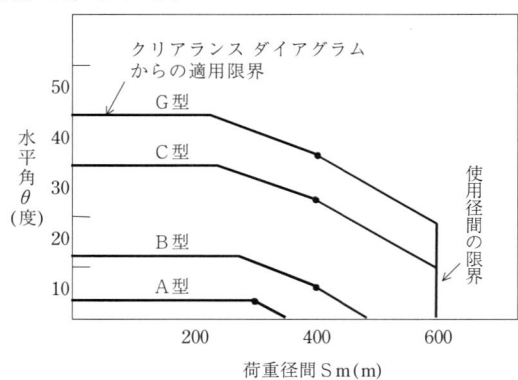

第2.3.11図 水平荷重による裕度表の例

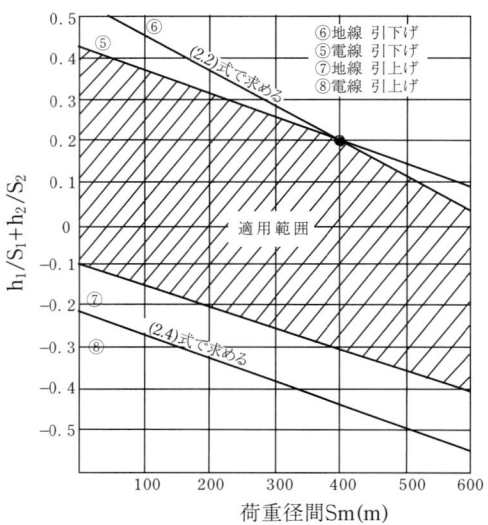

第2.3.14図 垂直荷重による裕度表

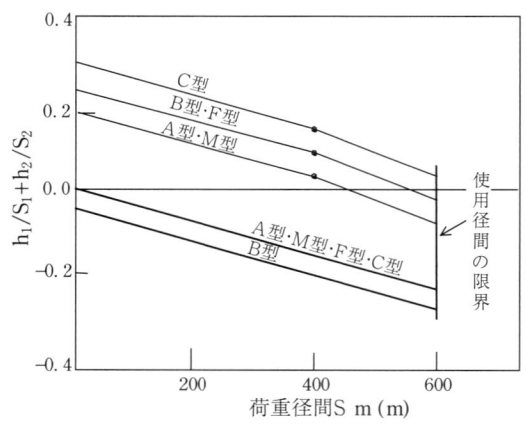

第2.3.12図 垂直荷重による裕度表の例

水平荷重による裕度表においては，型別毎の裕度を示す線の下側が適用範囲であり，垂直荷重による裕度表においては，型別毎の裕度を示す2本の裕度線（上側の線が引下げ限界，下側の線が引上げ限界）に挟まれた範囲が適用範囲である。

この裕度表は各種の条件を検討し，いずれにも適合するように決められているため，第2.3.13図，第2.3.14図のとおり，鉄塔設計条件の点において折線となる。

(2) その他の裕度計算手法（反力裕度）

本文に示した計算手法以外にも，やや複雑となるが鉄塔に作用する垂直反力と水平反力に着目した計算手法があり，以下に2回線鉄塔（地線1条，電線単導体）における計算式の例を示す。

なお，多回線鉄塔においても，これに準じて計算をおこなえば良い。

(ア) 垂直反力による計算式

$$\frac{Wg+6Wc}{4}Sm + \frac{Tg+6Tc}{4}\left(\frac{h_1}{S_1}+\frac{h_2}{S_2}\right)$$

$$+\frac{1}{2B}\left[\begin{array}{l}\left(Wwg \cdot Sm \cdot \sin^2\phi + 2Tg \cdot \sin\frac{\theta}{2}\right)Lg \\ +6\left(Wwc \cdot Sm \cdot \sin^2\phi + 2Tc \cdot \sin\frac{\theta}{2}\right)Lc\end{array}\right] \leq R$$

$$R = \frac{Wg+6Wc}{4}So + \frac{Tg+6Tc}{4}\Sigma\tan\delta_0 \quad (2.3.17)式$$

$$+\frac{1}{2B}\left[\begin{array}{l}\left(Wwg \cdot So \cdot \sin^2\phi + 2Tg \cdot \sin\frac{\theta_0}{2}\right)Lg \\ +6\left(Wwc \cdot So + 2Tc \cdot \sin\frac{\theta_0}{2}\right)Lc\end{array}\right]$$

(イ) 水平反力による計算式

$$Wwg \cdot Sm \cdot \sin^2\phi + 2Tg \cdot \sin\frac{\theta}{2}$$
$$+ 6\left(Wwc \cdot Sm \cdot \sin^2\phi + 2Tc \cdot \sin\frac{\theta}{2}\right) \leq H$$
$$H = Wwg \cdot So \cdot \sin^2\phi + 2Tg \cdot \sin\frac{\theta_0}{2} \quad (2.3.18)式$$
$$+ 6\left(Wwc \cdot So \cdot \sin^2\phi + 2Tc \cdot \sin\frac{\theta}{2}\right)$$

$Wg \cdot Wc$：地線および電線の重量〔N/m〕
　　　（着氷雪重量を含む）
$Wwg \cdot Wwc$：地線および電線の風圧荷重〔N/m〕
　　　（着氷雪厚さを考慮）
$Tg \cdot Tc$：鉄塔設計条件として決められた地線および電線の架渉線張力（最大使用張力）〔N〕
B：垂直反力を検討する位置の塔体幅〔m〕
　種々の高さの位置で検討を必要とするが，一般には主柱材では鉄塔の曲げ点位置と最高継脚での地表位置，腹材では下段腕金位置で検討する。
Lg：地線支持点と検討位置間の鉛直高さ〔m〕
Lc：電線支持点の平均値と検討位置間の鉛直高さ〔m〕
S_1, S_2：鉄塔の前後径間長〔m〕
h_1, h_2：前後の鉄塔との支持点高低差〔m〕
　当該鉄塔の支持点が隣接鉄塔より
　　　　　　　　　　　　　高い場合：正
　　　　　　　　　　　　　低い場合：負
S_m：当該鉄塔の荷重径間長〔m〕　$S_m = (S_1+S_2)/2$
S_0：当該鉄塔の設計条件である径間長〔m〕
ϕ：風向角〔度〕　普通鉄塔は90度，大型鉄塔で斜風を考慮する場合は60度
θ：当該鉄塔の水平角度〔度〕
θ_0：当該鉄塔の設計条件である水平角度〔度〕
$\Sigma \tan\delta_0$：当該鉄塔の設計条件である $\tan\delta_0$ の若老合計値

(2.3.17) 式および (2.3.18) 式により裕度表を作成する方法は，下記の考え方が一般的である。

(i) 荷重条件
　一般に電技に定められた高温季，低温季の各条件で計算し，最もきびしい条件の範囲を適用可能範囲とする。
　なお，過大な着氷雪等が予想される特殊地域については，別途荷重条件を想定し検討する。

(ii) 垂直角度荷重
　一般に鉄塔の裕度計算を行う場合は，裕度計算が径間長と水平角の相関的な増減のみで可能となるようにするため，(2.3.16) 式中の垂直角度荷重の項は除外して計算し，裕度表は第 2.3.11 図と同様な形になる。

したがって，垂直角度荷重に対する裕度検討は (2.3) 式および (2.4) 式により行う必要がある。

(iii) 検討位置
　一般に，主柱材は曲げ点位置と最高継脚での地表位置で，腹材は下段腕金位置でそれぞれ検討する。

(iv) 架渉線支持点と検討位置との鉛直距離
　第 2.3.15 図において，地線支持点と検討位置間の鉛直距離を L_g，電線支持点の平均値と検討位置間の鉛直距離を L_c とし，(2.3.19) 式で求める。

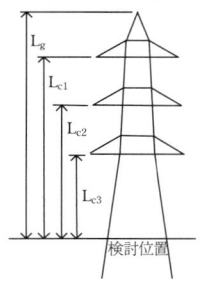

第 2.3.15 図　架渉線支持点と検討位置

$$L_c = (L_{c1} + L_{c2} + L_{c3})/3 \quad (2.3.19)式$$

2.3.7　懸垂横振れ検討

(1) 懸垂がいし装置の場合
　下記の二つの条件式を満足する S_m と $(h_1/S_1 + h_2/S_2)$ の範囲を，懸垂がいし装置を使用した懸垂鉄塔の使用可能範囲とする。

$$\tan\eta_{1S} \geq \frac{Ww \cdot S_m \cos^2\frac{\theta}{2} + 2T_1 \sin\frac{\theta}{2} + \frac{Iw}{2n}}{Wc \cdot S_m + T_1\left(\frac{h_1}{S_1} + \frac{h_2}{S_2}\right) + \frac{I}{2n}} \quad (2.5)式$$

$$\tan\eta_{2S} \geq \frac{2T_2 \sin\frac{\theta}{2}}{Wc \cdot S_m + T_2\left(\frac{h_1}{S_1} + \frac{h_2}{S_2}\right) + \frac{I}{2n}} \quad (2.6)式$$

(2) V吊懸垂がいし装置の場合
　下記の三つの条件式を満足する S_m と $(h_1/S_1 + h_2/S_2)$ の範囲を，V吊懸垂がいし装置を使用した懸垂鉄塔の使用可能範囲とする。

$$\tan\eta_{1V} \geq \frac{Ww \cdot S_m \cos^2\frac{\theta}{2} + 2T_1 \sin\frac{\theta}{2}}{Wc \cdot S_m + T_1\left(\frac{h_1}{S_1} + \frac{h_2}{S_2}\right)} \quad (2.7)式$$

$$\tan\eta_{2V} \geq \frac{2T_2 \sin\frac{\theta}{2}}{Wc \cdot S_m + T_2\left(\frac{h_1}{S_1} + \frac{h_2}{S_2}\right)} \quad (2.8)式$$

$$V \leq n\left\{Wc \cdot S_m + T_2\left(\frac{h_1}{S_1} + \frac{h_2}{S_2}\right)\right\} \quad (2.9)式$$

η_{1S}：有風時に懸垂がいし装置が横振れしても，電線およびがいし装置の充電部と鉄塔間に所要絶縁間隔が確保できる許容横振れ角〔度〕

η_{2S}：無風時に懸垂がいし装置が横振れしても，電線およびがいし装置の充電部と鉄塔間に所要絶縁間隔が確保でき，架線工事などにも支障とならない許容横振れ角〔度〕

η_{1V}：有風時にV吊懸垂がいし装置のクランプが横振れしても，風下側がいし連が無張力とならない許容横振れ角〔度〕

η_{2V}：無風時にV吊懸垂がいし装置のクランプが横振れしても，架線工事などにも支障とならない許容横振れ角〔度〕

V：無風時にV吊懸垂がいし装置が，電気的かつ機械的に不安定にならない最低垂直荷重〔N〕

wc：架渉線の質量〔kg/m〕

g：SI単位換算係数（9.80665）

Wc：架渉線の重量〔N/m〕$= g \cdot wc$

Ww：架渉線の風圧荷重〔N/m〕

$$Ww = 980 \cdot \left(\frac{V}{40}\right)^2 D \cdot 10^{-3}$$

V：風速〔m/s〕

D：架渉線の外径〔mm〕

i：がいし装置の質量〔kg〕

I：がいし装置の重量〔N〕$= g \cdot i$

Iw：がいし装置の風圧〔N〕

$$Iw = 1.4 \times 980 \cdot \left(\frac{V}{40}\right)^2 Ia$$

Ia：がいし装置の受風面積〔m²〕

S_1, S_2：鉄塔の前後径間長〔m〕

h_1, h_2：前後の鉄塔との支持点高低差〔m〕

S_m：当該鉄塔の荷重径間長〔m〕$S_m = (S_1+S_2)/2$

T_1：有風時の架渉線張力〔N〕

T_2：無風時の架渉線張力〔N〕

θ：当該鉄塔の水平角度〔度〕

n：導体数

2.3.7 懸垂横振れ検討について

鉄塔裕度計算上は懸垂鉄塔を使用できても，両側鉄塔との支持点高低差などとの関係から，がいしに加わる垂直荷重が小さくなると，有風時に懸垂がいし連が許容角度以上に横振れすることがある。

また，線路に水平角度がある場合は，無風時でも横振れし，所要の絶縁間隔を保持できなくなるとともに，架線工事にも支障をきたす場合がある。

V吊懸垂がいし装置の場合も，垂直荷重が小さくなると，有風時の風下側がいし連が無張力状態になり，電気的かつ機械的に不安定なるほか，無風時もがいし連のたるみが大きくなり不安定となる。

したがって，このような場合は耐張装置に変更する必要がある。

(1) 懸垂がいし装置の場合

一般に第2.3.8表に示す4条件で計算し，第2.3.16図の横振れ検討図を作成する。

第2.3.8表 懸垂がいし検討条件

条件	風速〔m/s〕	電線温度〔℃〕	許容横振れ角〔度〕	式	<参考>所要絶縁間隔
1	0	−15〜15	10〜20	2.6式	標準絶縁間隔
2	10	5〜15	15〜20	2.5式	〃
3	20〜25	〃	35〜55	〃	最小絶縁間隔
4	30〜40	〃	50〜72	〃	異常時絶縁間隔

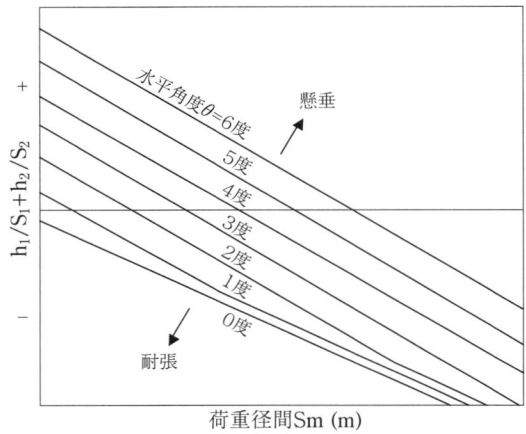

第2.3.16図 懸垂がいし 横振れ検討図

(2) V吊懸垂がいし装置の場合

一般に第2.3.9表に示す3条件で計算し，第2.3.17図の横振れ検討図を作成する。

第2.3.9表 V吊懸垂がいし検討条件

条件	風速〔m/s〕	電線温度〔℃〕	許容横振れ角〔度〕	最低垂直荷重〔N〕	式
1	0	−20〜5	2〜20	−	2.8式
2	20〜30	5〜15	45〜60	−	2.7式
3	0	15	−	3000〜10000	2.9式

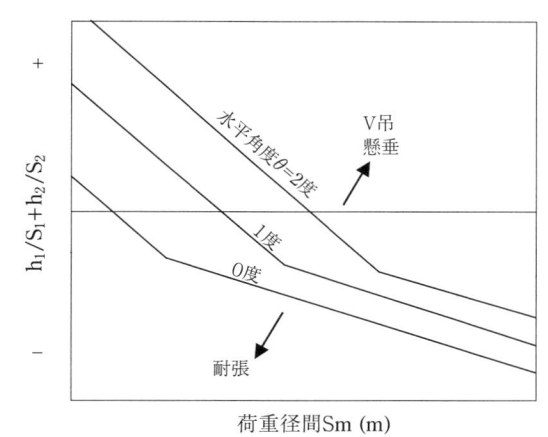

第 2.3.17 図 V吊懸垂がいし 横振れ検討図

(3) 許容横振れ角とクリアランス ダイアグラム

鉄塔装柱の決定においては，電線およびがいし装置の充電部と鉄塔との間隔を検討するために，許容横振れ角と所要絶縁間隔を組み合わせたクリアランス ダイアグラム（第 2.3.18 図）を用いる。

よって，横振れ検討における許容横振れ角は，このクリアランス ダイアグラムの許容横振れと同一となる。

なお，クリアランス ダイアグラムの風速と絶縁間隔については，10m/s 程度の比較的発生頻度の多い低風速に対しては，雷サージに対してがいし連の絶縁レベルと協調する標準絶縁間隔を対応させ，20〜25m/s 程度の中間風速に対しては，開閉サージおよび持続性異常電圧のいずれにも耐える最小絶縁間隔を対応させ，40m/s 程度の発生頻度の少ない高風速に対しては，線路の平常時送電中の最高許容電圧に耐える異常時絶縁間隔を対応させている。

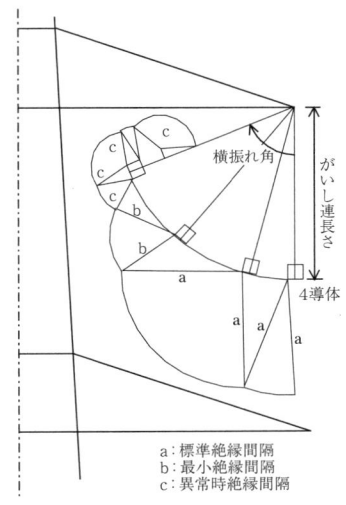

a：標準絶縁間隔
b：最小絶縁間隔
c：異常時絶縁間隔

第 2.3.18 図 クリアランス ダイアグラム 概念図（懸垂）

2.3.8 カテナリー角検討

電線の鉄塔支持点における傾斜角（水平線との間の角度）をカテナリー角（弛角）といい，(2.10) 式で示される。

$$\tan\alpha = \frac{1}{2T}\left(WcS + \frac{I}{n}\right) + \frac{h}{S} \quad (2.10)式$$

α：カテナリー角〔度〕
　　下向き：正数，上向き：負数
wc：架渉線の質量〔kg/m〕
g：SI 単位換算係数（9.80665）
Wc：架渉線の重量〔N/m〕　$Wc = g \cdot wc$
S：径間長〔m〕
n：導体数
T：架渉線張力〔N〕
耐張鉄塔：年平均気温，無風，無着雪時の張力
懸垂鉄塔：最高気温，無風，無着雪時の張力
又は電線連続許容温度，無風，無着雪時の張力
h：隣接鉄塔との支持点高低差〔m〕
　　隣接鉄塔より高い場合：正数
　　隣接鉄塔より低い場合：負数
i：耐張がいし装置の質量
I：耐張がいし装置の重量〔N〕$= g \cdot i$
　　（懸垂がいし装置の場合は，重量ゼロ）

懸垂鉄塔および耐張鉄塔別に下記を検討する。
(1) 懸垂鉄塔
・電線と腕金との離隔検討
・懸垂クランプの許容カテナリー角検討
(2) 耐張鉄塔
・ジャンパーと腕金などとの離隔検討
・耐張がいし装置の正吊逆吊判定
・耐張がいし装置の鉄塔取付用 平面プレートの 曲げ角度決定
・ジャンパー長さ計算資料

2.3.8 カテナリー角検討について

(2.10) 式を用い，第 2.2.19 図のような横軸を S，縦軸を h/S としてカテナリー図が作成できる。

(1) 懸垂鉄塔の場合
(i) 電線と腕金との離隔検討

懸垂鉄塔で引下げが強く，カテナリー角が大きい場合，第 2.3.20 図のように引き下げられた電線と下腕金との離隔が不足する場合がある。

この場合，腕金垂直間隔を増加させるなどの対策が必要となる。

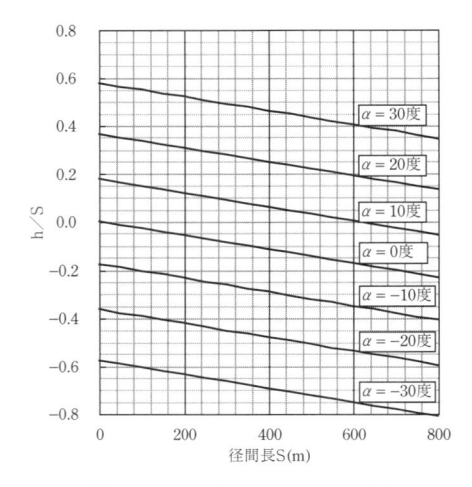

第 2.3.19 図　カテナリー図

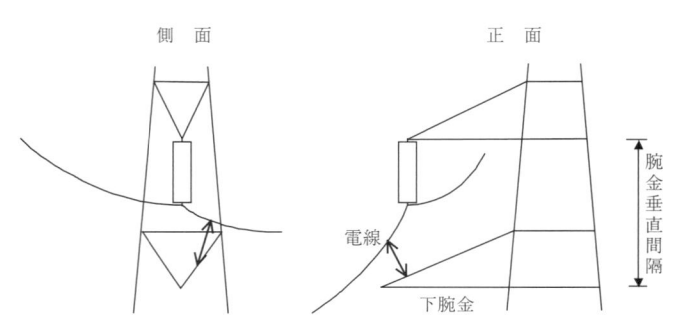

第 2.3.20 図　下部腕金との接近（懸垂）

(ii) 懸垂クランプの許容カテナリー角検討

懸垂クランプはフリーセンター型のため，鉄塔両側のカテナリー角の和が，クランプの許容値以下であることを検討する。

$$(\alpha_1 + \alpha_2)/2 \leqq \alpha_c \quad (2.3.20)式$$

α_c：クランプのカテナリー許容値（片側）
α_1：若側のカテナリー角
α_2：老側のカテナリー角
　（引上げの場合は，符号マイナス）

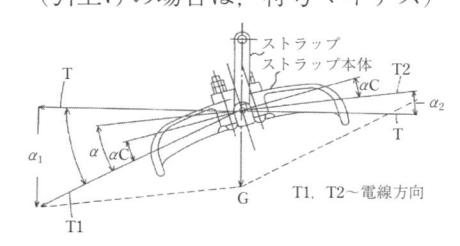

第 2.3.21 図　懸垂クランプ

許容範囲を超える場合は，特殊クランプなどの採用・耐張化などを検討する。

(2) 耐張鉄塔の場合

(i) ジャンパーと腕金などとの離隔検討

耐張鉄塔の場合も極端な引下げ引上げの場合，第 2.3.22 図，第 2.3.23 図のように離隔不足となる場合がある。

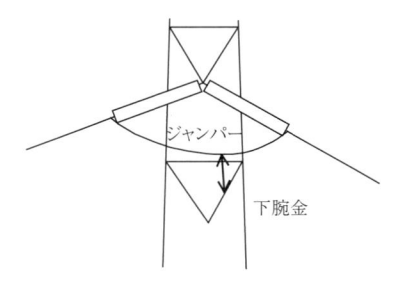

第 2.3.22 図　ジャンパーと腕金の接近（耐張）

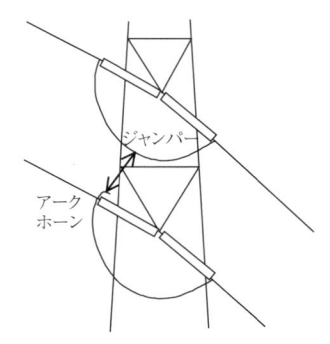

第 2.3.23 図　ジャンパーの接近（耐張）

この場合，ジャンパーの形状を正確に把握する必要があり，離隔不足の場合は，腕金垂直間隔を増加させたり，ジャンパーのコンパクト化などの対策が必要となる。

また，このような鉄塔は保守保安上好ましくないため，ルート選定調査時に注意を要する。

(ii) 耐張がいし装置の正吊逆吊判定

カテナリー角が正となる場合を，正吊とし，カテナリー角が負となる場合を，逆吊とする。

(iii) 耐張がいし装置の鉄塔取付用

平面プレートの曲げ角度決定

カテナリー角から5度おき程度に曲げ角度を決定している。

2.3.9　懸垂がいし装置　強度検討

懸垂がいし装置には，電線およびがいし装置の質量，電線張力の垂直角度荷重などの垂直荷重と電線およびがいし装置に加わる風圧荷重，電線張力の水平角度荷重などの水平荷重との合成荷重が加わる。

その合成荷重は（2.11）式で示され，がいし装置の許容強度以下であることを確認する。

$$\frac{G}{n\alpha} \geq \sqrt{\begin{array}{l}\left\{(Wc+Wi)\dfrac{S_1+S_2}{2}+T\left(\dfrac{h_1}{S_1}+\dfrac{h_2}{S_2}\right)+\dfrac{I}{n}\right\}^2 \\ +\left\{Ww\dfrac{S_1+S_2}{2}\cos^2\dfrac{\theta}{2}+2T\sin\dfrac{\theta}{2}+\dfrac{I_w}{n}\right\}^2\end{array}}$$

(2.11)式

G：懸垂がいし装置の強度〔N〕
（V吊懸垂がいし装置の場合は，片連のみの強度）
n：導体数
α：安全率
T：架渉線張力（最大使用張力）〔N〕
θ：水平角度〔度〕
S_1, S_2：鉄塔の前後径間長〔m〕
h_1, h_2：前後の鉄塔との支持点高低差〔m〕
　　　　隣接鉄塔より高い場合：正数
　　　　隣接鉄塔より低い場合：負数
wc：架渉線の質量〔kg/m〕
Wc：架渉線の重量〔N/m〕　$Wc = g \cdot wc$
g：SI単位換算係数（9.80665）
Wi：架渉線の着氷雪重量〔N/m〕
　　　$Wi = g \cdot \pi \rho k(D+k) \times 10^{-3}$
D：架渉線の外径〔mm〕
ρ：着氷雪の密度〔g/cm³〕
　　　低温季荷重条件では 0.9 g/cm³
k：着氷雪の厚さ〔mm〕低温季荷重条件 6mm
i：懸垂がいし装置の質量
I：懸垂がいし装置の重量〔N〕$I = g \cdot i$
（V吊懸垂がいし装置の場合は，片連のみの重量）
Ww：架渉線の風圧荷重〔N/m〕
　　　$Ww = P(D+2k) \times 10^{-3}$
P：架渉線の風圧〔Pa〕
　　　高温季荷重条件では 980 Pa
　　　低温季荷重条件では 490 Pa
Iw：がいし装置の風圧〔N〕
　　　$Iw = 1.4 \times P \cdot Ia$
Ia：がいし装置の受風面積〔m²〕

2.3.9　懸垂がいし装置 強度検討について

（1）V吊懸垂がいし装置の場合

V吊懸垂がいし装置の場合は，有風時において風下側が無張力状態となることから，片連に荷重が加わるものとして強度決定する。

V吊懸垂がいし装置は，I吊懸垂がいし装置に比べ，水平線間および鉄塔腕金垂直間隔が抑制でき，線下面積の縮小（平地部で費用効果大）および鉄塔高低減が図れるが，前記により強度面でI吊に比べ，適用が制限される場合があり，腕金長さが広がる。

（2）がいし単体強度

懸垂がいし強度は，課電破壊荷重値により規定され，長幹がいし強度は，棒状磁器部の胴径から決まる引張破壊荷重から規定される。

（3）懸垂がいし装置　強度決定図

S_mと（$h_1/S_1+h_2/S_2$）との関係により，第2.3.24図の強度決定図を利用する。

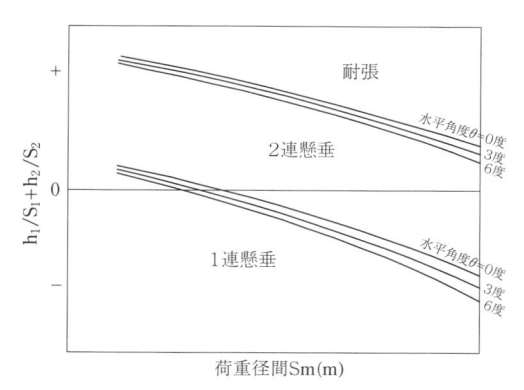

第2.3.24図　懸垂がいし装置 強度決定図

2.3.10　支持点張力検討

（電線および耐張がいし装置強度検討）

支持点張力は，(2.12)式で表され，支持点高低差が大きいほど，高支持点側の支持点張力が増加する。

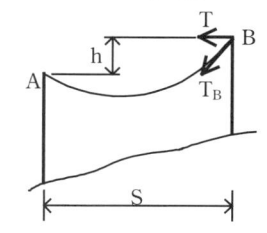

この支持点張力が，電線ならびに耐張がいし装置の許容強度以下であることを確認する。

$$T_B = T + qWc \cdot dH'$$

(2.12)式

$$dH' = d'\left(1+\frac{h'}{4d'}\right)^2$$

$$d' = \frac{qWcS'^2}{8T}$$

$$h' = h\cos\theta$$

$$S' = \sqrt{S^2+(h\sin\theta)^2}$$

$$\theta = \tan^{-1}\left(\frac{Ww}{Wc+wi}\right)$$

T_B：最悪状態時の架渉線支持点張力〔N〕
T：架渉線最大使用張力（水平張力）〔N〕
q：最悪状態時の負荷係数
dH'：最悪状態時の斜弛度 d' より計算された
　　　最悪状態時の高支持点よりの水平弛度〔m〕
d'：最悪状態時の斜弛度〔m〕
　　（横振れ傾斜した面内での弛度）
h'：横振れ傾斜した面内での支持点高低差〔m〕
h：支持点高低差〔m〕
S'：横振れ傾斜した面内での径間長〔m〕

S：径間長〔m〕
θ：風による横振れ角
Wc：架渉線の重量〔N/m〕
g：SI単位換算係数（9.80665）
Wi：架渉線の着氷雪重量〔N/m〕
Ww：架渉線の風圧荷重〔N/m〕
$$Wi = g \cdot \pi \rho k(D+k) \times 10^{-3}$$
$$Ww = P(D+2k) \times 10^{-3}$$
ρ：着氷雪の密度〔g/cm³〕
　低温季荷重条件では 0.9 g/cm³
k：着氷雪の厚さ〔mm〕
　低温季荷重条件では 6mm
D：架渉線の外径〔mm〕
P：架渉線の風圧〔Pa〕
　高温季荷重条件では 980 Pa
　低温季荷重条件では 490 Pa

2.3.10 支持点張力検討について

最大使用張力 T は水平方向の張力であり，支持点張力 T_B はこの最大使用張力に高低差を反映した張力分を付加したものである。

このため，高低差のはなはだしい山間部では，支持点張力と最大使用張力との張力差が大きくなり，支持点張力が許容強度以下であることを確認する必要がある。

(1) 検討対象部位

検討対象部位は，電線（懸垂・耐張に関係なく）ならびに耐張がいし装置である。

(2) 許容支持点高低差図

径間長 S と許容支持点高低差 h_M との関係を，第 2.3.25 図の許容支持点高低差図に示す。

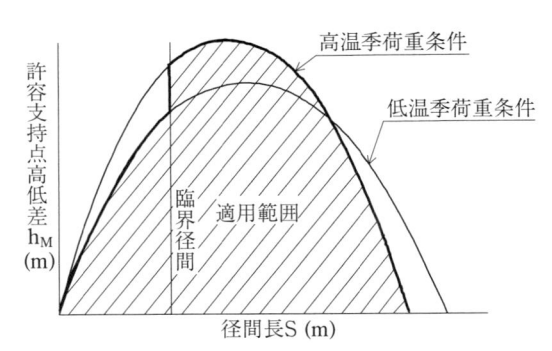

第 2.3.25 図　許容支持点高低差図

3. 基本ルートの選定

> **3.1 ルート選定の基本事項**
> 送電線のルートは，環境の異なるさまざまな地域を経過するため，経過地域の自然および社会環境と調和がとれ，かつ技術的対応が可能であることが重要である。

3.1 ルート選定の基本事項について

架空送電線のルート選定は，送電線建設の基本で，その良否によって用地確保の難易度はもとより，設計・施工ならびに設備信頼度や経済性に大きく影響を与える。架空送電線は，電力需要の増大や電源立地の遠隔化などから大型化（高電圧，多回線，太線，多導体化など），長距離化が進んだ。加えて一般の構築物と異なり公衆保安のため，線下の土地利用に制限があることなどから地域社会や近隣住民の理解を得るための努力が必要となる。

一方，最近の架空送電線のルートは，土地利用の高度化，地域住民の権利意識の高まりならびに法規制などから，ルート選定上の自由度が制約される傾向にある。

このため，架空送電線のルート選定に際しては前述のような多種多様な制約事項を考慮し，多回線化，ルート迂回など設計・施工面での技術的対応を図るとともに，道路，河川敷などの公共用地の有効利用を図ることが，ルート確保の必要条件になってきている。

送電線のルートは，つぎに示す事項を基本に選定する必要がある。

(1) 自然環境と調和がとれること
　(i) 自然林，植林地帯などの伐採が少ない
　(ii) 貴重な動・植物の生息地を避ける
　(iii) 自然公園，名勝地などの自然景観を損なわない
　(iv) 各種規制と整合をとる
(2) 社会環境と調和がとれること
　(i) 人家および公共施設などを避ける
　(ii) 文化財，史跡などを避ける
　(iii) 生産性の高い土地および復元の困難な土地などを避ける
　(iv) 地域開発構想と整合を図る
　(v) 各種規制と整合する
(3) 技術的に調和がとれること
　(i) 設備の信頼性が高い
　(ii) 建設費が経済的である
　(iii) 施工が容易である
　(iv) 所定の工期に完成できる
　(v) 保守が容易である

このように数多くの事項を考慮しながら，限られた経過地域の中で送電線ルートを選定し，設計・施工面での対応をはかるためには，経過地域の自然・社会環境などの現況を綿密に調査するとともに行政機関，地元などと協調をとって，環境面，技術面で調和のとれるルートを選定することが望ましい。

近年，都道府県条例で送電線の建設が環境アセスメントの対象事業となるケースもあり，環境保全への取り組みの重要性と地域社会の理解を得るための努力がますます必要となる。

送電線建設における環境影響との関わりについては，送電線技術研究会発刊の「地域環境対応技術・工法調査報告書」を参照のこと。

> **3.1.1 自然環境**
> 自然環境は狭隘なわが国土において天賦の貴重な資源であり，その保存についての要請はますます強くなっている。国や地方自治体は，自然環境保全のため，法律，条例などにより，指定区域内の開発行為を規制している。
>
> したがって送電線建設がこれらの規制に抵触しないように，あらかじめ，その規制内容を綿密に調査することはもちろん，景観の保全などについても極力配慮することが望ましい。自然環境保全のため留意すべき事項はおおむね下記のとおりである。
> (1) 植生の保護
> (2) 貴重な動植物の保存
> (3) 自然景観の保全

3.1.1 (1) 植生の保護について

自然林，植林地などは貴重な森林資源であり，また土砂の流出崩壊などの自然災害を防備する大切なものである。このため必要に応じて，経過地域の植生の種類，分布などを調査し，それらの伐採および掘荒し面積が少なくなるようルートを選定する。

また，重要な植林地帯では必要に応じ，伐期想定樹高を考慮して，地上高を確保するなど配慮する。

3.1.1 (2) 貴重な動植物の保存について

わが国では貴重な動植物を保護するために，自然環境保全地域，天然記念物，鳥獣保護区などが法的に指定され各種の行為規制が行われている。

送電線の建設にあたっては，事前に経過地域周辺や，これらの指定地域の所在およびその規制内容などを十分調査し，やむを得ず通過する場合には関係行政と事前協議を行い，動植物の生態に影響が少ないルートを選定する。また，復元困難な植物や希少動物の生息地は極力回避する。特に，希少動物であるイヌワシ，クマタカ，オオタカなどの特定猛禽類は，レッドデータブックで絶滅危惧種に指定されており，送電線のルート選定や工事工程上の配慮が求められることから，早期に計画ルート周辺の生息実態調査を実施する必要がある。貴重な動植物の生息地に接近または，生息地内をやむを得ず通過する場合には，関係行政および自然保護団体と事前協議を行い，動植物の保全対策を検討する。送電線のルート選定と猛禽類調査の一般的な係わりを第3.1.1図に示す。

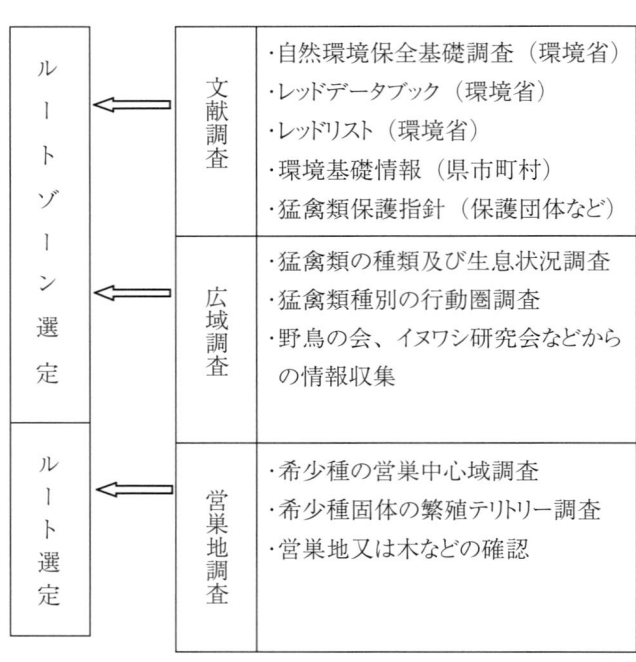

ルートゾーン選定	文献調査	・自然環境保全基礎調査（環境省） ・レッドデータブック（環境省） ・レッドリスト（環境省） ・環境基礎情報（県市町村） ・猛禽類保護指針（保護団体など）
	広域調査	・猛禽類の種類及び生息状況調査 ・猛禽類種別の行動圏調査 ・野鳥の会、イヌワシ研究会などからの情報収集
ルート選定	営巣地調査	・希少種の営巣中心域調査 ・希少種固体の繁殖テリトリー調査 ・営巣地又は木などの確認

第3.1.1図　猛禽類調査

調査期間は，ルート調査の進展に合わせて広域調査と営巣地調査を必要な期間実施する。
環境庁（1996.8）の「猛禽類保護の進め方」では繁殖が成功した1シーズンを含め2営巣期の調査を推奨している。

3.1.1 (3) 自然景観の保全について

自然景観には自然公園，名勝地などの社会的に価値づけられた景観と地域住民の日常生活圏に存在する景色があり，これらの中に送電線を建設する場合は景観に対する影響について十分考慮する必要がある。

特に，平成16年12月に景観法が施行された以降，地方自治体では景観計画区域や景観地区の指定など，景観保全への取り組みが行われている。

送電線のルート選定にあたっては，これら地域の状況を良く把握し，道路などの横断は地形的に目立たない所を選ぶようにする。自然公園や名勝地などについては，特に景観の良好な地域は通過しないようにするか，できるだけ目立たない場所を選ぶことが大切である。

また，やむをえず景観の良好な地域を通過せざるを得ない場合は，景観影響検討を実施し，事前に保全対策を検討する必要がある。

なお，景観は地域の特性や人の感性によって受け止め方が大きく異なり，その評価手法も多様にわたることを考慮して検討することが重要である。第3.1.2図に景観検討手順の一例を示す。

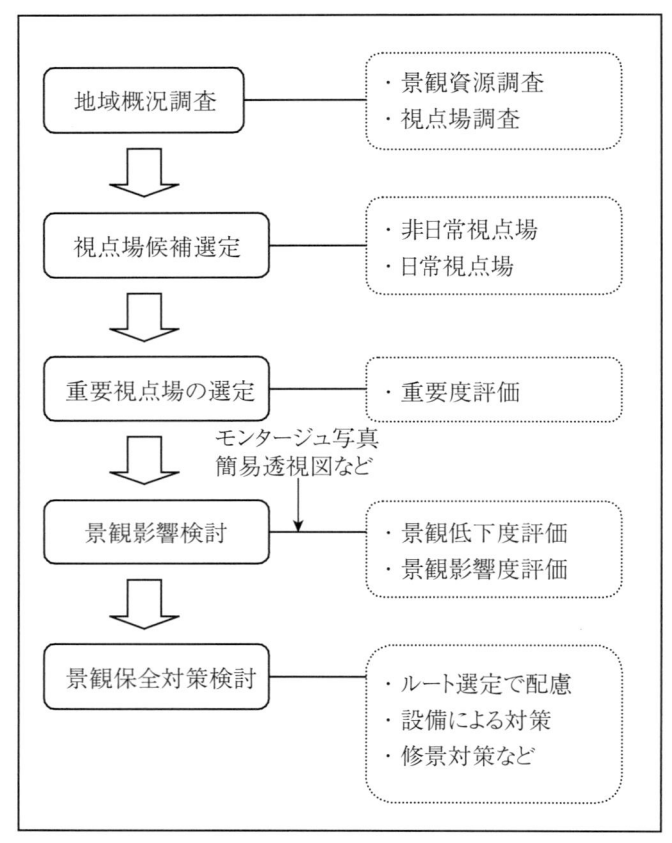

地域概況調査	・景観資源調査 ・視点場調査
↓	
視点場候補選定	・非日常視点場 ・日常視点場
↓	
重要視点場の選定	・重要度評価
↓ （モンタージュ写真、簡易透視図など）	
景観影響検討	・景観低下度評価 ・景観影響度評価
↓	
景観保全対策検討	・ルート選定で配慮 ・設備による対策 ・修景対策など

第3.1.2図　景観検討手順の一例

設備への景観保全対策として，鉄塔やがいしなどを背景と融和させた色彩・明度としたり，鉄塔周辺に植栽をほどこすなどがあるが，ルートの景観保全対策としては次の対応が有効である。

(a) 景観を重要視する山頂や稜線付近では第3.1.3図のように考慮する。

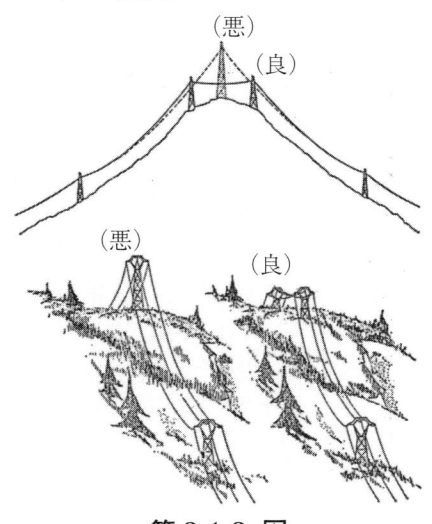

第 3.1.3. 図

(b) 第3.1.4図のように背景が山腹となるよう通過させる。

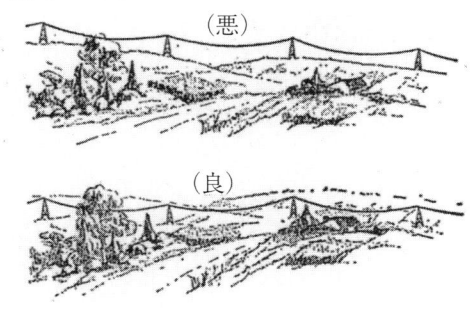

第 3.1.4 図

(c) 名勝地，史跡，展望台などの重要視点場から見難くするよう，鉄塔の高さ及び位置を考慮する。

(d) 第3.1.5図のように樹木を自然の遮蔽物として利用できるよう考慮し，障害となる樹木だけを最小限に伐採する。

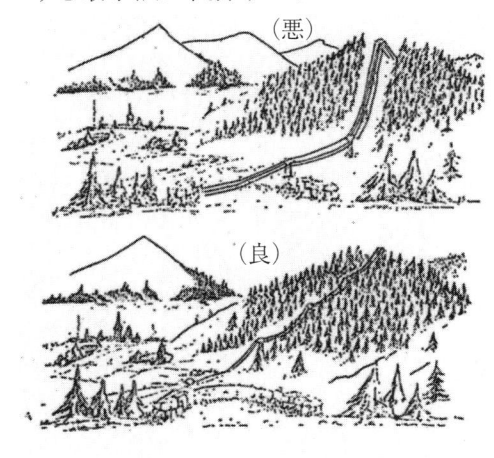

第 3.1.5 図

3.1.2 社会環境

各種の地域開発に伴う生活環境の変化に対して，国，地方自治体あるいは地域社会は強い関心を持ち積極的にその保全ないしは改善をはかっている。このため送電線建設にあたっては，経過地域の生活環境，風土ならびに地元の行政方針，地域開発の動向などについてあらかじめ綿密に調査検討し，地域環境との調和をはかることが肝要である。調査にあたって留意すべき事項はおおむね下記のとおりである。

(1) 生活環境に対する配慮
(2) 文化的，歴史的風土の保全
(3) 土地の利用に対する配慮
(4) 各種の地域開発との協調

3.1.2 (1) 生活環境に対する配慮について

送電線は一般の構造物と異なり，目立ち易い設備であり，経過地域の生活環境への影響を少なくするように心掛けて送電線ルートを選定することが大切である。このため，道路敷，河川敷，用水路などを極力有効活用するとともに，下記の地域はできる限り避けることが望ましい。

(ⅰ) 市街地の近傍など住居密度の高い地域
(ⅱ) 市街化区域，風致地区および緑地保全区域
(ⅲ) 学校，工場の敷地など人が常時集合する場所
(ⅳ) 公園，運動場，キャンプ場，ゴルフ場，スキー場などレクリエーションに人の集まる場所

3.1.2 (2) 文化的，歴史的風土の保全について

わが国には，古代から現代にいたる長い歴史の中で継承されてきたさまざまな文化財や伝統的風土が各地に分布している。

送電線のルート選定に際しては，これらの貴重な文化財や風土を損なうことのないよう事前調査を綿密に行い，関係保護法などを遵守するほか，下記に示す地区，物件などの周辺からルートをできる限り遠ざける。

(ⅰ) 神社仏閣の境内，墓地
(ⅱ) 貝塚，古墳などの埋蔵文化財の予想される箇所および城跡，神社跡などの遺跡
(ⅲ) 伝統的建造物群の保存地区
(ⅳ) 歴史的な風土の保存地区

3.1.2 (3) 土地の利用に対する配慮について

国土の狭いわが国は土地を多目的，高度利用することによって生産性を高めている。このため経過地域の土地利用の状況を事前に調査して，下記の箇所は極力避けることが望ましい。

(ⅰ) 生産性の特に高い地区

（ⅱ）復元が難しい箇所
（ⅲ）代替手段の確保が困難な箇所

なお，やむを得ず生産価値の高い土地を通過する場合には，その土地利用に対して最も影響の少ない場所を選定する。また，伐採，堀荒しなどは必要最小限にする。

3.1.2（4）各種の地域開発との協調について

送電線のルートは，経過地域の各種開発計画と協調していくことが大切である。

このため，経過地域の道路，鉄道，河川などの開発事業ならびに大規模な宅地造成あるいは土地改良事業などを調査し，下記事項に留意して最適なルートを選定する。

（ⅰ）開発計画の内容，対象地域，実施時期などの調査
（ⅱ）関係事業者との事前協議
（ⅲ）計画レイアウトに基づく緑地帯などの有効利用

3.1.3 技術調査

送電線は，その設備の信頼性や保守管理の便益性ならびに建設工事の難易，経済性が，経過地および鉄塔建設地点の地形，地質，気象条件などに大きく左右される。また技術的には，「電技」を遵守することはもとより，他の諸法令によっても規制されている事項が多い。

したがって，送電線の調査・測量を行うにあたっては，下記の技術的な諸調査を必要な項目について実施する。

(1) 地形地質調査
　　（ⅰ）断　　層　　（ⅱ）地すべり
　　（ⅲ）山くずれ　　（ⅳ）急峻な斜面
　　（ⅴ）軟弱地盤　　（ⅵ）河川敷
(2) 気象調査
　　（ⅰ）風　　　　　（ⅱ）着氷雪及び積雪
　　　　　　　　　　　　　（a）着氷雪
　　　　　　　　　　　　　（b）積　　雪
　　　　　　　　　　　　　（c）雪　　ぴ
　　　　　　　　　　　　　（d）なだれ
　　（ⅲ）塩塵害　　　（ⅳ）雷
(3) 環境技術調査
　　（ⅰ）電磁・静電誘導の防止
　　（ⅱ）テレビ受信　（ⅲ）ラジオ受信
　　（ⅳ）風音
(4) その他の調査
　　（ⅰ）腐食性ガス　（ⅱ）鉱山，鉱区，廃鉱など
　　（ⅲ）火薬庫など　（ⅳ）架線工事に対する配慮
(5) 法規制の確認

　　（ⅰ）航空法　　　（ⅱ）電波法
　　（ⅲ）騒音，振動

3.1.3（1）地形地質調査について

送電線は，極力平坦な安定した地山に建設することが望ましいが，国土の狭隘なわが国においては，地盤の良好な箇所のみをルートとして選定することは極めてむずかしいため，以下の諸調査を行い，断層，地すべりなどの危険地域を避けることが必要である。また，地質，地盤構造などは，地表面からの観測だけでは十分に把握することが一般に困難なので，関係刊行物，諸研究資料（第3.1.1表参照）によって，経過地の地質，地盤などの特徴，傾向を調査するとともに，ボーリングなどを行い，適切なルート選定，設備設計を行うことが必要である。

第3.1.1表　収集資料一覧表

	収集資料
地図類	(a)地形図　国土地理院発行 (b)地質図　地質調査所「日本地質図索引図」，国土庁「表層地質図」 (c)地盤図　国土交通省，土地学会，日本建築学会などで発行 (d)土地利用図（土地条件図）国土地理院「1/25,000 土地条件図」 (e)断層図　東大出版界「日本の活断層分布図」 (f)地すべり地形分布図　防災科学技術研究所 (g)地すべり防止区域図　都道府県指定 (h)空中写真　日本地図センター発行の天然色写真
調査観察記録	(a)土地調査（特にボーリング）記録 (b)既設構造物の設計施工に関する記録と現状についての資料 (c)地すべり，土砂崩壊に関する記録 (d)井戸，地下水，地表水に関する記録 (e)河川に関する資料 (f)地盤沈下に関する資料 (g)風水害および雪害に関する記録 (h)気象観測資料 (i)埋蔵文化財，鉱業権

（ⅰ）**断層**

断層は地層の破断面で，その周囲には断層運動に伴って形成された破砕帯があって脆弱な地盤となっていることが多い。断層には活断層と呼ばれて現在も活動しているものがあり，地盤の変動が発生しやすいため特に注意を要する。

また活断層は全国各地に見られるが断層規模などの研究も進められているため資料により調査し，このような地域は避けるようにする。

リニアメントは，尾根の鞍部，崖，谷などが直線的に配列する特徴的な地形で，このような地形は地

下の地質や構造などを表している場合があるため，詳細な調査が必要である。

(ii) 地すべり

地すべりは，地表の一部が，その基盤の傾斜の方向に，重力の作用で滑動することである。すなわち流れ盤の斜面，とくに第3紀層の砂岩と泥岩の互層や砂岩と凝灰岩の互層からなる地層で発生する傾向がある。

地すべりの発生地域は，よく研究され，その範囲・方向がよく判っている場合は，都道府県で地すべり防止区域として指定しているので，極力通過しないようにルートを選定する必要がある。やむを得ず地すべり防止区域内または隣接して鉄塔位置を選定せざるを得ない場合は，都道府県知事の許可が必要となる。

地すべり地域は 1/50,000 地図でも特殊な地形をしており，第3.1.6図のように等高線が貝殻を伏せたような形をしていて，貝殻の蝶番（ちょうつがい）に当たる部分が地すべり地域の高所であって，それより上は，表土がすべり落ちているため急傾斜をしている。また航空写真を用いて地すべりを調査することも行われている（付録第4.3.3表「写真判読によって把握する地形・地質要素」を参照）。

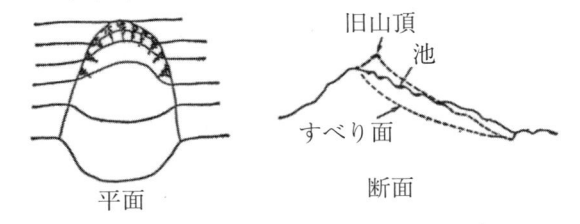

第3.1.6図 地すべりの平面と断面

地すべり地域は山の傾斜が不規則にうねり，ところどころに杉の木立があり小さな森を形作っている場合が多い。この斜面には，不規則な水田が山の頂上に連なり，"田毎の月"式の水田となっているなどの特殊な風景をしている。地すべり地の基盤の上には粘土層や酸性白土の表土があり，この基盤と表土の間に水が浸入して，傾斜の方向にすべっている。したがって，地すべり地域の上部には池があることが多く，地下水も他の地域に比べとくに多い。

地すべり地域では，地すべりの範囲・方向・速度を十分調査してルートを決定するのがよい。地すべりは現在静止していても，ある期間をおいて再発するものである。

地すべり地の送電線ルート選定にはつぎの注意が必要である。

(a) 段々畑や棚田は避ける。
(b) 湿った斜面・排水の悪い地域・湧水の多い地域は避ける。
(c) 大樹が残存している原始林的な地域を通す。
(d) 角ばった石が堆積した所は，堆積層が新しいので避ける。角のとれた石の堆積地は，安定している。

(iii) 山くずれ

山くずれは地表の一部が，その基盤の節理（割れ目）を境にして，重力の作用で剥離・崩壊する現象である。とくに厚い風化土で形成されている急斜面は非常に不安定で崩壊を発生する危険性が高い。

山くずれが発生する地点は，大くずれ・押出・割山・犬ヶ洞・大抜け・落石などの地名がついている場合が多い。このような地名の所は一応危険地として検討するのがよい。また，急峻な山岳地で，尾根の方向や屈曲・地質が極めて複雑な谷間で所々に崩壊面が見え，断崖の多い所も一考を要する。これらの地点でも，大樹が残存していて，原始林の様相を呈している所や，下方に古い集落のある所は目安として一応安心できる。

(iv) 急峻な斜面

やせ尾根や急傾斜地の場合，地山を削って鉄塔の脚を据付けたり，また鉄塔の脚を地盤にあわせて設計する片継脚となる場合が多く，施工面においても作業台の設置など困難を生じる場合があるので，立地予定地の急峻度を調査しておく必要がある。とくに，鉄塔が大型化，高鉄塔化すると根開きが大きくなり，上記傾向が増大するため，設備設計，施工法との関連などを含め，整合性を調査する。

(v) 軟弱地盤

沖積層の低地は，未固結の粘土，シルト，砂の互層である場合が多く，主として水田となっている。このような場所は地耐力が小さく，不同沈下を生じる可能性があるため，ルートを設定する場合には，ボーリング調査などにより地耐力を確認するとともに，良好な支持層や地下水位などの調査を行い，杭基礎の設計などに反映する。

また，水田地域などを通過する時，原地盤の延長に鉄塔位置を設けるようにすれば，軟弱地盤地帯でも，比較的良好な箇所が選定できる（第3.1.7図参照）。

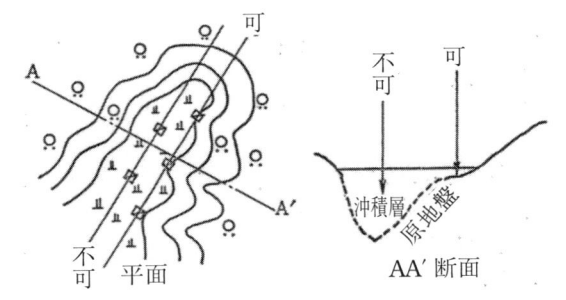

第3.1.7図 軟弱地盤地域の鉄塔位置

(vi) 河川敷

　長い送電線のルートでは，湿地帯や氾濫するおそれのある河川に接近または横断する区間を完全に避けることは困難な場合が多いので，局部的な湿地帯や浸水区間を含むルートを選定せざるを得ないような場合もある。このような場合には過去の洪水の実績や被害の状況を国土交通省や県の河川管理箇所などで調査し，極力安全性の高い区域を選定する。

3.1.3 (2) 気象調査について

　一般地域を通過する送電線については，「電技」に対応する設備設計を行うが，風が収束するような地形や岬など，強風が予想される地域や，着氷雪の特に厳しい地域などを通過する場合には，風や雪の調査を行って，設備の信頼性が確保できるよう必要な対策を講じる。

(i) 風

　風が収束するような地形や岬，および高標高山岳地などでは，風による設備への影響（風圧が設計基準値を上回るケースなど）や電線の異常振動（横振れやギャロッピング）が発生する場合がある。

　特に，台風の通過に伴って強い局地風の吹く地域または半島部など，地形条件から強風が著しく収束する箇所は極力回避するよう努める。やむを得ず通過する場合には，風向，風速，強風の発生頻度などについて，気象官署の観測値やルート近傍で行う気象観測データ及び地元からの情報などを基に装柱や設備強度設計へ反映する（第3.1.8図参照）。

[山岳部特殊箇所の地形]

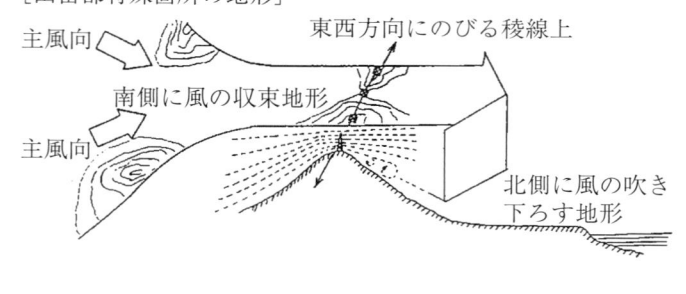

主風向　東西方向にのびる稜線上
南側に風の収束地形
主風向
北側に風の吹き下ろす地形

[海岸周辺の特殊箇所の地形]

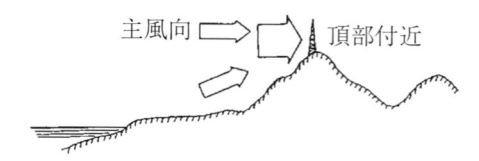

主風向　頂部付近

第3.1.8図　地形による風の収束

(ii) 着氷雪及び積雪

　積雪地帯，特に氷雪山岳地を通過する場合は，近傍の地形的気象的に類似した既設送電線のルート，過去に実施した耐氷雪対策設計，過去に蒙った雪害などの実態を分析評価し，ルート選定，設備設計に反映するため下記のような調査を実施する。

・文献，諸記録の収集分析

　気象官署，林業試験所，諸研究機関，国土交通省，JR，道路公団などの気象ならびに雪氷関係の研究論文，観測記録などの収集と分析評価を行う。

・地図および航空写真によるルート比較ならびに判読

　1/25,000地図，航空写真による候補ルート比較，無雪時と積雪時の航空写真による状況変化の比較，積雪状況，着氷雪状況，雪ぴ，なだれ発生地点調査，なだれ判読調査などを行う。

・ヘリコプタ調査

　候補ルートについて，最大積雪期，融雪期，顕著な降雪直後，機上より下記の雪氷調査を行う。

① 最大積雪期…積雪深，雪ぴ，着氷，なだれ，風もんなどを調査

② 融雪期…積雪深，雪割れ目，雪ぴ，なだれ発生傾向，着氷などの調査

③ 大型低気圧通過直後…ルート近傍に点在させた，着氷サンプラなどの着氷状況，積雪状況などの調査

・雪中調査

　最大積雪期，なだれ多発時期を避けてルートおよび鉄塔地点の現地雪中踏査を実施する。雪中踏査は熟練者による調査隊を編成し，ルートおよび鉄塔地点について，積雪状況，斜面積雪圧の発生傾向，樹木，植生との関連，斜面の向きによるなだれ発生の傾向，地形，風向と雪ぴの方向およびその大小の傾向，季節風の方向と着氷雪発生の傾向など，実地踏査によって把握する。

・気象観測，着氷雪測定，雪圧測定

　特に雪氷状況の不明な箇所にルートを選定する場合は，ルート上のロボット気象観測（風向，風速，気温，湿度，積雪量など），着雪サンプラ，および試験線による着氷雪，ギャロッピング等の観測，簡易雪圧装置による斜面積雪移動圧の測定などの設備をルート上の必要と思われる地点に設置して数年にわたり，観測を実施する。

・落雪被害調査

　既設送電線における過去の落雪被害事例調査（道路・家屋など）の実施および現地における降雪時の落雪状況調査を行う。

(a) 着氷雪

　着氷雪は気象条件，地形などによってその性質が異なるため，一般に第3.1.2表のように分類されている。

① 着雪

　着雪には乾型着雪と湿型着雪の2種類があり，い

ずれも気温のあまり低くならない標高数百m以下の所で発生する。乾型着雪は強風で吹き飛ばされるので主に平地，風の吹き通らない森林地帯および季節風から陰になる尾根に多く発生する。一方，湿型着雪は強風下でも発達するので平地，山地とも発生するが，風が遮断され，樹木にかくれてしまうような箇所では着雪量が少ない。

第3.1.2表　着雪着氷の相違点比較

項目	着雪		着氷
	乾雪	湿雪	
発生地域	南西諸島鶉を除きどこでも発生する可能性がある。	湿った大気が吹き上がる山地の凝結高度以上の地域に限られる。特に冬季季節風に曝される所で大きく発達する。	
	特に日本海沿岸地方で大きく発達する。風に遮蔽されるところは注意が必要。	特に本州北部，北海道の太平洋沿岸地方で大きく発達する。	
付着物質	含水雪片		過冷却水滴（雲粒），雪片を雲粒が接着させたものを含む。
	比較的含水量の小さいもの。	比較的含水量が大きく，みぞれに近い。	
付着現象	水の毛管作用，雪片相互のひっかかり，焼結などにより発達。		凍りついて発達
発達時の天気図	主として冬季季節風型に小低気圧，前線などの小じょう乱が重畳	温帯低気圧の北側領域。寒冷前線の通過時。	主として冬季季節風型
発達時の気温	−2℃〜+2℃	0℃〜+1.5℃	0℃以下
発達時の風速	5m/s以下	20m/s以下	強風時ほど急速に発達。
最初の付着方向	上方，斜め風上	風上方向，斜め風上	風上，水平
密度	0.2g/cm³以下	0.2〜0.9g/cm³以下（大きく発達するものは0.6g/cm³以下）	0.1〜0.9g/cm³以下（大きく発達する樹氷型は0.4g/cm³以下）
回転	雪だけ回転する。（回転型，曲がり込み型）	最初は雪が電線面を回転するが，後には電線ごと捻れる。	電線ごと捻れる。多くの場合，筒にはなりにくい。
風による脱落	大部分は，8m/s以下で脱落	強風下での残存	強風下での残存
脱落様式	一斉脱落の機会が多い。	一斉脱落は少ない。	一斉脱落は少ない。
ギャロッピング	一般に原因となりにくい。	ギャロッピングを起こす。	ギャロッピングを起こす。

着雪による被害としては，ギャロッピング，着雪脱落時のスリートジャンプによる短絡，着雪荷重による電線垂下などで，支持物被害にいたる多くのものは湿型着雪である。湿型着雪に対してはその発生が避け得ない地域では，若老径間長の極端な不揃いを避け，さらに若老径間で大きな着雪の不平衡が生じるような地形での角度点の選び方は慎重に検討を要する。また危険な箇所は設備設計面で配慮することが望ましい。

なお，設備強化対策としては，「電技」（解釈第115条）に，大型河川横断部とその周辺等地形的に異常な着雪が発達しやすい箇所に特別高圧架空電線路を施設する場合，鉄塔およびその基礎は地形等から想定される異常な着雪時の荷重に耐える強度を有することと規定されている。

② 着　氷

着氷は，気温の低い山岳地で風当りの強い所に多く発生する。標高的には北海道では700m，関東では900m，九州地方では1,000m位から着氷が発生している。

大きな着氷の発達する地帯は，一般に冬季季節風の吹き上げに直接曝されるところに限られているので，できるだけこのような地帯を避け，またやむを得ず通過する場合は冬季の主風向と線路方向を一致させるようなルート選定を検討することや長径間を避けることが望ましい。

着氷雪地帯は冬季の凝結高度以上の高標高地域であるが，凝結高度は風の吹き過ぎてくる地形や海岸からの距離に大きく影響されるので地点ごとに異なってくる。

一般的には冬季の強風時における雲底の高さの状況や，季節風の晴れ間に山を眺めれば，着氷帯の上下で色がはっきり異なることなどから判断できるが，着氷帯に入るか入らないかで設計条件がいちじるしく異なってくるので，冬季に着氷調査を実施するなど着氷地域の把握には十分留意する必要がある。

(b)　積　雪

積雪の多い地方においては，春先などの融雪期に，雪の沈降や移動による圧力で鉄塔の脚部に損傷を及ぼす場合があるので，積雪深等を調査し，必要に応じ設備設計へ反映する。

調査は，ルート近傍で，簡易積雪深計などを用いて実施するが，地形などの局地的影響を受けやすいので，調査地点の選定にあたっては，再現性のある箇所を選ぶなど配慮を要する。

(c)　雪　ぴ

降雪量が多く，かつ風の強い尾根付近では風下側に雪ぴが発達しやすく，なかにはその断面の突出高

さが十数mに発達することもある。このような地点に鉄塔位置を選定すると，雪ぴに鉄塔や電線が巻きこまれ，雪の沈降圧により鉄塔部材の変形や，電線が雪ぴ中に埋まるなどの被害を受ける場合があり，とくに山の稜線に鉄塔を選定する場合は，積雪量や風向の調査とあわせ，雪ぴの規模や発達箇所を調査し，極力安全な風上側の場所に選定するようにする。また雪ぴから電線高さを確保するよう注意する。

(d) なだれ

なだれは，雪国の山岳地を通過する送電線路に大きな被害を及ぼす。鉄塔位置の選択を誤れば，なだれの圧力によって鉄塔を変形させ，はなはだしい場合にはこれを倒壊する。しかもこのなだれのうち，全層なだれは条件さえ揃えば必ず発生し，この対策に多大の経費を必要とし，はなはだしいときはルートそのものを変更しなければならないこともある。

① なだれの分類

日本雪氷学会では，なだれが発生する形とすべり面の位置および雪質との組み合わせで，第3.1.3表のとおりなだれを分類している。

第3.1.3表 日本雪氷学会のなだれの分類

なだれ層の雪質		なだれ発生の形	
		点発生	面発生
	乾雪	点発生乾雪表層なだれ	面発生乾雪表層なだれ／面発生乾雪全層なだれ
	湿雪	点発生湿雪表層なだれ	面発生湿雪表層なだれ／面発生湿雪全層なだれ
		表層	全層
		すべり面の位置	

ⅰ 点発生乾雪表層なだれ（こななだれ）

気温が低い時，降雪中におこりやすい。雪ぴ，樹枝，露岩などから落ちた小雪塊がきっかけとなることが多い。

乾いた雪が雪煙となってなだれ落ち，なだれ跡は判別しにくい。斜面の一点からくさび状に動き出す。小規模なものが多い。

ⅱ 面発生乾雪表層なだれ（いたなだれ）

気温が低い時，既に積もったかなりの積雪の上に数十cm以上の新雪があるときにおこりやすい。低い気温がつづく間，降雪中，降雪後をとわずに起こる。

ⅲ 面発生乾雪全層なだれ（かわき底なだれ）

気温が低い時，斜面上のすでにつもった雪の上に，急速に多量の新雪がつもる際，その荷重で斜面上の積雪全層が幅広くなだれおち，規模が大きい。

ⅳ 点発生湿雪表層なだれ（うわなだれ）

20〜30cm程度つもった新雪層が，晴天，暖気にさらされたときにおこる。スノー・ボールがきっかけとなり，湿った雪の層がくさび状に，しかも縮まるように運動し始める。

春先に，表面がざらめ雪となった積雪が，十分な暖気にさらされた場合にも起こる。小規模なものが多い。

ⅴ 面発生湿雪表層なだれ（ぬれいたなだれ）

降雪中，または降雪後，なだれる雪が水気を含んでいて比較的気温が高いとき発生しやすい。

ⅵ 面発生湿雪全層なだれ（底なだれ）

春先の融雪時，あるいは冬でも気温が高いとき起こりやすい。斜面の頂上近くに，雪の表面から地面まで割れ目ができ，地面と積雪下部との間に雪どけ水が流れて，すき間ができてくると，雨の日とか，暖かい日に発生しやすい。大規模なものとなる。

② なだれの発生要因

なだれの発生地点を判断する諸要因をあげるとつぎのようになる。

ⅰ 地 形

ⓐ 傾 斜

斜面の傾斜角が30〜50°程度の斜面で，なだれ予防能力のない植生状態のところで発生する。表層なだれの到達する距離は過去の例から調べて見ると，第3.1.9図に示すようになだれ停止点（でぶり）と発生地点の高低差の3倍になることもあり，全層なだれの場合はこれよりも少ない。

また，なだれ停止点から発生点を見通した仰角が，概ね表層なだれでは18°，全層なだれでは24°となっている。

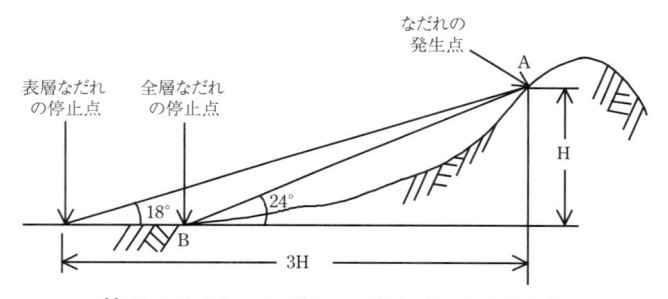

第3.1.9図 なだれの停止点 "でぶり"

ⓑ 方 位

あまり大きな要素とならないが，概して南向き斜面が多いとされている。また冬季の主風向の風下斜面に多い。

ⓒ 斜面形

斜面全体が凹形または平板状のところに多く，また雪ぴや吹溜りのできるところにも注意が必要である。斜面の長さが短かったり，下部が逆に高くなっているような地形は起こらない。

長大斜面の場合は，短い斜面だったらおこらない程度の少ない積雪でもなだれることがある。前兆と

して，斜面上部に雪割れ目が，下部に斜面と積雪層が離れたことを示すふくらみやしわしわが見られる。

　ⅱ）地　質

　地表層が露岩か，または表土の薄い場合に多い。このことは上記のような場所には草地や薮の部分が多く，なだれが起きやすい雪面になっていると考えられ，次の「植生」と密接な関係がある。

　また，古生代や，中生代の頁岩（けつがん），砂岩，花崗岩（かこうがん），閃緑岩（せんりょくがん）などの岩質の境界は，急な崖になっている地点が多く，不安定な雪の崩落が起こりやすい。

　ⅲ）植　生

　林相の不良な箇所，すなわち，斜面のくぼみの部分のみが草地になっていたり，幼令林になっている箇所は，なだれ地または過去になだれに遭遇した箇所と考えられる。また，樹林が斜面に沿って倒伏している所もなだれ発生の可能性があると見てよい。

　ⅳ）防雪設備の有無

　なだれ防止設備があっても，吹きだまりになり雪ぴを形成しているような箇所は注意を要する。このような箇所は，ヘリコプタ査察・航空写真などにより調査することができる。

　③　調査の留意点

　なだれの生じやすい箇所は過去に発生した例がないかどうかを調べるとほぼ見当がつくが，過去になだれが発生しなかった場所でも，道路の開設などで樹木が伐採されたため，新たになだれが発生することもある。なだれの発生する条件が揃っている場所では，将来樹木が伐採されることも考えてルートを設定するのがよい。

　最近，ヘリコプタや航空写真を利用して，冬季のなだれを調査するようになった。予定ルートに沿って冬季にヘリコプタで検討するのも効果的である。また，予定ルートに沿って毎年冬季に数回航空写真をとり，この航空写真を検討して，なだれ対策をたてることもある。

　なだれに対する送電線のルートとして次の点を考慮する。

　　ⅰ）雪ぴ・吹きだまりの発生する地点の下側のルートは避ける。
　　ⅱ）冬季季節風の風下の斜面は避ける。
　　ⅲ）大樹木のない斜面や林相の悪い地域は避ける。
　　ⅳ）冬季季節風の方向に斜面を通過するときは，伐採でなだれを誘発することが多いので，伐採しないですむ鉄塔の高さにする。
　　ⅴ）斜面を登る送電線は，大樹の多い尾根をルートとする。
　　ⅵ）人家の多い地域は一般に安全である。
　　ⅶ）鉄塔の位置は大樹のある尾根とする。伐採するときは樹幹を地上から 1.5～2m 残す。
　　ⅷ）なだれの発生点と"でぶり"を結ぶ線が 18～24°であることが多いので，この限界を念頭に置くこと（第 3.1.9 図参照）。
　　ⅸ）なだれについては，土地の古老・林業従事者によく事情を聞くこと。

(ⅲ) 塩塵害

　塩害は台風や日本海側の冬季季節風による塩風により内陸部に塩分が運ばれ，がいしに付着してがいしの絶縁低下を生じる現象で，この被害は地形によっては海岸から数十 km の地点まで及ぶことがある。とくに台風の通過時には急激に塩分が付着するので，台風の襲来の多い地方ではとくに注意を要する。塵害は工場地帯などから排出される塵（煙のなかに含まれているものなど）ががいしに付着し絶縁低下を生じるもので，とくにセメント工場近傍でその事例が多い。

　塩分によるがいし汚損の区分は一般的に第 3.1.4 表のように分類されているが，地形や気象条件により該当区域が大きく変化するため，電力事業者では各地の塩塵害調査を行い，汚損区分地図を作成し，これにより絶縁設計を行っている。なお過去に調査データの乏しい地域にルートを通す場合においては，ルート近傍にパイロットがいしを長期間設置し，塩分の付着状況を調査することが行われている。

　塩風の防止には，建造物・森林などの遮蔽物の効果が大きい。一方，谷が深く内陸に入っている地形では塩風がこれに沿って内陸深く侵入するものである。送電線のルートは，建造物・森林などのしゃへい効果を利用して，なるべく早く海岸地帯を離れて内陸に入るようにする。また，内陸でも海側に森林があるようなルートとする。

(ⅳ) 雷

　送電線の事故では雷害が最も多く，対象となる送電線が通過する地域にどの程度襲雷するか，襲雷頻度を推定することが重要である。このため，過去の雷事故実績（雷撃頻度マップなど）などからできるだけ正確に襲雷頻度を予想し，それに応じて信頼性と経済性を併せて設計に考慮する。送電線の雷発生の調査は下記の方法が行われている。

　(a) 一般に襲雷頻度の具体的数値として年間雷雨日数（IKL）を用いている。これは雷鳴が聞えた年間の日数で表わしている。送電線への雷撃回数は雷撃頻度に比例して増減すると考えられ，IKL が 30 以上になると雷の多い地域といわれている。

第3.1.4表 汚損区分の概略値

汚損区分		A	B	C	D	E
12t懸垂がいし下面外想定最大等価塩分付着量〔mg〕		50	100	200	400	海水しぶきが直接かかる場合を対象とし，3%塩分0.3mm/min(水平分)の注水を想定。
付着密度〔mg/cm^2〕	懸垂	0.063	0.125	0.25	0.50	
	長幹SP	0.03	0.06	0.12	0.35	
海岸からの概略距離	台風	50km以上一般地域	10〜50km	3〜10km	0〜3km	海岸の地形構造により，0〜300m又は0〜500m
	季節風	10km以上一般地域	3〜10km	1〜3km	0〜1km	海岸の地形構造により，0〜300m
発煙源からの距離	工場地域	—	工場地域周辺の比較的軽度の煙塵害地域	工場地域の中心部		—

(b) 落雷位置評定システム

雷による放電を直接観測する落雷位置評定システムが開発され，IKLに代わり地域別の雷撃密度を把握し，これを送電設備の耐雷設計に活用している。

その原理は，落雷点から発生する電磁波を複数の探知局で検知し各局における電磁波が到達した時の方位・到達時間の相違から落雷点を解析するものである。

(c) ルートの近傍を通過している既設送電線の雷害事故率を調べて雷害の多少を判断する。雷雲の発生は地域によりほぼ同一のルートをたどるため，地元の方に尋ねることもよい方法である。なお，日本海側の冬季雷については太平洋側の雷に比べ，次の性状の相違点が指摘されている。
①雪の極性が逆の場合が多い
②波尾長が長い
③雲底が低く同時雷撃の確率が高い
雷の多い地方を避けることは現実的に難しく，耐雷設計面で対策がとられるケースが一般である。

3.1.3 (3) 環境技術調査について

送電線路網の充実，拡大ならびに高電圧化・大容量化に伴い，送電設備が周辺環境へ影響をおよぼす可能性が生じるため，以下の諸調査を実施し事前に十分な対応策を検討しておく必要がある。

(i) 電磁，静電誘導

通信線への誘導障害には電磁誘導によるものと，静電誘導によるものとがある。電磁誘導障害は送電線から数kmの範囲の通信線に，静電誘導障害は送電線から数百mの範囲の通信線に影響を与える。

なお電磁誘導障害は直接接地系統送電線（187kV以上）の場合，特に影響が大きいため，慎重な検討が必要である。なお通信線への誘導障害については「10.7 通信線電磁誘導障害」「10.8 通信線静電誘導障害」を参照のこと。

(ii) テレビ受信調査

新設建替などによって，ルート近傍にテレビ受信障害が発生する場合がある。テレビ受信障害には，画像が二重に写るゴースト障害や，受信波の弱まる遮蔽障害（この場合，受信機の内部雑音がスノーノイズなどとなって受信障害画像に混入する）などがあり，鉄塔高の増大や導体数の増加により影響が大きくなる。したがってルート選定の段階において障害予測調査を十分に行う必要がある。テレビゴーストの詳細および送電線のルート選定に対する注意事項は付録の「5. テレビ障害」を参照のこと。

近年，地上デジタル放送が普及しはじめているが，地上デジタル放送波は，UHF帯の電波を使用すること及びコンバーター内の復調機能（遮蔽障害などを引き起こす再輻射波等で乱れた電波を修正する機能）があるため，現行UHF放送波と同程度の非常に狭い障害範囲となり実用上問題ないと考えられる。送電線により影響を受ける可能性がある地域は第3.1.12図のとおりである。

また，まれに送電線の直近でモニター画像が揺れる現象が発生することがあるが，これは磁界によりモニター映像を映し出すビームが乱されるため発生する。対策としては，磁界を遮蔽するカバーで覆うことや液晶モニターを使用するなどが行われている。

(iii) ラジオ受信調査

ラジオの放送電界強度（S）と，送電線のコロナにより発生する雑音電界強度（N）との比（S/N）が20dB以上あれば，ラジオ聴取に問題を生じることはない。送電線の雑音電界強度は電線の表面電位傾度により左右されるが，表面電位傾度は電線の太さが太いほど，また導体数が多いほど小さくなり，ラジオノイズに対する影響は少なくなる。またコロナの発生は雨の日が晴れた日より約10dB程度増加する。

(iv) 風音

送電線に定常的な風が当たると風切音が発生する。これを風音という。風音は送電線に限らず，条件が整えば他の構造物でも発生するが，地上高の高

い送電線の場合には，発生する可能性が多いため，事前に調査しておく必要がある。

風騒音が発生しやすい地形条件としては
(a) 海岸沿い，大きな河川の横断，谷越えなど送電線にほぼ直角に風が当たる場所
(b) 周囲が平坦な所，あるいは高鉄塔で電線に当たる風の乱れが少ない場所
などがあげられる。

なお，電線，がいし，鉄塔などの風音に対し以下の対策がとられている。

電線風音については，電線表面の空気剥離に伴う音であり，100Hz前後の卓越した周波数帯域が存在する。その卓越部分を解消することにより風音を軽減することができる。具体的な対策としてスパイラルロッドの巻き付けや低風音電線の採用があげられる。適用に際しては，スパイラルロッドの巻き付けによる風圧・自重の増加，表面の突起によるコロナノイズの発生，架線工事への影響，コストなどを考慮する必要がある。

がいし風音は，多連のボールソケットタイプに，ある方向から風があたった時にがいしが振動して発生する緊急サイレンに似た共鳴音である。具体的な対策として，振動吸収のため導電性ゴムをがいしの連結部に挿入する方法が実施されている。

鉄塔風音のうち鋼管端部の開口部から発生する内部共鳴音については，開口部に風が進入しないよう物理的に密閉する対策が実施されている

3.1.3 (4) その他の調査について
(i) **腐食性ガス発生**

工場地帯から排出される腐食性ガスは，送電線のがいし絶縁を低下させるだけでなく，電線・鉄塔を腐食させる。この結果，送電線路の耐用年数を著しく短縮させ，工事費を増大させるのと同じ結果になる。なお腐食の懸念される箇所では防食電線などが多く使用されている。

送電線の調査に際しては，腐食性ガスを発生する工場・産廃処理場や硫黄温泉が散在する峡谷などを避け，これらの風上側にルートを選定することが望ましい。

(ii) **鉱山，鉱区，廃鉱**

送電線のルートが鉱区を通過する場合は，技術的な問題が発生することが多いので，その状況を十分に検討しておくことが必要である。

石炭の鉱区では，採掘の進行につれて，表土が陥没することが多く，一般に避けるべきであるが，やむを得ないときは，企業者の違う鉱区の境をルートとすることもある。鉱区の境は，両方の鉱区からの採掘に制限があるため，ルートとしても比較的安全である。

鉱区や廃鉱の地域では，地表の近くまで採掘されていることがあり，強固な地盤と思われたものが，鉄塔の基礎工事で陥没した例もある。

送電線路の建設後は，地表・地下とも50m以内を採掘するときは，送電線路側の承諾がいることになっている（鉱業法第64条参照）。

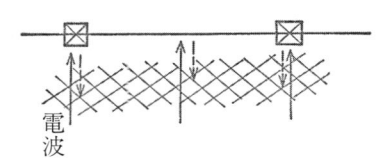

(a) 送電線と電波が直角交さに近い場合の送電線前方

(b) 送電線が迂回している場合の送電線前方

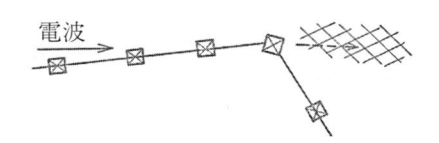

(c) 送電線と電波がほぼ平行に近い場合の送電線前方

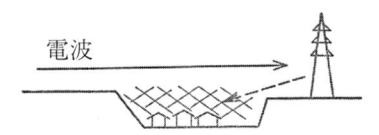

(d) 直接波の弱いくぼ地や山間集落が送電線前方にある場合

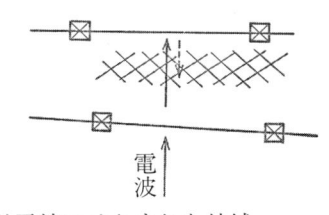

(e) 送電線にはさまれた地域

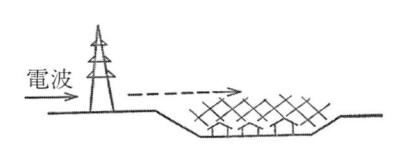

(f) もともと電波の弱いくぼ地や山間集落の前方を送電線が通過する場合

第3.1.10図　送電線により影響を受ける可能性がある地域

石灰石・砕石などの採石場では，ダイナマイトによる石片の飛散が送電線に対して問題となるが，ルートを採石地から100m以上離せば一般的に安全といえる。

(iii) 火薬庫の付近

火薬製造所や火薬庫などの爆発物を貯蔵している箇所の付近にルートを設定するときは，その施設から一定の離隔をとる必要がある（火薬類取締法第7条，第14条参照）。

必要な離隔距離は，火薬製造所か火薬庫か，またその規模・貯蔵量（停滞量）によって異なる（火薬類取締法施行規則第1条，第4条，第23条参照）。

送電線路は，第4種保安物件の高圧電線に該当し，例えば保安距離の一例を示すと次のとおりである。

製造所：停滞量が4,000 kgの場合には130m以上
火薬庫：貯蔵量が20,000kgの場合には140m以上

保安距離をとればよいが，詳細はその都度管理者と打合せるなど，詳細に調査してルートを設定するのがよい。

(iv) 架線工事に対する配慮

ルート選定にあたっては，架線工事施工面からの検討も必要であるため，延線工事用のドラム場，エンジン場などの設置可能地点を概略調査し，必要に応じ，以下の検討を実施する。

(a) 延線亘長を把握し（通常5〜6km程度を目安とする）長距離延線が必要と考えられる場合には，個別に電線への影響など。

(b) 延線区間内の高低差や水平角，金車抱き角などを調査し，延線張力の設定や工事荷重の設備設計への反映。

(c) その他，長径間箇所，重要物横過箇所などにおける施工方法。

3.1.3 (5) 法規制の確認について

送電線は，「電技」により，設備の設置や設計が規制されているので，これらに整合することはもとより，航空法など，関連諸法令を十分調査しなければならない。

この他の法令については，付録6の「主要な関係法令」を参照のこと。

(i) 航空法
(a) 航空標識

航空法によって地表または水面から60m以上の高さの鉄塔には航空障害燈（航空法第51条第1項），さらに昼間航空機から視認が困難と思われる高さ60m以上の鉄塔には昼間障害標識（航空法第51条第2項）を設置しなければならないが，国土交通大臣の許可を受けた場合はこの限りではない（航空法第51条第1項）。

航空障害燈には高光度白色閃光，中光度白色閃光，中光度赤色明滅光，低光度赤色不動光の4種類（航空法施行規則第127条参照）ならびに昼間障害標識（高光度，中光度白色閃光を設置した鉄塔を除く）として黄赤と白色を交互に7等分した塗色（航空法施行規則第132条の2）の設置が義務付けられている。

架空線への標識設置については，ヘリコプターと電線との接触事故を契機に，改善方策が示されている。

架空線への昼間障害標識設置が必要な箇所として，山間部の指定された飛行経路で，主要な道路・河川・鉄道等のいずれかと交差している箇所並びに海上部の全箇所の送電線が対象となり，設置の方法は最上段の架空線に直径50cmの球状表示物を45m間隔で赤と白または黄赤と白を交互に設置することとしているが，代替措置も検討されている。

なお高さ60m以上の鉄塔でも周囲の状況によっては航空障害燈ならびに昼間障害標識を省略，免除される場合もあるので，所轄航空局と十分な打合せをすることが必要である。

また国立公園の特別地域等を通過する場合は，鉄塔が目立たないようにする環境保全と航空法上の安全確保の両面について調和させなければならず，関係省庁と打合せる必要がある。

山岳地においては，航空障害燈設置に伴う電源確保のため，各鉄塔まで配電線を新設することは大量の樹木伐採を伴うばかりか，コスト面で不利となることから注意しておく必要がある。低光度航空障害灯用の電源については，配電線の代替として太陽光発電や静電誘導電源などが考えられる。

(b) 飛行場付近の高さの規制

航空法によって飛行場の周辺の造営物に高さの制限がある（航空法第49条参照）。飛行場の標点から半径4,000m（A級飛行場の場合）の範囲は，水平表面として高さ45m以上の建造物は設置できない。

飛行場の滑走路の方向は，進入表面として1/50（計器用の場合）こう配から上の高さの建造物は設置できない。

飛行場の着陸帯と進入表面の縁から外上方に水平表面に至るまでは，1/7のこう配から上の高さにある建造物は設置できない（第3.1.11図参照）。

なお航空法による陸上飛行場の規格は第3.1.5表の通りで，この表に示す符号は第3.1.11図に示す通りである。

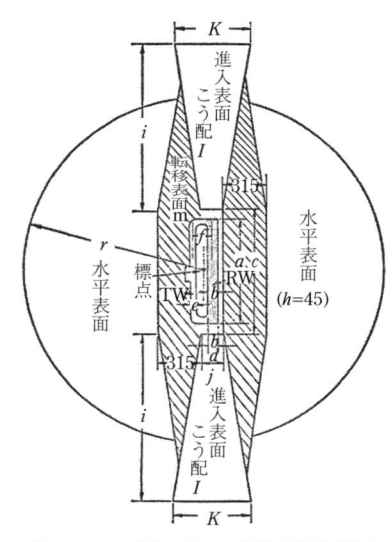

第3.1.11図 陸上飛行場所離隔

(ⅱ) 電波法

マイクロ波の伝搬は空間を光が伝わるのと同様でありこの伝搬路（フレネルゾーン）を送電線などが遮ると，マイクロ波伝搬に支障をきたす場合がある。このため，マイクロルートが送電線と接近または交差する場合は，事前に障害の有無を確認し必要に応じて電波管理者と協議が必要となる。

なお，現行の電波法では重要な固定地点間の電波伝搬路の保護のため，総務省告示にて「伝搬障害防止区域」の指定がされている。

この「伝搬障害防止区域」内に地上高31mを超える高層建築物など（送電鉄塔を含む）の建設あるいは，改造をする場合（第3.1.12図参照）建築主は着工前に（伝搬障害防止区域に指定されたとき，すでに着工している場合は指定後遅滞なく）その旨を総務大臣に届け出ることが必要である。

なお，原則として届け出た高層建築物などが伝搬障害となる場合，その建築工事は2年間着工できないよう電波法で規定されているので極力避けることが肝要である。

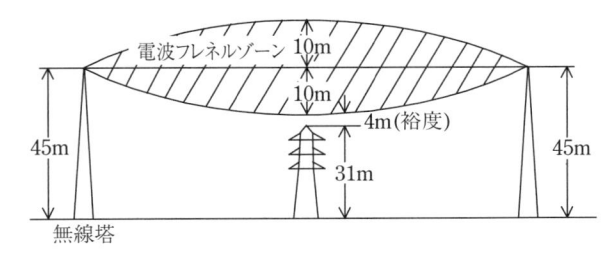

第3.1.12図 電波通路の例

(ⅲ) 騒音，振動

人家・学校・病院などに近接する場合，工事に伴う騒音・振動が問題になることから，ルートはできるかぎりこれらから離す。ただし，やむを得ず近くを通過する場合は騒音・振動を極力抑えるとともに，地域へ工事期間，工事時間などの情報を周知し理解を得ることが必要である。

(a) 送電線建設工事に伴う騒音

送電線工事に伴う騒音は，おもに工事に使用する工事用機械および機材運搬に使用するヘリコプタによるものである。騒音の大きさの規制値は，付近の環境などにより差があり一概に定まらないが，工事用機械では発生源で75〜100dB程度，作業地から30m離れた場所で特殊なものを除くと約60〜65dBである（第3.1.6表参照）。ヘリコプタによる騒音は，作業地区では110dB程度であるが，約300m以上離れたところでは65〜80dBとなる。

これらの騒音の大きさは，市街地の昼間における騒音程度のものであるが，住宅地域や学校，病院などの周辺では，とくに騒音が問題となるので，送電線のルート選定で注意を要する。やむを得ずこれらに接近したルートとなる場合は，騒音規制法を遵守するとともに，騒音の少ない機械の使用や防音フェンスを設置するなど騒音防止に留意する必要がある。また上記地域でヘリコプタを使用する場合はその飛行ルート選定についても注意を要する。

その他，ルート近傍に貴重動物などの生息が確認された場合においても，関係各所と調整し，生息に極力影響が少ない工程，工法を選択する。

(b) 送電線建設工事に伴う振動

送電線工事に伴う振動は，おもに杭打機および矢板打抜機ならびにコンクリートを破砕するためのブレーカ（除手持式）によるものである。振動の大きさは，第3.1.7表に示すようにそれぞれの機械の種類，機械からの距離，地盤の状況により異なるが，61〜84dBである。

とくに地盤が軟弱で杭打が必要と思われる場所では，家屋との接近状況を十分留意してルートを選定すべきである。

第3.1.7表 工事用機械から発生する振動の例

機　種	機械からの距離〔m〕			
	5	10	20	30
・ディーゼルパイルハンマ	84	78	72	68
・振動パイルドライバ	80	73	66	63
・ドロップハンマ	84	76	67	62
・舗装板破砕機	77	72	68	−
・ブレーカ（除手持式）	71	61	−	−

やむを得ず家屋に接近して鉄塔工事を施工する場合は，振動規制法を遵守するとともに，振動の少ない工法を採用する必要がある。

また事前事後に家屋の調査を実施し，工事中の振動

第3.1.5表　航空法による陸上飛行場の規格　　　〔単位：m〕

	符号	滑走路等級		A	B	C	D	E	F	G	H	J
滑走路 RW	a	長さ		2550m以上	2150～2550m	1800～2150m	1500～1800m	1280～1500m	1080～1280m	900～1080m	500～900m	100～500m
	b	幅		45m以上	45m以上	45m以上	45m以上	45m以上	30m以上	30m以上	25m以上	25m以上
		最大縦断こう配		1%	1%	1%	1%	1%	1%	1%	1.5%	2%
		最大横断こう配		1.5%	1.5%	1.5%	1.5%	1.5%	1.5%	1.5%	2%	3%
着陸帯	c	長さ		2670m以上	2270～2670m	1920～2270m	1620～1920m	1400～1620m	1200～1400m	1020～1200m	620～1020m	220～620m
	d	幅	計器用	150m以上	150m以上	150m以上	150m以上	150m以上	150m以上	150m以上	75m以上	75m以上
			非計器用	75m以上	75m以上	75m以上	75m以上	75m以上	60m以上	60m以上	30m以上	30m以上
		最大縦断こう配		1.5%	1.5%	1.75%	1.75%	2%	2%	2%	2%	2%
		最大横断こう配		2.5%	2.5%	2.5%	2.5%	2.5%	2.5%	2.5%	2.5%	3%
誘導路 TW	e	幅		23m以上	23m以上	23m以上	18m以上	18m以上	18m以上	18m以上	9m以上	6m以上
		最大縦断こう配		1.5%	1.5%	1.5%	1.5%	3%	3%	3%	3%	3%
		最大横断こう配		1.5%	1.5%	1.5%	1.5%	1.5%	1.5%	1.5%	1.5%	1.5%
水平距離	f	RWとTW	計器用	184m以上	184m以上	184m以上	184m以上	184m以上	184m以上	184m以上	184m以上	184m以上
			非計器用	109m以上	109m以上	109m以上	109m以上	97m以上	97m以上	97m以上	47m以上	47m以上
	g	TWと固定障害物面		39m	39m	30m	30m	26m	26m	26m	16m	16m
		RWとRW		210m以上	210m以上	150m以上	120m以上	120m以上				
水平表面	r	標高よりの半径の長さ		4000m	3500m	3000m	2500m	2000m	1800m	1500m	1000m	800m
	h	高さ		45m	45m	45m	45m	45m	45m	45m	45m	45m
進入表面	i	着陸帯短辺よりの長さ		3000m	3000m	3000m	3000m	3000m	3000m	3000m	3000m	3000m
	j	着陸帯接する幅	計器用	300m	300m	300m	300m	300m	300m	300m	150m	150m
			非計器用	150m	150m	150m	150m	150m	120m	120m	60m	60m
	k	外端末の幅	計器用	1200m	1200m	1200m	1200m	1200m	1200m	1200m	1200m	1200m
			非計器用	750m	750m	750m	750m	750m	750m	750m	750m	750m
	l	着陸帯の端から外上方へのこう配	計器用	1/50	1/50	1/50	1/50	1/50	1/50	1/50	1/50	1/50
			非計器用	1/40	1/40	1/40	1/40	1/40以上～1/30以下	1/40以上～1/30以下	1/25	1/20	1/20
転移表面	m	着陸帯および進入表面の縁から外上方に水平表面に至るまで1/7のこう配をなす面										

第3.1.6表 送電線工事現場における騒音実測値の例

工種	作業内容	品名	仕様	騒音レベル（dB） 音源にて	L〔m〕離れて	
鉄塔工事	基礎掘削	・エンジン発電機 ・エンジン発電機 ・エアーコンプレッサー ・ピック	・デンヨー 15kVA ・ヤンマー 15kVA ・エアーマン 8.5kg/cm²	90～95 95～98 90～95 92	30 — 15 —	60 — 62～65 —
	鋼管杭打	・ディーゼルパイルハンマ	・43型	—	30 500～1,000	82～89 64～57
架線工事	延線	・延線車用発電機 ・架線用ウインチ ・リールワインダ	・150kVA ・複胴 5t130PS ・3PS	76～78 92～106 99～107	— 60 3	— 54～58 80～87
運搬工事	機材運搬	・索道ウインチ ・ヘリコプタ ・ヘリコプタ	・ノーリツ 85PS ・204B ・214B	102～106 105～110 —	30 300～600 380～950	68～70 80～75 73～65

第3.1.8表 法規に規制されている建設作業の騒音振動 基準例

建設作業の種類	音量基準(敷地境界から30mの地点)	振動基準(敷地境界における振動の大きさ)	作業時間などの基準			
			1日における作業時間帯	1日の作業時間	連続する作業日数	作業禁止日
1. くい打機	85dB	75dB	午前7時～午後7時	10時間以内	6日以内	日曜および休日
2. さく岩機	85dB	75dB	騒音：午前6時～午後9時 振動：午前7時～午後7時	10時間以内	6日以内	日曜および休日
3. 空気圧縮機,コンクリートプラント,バックホウ	85dB	—	午前6時～午後9時	10時間以内	1ヶ月以内	日曜および休日

による影響があれば実害補償を行う必要がある。

　(c) 法規による規制

　騒音規制法ならびに振動規制法は国民の生活環境保全のため指定した地域に対して，工事に伴って生じる著しい騒音，振動の大きさおよび作業時間などを規制しており作業の種類，騒音量，振動量の基準，作業時間および期間の制限などのうち送電線工事に関係の深いものを第3.1.8表に示す。

　なお，都道府県条例で独自に規制している場合は，その規制による。

3.2　ルート選定の手順

　送電線のルート選定は，一般に次の手順によって実施する。なお，送電線の規模，持性により適切な手順を採用する。

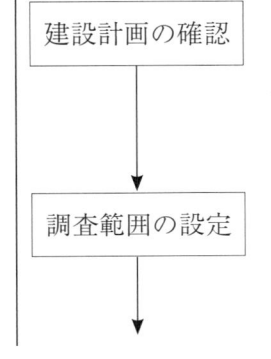

[建設計画の確認]　電圧，回線数，区間（起点，終点），電線種類，太さ，導体数，発変電所などとの関係，運開期などの確認。

[調査範囲の設定]　起点，終点を直線で結び，これを中心として左右上下に適当な範囲を設定する。

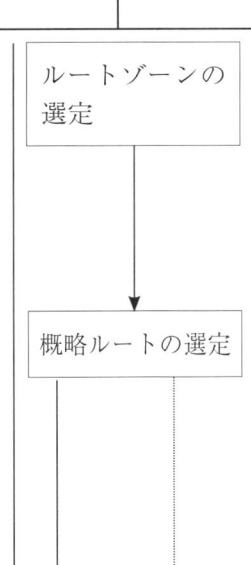

[ルートゾーンの選定]　地形図（1/500,000, 1/200,000, 1/50,000）に線引きする。諸法規，自然・社会環境，地形，地質，気象などについて，机上ならびに現地概況調査を行い，ルートゾーンを選定する。

[概略ルートの選定]　環境，用地，技術に関する主要な条件について，机上ならびに現地の詳細な調査検討を行い，可能性，経済性が大網的に確認された有力なルートを選定する。

[図上検討]　机上にて既存の資料により地域社会の現状を調査し各種開発計画などの位置，範囲を地形図に記入，ルートの制約条件，地形などを考慮して複数のルートを地形図に記入する。

[現地調査]　選定された複数の候補ルートについて地形図と現地とを照合し，ルート設定の可否を検討す

```
[ルート見直し]
      ↓
[現地調査]
      ↓
[概略ルートの選定]
      ↓
[基本ルートの選定]
      ↓
[図上検討]
      ↓
```

る。とくにルートの制限箇所，回避すべき箇所，建造物の分布，土地利用の状況，植生，地形地質の特徴，各種電波の通路（送受信所の位置）などを重点的に調査する。

　図上ならびに現地調査の結果から，環境，用地，技術，経済性などを総合的に検討して見直し，合理的建設の可能性の高い想定ルートを絞り込む。これらをもとに航空写真を撮影し，必要な範囲を図化し以下の調査に利用する。

　想定ルート（通過帯）について送電線通過が限定される箇所，重要横断箇所など主要な地点の地形，鉄塔予定位置，建造物との接近状況などの調査を行うとともに，運搬，施工の難易などを左右する工事条件についても，主要な特長，経済性などを調査する。

　以上の調査検討結果から概略ルート（通過帯）を選定する。概略ルートが1ルートに限定できないときは有力な対抗案を選定し基本ルート選定時に細部検討する。

　この段階で，必要に応じ地方自治体などの意向を調査する。

　選定された概略ルートについて具体的な建設計画設計を前提として，さらに詳細な調査，検討を行い，測量を行うべきルートを選定する。

　航空写真図化平面図（一般に1/5,000または1/2,000）などにより，仮縦断，線路台帳を作成し鉄塔位置（重角度，長径間箇所など）他工作物，建造物などとの関係，法令，用地関係を含めて，詳細かつ総合的に検討する。

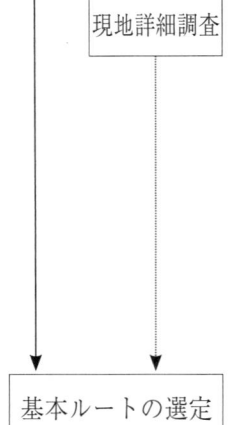

```
[現地詳細調査]
      ↓
[基本ルートの選定]
```

　机上で検討したルートおよび関係事項を基本にして詳細な調査を行う。基別の鉄塔位置，地形，地質，他工作物の横断，接近および用地伐採関係などについて詳細な現地照合確認と必要な修正案の検討，施工方法，資材の運搬方法などについての既定方針の可否などについて確認を行う。

　以上の調査検討結果を総合的に検討再確認し，基本ルートとする。選定した基本ルートを関係行政および関係地権者に説明し，用地交渉によりその了解を得て測量を行う。

3.3　建設計画の確認

　送電線路のルート選定に着手するにあたっては，あらかじめ次の事項を確認しておく。なお，送変電設備の現況と将来計画を必要に応じて把握しておくことが肝要である。
(1)　設備の必要性
(2)　設備計画の概要
　電圧，回線数，区間（起終点），電線の種類（太さ，導体数），運開期，発変電所などとの関係など

3.3.1　(1)　設備の必要性について
　社外から理解が得られやすい必要性の論理を構築しておくことが肝要である。

3.3.1　(2)　設備計画の概要について
　通常「起終点」は，計画部門から示されるが，それに固執すると建設阻害要因が多くなる場合もあるため，調査過程において計画内容の再調整をすることも必要となる。なお，起点，終点が確定していない場合には，将来の系統構想から必要エリアを計画部門に確認しておく。

3.4　調査範囲の設定
　起終点の候補地を結ぶ直線を中心に，市街地や自然公園など周辺の地域特性を考慮して調査範囲を設定する。

3.4　調査範囲の設定について
　調査範囲は，一般的に起終点を直線で結び，これを中心として左右上下に適当な範囲を考えればよい。

たとえば，直線距離が100km程度の計画であれば，その左右に50～60km，起終点付近に10km程度の範囲を目安として設定する。

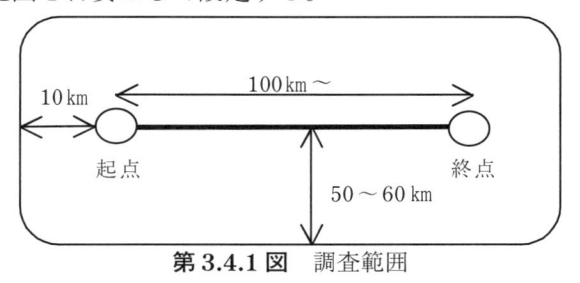

第3.4.1図　調査範囲

3.5　ルートゾーン
3.5.1　ルートゾーン調査の方針
ルートゾーン調査は，送電線の起終点を含むルート確保の可否を判断するために行うもので，設備計画内容を踏まえ，環境面，技術面など総合的に評価しルートゾーンを選定する。

3.5.1　ルートゾーン調査の方針について
ルートゾーンは，自然公園や人家密集地などの規制領域の回避と主要な横断箇所のルート選定可否などを総合的に判断して選定する。ルートゾーンの選定結果により，計画見直しが得策と判断される場合もあるため，計画部門と調査状況について随時情報交換をおこなうことが肝要である。

3.5.2　ルートゾーンの選定
ルートゾーンは，起終点を結ぶある幅をもった帯状のルートで，広大な調査範囲の中から，通常は2～3の複数ルートゾーンを抽出し，自然環境，社会環境，技術条件，建設コスト，林野・環境行政の意向などを総合的に評価し，最適なルートゾーンを選定する。ルートゾーン選定業務は以下の流れで実施される。
(1)　各種情報の収集調査
(2)　候補ルートゾーンの抽出
(3)　候補ルートゾーンの絞り込み
(4)　地形，地質概況調査

3.5.2　(1)　各種情報の収集調査について
公表されている文献，データ資料および現地調査により社会環境，自然環境，地域開発などの各種情報を収集する。ルートゾーン抽出段階では，主に以下の調査項目ついて調査する。
① 土地利用状況
② 大規模開発計画
③ 法規制内容
④ 技術的回避箇所
⑤ 環境基礎情報
⑥ 起終点位置

3.5.2　(2)　候補ルートゾーンの抽出について
自然，社会環境，技術条件の規制領域をメッシュに変換し，各種条件をウェイト付けしたものをオーバーレイし,起終点別に客観的，合理的にルートゾーンの抽出を行う方法も採られている。

この場合，ルートに及ぼす影響が重大であり，絶対的に避けるべき場所を設定する必要がある。例として，国立公園特別地域，自然環境保全地域，人家密集地，大規模開発地，鉱業権設定地などがある。ルートゾーン選定プロセスの例を第3.5.1図に示す

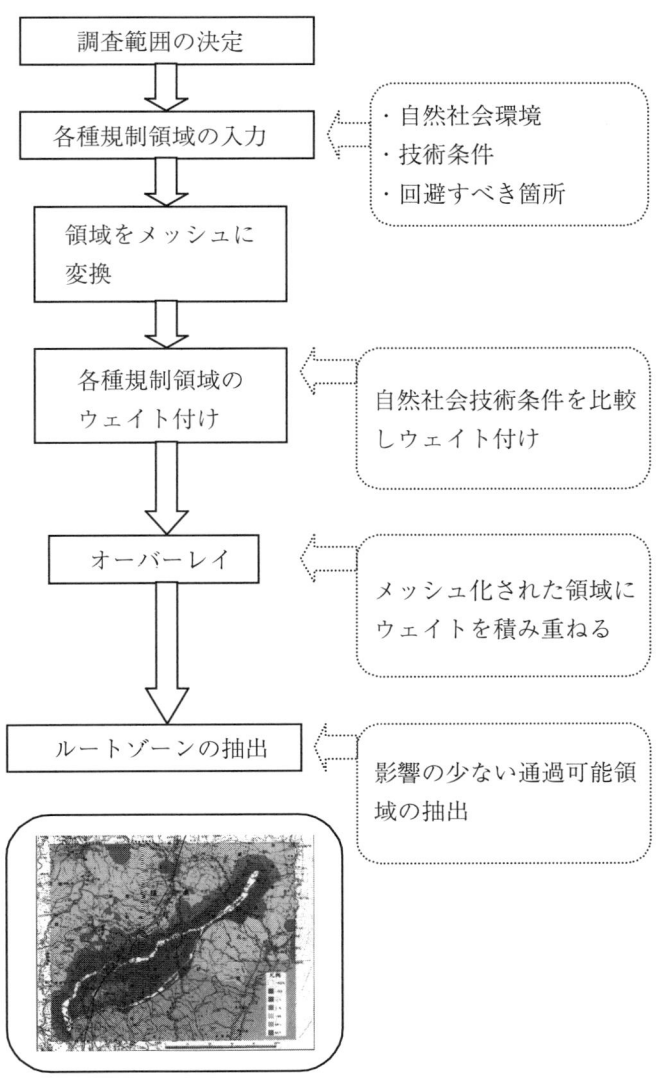

第3.5.1図　ルートゾーン選定プロセスの例

抽出されたルートゾーンは，ウェイトの設定の仕方で左右されるため，社内外の要望を的確にとらえているか再評価を必ず実施する。また，短い亘長の送電線では，この手法によらず効率的かつ合理的にルートゾーンが抽出できる方法による。

3.5.2 (3) ルートゾーンの絞り込みについて

抽出された複数のルートゾーンを比較評価するため，それぞれのゾーンを代表する概略ルートを選定し，これまでに収集した環境情報，技術条件を踏まえた送電線建設の難易度，建設コストを基本に環境，林野行政の意向などを総合的に評価し，最適なルートゾーンを選定する。

3.5.2 (4) 地形地質概況調査について

候補ルートゾーンが選定された段階でルートゾーン内の地形地質概況調査を実施し，地形図からは判読できない地表傾斜，崩壊地形，急崖地形，地すべり地形などを確認する。調査の方法は，コンパスなどで地表傾斜角を測定しながら崩壊地形，急崖地形などの地形的特長について位置，大きさを地形図に記入していく。

3.6 概略ルート
3.6.1 概略ルート選定の方針

概略ルートは，基本ルートおよび最終的な設計ルートの基礎となるものであり，ルートゾーン内の複数のルートから合理的に建設が可能なルートを選定する。

3.6.1 概略ルート選定の方針について

概略ルートの選定は，自然環境，社会環境，技術調査および用地調査の結果によって得られた諸情報，留意事項などを総括し，送電線建設の具体的な可能性，経済性ならびに設備の保守管理の難易などの面から検討評価して，合理的に建設可能な送電線ルートを選定する。

概略ルートの選定にあたっては，支持物の種類，がいし装置，電線の配列，最大使用張力，電線地上高，離隔距離（樹木，建造物）などの設計諸条件について確認をしておく。

3.6.2 概略ルートの選定
(1) 概略ルートの選定に先立ち，地方自治体より都市計画図ならびに土地利用図などを入手して，詳細な地域開発計画，法規制範囲，地質，気象などに関する情報を収集して，ルート選定が，より効果的に進められるようにする。
(2) 綿密な図上検討にもとづき，地図上に数本の想定ルートを線引きする。
(3) 想定ルートについて，重要な地点の現地踏査と，環境技術に関する現地調査を行い，実情を確認して概略ルートを選定する。概略ルートが諸事情により一つに限定できない場合は，有力な対抗案ルートを選定する。
(4) 関係行政機関に対して，適切な時期に協力指導を要請する。

3.6.2 (1) について

国，地方自治体，私企業などによる地域の開発計画，自然環境保全法，自然公園法，森林法，航空法などの諸法規および地質，気象などに関する技術データなど，送電線のルート選定に当たって制約となる種々の情報を収集する。特に広範囲の地域を検討する場合は，市販の1/50,000，1/25,000の縮尺の地図を使用するが，平面図は縮尺の小さいものを使用した方が詳細な図上検討が可能である。よって，なるべく航空写真を図化した1/5,000または1/2,000の平面図を使用するのが望ましい。最近はパソコンを活用した環境情報図や地形縦断図の作成が一般的になっており，国土地理院発行の数値地図（画像，標高データ）などが多く利用されている。

入手が可能ならば，市町村で作成した都市計画図，ならびに土地利用図などを使用する。

また，国有林野内にルートを選定する場合には，森林管理局作成の管内図あるいは林班図を入手して使用する。

情報の収集およびその分析，判断に当たっては，先入観，あるいは固定観念にとらわれず，常に冷静かつ客観的な判断と思考をもって行うことが必要であり，これが効率的なルート選定につながるものである。

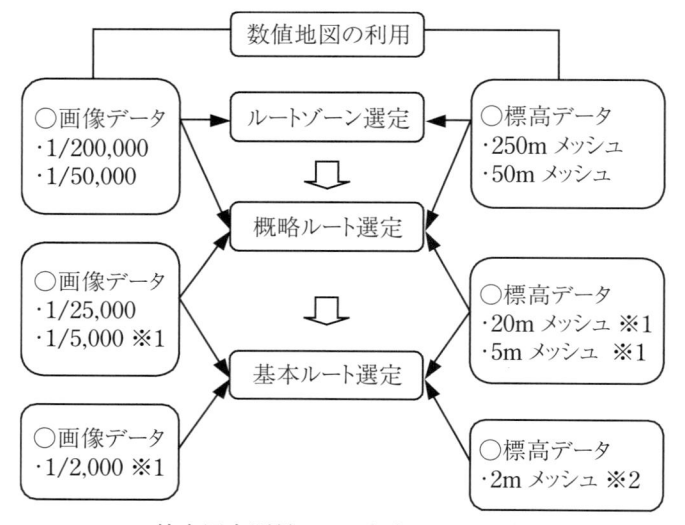

※1 航空写真測量による平面図及び地形データ
※2 航空レーザー測量による地形データ

第3.5.2図 数値地図の利用

3.6.2 (2) について

1/50,000か1/25,000の地図に検討対象範囲の開発計画や関係法規など種々の環境情報を記入し，地形，気象，景観なども考慮して数本の想定ルートを

線引きする。主要横断箇所などについては，現地調査を行い，開発状況その他について実情を確認する。

3.6.2（3）について

想定ルートについて，さらに対象地点を拡大して要点踏査を行い，現地の状況を把握するとともに，鉄塔候補地点の確認調査を行い避けるべき地点の評価を行う。また，自然環境調査，社会環境調査，技術調査などの詳細な調査も並行して進める。この調査に当たっては関係箇所と緊密な連絡をとり，情報の収集に努めるとともに，その確実性，妥当性を補強する。

これらの調査結果をもとに各ルートの修正を行い，技術面，環境面，用地面および経済面から総合評価し，概略ルートを選定する。

概略ルートは，関係行政の許可条件，用地取得条件さらに設計，施工方法の選択など最終的な条件が未決定の段階にあるので，必要があれば有力な複数のルートを選定する。

3.6.2（4）について

関係省庁，地方自治体に対して適切な時期に計画ルートおよび工事目的を提示し，協力指導を要請する。その時点で新しい開発計画などが確認された場合は，それに応じたルート調整を行う。

3.7 基本ルート
3.7.1 基本ルート選定調査の方針

基本ルートは，ルートを最終的に決定するものであるから用地面で送電線の設置が可能であり，技術面では建設された設備の信頼度が高く，経済性，施工性に優れたルートでなければならない。そのためには，概略ルート選定までの諸調査の経過，内容などを十分に理解する必要がある。その上でルートの現地詳細調査を実施し，良好なルートとして確保することが可能かどうかの確認を行うとともに，工事実施計画，設計についても，詳細な検討を行う。

3.7.1 基本ルート選定調査の方針について

図上では，最適なルート選定が可能であっても，ルートが通過する地域には送電線建設に対する理解と協力について，それぞれに考え方が相違する。これらを無視してルートの選定は不可能であり，事前に地域の状況を詳細に把握することがルート選定の重要な条件である。

特に，亘長の長い送電線では地域事情も多様化するため，技術ならびに用地面からの制約事項も格段に多くなる。よって，これらの問題点的確に処理するには，用地部門と常に密接な連係を保って地域動向を迅速，かつ的確にとらえ，十分検討した結果を基本ルートに反映させることが必要である。

また，概略ルート調査によって選定したルート（複数）は，それぞれ通過する地域ごとに，地形，道路状況，他工作物との交差接近および地域事情などが相違する場合が多い。

場合によっては基本ルートを選定するための条件（鉄塔基数，亘長，施工条件など）に大きな差異が生ずるので，詳細に踏査を実施して，経済性ならびに実現性の高いルートを確保することが肝要である。

また，踏査時には工事実施計画ならびに設計面についても配慮して詳細にチェックしておくことが必要である。

3.7.2 図上検討の手順

概略ルートを平面図に記入し，下記手順により検討する。
(1) 複数の概略ルートを記入できる平面図（一般に縮尺 1/5,000 または 1/2,000）を航空写真より作成する。
(2) ルートの選定にあたり，支障あるいは制約を受ける地域を平面図に記入する。
(3) 施工条件などを考慮して，鉄塔位置を決め仮縦断図を作成して縦断検討を行う。
(4) 平面および縦断の検討結果を仮線路台帳に集約して，それぞれのルートについて，線路概要と施工性，経済性について検討する。

3.7.2（1）について

平面図は，縮尺の小さいものが詳細な図上検討が可能なため，なるべく航空写真を図化した縮尺 1/5,000 または 1/2,000 平面図を使用するのが望ましい。

広範囲の地域を検討する場合は，市販の 1/25,000，1/50,000 の縮尺の地図を使用するか，入手が可能ならば市町村で作成した行政地図を，また，国有林野内にルートを選定する場合には，森林管理局作成の管内図あるいは林班図を入手して使用する。

3.7.2（2）について

平面図に，概略ルート調査その他により収集した各種の法令指定地，鉱山，鉱区，開発計画，あるいは事業計画などルートを選定するうえで制約または支障になると思われる地域を詳細に記入する。

3.7.2（3）について

基本ルートを決定するうえで重要な地点（例えば角度点，既設送電線路，重要河川横断箇所，主要道路横断箇所など）の鉄塔予定位置を平面図に記入し，

これらの鉄塔を連系してルート平面図を作成する。

つぎに，ルートごとに仮縦断図（一般に縦1/400，横1/2,000の縮尺）を作成し，直線鉄塔の位置を記入して，弛度定規を用い必要な電線地上高が保てるように鉄塔高さを定め，電線横振れなどを検討する。なお，平面・縦断検討は，市販のソフトなどを活用した各種のシステムにより実施されており，使用する地形データは，1/2,000平面図作成時に得られる5m地形メッシュデータ（1/5,000平面図作成時は20mメッシュデータが適当）などが利用されている。また，最新のレーザー計測技術を活用して地表面の座標を直接計測するシステムも開発されており，高い精度のデジタル地形データが得られることから，この地形データを活用した縦断検討も行われている。航空レーザー測量の概要は，付録の「2.1 航空測量」を参照のこと。

3.7.2 (4) について

平面図および仮縦断図による検討の結果，それぞれのルートについて，亘長，径間長，水平角度，支持点高低差，鉄塔型，鉄塔高さ，鉄塔基数などが概略決定されるため，線路台帳を作成する。

これにより，それぞれのルートの概要を知ることが可能となる。さらに用地面，施工性，ならびに経済性などの検討を加え，最適なルートを選定することとなる。

特に経済性については，一般的に最短となるルートが経済的であるとされているが，ルート選定上の自由度が制約される中にあって，ルートの迂回による亘長の増大，角度鉄塔比率の増大，地上高の増大による高鉄塔化，ルート制約による特殊基礎および特殊鉄塔の増加などによって建設費が年々増嵩しており，送電線のルート選定の重要度が増している。

3.7.3 工作物などの横過箇所の検討

ルートが下記の他工作物または重要河川などと交差，接近する場合は，交差箇所の地形，施工条件ならびに経済性などを検討して，条件の良い箇所に選定する。
(1) 既設送電線路
(2) 架空弱電流電線路
(3) 鉄道，軌道，主要道路
(4) 河川
なお，既設送電線路の建替計画など，上記の変更あるいは改修計画の有無について確認する必要がある。

3.7.3 (1) 既設送電線路について

既設送電線を横過するときは，鉄塔の低い箇所を選び，しかも，鉄塔の近くで，直角に近い角度で交差すると，新設送電線の鉄塔を低くすることができて，さらに架線工事時の防護足場構築も容易となり，有利である。しかし，山間部で横過する場合は，防護足場構築の可否を優先的に考えて，その地形を詳細に検討することが必要である。

雪国では，送電線に着氷雪が起こり易く，これによって，電線の弛度が増加したり，その落下によって電線がジャンプするなどして，交差している送電線の電線や架空地線が異常に接近し，場合によっては接触して，事故となり，双方の送電線とも大きな被害を受けることがある。この事故を避けるためには，新旧送電線の鉄塔の位置を可能な限り接近させることが必要である（第3.7.1図参照）。

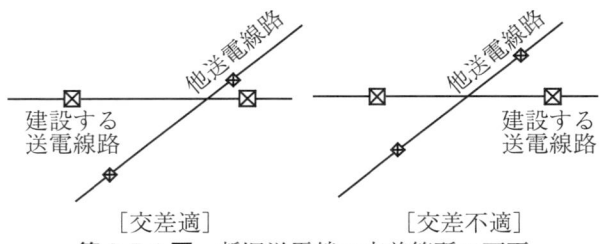

第3.7.1図 新旧送電線の交差箇所の可否

既設送電線に平行して，新設送電線を接近させるときは，電線の最大横振れ時にも，電線相互および電線と鉄塔との間隔が，所要の電気的絶縁間隔以上に離されているように，あらかじめ両者の間隔（離隔距離）を確保しておくことが必要である。強風時には，電線は風下方向に吹き流され，一方，鉄塔の位置は不動なので，同じ離隔距離を確保した場合はともに横振れしている電線相互の接近距離よりも，電線と鉄塔との接近距離の方が著しく小さくなる。したがって，二つの送電線を可能な限り接近させるためには，両者の送電線鉄塔位置を並べるように選定することが必要である。（第3.7.2図参照）。

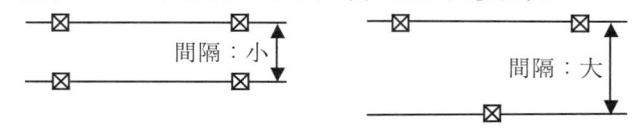

第3.7.2図 平行送電線の鉄塔位置による間隔

平行する二つの送電線の電線相互および電線と鉄塔との所要離隔距離の計算方法には，一般につぎのようなものがある。

(i) 電線の相互接近を考慮したときの所要離隔距離

風は時々刻々に，その速度が変化するものであり，このため送電線の受ける風圧は電線ごとに異なり，平行して，水平に架線された電線は，それぞれ横振れしながら，横振れ角に不同を生じて，相互に接近することが考えられる（第3.7.3図参照）。これを等

価的に両方の電線が反対方向のある風速値の風圧を受けたものと考えて，つぎの式が用いられている。

$$C_h \geq H_1 - H_2 + (L_{i1} + d_1) \sin \theta_1 \\ + (L_{i2} + d_2) \sin \theta_2 + (r_1 + r_2) \times 10^{-3} + \varepsilon$$
(3.5.1)

ここに，C_h：所要離隔距離〔m〕

H_1, H_2：おのおのの送電線の最大風速時（40m/s）の平均横振れ幅（$H_1 > H_2$ とする）〔m〕

L_{i1}, L_{i2}：懸垂がいし装置連長〔m〕

ただし，片側が耐張がいし装置のときは1/2とし，両側とも耐張がいし装置のときは0mとする。

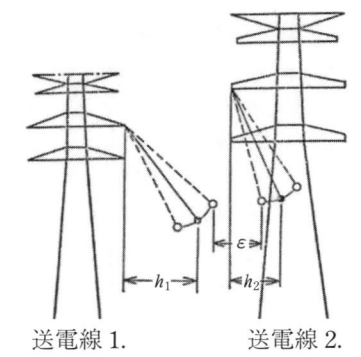

第3.7.3図 電線横振れ状態図

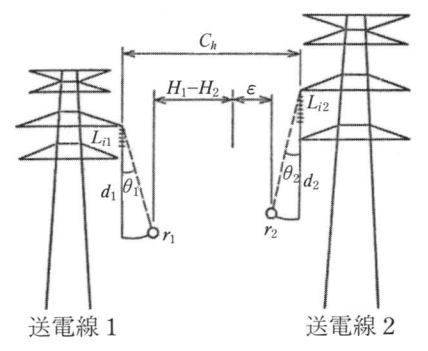

第3.7.4図 等価的電線接近状態図

d_1, d_2：電線の常時温度時の弛度〔m〕
r_1, r_2：電線の半径〔mm〕
（多導体の場合は素導体間隔を考慮）
$\theta_1 = \tan^{-1}(W_{w1}/W_{c1})$
$\theta_2 = \tan^{-1}(W_{w2}/W_{c2})$
W_{c1}, W_{c2}：電線の単位長重量〔N/m〕
W_{w1}, W_{w2}：等価的横振れ角を与える等価風圧荷重〔N/m〕
$W_{w1} = 980 \times (v/40)2 \times 2r_1 \times 10^{-3}$
$W_{w2} = 980 \times (v/40)2 \times 2r_2 \times 10^{-3}$
v：不同横振れ角を与える等価風速〔m/s〕
通常 v = 8～13 m/s が用いられる。
ε：線間最小クリアランス〔m〕で下表の値とする。

電圧	66kV	77kV	110kV	154kV	187kV	220kV	275kV	500kV
ε	0.65	0.75	1.15	1.65	1.75	2.10	2.75	3.85

（注）(1)本資料は電気学会技術報告「架空電線路の絶縁設計要項」（昭和61年5月）による。
(2)500kVは最高許容電圧を525kVとした場合を示す。

(ii) 電線と鉄塔の接近考慮したときの所要離隔距離

平行する二つの送電線において，一つの送電線の径間中央付近に他の送電線の鉄塔がある場合は，第3.7.5図のようになり，下式により電線と鉄塔との所要離隔距離が計算される。

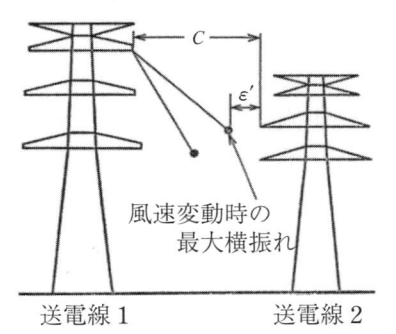

第3.7.5図 横振電線と鉄塔との接近状態

$$C \geq (L_i + d) \sin \theta + r \times 10^{-3} + \varepsilon'$$

ここに，L_i：懸垂がいし装置連長〔m〕
d：電線の常時温度時の弛度〔m〕
$\theta = \tan^{-1}(W_w/W_c)$
W_c：電線の単位長重量〔N/m〕
W_w：電線の最大横振れを与える風圧荷重〔N/m〕
$W_w = 980 \times 2r \times 10^{-3}$
r：電線の半径〔mm〕
ε'：対地最小クリアランス〔m〕で下表の値とする。

電圧	66kV	77kV	110kV	154kV	187kV	220kV	275kV	500kV
ε'	0.45	0.50	0.75	1.10	1.15	1.40	1.80	2.55

（注）(1)本資料は電気学会技術報告「架空電線路の絶縁設計要項」（昭和61年5月）による。
(2)500kVは最高許容電圧を525kVとした場合を示す。

なお，以上の方法以外に（1）および（2）の場合とも局地的な風の特性を調査し，これに基づいて風の変動特性を統計的に扱い，動的な電線の横振れ範囲を求め，さらに，必要な絶縁間隔を確保することにより，電線相互および電線，鉄塔間の所要離隔距離を求める方法があり，より実際的な値が求められるとされている。

3.7.3 (2) 架空弱電流電線路について

送電線のルートは，なるべく架空弱電電線路に対して，電磁および静電誘導障害を与えず，その対策を必要としないルートを選定することが必要である。

しかし，架空弱電流電線路に対して影響のないルートを選定することは難しい場合が多い。ルートの選定に当たって，なるべく影響を少なくするためには架空弱電流電線路と接近する区間を短く，また横過する場合は，可能な限り交差角が直角となるようにルートを選定する。（「10.7　通信線電磁誘導障害」，「10.8　通信線静電誘導障害」参照）。

3.7.3 (3) 鉄道，軌道，主要道路について

鉄道，軌道，主要道路などと交差，あるいは接近する箇所は，「電技」第125条に留意してルートを選定する。交差，接近箇所が人家などの点在する地域では，ルートの選定に制約を受ける場合が多い。

また，図上では，最適な交差あるいは接近箇所を選定することができても，地域の用地事情などに左右され，問題を生ずることもある。このような地域にルートを選定する場合は，可能と思われる複数の交差，接近箇所を選定して用地調査を含めた詳細な現地調査の結果を配慮して効率性の高いルートを選定する。

また，これらの変更，改修などの将来計画の有無に関して，問題を生じないよう関係箇所と協議調整してルートの選定を行う。

なお，鉄道又は軌道と接近する場合において，普通鉄道構造規則第82条（鉄道事業法に基づく省令）により，鉄道又は軌道が送電線と2次接近状態にある場合は，2次接近状態の長さを100m以下とする必要がある。電技の解釈とは異なり，第1種特別高圧保安工事に準じて施設しても免除されないので注意を要する。

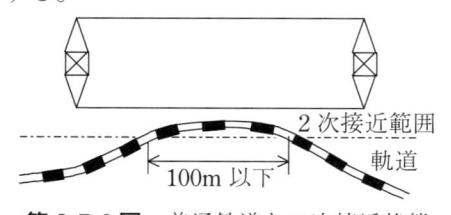

第3.7.6図　普通鉄道と二次接近状態

3.7.3 (4) 河川について

ルートの選定に当たって，河川をどの地点で横過するかがルートを決定する重要な事項となる。

特に，川幅の広い河川では，川幅の最も狭くなる箇所で横過するようにして，なるべく長径間とならないようにする。やむを得ず長径間となる場合には，第3.7.7図のように，横過箇所の両側の高鉄塔は懸垂型直線鉄塔として，隣接する鉄塔に保安耐張鉄塔を設ける方が有利である。

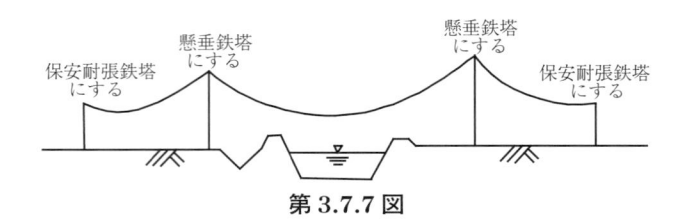

第3.7.7図

また，第3.7.8図のように丘陵などが河川に向かって張り出している地形では，その線上に良好な地盤が多いものであり，鉄塔位置の選定に当たっては，十分考慮する必要がある。

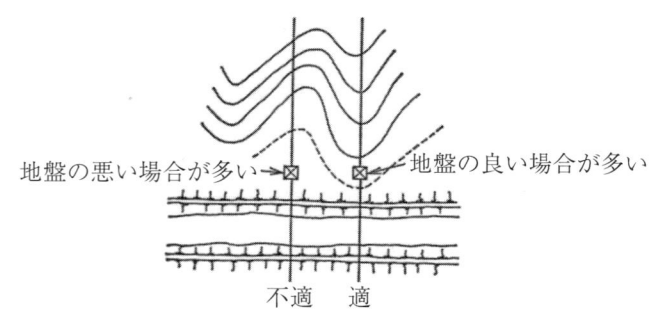

第3.7.8図　河川横過の鉄塔位置

3.7.4　一般箇所の平面・縦断検討

一般箇所は，下記事項に留意して平面・縦断検討を行う。
(1) 信頼度の確保および施工性
(2) 懸垂鉄塔の適用
(3) 重角度鉄塔の回避
(4) 著しい短径間，長径間の回避
(5) 著しい支持点高低差の回避

3.7.4 (1) 信頼度の確保および施工性について

ルート選定の良否によって，設備事故の頻度に影響を及ぼす。場合によっては，年々多額の保守費を必要とすることもある。また，施工が困難なため，特殊な工法を採用せざるを得ない場合も生じ建設費に多大の影響を与えることがある。

3.7.4 (2) 懸垂鉄塔の適用について

耐張鉄塔は，懸垂鉄塔に比べ，重量が重く，がいし個数も多く，鉄塔ならびに架線工事費が増加するので，懸垂鉄塔を適用した直線に近いルートを選定することに努める。しかし，山岳地では，鉄塔間の高低差により耐張鉄塔を適用する箇所が多くならないよう，平面図の等高線に注意して，ルートを選定する。

なお，余り直線ルートにこだわると，かえって懸垂鉄塔の位置を地形の不適当な箇所に選定せざるを得ないことにもなるので，わずかの移動で適当な地

点が得られるときは，懸垂鉄塔を軽角度箇所に使用することにより，経済性その他に有利の場合が多い。

次の箇所に該当する鉄塔は耐張鉄塔とする。

(i) 懸垂がいし装置の横振れ検討により懸垂鉄塔が使用できず耐張鉄塔を使用する個所

第3.7.9図のように，両側あるいは片側の電線が強い引き上げになる箇所で，がいし連の先端に加わる垂直荷重が小さいため，懸垂鉄塔を使用できない場合には，耐張鉄塔とする（第2.3.7 懸垂横振れ検討を参照）。

ただし，引き上げがわずかな箇所では，鉄塔の支持点を高くすることによって，懸垂鉄塔の使用が可能となることもあるので，懸垂鉄塔が適用できる高さを決め，経済比較その他の検討を行って決定する。なお，鉄塔の高さをそのままとして，カウンターウエイトを使用（横振れ抑制）することにより懸垂鉄塔を適用できる場合もある。（第3.7.10図参照）。

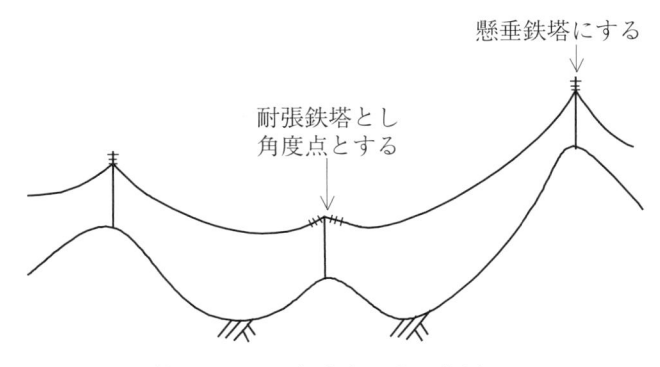

第3.7.9図 角度点にする位置

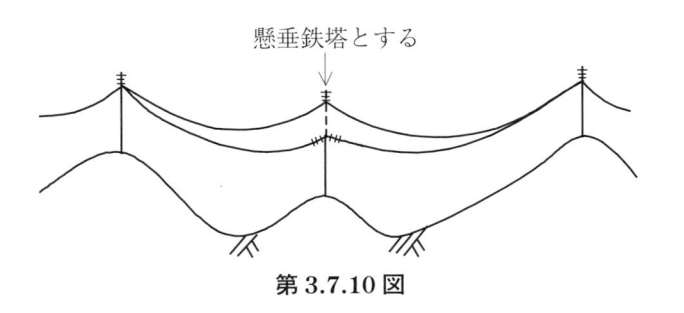

第3.7.10図

(ii) 長径間箇所または隣接箇所

河川横断など長径間の両側は，保安耐張鉄塔を使用しなければならないが，一般にこのような箇所は，高鉄塔となるため，経済性の観点からなるべく懸垂鉄塔を使用して近接鉄塔に保安耐張鉄塔を適用する。

山岳地の長径間箇所では，通常，鉄塔は高くならないが，懸垂鉄塔が適用できるようにルートを選定し，必要なら河川横断箇所と同様に近接する鉄塔を保安耐張鉄塔とする。

(iii) 発変電所および開閉所への接続箇所

発変電所および開閉所への接続箇所には，引留鉄塔を適用する。

(iv) 山頂の鉄塔

山頂の鉄塔は，なるべく懸垂鉄塔とすることが望ましいが，やむを得ない場合は，垂直荷重，不平均張力等諸条件を十分検討し，耐張鉄塔を適用する。

(v) 谷越し，山稜などの横断箇所

第3.7.11図のように，風が谷に沿って収束され，吹き上げられる谷越し，あるいは，山稜などを横断する箇所で，著しい不平均張力の発生のおそれある場合は，保安耐張鉄塔などを適用して補強する。

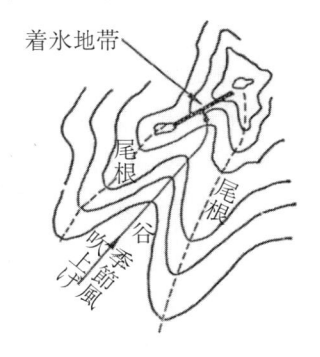

第3.7.11図 不平均張力の発生しやすい地形

(vi) 着氷雪の発生が予想される箇所

雪国の標高の高い稜線では，冬季着氷雪が発生しやすく，発生すると鉄塔および電線などに氷雪が付着発達して鉄塔や電線などに過大な荷重が加わるので，なるべく，このような地域を避けてルートを選定する。やむを得ない場合はなるべく長径間とならないように注意する。

第3.7.12図のように地盤の高低差が大きいときは，着氷雪により弛度を増大させ，高所側の鉄塔が懸垂鉄塔の場合は，がいし連の移動とが重なって，上下の電線混触原因となるので，このような箇所の両端は耐張鉄塔とする。

(vii) 第3.7.13図のように，斜面を上る（または下る）ルートで懸垂鉄塔を連続して施設すると，着氷雪荷重により電線が下方に移動して，高所側の鉄塔に過大な電線支持点張力を発生させるため，このような場合には，斜面の中間に耐張鉄塔を設けて，電線張力を分担させることが一般に行われている。

又，吹き上げ風が収束する稜線部の電線に重着氷が集中して付着する場合があり，不均一弛度（稜線側の弛度増）による電線垂下が事故の原因となる事例もあるので留意する必要がある。なお，この場合はがいし連流れ込み量の大きい懸垂装置の方が不利である。

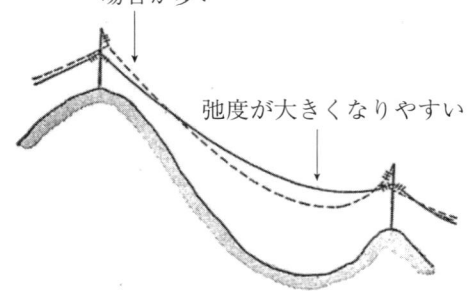

第 3.7.12 図　雪国での高低差の大きい径間

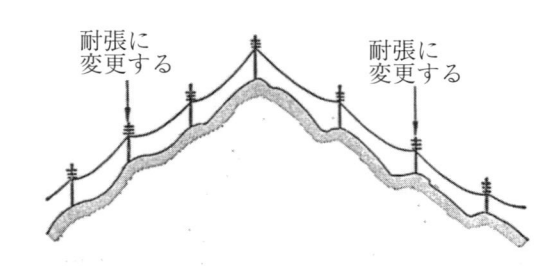

（図中ラベル：高標高側により大きな着氷が付く場合が多い／弛度が大きくなりやすい）

第 3.7.13 図　懸垂の連続による不安定を避ける耐張箇所

（図中ラベル：耐張に変更する）

3.7.4（3）重角度鉄塔の回避について

やむを得ず，連続して耐張鉄塔を設置する場合は，1 か所の鉄塔に全角度を負担させず，第 3.7.14 図～第 3.7.15 図に示すように隣接して設置する耐張鉄塔にも平均的に水平角を分担させる。

水平角を分散させることによって，鉄塔重量の軽減がはかられ，架線工事が容易となるなど効率的な場合もある。

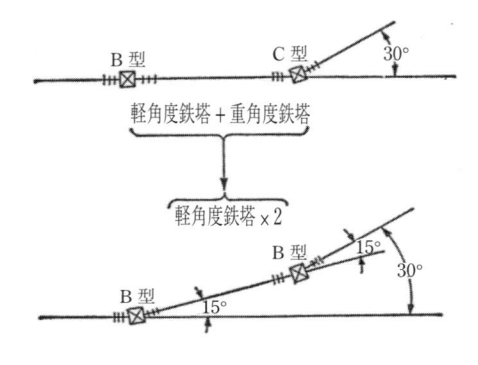

第 3.7.14 図　角度点の配分

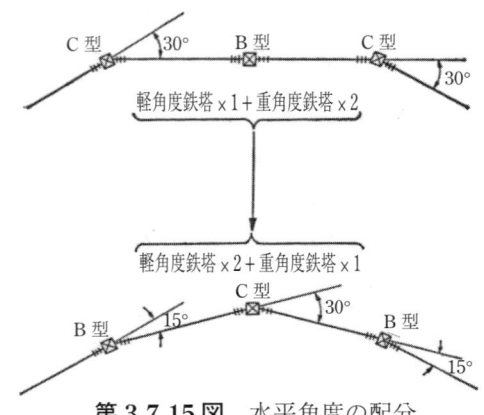

第 3.7.15 図　水平角度の配分

角度鉄塔間の直線部分の区間に設置する直線鉄塔は，懸垂鉄塔となるようにルートを選定すべきであるが，地形の急峻な地域にルートを選定する場合には，直線鉄塔に耐張鉄塔を適用せざるを得ない場合が多い。したがって，これらの無角度の耐張鉄塔にも角度を分担させ，両端の角度鉄塔の角度を軽減したり，地形の良好な箇所に他の鉄塔位置を変更する場合などに利用する。

3.7.4（4）著しい短径間，長径間の回避について

径間は，なるべく前後径間の不揃いを避け，標準径間に近い径間となるように鉄塔位置を選定する。

隣接径間の距離が著しく異なる場合は，その鉄塔に異常な不平均張力を生ずる。また，著しい短径間で両端が耐張がいし装置の場合には，架線工事の際，クランプの取付けにあたって電線のとり込みをするために強い張力を電線にかけるため，緊線作業に危険を伴う。保守作業の際にもがいし取替え作業などが困難となるので，このようなルートとなる場合には，なるべく片方の鉄塔は，懸垂鉄塔となるようにする。

3.7.4（5）著しい支持点高低差の回避について

鉄塔間の支持点高低差が著しく大きい場合には，絶縁間隔の不足（2.3.8 カテナリー角検討参照）や架線工事の困難などの問題が生じ好ましくない。また，高支持点側の電線張力が増加し，標準設計では電線やがいしの安全率を下回る場合がある。やむを得ずこのような地形にルートを選定する場合は，径間長 (S) と高低差 (h) との比 (h/s) が 0.3 以下となるように鉄塔位置を選定することが望ましい。

3.7.5　ルートの現地詳細調査

図上検討によって抽出されたルートについて，現地を詳細に調査して，鉄塔の予定位置，他工作物との横過・接近関係ならびに用地上の制約条件などを確認して，基本ルートを選定する。

3.7.5 ルートの現地詳細調査について

図上検討によって抽出した鉄塔予定地および送電線ルートが，図上計画どおりに現地で建設できるかどうか，また修正すべき点は，どのようにしたら良いかなど現地状況に合わせた最終的なルート確認のための調査を実施する。

図上計画の鉄塔建設予定地，ルートの一部に不適当な箇所が生じた場合は，これらの箇所を修正する。不適当な箇所が多く，ルートを大きく変更する必要がある場合，変更ルートについて詳細調査を実施する。

(i) 鉄塔建設予定地の調査

(a) 急傾斜地

鉄塔各脚に大きな地盤高低差が生じない位置とする。最近の送電線鉄塔は，大型，高鉄塔化の傾向にあり根開きが広くなるので，山岳地の急傾斜地に建設する場合は，特別に長い片継脚を採用せざるを得ないことが多くなる。このような場合，主脚材と腹材の取付け角（挟角）が小さくなり，一般に，17～20度以下となると鉄塔設計上問題を生じる（第3.7.16図参照）。

また，基礎工事に当たって，脚材の据付け作業，敷地の整地が難しくなるなど問題点が多い。したがって，鉄塔を建設しようとする地形の傾斜度は一般に35度以下とすることがのぞましい。

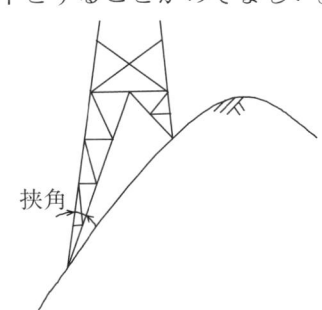

第3.7.16図 急傾斜地への鉄塔立地例

(b) 必要な敷地面積の確保

基礎および組立などの諸作業が安全，かつ効率的に施工できる鉄塔敷と作業用地の確保が必要である。踏査時点での鉄塔位置は，通常，樹木が繁茂している場合が多く，見通しが悪いため，地形を推定して鉄塔位置を決めたため，着工に当たって立木の伐採を行ったあとで，その鉄塔敷が不適当で，近くにより適当な敷地のあったことに気付く事例もある。鉄塔位置は周辺の広い範囲を詳細に踏査して決定する。

(c) 角度鉄塔の位置および他工作物横断鉄塔の位置

角度鉄塔の位置は，ルート形状を決定するものであり，鉄塔および基礎の施工量も大きいので，その位置の確認は特に重要である。次項(d)の事項を含めて，慎重に決定する。

他工作物横断箇所の鉄塔の位置は，送電線との離隔距離，架線工事における防護足場の設置箇所の地形，広さなど十分な検討を行い決定する。

(d) 懸垂型直線鉄塔

角度鉄塔間に建設される懸垂型直線鉄塔の位置は，角度点と角度点を結ぶ線上に設置されるため，その位置をルート中心線上で移動することは可能であるが，前後に移動できる範囲は限られている。したがって，懸垂型直線鉄塔位置が不適当で前後に移動を要する場合は，当該部分のルート形状を検討し，移動が許容される範囲内で中心線を変更し，その線上で地形の良好な地点に移動させて選定する。この移動した位置を平面図などに記録しておき測量時に修正する。

(e) 山岳および丘陵地

このような地域では，鉄塔位置は通常，稜線上に選定されることが多く，基礎の安定性と施工性に留意して一般的には，2脚を稜線上に，他の2脚は，傾斜の少ない斜面に納まるように鉄塔の中心点を決定する（第3.7.17図参照）。

積雪の多い地域を通過する送電線では，稜線の風下側に雪ぴが張り出すため，4脚とも雪ぴの影響を受けず積雪の少ない風上側の斜面に鉄塔中心点を決定する（第3.7.18図参照）。

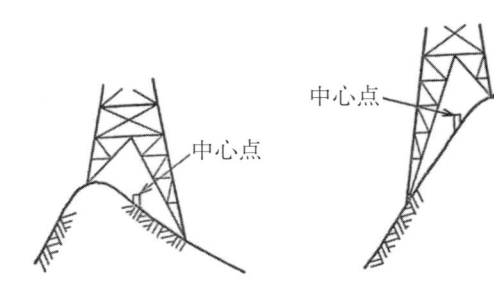

第3.7.17図 屋根の鉄塔　**第3.7.18図** 雪ぴを考慮した脚位置

(f) 河川横過

河川を横過する場合の鉄塔位置は，なるべく扇状地を避けることが好ましい。扇状地の要の部分（河川幅の狭い箇所）で横断するようにすれば，扇状地をはずすことができる。鉄塔位置は可能な限り，基礎の底面が河川の平水位よりも高くなる位置が良い（第3.7.19図参照）。

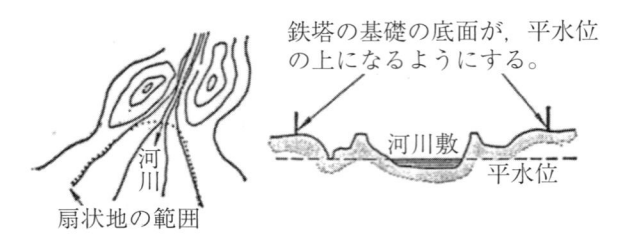

鉄塔の基礎の底面が、平水位の上になるようにする。

第3.7.19図　扇状地での鉄塔位置

河川の氾濫により第3.1.20図のような洗掘の危険性がある箇所には鉄塔位置を選定しないようにする。

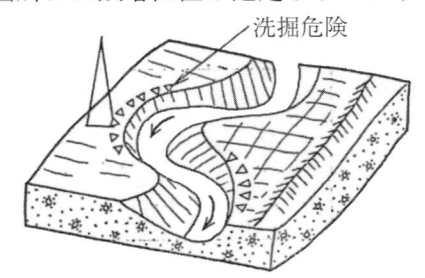

第3.7.20図　河川の危険個所

(ii) 地質、地盤に関する調査

地質、地盤の条件を知ることは、鉄塔位置選定に不可欠である。通常、その地域の地質、地盤に関する一般的な資料による事前調査と、現地の鉄塔位置およびその近傍の踏査による現地地表調査によって、概略の地質、地盤を判定し、これによって第一段階の鉄塔位置の適否を検討している。

詳細な地質のデータについては、鉄塔位置が決定される中心線測量実施以降に、地権者の了解が得られた時点で、それぞれの鉄塔位置で試掘、ボーリングの実施あるいは地表からの精査により把握している。

最近では、踏査実施以前に航空写真（60％オーバーラップ）を立体視し、判読することによりルート周辺の広い範囲の地質構造が解明され、その把握が容易となり、地すべりなどの異常地形や断層などの地質的弱線を識別できる。

この方法は、地表踏査を行う場合に比較して、短期間で広範囲の調査が可能なため、踏査に先だって写真判読を行い、異常地形や断層などの分布状況を事前に把握しておき、現地踏査では、航空写真の判読では不明な細かい事項について踏査の重点を絞るようにする。

(iii) 施工性

送電線のルートは、変化の多い地形と多様な地域に選定されるため、施工性特に資機材の輸送、基礎および架線工事の方法について調査が必要である。鉄塔材をはじめ各種の機材を鉄塔予定地に搬入する手段、方法によって、工事費中に大きな部分を占める運搬費に影響する。大型送電線にあっては鉄塔重量が重く、諸機材の重量もそれに伴って増加し、鉄塔1基当たりの運搬総重量は著しく大きくなる。

したがって、鉄塔建設予定地付近の使用可能な道路の有無、仮設道路の設置の可能性、橋梁の許容荷重、道路の幅員などを現地調査し、その実態を詳細に把握して施工計画に反映させることが必要である。また、索道あるいはヘリコプタ運搬の場合は、工事規模に見合った索道原動所の有無、ヘリポートの有無、確保すべき面積などを調査する。

また基礎打設用のコンクリートの入手先、プラントからの所要輸送距離、時間などを調査する。

(iv) 用地上の配慮

稜線が行政界、あるいは国有地と民有地の境界となっている場合は、可能な限りどちらか一方の土地に鉄塔敷地が納まるようにする。

鉄塔予定地内に公図に記載されている道路（赤道）、水路（青道）などの公共財産がある場合は、可能な限り競合しない位置に選定する。やむを得ず競合する場合は、用途廃止の手続きが必要となり、利害関係者の同意を得て代わりの施設の設置が求められる。なお、赤道とは道路法の認定外の道路、青道とは河川法の適用がない水路をいい国有地である。

3.7.6　基本ルートの決定

ルートの詳細調査結果から、経済性、施工性に優れ、用地対応の可能な実現性を見込める最も合理的なルートを基本ルートとして選定する。地方自治体、および関係箇所に対し、送電線の必要性、基本ルートの選定理由などを説明して、建設についての協力を要請する。

3.7.6　基本ルートの決定について

選定された基本ルートは、周辺環境と調和がとれ、かつ経済的に無理がなく、信頼性の高い設備が建設可能であることを客観的に説明できなければならない。

事業説明は、地方自治体（県、市、町、村）および関係箇所（森林管理署など）に対して、建設計画、送電線の概要（電圧、回線数、支持物の種類、高さなど）、ならびに経過地、ルートの必然性、地域におよぼす影響などについて必要な事項を説明し、建設について協力を要請する。

事業説明後、地権者よりルートあるいは鉄塔位置の変更を要求される事例もあるが、理解が得られるよう十分な説明と慎重な対応が必要である。

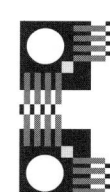

4. 測量準備

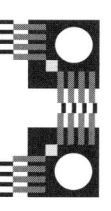

4.1 測量準備の目的

基本ルートの決定を受け，ルート上の鉄塔予定地点を現地で確定し，最終的な鉄塔高さを決定するための，現地測量を実施する。

この現地測量を手戻りなく効率的に実施するためには，事前の準備と現地踏査立会時の電力事業者と測量技術者の密接な連係が必要である。これら現地測量の準備を確実に実施することが，基本ルートの現地確定に重要な役割を果たすものである。

4.1 測量準備の目的

基本ルートの決定から最終的な鉄塔位置や高さが確定するまでの一連の測量業務のフローは第4.1.1図の通りである。測量準備には，概ね次の三つの段階がある。

(1) 現地踏査準備
(2) 現地踏査
(3) 基準測量

図面上の鉄塔予定地点はあくまでも候補地点であり，各地点が持つ諸条件のほか，前後鉄塔との関係も考慮して鉄塔位置を決める必要があるため，従来は現地測量を繰り返して位置を確定する必要があった。

この繰り返しを少なくするためには，予定候補地点が持つ諸条件のほか，電力事業者が持つ情報を現地で測量技術者と共同で確認することが重要である。あわせて基準とすべき重要地点である鉄塔予定地点など，その位置関係を現地測量に先立って測量しておく必要がある。

4.2 現地踏査準備

基本ルート上の諸条件を現地踏査前に確認する。あわせて，一連の現地測量時の基準とすべき重要地点を，正確に測量するための測量点の準備をする。

4.2 現地踏査準備について

(1) 測量方針の確認と関係者との調整

現地踏査に当たっては，事前に電力事業者が定めた測量方針，基本ルート決定の経緯，各種資料，図面などの情報を事前打ち合わせなどにより，十分確認，理解しておく必要がある。また，特に，

(ⅰ) 鉄塔敷地や電線線下の用地上などの制約条件
(ⅱ) 鉄塔及び脚位置の地形，地質など設計上の制約
(ⅲ) 測量上支障となる樹木の伐採の可否

などは，電力事業者の技術・用地担当者とのきめ細かな事前調整が必要である。

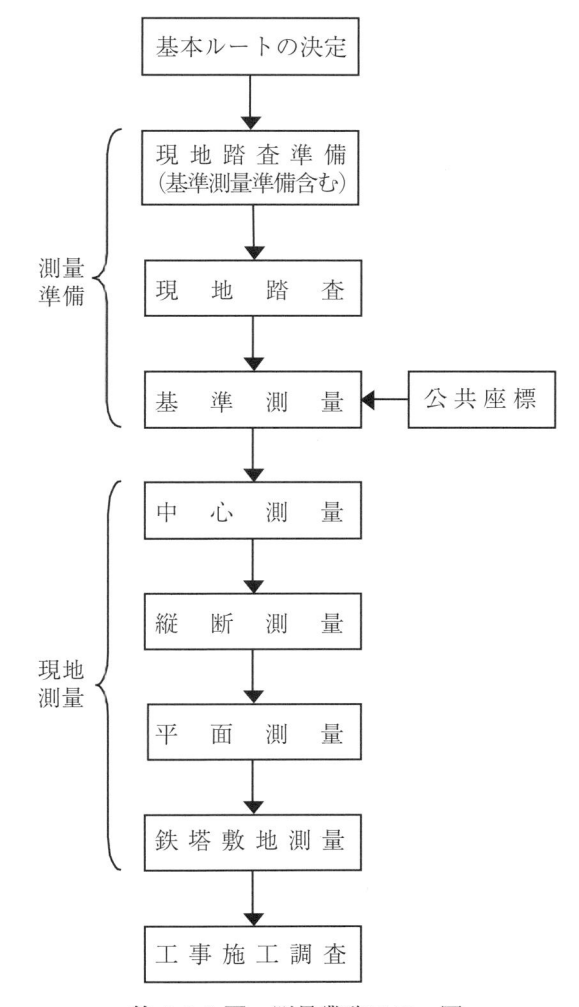

第4.1.1図 測量業務フロー図

(2) 基準とすべき重要地点の測量準備

踏査準備と平行して測量技術者は，中心測量などに際して，「基本ルート上の鉄塔予定地点や線下接近物件等の基準とすべき重要地点」を現地で測量により容易に追い出すため，いくつかの測量用機器の設置点（トラバース点）を，事前に図面上の予定ルート付近の道路上などに選定しておく必要がある。

> **4.3　現地踏査**
> 　現地測量に先だって，測量技術者は電力事業者と共同で現地踏査を実施し，基本ルート上の鉄塔予定地点および線下接近物件などの現地情報を得る。あわせて事前に図面上で選定した測量用機器の設置点（トラバース点）を現地で確定する。

> **4.4　基準測量**
> 　現地踏査で得られた鉄塔本点位置や線下接近物件などの重要地点を，予め選定したトラバース点からルート中心線上に現地展開する測量を基準測量と呼ぶ。基準測量はトラバース測量により行われ，これに続く一連の現地測量を効率的に実施することができる。

4.3　現地踏査について

(1)　鉄塔本点位置などの現地確認

　踏査時には鉄塔毎に電力事業者との共同の立会いを実施し，現地でしかできない鉄塔予定地周辺の用地境や土木的な制約条件などの確認を行い，踏査時点での鉄塔本点候補位置を現地で選点し仮杭などで明示する。

　また，線下接近物件等の重要地点についても，落ちなく野帳や図面に書き留める。

(2)　重要地点の測量のための現地確認

　踏査時には，事前に図面上の道路上などに選定した測量用機器の設置点（トラバース点）に立ち，基本ルートと周辺道路との位置関係を眺め，設置点から鉄塔予定地点や線下接近物件などの重要地点への見通しがきく場所かを現地で確認し，さらに良い設置点を再選定するなどして重要地点への測量の準備を行う。

　一例を第4.3.1図に示す。

4.4　基準測量について

　従来，中心測量などに際して，これら鉄塔予定地点や線下接近物件など重要なルート上の基準となる重要地点に測量旗を取り付けてきたが，これら重要地点を事前にトラバース測量を行うことで正確に位置出しすることができ，これにより旗付けを省略することが可能となった。

　この旗付け作業を代替する効率的な一連のトラバース測量を「基準測量」と呼んでいる。

　基準測量の結果により懸垂鉄塔を除く鉄塔位置が決まることから，径間・水平角度・地盤高低差を中心・縦断測量を行う前に取得でき，その後の測量の大きな間違いや手戻りを防止することができる。

　このように，基準測量の段取りと成果次第で，手戻りなく現地測量が実施されることからも，確実な実施が必要である。

　なお，地権者や地元対応上，現場の目印としての旗付け作業は行われている場合もある。

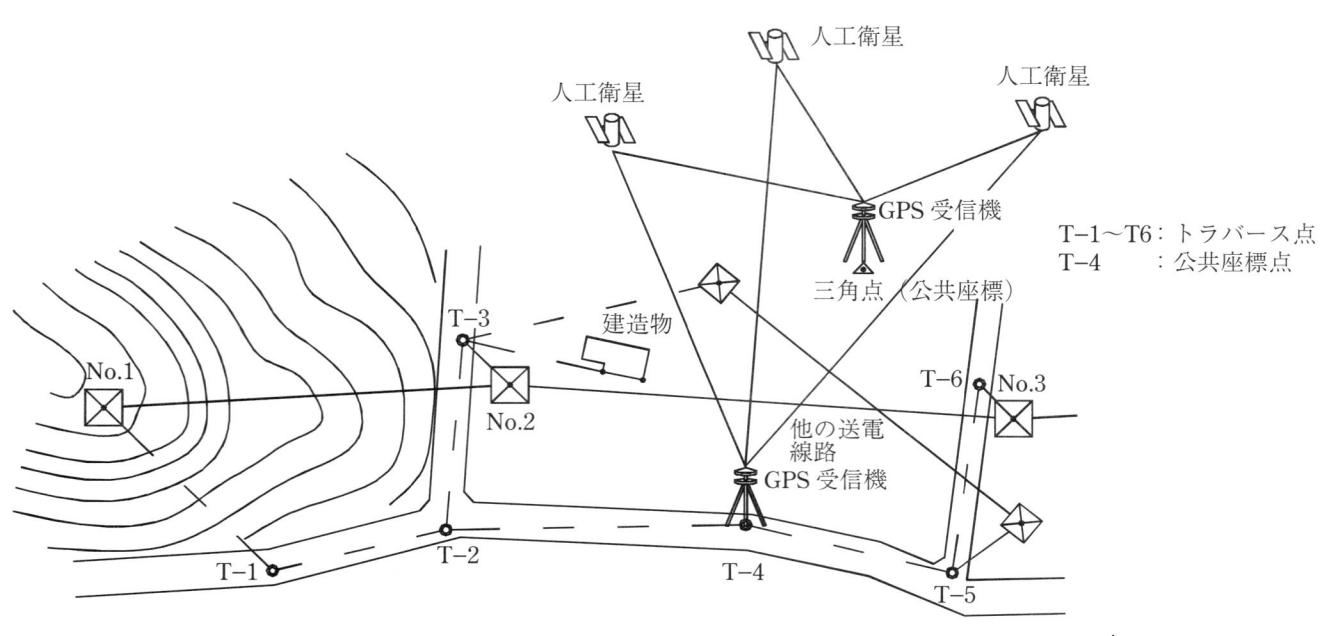

第4.3.1図　基準測量の一例

> **4.4.1 基準測量の注意事項**
> 基準測量に際しては下記に注意する。
> (1) 地域の人々と協調し，無断伐採や無断立入りを避ける。
> (2) ルート位置を探るために，取り付けたテープなどの目印は外す。
> (3) 鉄塔位置の決定要因を事前に調査・確認する。
> (4) 公共座標を取り付ける場合には座標系の確認を行う。

4.4.1 基準測量の注意事項について

(1) 測量を実施する前に電力事業者の用地及び技術担当者と下記の事項について十分な打合せを行い，作業に遺漏のないようにする。

(i) 測量可能の区域，立入可能の範囲および立入禁止の箇所を確認する。作業車等の駐車場所に留意して地元とのトラブルを起こさないように努める。

(ii) 伐採，下刈の可否，住宅地への立入など特に念を入れて打ち合せを行う。

(iii) トラバース点を設置する場合，極力民地を避け，公道などを利用する。やむを得ず民地に測設する場合には，測量了解の取れていることを確認する。

(iv) GPS測量などで私有地や公共の建物の屋上などにある三角点を利用する際は，必ず所有者の了解を得てから行う。

(2) ルート位置を探るために，取り付けた目印のテープなどは外し，また道標のための伐採などは行わない。

(3) 現地踏査時に確認した線下接近物件等の事項以外にも制約を受ける要因があるか再度調査確認を行う。

(4) わが国の緯度経度座標系は2002年4月の測量法改正により，それまでの日本測地系から世界測地系（ITRF94系）になった。このため，それまでの日本測地系の座標の場合には世界測地系へと座標変換をしてから使用する必要がある（変換プログラムが国土地理院ホームページに記載されている）。

また平面直角座標を取得する際には，全国が19の平面直角座標系に定義されているため，測量地域がどの座標系に属するか確認をする必要がある。

さらに測量したデータを国家座標に変換する際には，測定距離に投影補正（ある位置の楕円体高での水平距離を準拠楕円体面上の投影距離に補正する）および縮尺補正（準拠楕円体面上の投影距離に縮尺係数を乗じて平面直角座標系の距離に補正する）する必要がある。

> **4.4.2 基準測量の準備**
> (1) 測量技術者を手配し必要な資料および用具その他を準備する。
> (2) 基準測量に関係のある諸状況を，資料などを使用し十分測量技術者に説明する。
> (3) 測量開始前，用地担当者と十分打合せを実施し用地事情，伐採の許容程度などを確認する。

4.4.2 基準測量の準備

(1) 基準測量の人員について

基準測量の人員は，器械班1～2名，フォア班（選点班）1～2名，バック班1名が基本的な構成となる。総員数は平坦地で伐採がなく，移動や器械の運搬が容易な箇所は3～4名，山間地で伐採などが伴い，また移動に時間を要する箇所では4～6名位が適当である。各班の連絡はトランシーバーや携帯電話にて密に行う。

(2) 必要資料

測量要項，測量仕様書，鉄塔図，航空写真，図化平面図，仮縦断図，用地面積概定表，地籍図，土地立入許可書，入林許可書等。

(3) 測量器具

(i) 測量機器
トータルステーション，反射プリズム，ピンポールプリズム，データコレクタ，GPS受信機

(ii) 測量機材
ポール，検測桿，コンベックス，掛矢，ハンマー

(iii) 杭類
測量杭，測点釘，測量鋲

(iv) 伐採用具
のこぎり，かま，なた，チェーンソー，草刈器

(v) その他
双眼鏡，計算器，昇柱器，胴綱，トランシーバー，野帳，救急箱，雨具等

> **4.4.3 測量器具の取扱い**
> 測量器具は必要な精度を有したものを使用し，十分な点検・整備を行う（主な器具類の詳細は付録1.に掲載）。

4.4.3 測量器具の取扱いについて

(1) トータルステーション

トータルステーションとは角度の読み取りが電子化されたトランシットと従来の光波測距儀の測距部を一体化した電子式測距測角儀で，その測定値を本体やデータコレクタに記録できる器械である。

送電線測量に際しては，電力事業者の求める精度に

対応した器材を使用する。

また，第三者機関において定期的に点検または校正されたものを使用する。

第4.4.1図　トータルステーション

(2)　反射プリズム

反射プリズムには，三脚に据え付けるタイプのものと，ピンポール等に取り付けるタイプのミニプリズムとがあるが，その目的と求める精度により使い分ける必要がある。概して，基準測量や中心測量時には据付タイプを主に使用し，縦断測量や敷地測量時にはミニプリズムを主に使用する場合が多い。反射プリズムはメーカーにより仕様（プリズム定数）が異なるため，トータルステーションと同一メーカーのものを使い測量時の錯誤防止を図ることが望ましい。反射プリズムも随時点検・調整されたものを使用する。

第4.4.2図　据付型反射プリズム 　　第4.5図　ピンホール型ミニプリズム

(3)　データコレクタ（電子野帳）

データコレクタはトータルステーションと接続して，観測データを自動的に取得し，またパソコンと接続してデータを授受する器械である。これにより，作業時間の短縮と従来の読み取りミス・記録ミス・入力ミスが大幅に解消され，観測データの合否が可能となった。

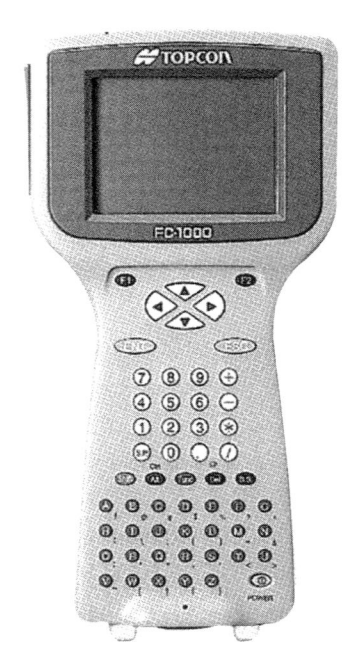

第4.4.3図　データコレクタ

4.4.4　基準測量の成果品

基準測量の結果は，汎用測量ソフトでトラバース計算を行い座標データに取りまとめる。さらに，汎用CADで成果図を作成する。

各検討のうえ鉄塔位置を確定するとともに，中心測量時に中心線を測設する基本データのまとめとする。

4.5　基準点

一般に基準点とは，精度の高い測量を行うために測量区域に経緯度・平面直角座標・標高が正確に求められている既知点を予め適当な間隔で配置しておき，細部測量を行うための基準となる点をいう。

この基準点を測設する測量を一般に基準点測量といい，スタジア測量から光波測量への移行や，レーザー航空測量，GPS測量の精度向上などにより送電線測量も基準点測量と呼びうる精度になってきた。

4.5　基準点について

基準点には第4.5.1表の国家基準点を始め，各地方自治体の公共基準点や民間が私的に測設するもの

などがある。

第 4.5.1 表 国家基準点の種類（2005 年 4 月現在）

区　　分	設置点数	内　　訳	
三　角　点	105,132	一等三角点	972
		二等三角点	5,055
		三等三角点	32,510
		四等三角点	66,595
水　準　点	19,308	基準水準点	80
		一等水準点	14,873
		二等水準点	4,355
電子基準点	1,299		
VLBI 測局	4	つくば，新十津川，姶良，父島	

4.6　測量方法の種類と精度

　測量方法は，トータルステーションを使用したトラバース測量と，GPS 測量に大別される。その測量方法の違いにより測量精度の向上が図れる（なお，トラバース測量の計算方法についての詳細は，付録 1.4 を参照）。

4.6 測量の方法と精度について

（1）トラバース測量の種類と精度について

　トラバース測量とは，多数の測点を結んだ測線の水平角（方向）と辺長（距離）及び高低差（間接水準測量）を測定することで各測点の位置を求めるものである。測線がジグザクの折れ線（トラバース）で形成されることからトラバース測量と言われる。測量方法の違いにより精度が異なり，単線路方式より多角方式，開放方式より結合方式，さらに閉合方式を適用することにより測量精度が向上する。

（ⅰ）単線路トラバース方式

　従来の測量では最初の鉄塔の中心点などを始点として，特に基準点など公共座標を求めない場合が多かった。未知なる一点から出発して求点を最終到達点とするもので，単線路開放トラバース方式と呼ばれ，この方法が主となっていた（第 4.6.1 図参照）。

　この方法は精度管理が難しく，公共座標への変換も出来ない。測量器械の固有誤差，測量技術者の個人誤差や錯誤を防止することが困難で，測量作業の反復や測量技術者の技術の習熟により精度の向上を期待してきた。

　しかし，山岳地などではこの方法しか採用できないことが多いため，少なくとも両端を三角点等の国家基準点や GPS 受信機を利用した公共座標を基準点とした単線路結合トラバース方式を採用することにより精度の向上が図れる（第 4.6.2 図参照）。

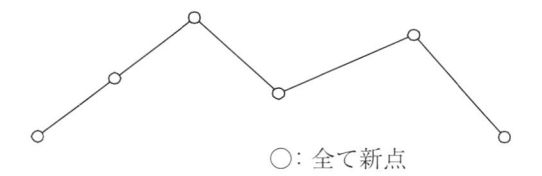

〇：全て新点

第 4.6.1 図　単線路開放トラバース方式の例

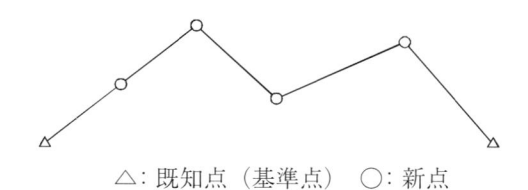

△：既知点（基準点）　〇：新点

第 4.6.2 図　単線路結合トラバース方式の例

（ⅱ）多角トラバース方式

　複数の閉合差・閉合比を求め精度管理をすることで，より高精度の測量が可能となる方法であり，結合多角方式，閉合多角方式がある。

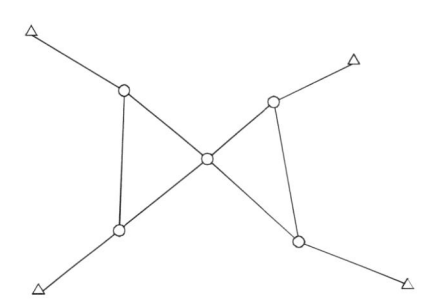

第 4.6.3 図　結合多角方式の例

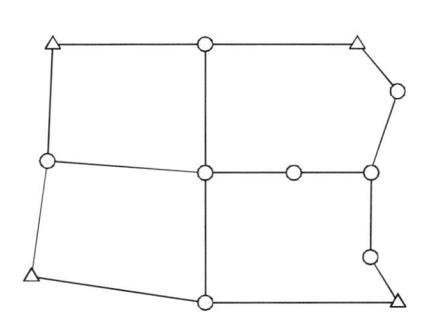

第 4.6.4 図　閉合多角方式の例

（2）GPS 測量

　アメリカ国防総省が運行管理する GPS 衛星からの受信電波を地上で受信し，データを演算処理することにより受信点の地球上における 3 次元位置を求める測量方法である。各測量点に直接 GPS 受信機を据え，直接衛星からの情報により行う測量である（第 4.6.5 図参照）。GPS 測量機器の一例を第 4.6.6 図に示す。

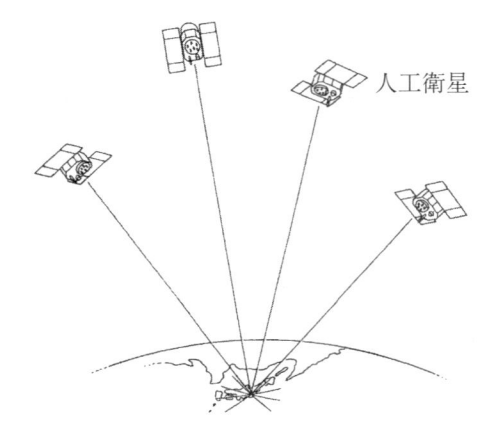

第 4.6.5 図 GPS の概念図

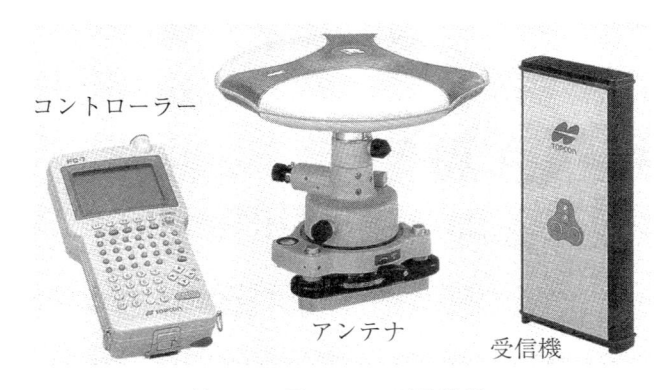

第 4.6.6 図 GPS 測量機器

測量方法はスタティック法，RTK（リアルタイムキネマテック）法に大別される。

それぞれの測量方法の概要を第 4.6.7 図～第 4.6.9 図に示す。

また近年電子基準点の整備に伴い，データの補正情報を配信するシステムを利用した VRS（仮想基準点）と RTK 法を組み合わせた方法が観測時間が短く効率的で，3 級基準点測量程度の精度を得られることから採用されている。しかしこの VRS－RTK 法は，携帯電話で補正情報を授受するため電波状況の悪い山岳地等ではリアルタイムにデータを取得できない場合がある。

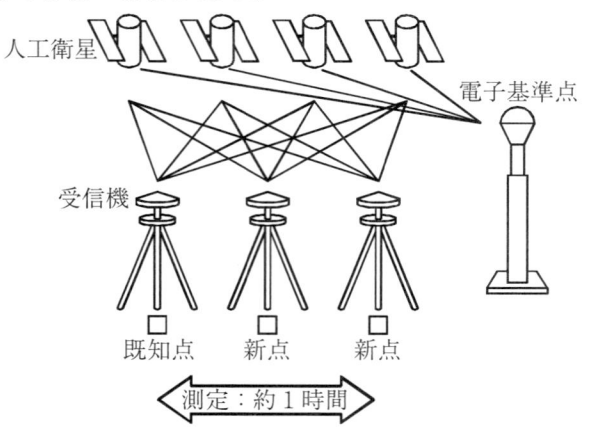

第 4.6.7 図 スタティック法

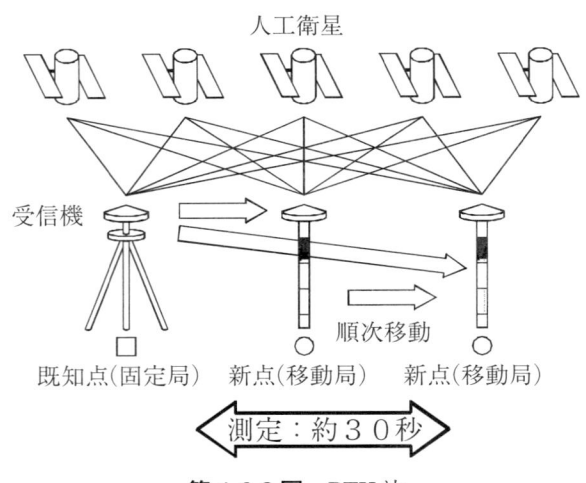

第 4.6.8 図 RTK 法

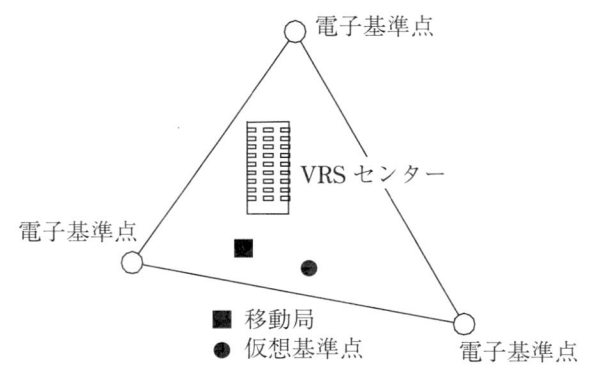

第 4.6.9 図 VRS－RTK 法

5. 中心測量

5.1 中心測量の目的
中心測量は，基準測量で確定した鉄塔位置と基準点のデータを基に線路中心線を測設するために実施する。

5.1 中心測量の目的について
中心測量では線路中心線を決定するほかに，縦断測量（中心線縦断，線下縦断，山腹測量）等の基準となる位置を求めるために必要な杭を測設する。また，中心測量時に中心線の縦断測量を併行して実施する場合もある。

5.2 中心測量の準備
(1) 測量従事者を手配し，必要な資料および用具その他を準備する。
(2) 中心測量に関係のある諸状況を十分従事者に説明する。
(3) 測量開始前に用地担当者と十分打合せを実施し，用地事情，伐採の許容程度などを確認する。

5.2.1 中心測量の準備について
(1) 中心測量の人員
基準測量（4.4.2）に準ずる。器械班はトータルステーションを扱い，フォア班は器械班の前方で樹木を伐採しながらポール等で中心線を決定し必要なTP杭を打設する。バック班は器械班の後方に残り，測点にポールや反射プリズムを設置して中心線決定の補助をする。
(2) 必要資料
基準測量に準ずる。なお，中心測量時には基準測量成果表が必要となる。
(3) 測量器具
基準測量に準ずる。

5.2.2 事前打合せについて
(1) 測量従事者への説明
中心測量は，器械，フォア，バックの3班で実施するので，測量区間の踏査選点位置・各位置に行く道順・送電線通過に不適当な箇所等の事情など，測量に関係のある諸状況・連絡方法を地図と現地について説明し，各班の従事者全員に了解させる。
(2) 用地担当者との打合せ
測量を実施する前に用地担当者と下記の事項について十分な打合せを行い，作業に遺漏のないようにする。
(ⅰ) 測量可能の区域，立入可能の範囲および立入禁止の箇所を確認する。作業車等の駐車場所に留意して地元とのトラブルを無くするようにする。
(ⅱ) 伐採，下刈の可否，住宅地の立入などとくに念を入れて打ち合せ，その条件に合った測量を行う。
(3) TP杭を設置する場合，水田や畑の中はさけて畦道などに打つ。また通路，駐車場などに打つ必要がある場合には地面と同一高さまで打ち込み，人が躓いたりしないようにする。道路のアスファルト面には，測量鋲を設置する。

5.3 測量器具の取扱い
(1) 測量器械は必要な精度を有したものを使用し十分な点検・整備を行う。
(2) 測量杭は規格の木杭を使用する。

5.3 (1) 測量機器について
(ⅰ) トータルステーション等
基準測量（4.4.3）に準ずる。反射プリズムはトータルステーションと同一のメーカーのものを使用することが望ましい。
(ⅱ) ポール
ポールはなるべく新しいものを使用し，長さは2～3mのものとする。

5.3 (2) 測量杭について
(ⅰ) 測量杭
杉・サワラ等は割れたり頭部が砕けたりするので，檜材を使用するのが望ましい。測量時と工事着工時が数年ずれる場合は，防腐剤を塗布する。いかなる場合でも現地の伐採木を使用してはならない。

杭頭の測点釘は25～30mmの普通の釘を用い，舗装道路，コンクリート面等の杭が打ち込めない地点はコンクリート用の測量鋲を使用する。

測量杭の仕様および色は通常，第5.3.1表，第5.3.2表のとおりである。

また測量杭の記入方法は通常，第5.3.3表，第5.3.4表のとおりである。

第 5.3.1 表　測量杭の寸法（一例）

種別	使用区分	杭寸法〔cm〕				
		A	H	D	B	C
大杭	山地または畑	7.5	75	20	5	35
	水田または軟弱地	7.5	90	15	5	35
小杭	山地または畑	4.5	60	15	5	30
	水田または軟弱地	4.5	75	10	5	30

（注）(1)用地境界の測点には小杭を使用する。
　　　(2)上表中 H 寸法については鉄塔位置の地質状態によって適宜増減する。

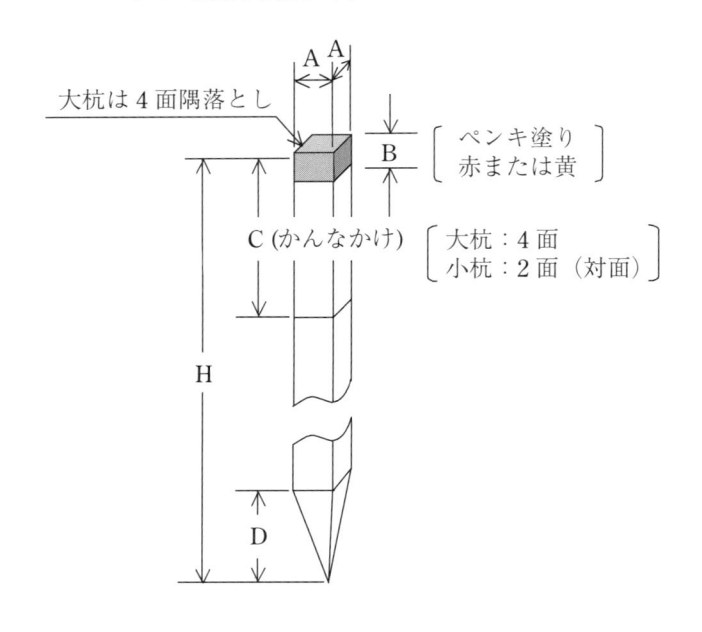

大杭は4面隅落とし
ペンキ塗り　赤または黄
C（かんなかけ）　大杭：4面　小杭：2面（対面）

第 5.3.2 表　測量杭の色別（一例）

	赤色	黄色
大杭	本点杭（線路中心杭）	偏心杭（偏心のある場合の鉄塔中心杭）
小杭	TP杭，中心控杭 (BP, FP)　2等分角杭 ($\theta/2$)	脚方向杭，偏心控杭 (L, R方向杭)，線下杭，山腹測量杭

（注）(1)偏心のない場合は，鉄塔中心に赤色本点杭を打ち，偏心のある場合は線路中心に本点杭（赤色），鉄塔中心に偏心杭（黄色）を打つ。
　　　(2)BP はバックポイント，FP はフォアポイントの略。
　　　(3)鉄塔付近の杭の種類については，「8 鉄塔敷地測量　第 8.5.2 図」を参照。

第 5.3.3 表　杭 記 載 例

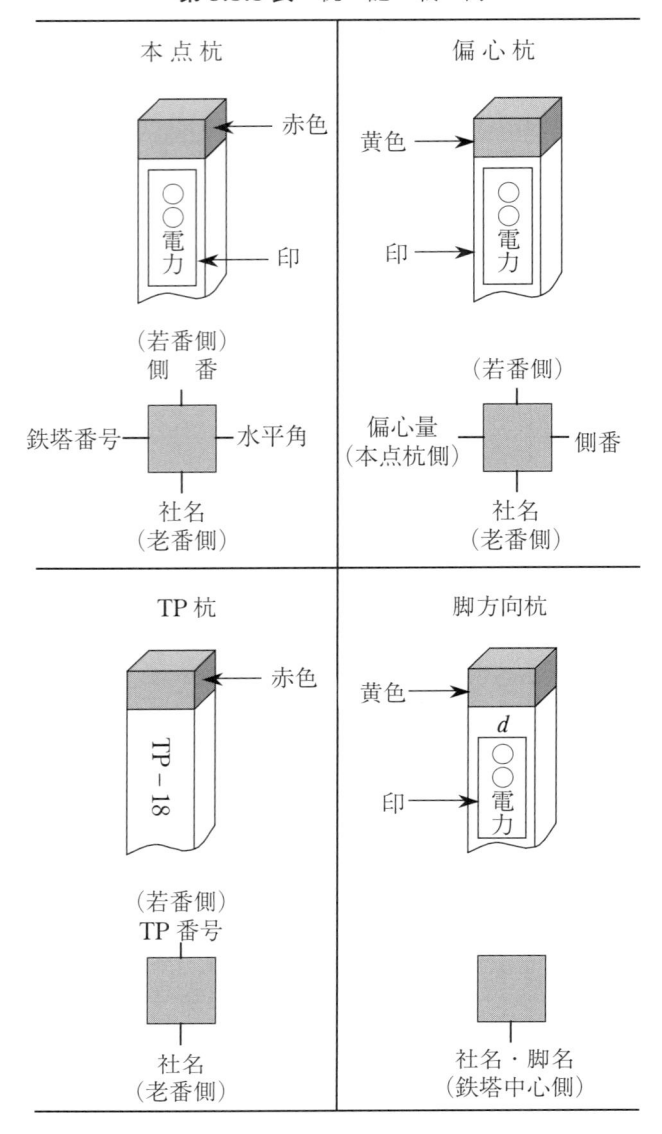

本点杭：赤色、○○電力、印、（若番側）側番、鉄塔番号、水平角、社名（老番側）

偏心杭：黄色、○○電力、印、（若番側）偏心量（本点杭側）、側番、社名（老番側）

TP杭：赤色、TP-18、（若番側）TP番号、社名（老番側）

脚方向杭：黄色、d、○○電力、印、社名・脚名（鉄塔中心側）

第 5.3.4 表　測量杭書入れ様式（一例）

種類	記入事項	記入面	記入方法
本点杭	測量番号	若番側	杭の頭部から下に向かって横書き　例：No.15
	水平角度	右側	縦書き　例：R12°-34'
	社印	老番側	現場設置前に印を押す　社印に代えて社名を記入する　社名は縦書きとする
偏心杭	偏心量	本点杭の方向面	杭の頭部から下に向かって横書き　例：$l = 800$　l：偏心量（単位は mm）
	測量番号	偏心量記入と反対面	杭の頭部から下に向かって横書き　例：No.3
	社印	老番側	現場設置前に印を押す
小杭	測点番号	若番側	杭の頭部から下に向かって横書き　例：TP17
	社印	老番側	現場設置前に印を押す　社印に代えて社名を記入する

> **5.4 中心測量の方針**
> (1) 中心測量は，現地踏査及び基準測量によって決定されたルートについて実施する。
> (2) 状況の変化その他の理由でルートの一部を変更するときは，踏査の諸注意に基づいて修正ののち，中心測量を行う。
> (3) 測量のために必要な樹木の伐採は，縦断測量も考慮して十分に伐採する。
> (4) 用地事情で伐採，枝打ち，下刈りなどが十分に出来ない場合や市街地等でTP間を直接見通しての中心線設定が困難な場合は，トラバース測量によってTP杭を測設する。
> (5) 下記の箇所は，基準測量により十分な検討が行われている場合でも，中心測量の結果と比較検討する必要がある。
> (i) 建造物・他工作物等に接近する場合の水平および離隔距離が法で決められた限度に近い箇所。
> (ii) 設計に重大な関係がある箇所で，踏査のときに十分調査ができなかったもの。

5.4 (2) ルート変更について

状況の変化とは，中心測量前には予期しなかった他工作物等の新設・宅地造成などが新たに計画され具体化した場合を指すものである。

現地踏査では，天災などによる地況の変化も考慮してルートが選定されるが，その範囲が予想以上に大きく，ルートの修正を必要とする場合もありうる。

また，前段階までで決定したものも，より良いものを発見した場合には，改善のための修正を行う心掛けが必要である。なお，ルートを変える必要のある場合は，別に技術および用地担当と連絡して用地上トラブルを起こさないようにする。

5.4 (3) 樹木の伐採について

中心測量における伐採は器械から選点したTP杭を視準できるだけの伐採では不十分であり，器械を盛替えた場合にバック方向の諸点を視準できるようにする。

なお伐採は，中心測量に必要なものばかりでなく，次の縦断測量時に伐採が必要になると思われる樹木も残さぬように心掛ける。

5.4 (4) 中心測量時のトラバース測量について

伐採状況，市街地等で中心線間が直接見通せない場合は，トラバース測量を行って中心線を測設し，TP杭を設置する。この際，角度鉄塔間の中心線上を直接経由していないため，基準測量の成果と十分に照査して錯誤のないことを確認する必要がある。なお，基準測量の成果を利用してトラバース中心測量を行った場合には作業の省力化が図れる（第5.4.1図参照）。

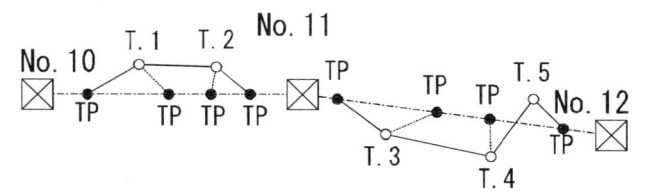

第5.4.1図　トラバース測量

5.4 (5) 中心測量の重点箇所について

ルート構成の重点箇所ではルートが限定されるので，他の部分より先に中心測量を行い，その結果を検討して必要な場合にはルート修正する。

基準測量時に実測・検討を経ている箇所で確信のもてるものでも，法で決められた限度に近い箇所または設計上重大な関係が起きるおそれのある箇所については，他の部分より先に中心測量を行うべきである。

設計に重大な関係のある箇所とは水平角度，地盤高低差，径間および鉄塔高などが鉄塔の基本設計条件を超える恐れのある場合をいう。

> **5.5 中心測量の実施**
> 中心線を測設するため，つぎの事項を実施する。
> (1) 角度点に本点杭入れを行い，これに測点釘を設ける。
> (2) 角度点間の中心線を，トータルステーションを用いて測設する。
> (3) 中心線上の必要な箇所にはもれなくTP杭を入れ，測点釘を設ける。
> (4) 偏心鉄塔の場合は，本点杭と偏心杭を打つ。

5.5 (1) 角度点の杭入れについて

中心線は角度点と角度点を結ぶ線のことであり，中間の直接鉄塔の位置は縦断測量後に検討して決められる。

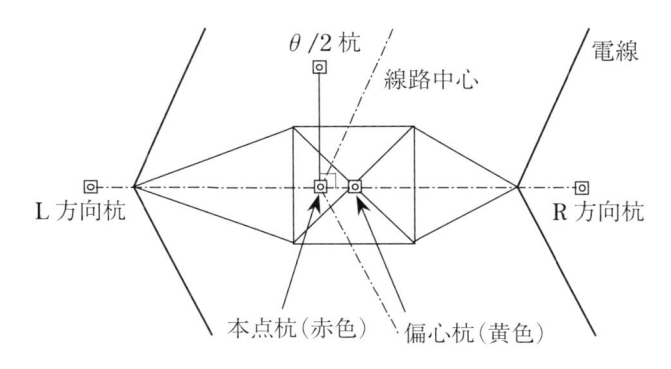

第5.5.1図　偏心鉄塔の杭打ち

角度鉄塔は基準測量の結果で確定され，中心測量時に本点杭を打設する。杭入れに際しては鉄塔敷地として適当であることを再度確認する必要がある。

鉄塔位置の決定に際してはつぎの事項を考慮する。

(i) 山地では4脚のバランスを考えて鉄塔の位置を決定する。また杭を打設する際には打設する場所により露出部分の量を加減する必要があり，普通本点杭・偏心杭は 15～20cm，TP杭などの小杭は 10～15cm 位が適当である。畑地，水田では露出部分を少なくして杭のぐらつくのを防ぐため 5～10cm 位多く打ち込むようにする。

(ii) 畑，水田はなるべく鉄塔敷地が小数筆内におさまるよう選定すること。

(iii) 国，県道および市町村道に対しては，将来の拡幅を考え，道路境界と鉄塔用地界との間には余裕を持たせるものとし，その間隔は国，県道は 10m，市町村道は 5m 位が標準である。

(iv) 主要河川の保全地域および河川用地には，飛地といって離れたところに河川用地が存在するので，河川付近に鉄塔を設置する場合は気を付ける。

(v) 水田や畑などについては，土地の有効活用を考慮して畦道に近い側に寄せるなどの配慮をする必要がある。

5.5 (2) 中心線の測設について

責任者は総合的な作業の監理および指揮に従事し，トータルステーションは他の技術者が操作するのが望ましい。中心測量は送電線の中心線を測設するのが主目的であるが，縦断測量を並行して実施する場合もある。中心線の測設は角度点にトータルステーションを据え，次の角度点または基準点を視準して，測量を開始する。中心線測設に当たっては下記事項を注意する。

(i) 直線区間の方向を決めるとき（角度点または前・後の盛替点を視準するとき）には，必ず対回観測（正反観測）を行い，誤差のないことを確認する。

(ii) 中心線測設用の盛替点間は，山の場合，尾根から尾根へ盛りかえして 1km を限度とする。平地の場合は 500m 位とする。伐採が十分にできない場合でも，盛替点間距離は最低 30m 位は確保することを心掛ける。

(iii) 止むを得ず短距離で盛り替えねばならない場合は，杭頭の釘を見るものとし，釘が見えない場合は反射プリズムを据え付けて中心線を設定する。

(iv) 中心測量時には，後続の各種測量に必要な小杭を測設しておく。5.6 の TP 杭の設置を必要とする箇所を参照のこと。

(v) 直線径間が続く場合には，なるべく前後の角度点のいずれかを視準しながら測量を行う。

(vi) フォアの杭を設置する直前にバックをもう1回見てトータルステーションの据付けが狂っていないかを確かめる。特に地上が凍っていたり，積雪中や軟弱な地盤の場合には注意を要する。

(vii) 水田等軟弱な地盤の所では，振動により器械が傾きやすいので，器械操作者はもちろんのこと，他の作業員も器械の付近ではみだりに動かないこと。非常に軟弱な場所では器械の前後に人をつけ，フォアとバックを別々にして体重の移動にも注意する。

(viii) トータルステーション付近で杭を打ったり，樹木を倒さないように注意する。なお視準する前には器械の整準などを常時注意する。

(ix) バックマンが測点釘の位置を示すとき，またフォアマンが測定釘を設置する場合に，光線の方向などでトータルステーションから見にくい場合には，背後に白いノートを立てるなど背景に注意して見やすくする。

5.5 (3) 測点釘の省略について

測量杭には測点釘を打つのを原則とするが，高低圧線，電話線等の横過箇所，道路の横断箇所などの位置を示す TP 杭には，釘を打たなくても良い。

5.5 (4) 偏心鉄塔について

耐張で偏心腕金を使用している鉄塔や角度懸垂鉄塔では，線路中心点と鉄塔中心点が一致しない場合がある。この場合，第 5.5.1 図に示すように，線路中心点には本点杭（赤色）を，鉄塔の中心点には偏心杭（黄色）を打設する。

5.6 TP 杭の設置を必要とする箇所

TP 杭の設置を必要とする箇所は下記のとおりである。
(1) 直線鉄塔の本点予定位置。
(2) 鉄塔本点（予定箇所を含む）の前後（10～20m）の位置。
(3) 縦断測量の実測を必要とする範囲の中間尾根の背。
(4) 線下縦断測量を必要と認める箇所。
(5) 電線横振れに対する山腹測量を必要とする箇所。
(6) 横過または接近する他工作物・鉄道・軌道・河川などの位置。
(7) 建造物などへの接近箇所。
(8) 平面測量の基準として必要な箇所。
(9) 保安および架線伐採が必要と思われる箇所。
(10) その他，特に必要と認められる箇所

5.6 (2) 鉄塔位置の前後のTP杭について

鉄塔本点（予定位置を含む）の前後10～20mの位置にTP杭を設置する目的は，下記の通りである。

(i) 耕作地などで鉄塔本点予定位置の本点杭が無くなった場合に，その位置を出す。

(ii) 縦断測量後，直線鉄塔の本点杭を設置する。

(iii) 基礎工事施工中に，本点杭が埋もれたり動いたりした場合に備える。

(iv) 掘削やり方出しの参考にする。

5.6 (3) 中尾根などのTP杭について

中尾根は地上高が十分にとれて鉄塔の高さ決定に関係ないと思われてもTP杭を設置する。地形変化の少ない箇所でも50mに1点程度の間隔で設置する。

5.6 (5) 山腹測量用のTP杭について

電線横振れに対する山腹測量を必要とする箇所は判断がむずかしいため，少し余計にTP杭を設置する。

5.6 (6) 他工作物に対するTP杭について

横過する他工作物に対しては相互の中心線の交点，鉄道・軌道・河川等に対しては用地境界線または法肩などにTP杭を設置する。

5.6 (7) 建造物との接近について

建造物との水平離隔距離は法により170kV以上では3m以上と決められているが，1m程度の余裕を持たせることが望ましい。とくに水平角度の内側に建造物がある場合，鉄塔の高さによっては架線鉄塔が内側に数10cmもたわむことがあるので注意が必要である。

5.6 (10) 予備のTP杭について

耕作地等では，必要なTP杭が無くなる場合があるので，その懸念のない地目の境界線などに予備のTP杭を設置する。

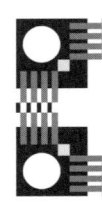

6. 縦断測量

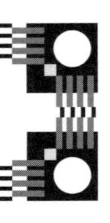

6.1 縦断測量の目的
　縦断測量は，送電線路の鉄塔型・高さ等を決定するのに必要な縦断図を作成するために実施する。

6.1 縦断測量の目的について

　縦断測量の結果から縦断図が作成される。これと鉄塔敷地測量の結果から，次の事項が検討・決定される。直線鉄塔位置・径間長・荷重径間・水平角度・地盤高低差・鉄塔型・鉄塔高・FL・片継脚・主脚継・がいし吊型・がいし連数等である。
　なお，縦断図とは送電線路の縦断面で，横方向に水平距離，縦方向に地盤高等の高さを表示し，鉄塔位置と最下電線の弛度を記入したものである。
　一般に縮尺は縦 1/400，横 1/2 000 である。

6.2 縦断測量
　縦断測量には，中心縦断測量と線下縦断測量があり，線下縦断測量に付随して山腹測量を必要とする場合がある。
(1) 中心縦断測量とは，中心縦断面の測量をいう。
(2) 線下縦断測量とは，線下縦断面の測量をいう。
(3) 山腹測量とは，横断面の測量をいう。

6.2 (1) 中心縦断測量について

　中心縦断は，送電線路の鉄塔位置とその地盤高低差・横過または接近する工作物・建造物などの位置を表わす基準とするものである。
　中心縦断測量は，中心線を含む縦断面について実施する（第6.2.1図参照）。
鉄塔型・がいし装置，電線および地線の安全率などの設計の基準となる径間長，電線および地線の支持点高低差，水平角度等は中心縦断上で決定する。

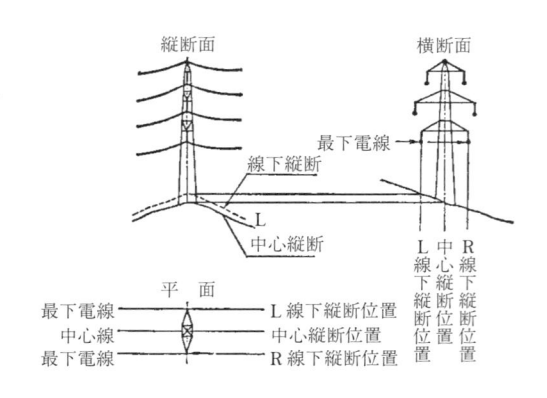

6.2 (2) 線下縦断測量について

　線下縦断は，電線が静止状態のときに，地表面・樹木・横過または接近する工作物・建造物などから，それぞれ定められた離隔距離を保てるように，鉄塔の位置と高さを決定するためのものである。したがって縦断面図としては最も大切なものであり，線下の地表および樹高が中心線より低い場合は省略される。
　線下縦断測量は，線下縦断面について実施する（第6.2.2図参照）。線下縦断面の位置は，下記の事項によって決められる。
(ⅰ) 電線は一般に腕金の先端に取付けられるので，線下縦断は中心縦断から腕金の方向にその長さだけ開いた左右の位置になる。また，腕金の長さは鉄塔型による長短があるので，線下縦断の位置は径間ごとに異なり，中心縦断と必ずしも平行ではない。
(ⅱ) 前後の鉄塔の腕金長さが著しく違う場合や，左・右の山の傾斜が著しく急で線下位置のわずかの差が鉄塔の高さに大きく影響するような特別の場合には，上記の実際の位置の線下縦断を必要に応じて実測する。
(ⅲ) 上記のような特別の場合は別として，線下縦断の位置は普通鉄塔のうちの長い腕金を基準とするのが普通である。
　なお，上段の電線が大きく張り出した鉄塔で左・右の山腹が著しく急傾斜の場合等には，上段電線に対する線下縦断を必要とする場合もある（第6.2.2図参照）

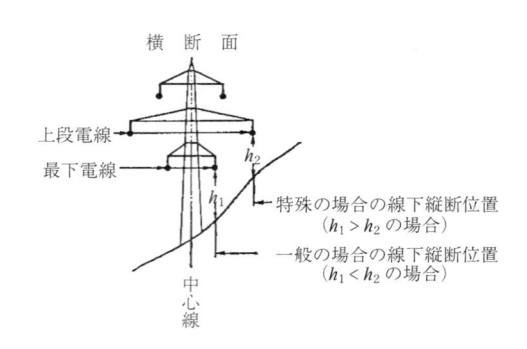

第6.2.1図　中心縦断・線下縦断の位置

第6.2.2図　線下縦断の位置（その1）

また，分岐鉄塔などで左右の腕金高さの異なる鉄塔は必ずしも線下縦断面の高い側で縦断検討がされない場合もあるため注意が必要である。第6.2.3図において，著しくh1＜h2となるため線下縦断面の低い側で離隔検討が行われることになる。

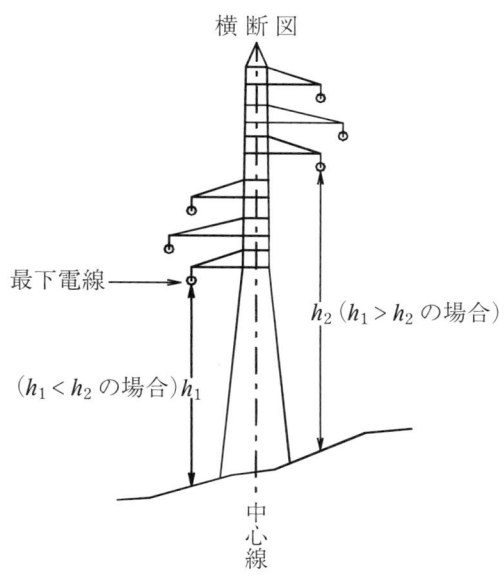

第6.2.3図　線下縦断の位置（その2）

6.2（3）　山腹測量について

山腹測量は，電線が横振れしたときに，地表面・樹木・横過または接近する工作物・建造物など（以下これらを総称して山腹という）から，規定の離隔距離を保てるように，鉄塔の位置と高さを決定するためのものである。

山腹測量は，線下縦断位置の電線が規定の角度だけ横振れした場合に，電線と山腹との離隔距離を調査する必要のある箇所の横断面について実施する（第6.2.4図参照）。

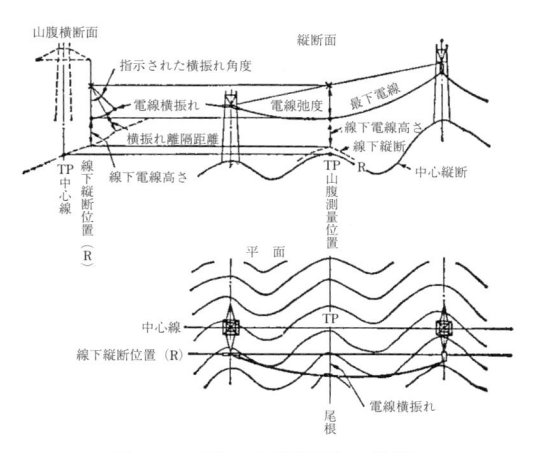

第6.2.4図　山腹測量の位置

なお，左・右の山腹が著しい傾斜の場合には，電線が静止していても山腹との離隔距離が問題になることがある。とくに，耐張型ではジャンパ線の弛度が忘れられがちであるから注意する。山腹測量では，0度から規定の横振れ角度までのどの位置についても，電線と山腹との離隔距離が確保出来ることを確認しなければならない。

また，上段腕金が著しく長い特殊鉄塔の場合には，最下電線のほかにこれに対する山腹測量を必要とする場合もある。また市街地などで建造物（高層建物，煙突，アンテナ等）が電線付近にある場合は，とくに注意を要する。

6.3　縦断測量の準備

(1)　縦断測量の準備および器械の整備は，基準測量に準じて行う。

(2)　作業に当たっては手順，連絡方法などを確認して実施する。

6.3（1）　測量の準備および機器の整備について

トータルステーションその他測量器具の仕様及び取り扱いは，基準測量に準じて行う。

6.3（2）　測量作業手順について

縦断測量の順序には，概ね下記の2ケースがある。

(ⅰ)　中心縦断測量と並行して必要な部分の線下縦断測量と山腹測量を実施する場合

(ⅱ)　中心縦断測量を全区間すませてから必要な部分の線下縦断測量と山腹測量を実施する場合

両者を比較すると，(ⅰ)の手順では中心縦断測量の進行過程で，樹木伐採中やフォア班，バック班の移動中に器械班が中心になって線下縦断測量・山腹測量を実施すると，作業の手順が良く能率的である。しかし，測量箇所を仮縦断図や現地の状況から推定するため，不足分を後に補足する場合が生じ，また無駄な作業をする欠点がある。

(ⅱ)の手順では中心縦断図作成後なので，測量必要箇所が限定されており無駄な測量が少なくなるが，改めて測量班が現場へ行くので，往復の時間や前者のような空いた時間が利用できないなどの欠点がある。

6.4　縦断測量の方針

(1)　中心縦断測量は，中心測量によって測設された中心線に対して，全区間にわたって実施する。
　線下縦断測量と山腹測量は，必要な部分について実施する。

(2)　状況の変化その他の理由で中心線の一部を変更するときは，現地踏査，基準測量，中心測量の諸注意に基づいて修正ののち，縦断測量を行う。

(3) 横過物件のない谷底等の縦断測量では，架渉線から必要な垂直距離以内となる地形を実測し，その他は見取りとし，航空レーザー計測等のデータを活用する。
(4) 水平角度が大きく，かつ腕金幅の大きな鉄塔の場合には中心径間と線下の径間が著しく異なる場合があるため注意が必要となる。
(5) 線下の地盤が中心線の地盤より高い箇所のうち，鉄塔高さの決定に必要な部分に対しては線下縦断測量を実施する。
(6) 電線の横振れによって鉄塔高さが決定される場合は，その横振れ箇所に対して山腹測量を実施する。
(7) 縦断測量の妨げとなる樹木は許される範囲内で伐採する。

6.4 (1) 測量区間について

中心縦断測量の結果で，中心縦断図が作成される。中心縦断図は，鉄塔の位置・径間・地盤高低差を示し，線下縦断・山腹測量結果を図示する基本となるので，測量する全区間連続した図面が必要である。

線下縦断測量と山腹測量は，鉄塔の位置と高さを決定するために必要なので，6.4(5)，6.4(6)に記載された必要な部分だけについて実施し，その結果を中心縦断が記入された縦断図上に部分的に図示できるようにする。

6.4 (2) 中心線の変更について

状況の変化とは，横過または接近する位置に予期しなかった工作物・建造物などができ，その移転が不可能の場合などのことである。

中心測量によって測設された中心線には，変更を必要とする場合はあり得ないわけであるが，中心測量から縦断測量というように次の段階に移るときには，前の測量が最善であったか，改めるところはないかと，常に既往を振り返って見る心構えが大切である。

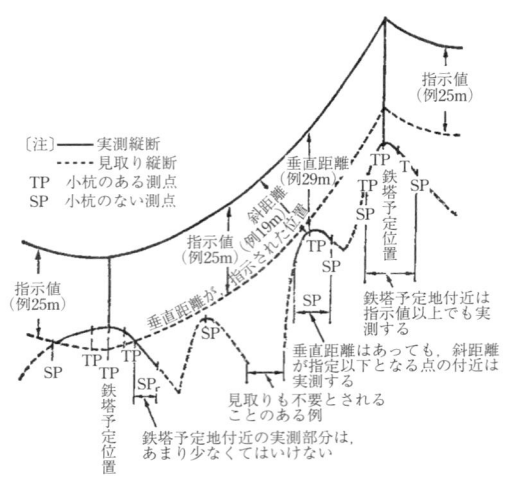

6.4 (3) 他のデータの活用について

縦断測量の実測範囲と見取り（仮縦断図や航空レーザー計測等のデータを活用）範囲については，最下架渉線からの垂直離隔距離によって判断されるが，現地ではその範囲について，第6.4.1図に示すような種々の注意が必要である。他データを活用出来る範囲は，山地の谷越えなどで想定される最下電線から垂直離隔距離が十分取れる場合にかぎる。

6.4 (4) 中心径間と線下径間について

水平角度が大きくかつ腕金幅が大きな鉄塔の場合には，1号線と2号線を別々に弛度を記入して離隔検討をするほうがより正確な縦断検討が可能である。このような場合には，第6.4.2図に示すような縦断図を作成することがある。

6.4 (6) 山腹測量の実施箇所について

山腹測量は，中心測量で山腹測量の基準点としてTP杭が設置された箇所に対して実施する。

しかし，中心縦断測量に際して多少なり離隔距離が懸念される箇所については，前後の鉄塔の位置と高さがその箇所に対して最も悪い条件に決まる場合を想定し，山腹測量の位置と要否を再検討し，必要なものは中心線上のTP杭を追加する。

また，縦断図作成後，離隔距離の不足が懸念される箇所についても追加して測量する。

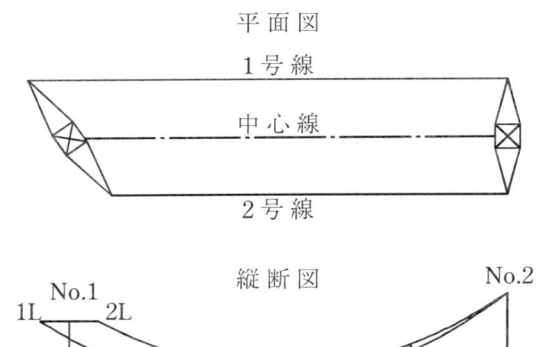

第6.4.1図 縦断測量の実測範囲と他データ活用範囲

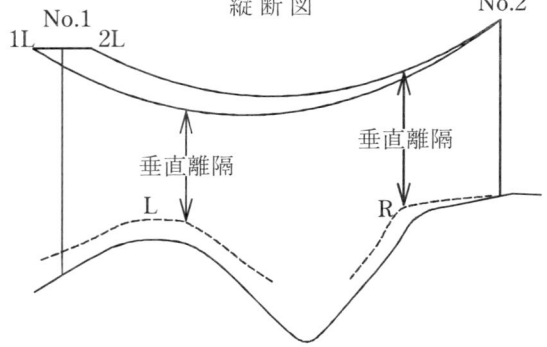

第6.4.2図 中心径間と縦断径間の著しく異なる縦断図

6.4 (7) 樹木の伐採について

縦断測量の妨げとなる樹木は，TP杭および反射プリズムが視準可能となる範囲を伐採する。また器

械が前視（フォア）に移動して器械点が後視になった場合をも考えて伐採をしておく。

> **6.5　中心縦断測量の実施**
> (1)　角度点の水平角度を測定する。
> (2)　測点杭間の水平距離・地盤高低差を測定する。
> (3)　横過他線路などの架渉線の高さと交差角度を測定し，必要な事項を調査する。
> (4)　接近する他線路などの中心線からの距離を測定し，必要な事項を調査する。
> (5)　鉄道・軌道と交差する箇所は，交差角度を測定し，必要な事項を調査する。
> (6)　樹高を測定し，樹種を調査する。
> (7)　測点杭には測点番号を記入し，測点杭外の測点に対しても番号を定める。
> (8)　縦断図に鉄塔本点の標高を記載する場合には，付近の三角点かこれに準するものを基準とする。
> (9)　調査事項は野帳に記入し，測点番号の位置を示すスケッチを併記する。

6.5　(1)　水平角度の測定について
中心縦断測量で測定した水平角度が基準測量で得た数値と整合していることを確認する。また水平角度は，測量の精度を高めるため，前後の直線区間のなるべく遠い測点を視準して測定する。

6.5　(2)　水平距離・地盤高低差の測定について
　測点（測点釘）・TP杭は，中心測量で正しく中心線上に設置されているわけであるが，中心縦断測量に際してもこれを再確認して測量の正確を期する。中心測量で打ちもらした必要な箇所のTP杭を増設して中心縦断測量を実施する。
　器械盛替点間ならびに鉄塔の高さや位置の選定に関係のある測点の視準は，対回観測（望遠鏡を正及び反転で観測すること）並びに前視・後視の2回行うのを原則とする。また，中心縦断測量で得られた径間，地盤高低差が基準測量時の数値と整合していることを確認する。

6.5　(3)　横過他線路の測定について
横過する他線路などの腕金が著しく長くなく，交差角度が大きく，測量送電線路の架渉線との垂直距離が相互の横振れに対しても十分余裕がある場合などには，線下縦断が省略されるので，中心縦断で他線路等の位置・高さ・交差角度を測定する。
　必要な事項とは，他線路などの種別・名称・電圧・支持物番号・架渉線の種類・太さ・条数・がいし吊り型・管理箇所などである。
　他の特別高圧架空電線路と交差する箇所その他の特殊箇所の中心縦断測量は，原則として普通区間の中心縦断測量と同時に行う。
　他特高の下部で交差し，相互の架渉線の接近・横振れ間隔が十分に余裕のある箇所は，中心縦断測量で他特高の位置・最下段架渉線の高さ・交差角度を実測する。
　上記の接近・横振れ間隔の余裕が少なく，測量する送電線路の最上段の架渉線が中心線上にある場合には，中心縦断測量で他特高の最下段両外側架渉線の高さを特に綿密に測量し，測量時の外気温度をも記録し，これによって鉄塔の高さが決定できるようにする。

6.5　(4)　必要調査事項について
　必要な事項とは測量する送電線と他線路との水平距離・他線路の径間・高低差・支持物の高さ・支持物番号・電線の種類・がいし吊型・弛度・名称・管理箇所などである。

6.5　(5)　鉄道・軌道の調査事項について
　必要な事項には，線名・起点からのキロ程および6.5 (4) の必要事項が含まれる。なお，鉄道が複線以上の場合は，下り線のレールの中心がキロ程の測点である。

6.5　(6)　樹木調査について
　最近は樹木を伐採しないで鉄塔の高さを決める場合がある。このため，将来樹高を考慮して鉄塔の高さを決めることもある。なお樹種の調査も行う。

6.5　(7)　測点番号について
　鉄塔位置の測量番号は測量の進行方向にかかわらず，若番側からNo.1・No.2……とする。
　中心縦断測量を進める方向は，現地の地形や光線の方向にたいして測量しやすい方向に自由に選んでよい。要は，正確な測量を能率的に進めることであるが，あまりに細分し混乱を起こしてはならない。少なくとも主要な角度点間は同一方向に進めることが必要であり，現地の条件に大差がなければ全区間を若番側から通して測量することが望ましい。
　TP杭には，若番からTP1・TP2……の測点番号を付ける。測点番号を記入する様式の例は「5.中心測量第5.3.4表」に示す。
　TP杭を設置しない中間の測点の視準は，必ずTP杭にトータルステーションを据えて行う。TP杭間の測点にはSP1，SP2……の測点番号を附し縦断図に樹高，他工作物等を記載する際に誤りのないようにする。
　追加測点に対する測点番号は，例えばTP45～TP46間では，TP45－1・TP45－2……のように付ける。
　中心縦断測量を送電線路の老番側から若番側に向

かって進めた区間についても，左・右の別は「1.7 用語の説明」に明記されたとおり不変のものである。測量の進行方向については，左・右が反対になる場合もあるから注意を必要とする。

6.5 (8) 標高の取り付けについて

基準測量により基準点を設置または公共座標に取り付けた場合には，その標高を採用する。なお複数工区で測量した場合の工区境の鉄塔本点標高は，各工区で別の三角点等等より誘導した標高でつきあわせる。

6.6 線下縦断測量の実施

線下縦断測量は中心縦断を基準として中心線より地盤の高い箇所を測定する。
(1) 鉄塔の本点付近・径間内で電線の地上高が規定値に近くなる部分・山腹測量の起点部分・鉄塔高さの決定に関係のある他線路の架渉線との交差部分などの地形について実施する。
(2) 横過する他線路等のうち，鉄塔高さの決定に関係のあるものは，線下縦断面での架渉線の交差位置および地上高を測定する。
(3) 鉄塔高さの決定に関係ある線下の樹高を実測し，樹種を調査する。
(4) 調査事項は野帳に記入し，中心線上の測点との関係位置を示すスケッチを併記する。

6.6 線下縦断測量の実施について

線下縦断測量の方法は第6.6.1図に示すように，まず中心線の小杭TP10に器械を据え，水平距離がLになるようにHP10Lを打設する。なおLRの符号は老番側に向って左側の場合はL，右側の場合はRとする。

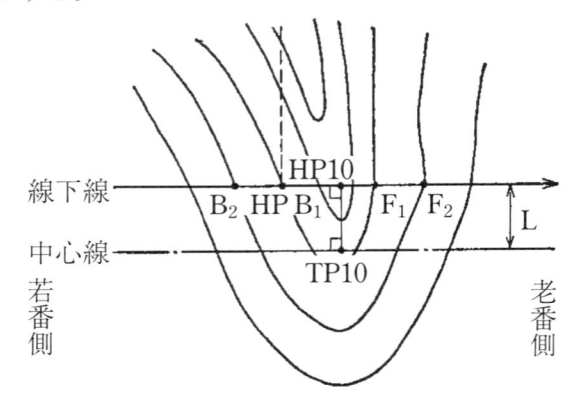

第6.6.1図 線下縦断測量の方法

つぎにHP10Lに器械を移して線下方向線に合わせ $B_1B_2F_1F_2$ などの縦断測量をする。この際，山腹測量に必要と思われる点 B_1 には杭を打つ。線下杭が中心線のTP杭と間違われないよう黄色（HP杭）で標示する。

線下幅が大きな鉄塔で第6.6.2図のように，中間尾根が線路方向に対し斜行している場合は，線下の最高点に杭を打つ方法としてTP10より尾根方向にHP10Lを設置すると，作業が容易で効率的である。この場合，TP10とHP10Lとの間の斜距離は下式により算出する。

$$x = L/\sin\theta$$

x：斜距離
L：線幅の1/2
θ：TP10における中心線方向と尾根方向との水平角度

なお，縦断図上でのTPとHPとの水平距離は，
$S = L/\tan\theta$ となる。

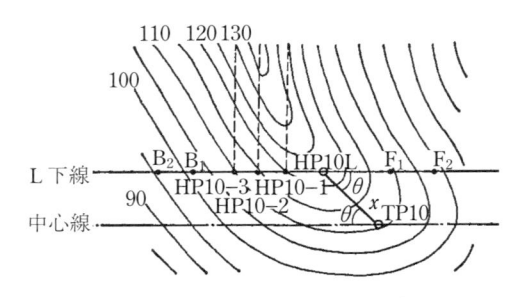

第6.6.2図 斜行する中尾根の線下測量

6.6 (1) 地上高決定箇所の線下縦断測量について

線下縦断測量のうち，地上高により鉄塔高さが決定される場合は，下記の点に留意が必要である。

(i) 径間中では，中間尾根のほかに，高低差の大きい径間の高い方の斜面（第6.6.3図参照）や，鉄塔が建設される尾根が広い場所では，頂上から少し下って急傾斜に移る法肩の付近が電線に最も接近する場合がある。

また，耐張鉄塔などでは，ジャンパ線の地上高で鉄塔の高さが決まる場合があるから，線下縦断の測量漏れのないように注意する（第6.6.4図，第6.6.5図参照）。さらに第6.6.4図では鉄塔の位置が高所で，線下（l）も高く，ジャンパの高さ（j）を考えると鉄塔の電線支持点の高さ（t）が高くなるなど，鉄塔予定位置にばかり気を取られて，法肩の地上が最小垂直距離（g）になる付近の線下縦断測量を失念する場合がある。

なお，鉄塔の前後の線下測量は鉄塔敷地測量で詳細に測量されるので，その測量結果により転記した方が正確である。

(ii) 大きな山のすそ野を横過する径間（第6.6.6図参照）のように，長い区間の線下縦断測量を必要

とする場合がある。このような箇所は地形上見落としがちであり，そのために架線後に大きな切土をしたり，氷雪の付着や線路方向の強風のために事故を生じた例が少なくないので，特に注意を必要とする。

また，長い区間の線下縦断測量を必要とする場合には，中心線上の別の位置からも線下位置を求め，線下縦断の測量方向を確認することが望ましい。

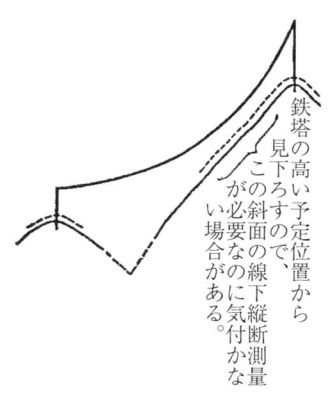

第 6.6.3 図 線下縦断測量の必要を見落としがちな例(1)

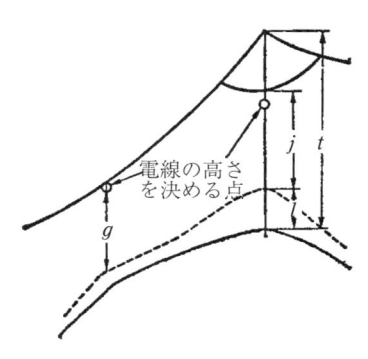

第 6.6.4 図 線下縦断測量の必要を見落としがちな例(2)

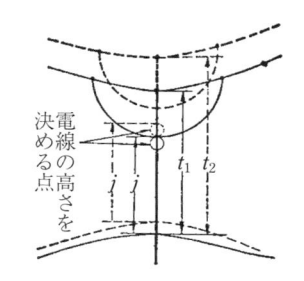

第 6.6.5 図 線下縦断測量の必要を見落としがちな例(3)

第 6.6.6 図 線下縦断測量の必要を見落としがちな例(4)

6.6 (2) 他線路交差箇所の線下縦断測量について

新設送電線が既設送電線の上部で交差する場合は，新設送電線の最下線の低い方と横過される送電線の高い部分との距離が問題となるので，第 6.6.7 図のように横振れを考えて A 点に TP を打ち，BCD 点でも離隔検討が出来るように測定する。

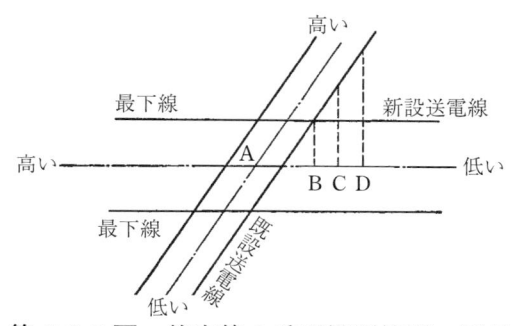

第 6.6.7 図 特高等の重要横断箇所の測量

他線路などとその下部で交差し，先方の中心線に最下段架渉線がある場合には，これらと当方の左右いずれかの最上段架渉線との交差位置のうち，最悪条件の箇所について測定する。当方の最上段架渉線が，架空地線のように中心線上にある場合には，線下縦断測量を省略できる。

上記の最悪条件とは，相互の架渉線が静止しているときの接近距離が最小な場合だけを指すものではなく，横振れした場合も含むもので，他線路などの縦断測量および弛度測定も必要となる。

架渉線の地上高の測定結果には，測定したときの気温も付記する。

なお，鉄塔高さの決定に関係のない他線路などに対しては，線下縦断測量を省略し，中心縦断測量の結果によって縦断図を作成する。

6.6 (3) 樹木調査について

鉄塔高さの決定に関係がなく，樹木が線下だけにある部分は，中心縦断では現われないから，線下縦断測量で樹高を調査し，縦断図に左右を明示して記入する。

6.7 山腹測量の実施
(1) 山腹測量の範囲は，前後の鉄塔の電線支持点高と，電線弛度とを想定し，その横振れの大きさによって決定する。
(2) 山腹測量は中心線上の測点を基準にして，横断面の線下位置から山側の地形を測量する。
(3) 電線横振れのときに，必要な離隔距離前後に樹木がある場合にはその樹高を測定する。
(4) 電線横振れのときに，地表面からの離隔距離が最小になる位置は線下縦断図の最小の離隔距離

箇所と異なる場合が多いので，その前後も山腹測量を実施して最小になる離隔点を求める。
(5) 横過または接近する他線路・建造物・樹木などに対しても，状況によって，山腹測量に準ずる測量を行う。
(6) 調査事項は野帳に記入し，中心線上の測点との関係位置を示すスケッチを併記する。

6.7 (1) 山腹測量の範囲について

前後の鉄塔の電線支持点高と懸垂がいし連の長さが決まらないと，山腹測量に対する電線弛度が決められない（第6.2.4図参照）。また，鉄塔の位置・高さ・がいし吊型は，現場の測量が済んでから縦断図を検討して決定され，この検討には山腹測量の結果が必要である。このような関係にあるので，山腹測量では，前後の鉄塔の位置・高さ・がいし吊型を現地の状況によって想定するか，仮縦断図を予備的に検討して測量箇所の電線の位置と弛度を想定する。

電線の横振れ角は電線の種類によって異なるが，目安としてはACSRの場合には60°程度，HDCCの場合に45°程度である。電線の横振れ角（θ）の計算式は次のようになる。

$\theta = \tan^{-1} W_w / W_c$
$W_w = P \times D$ (N/m)
P：風圧荷重 (N/m^2)
D：電線外径 (m)
W_c：電線自重 (N/m)

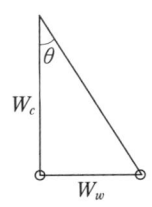

第6.7.1図 電線の横振れ角

多導体に対しては，1線当たりの風圧力が単導体の90％とされ，導体も比較的太いものが使用されるから，同じ太さの単導体より多少小さい振れ角度になる。

山腹測量の範囲は，上記の想定によって決められるが，現実には測量不足のため再度実測に行くことがよくあるので，必要と考えた以上に山側まで測量しておくことが望ましい。

なお，別の位置で山腹測量を必要とする箇所がないか検討し，測量もれのないように注意する。

一般に山腹測量の範囲は径間長，地上高，電線の横振れ量，山腹の傾斜の程度によって異なるが，鉄塔の近くあるいは短径間ならば15m程度，急傾斜の場合で20〜25m程度，長径間の中間にある場合は30〜50m程度が目安となる。縦断図作成後，万一足りない場合には補足する。

6.7 (2) 山腹測量の手順について

線下縦断測量の時に打ったHP杭を基準として，線路と直角に横断測量する。山腹測量図の縮尺は縦横とも1/400とする。

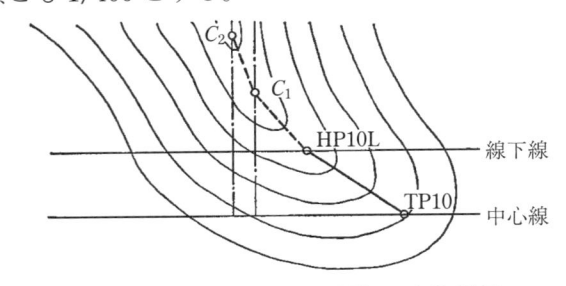

第6.7.2図 斜行する中尾根の山腹測量

また，山腹測量をする場合が第6.7.2図のように，尾根が斜めに走っている箇所の場合は，HP10Lより尾根に沿って$C_1 C_2 C_3$……の縦断を取り，この点より中心線に直角に$C_1 C_2 C_3$……の横断測量をする。

6.7 (3) 樹木調査について

電線横振れに対する樹高などは，「9. 保安伐採範囲調査」を参照すること。保安伐採調査の前に縦断図で鉄塔の高さを決定するために必要があるので，必要な樹高および樹種は調査しておく。

6.7 (4) 最小離隔箇所の追求について

6.7(2)の解説のように，中尾根が斜めに走っている場合，山腹測量の必要な箇所が決められないので，第6.7.2図による，$C_1 C_2$…の多くの横断面を描き，その中の最小離隔となる箇所で鉄塔高が決定される。この場合例えば，$C_1 C_2 C_3$の3点中，C_3点の条件が悪ければ，さらに$C_4 C_5$と横断面を描き，最後の横断が前の横断より条件の良くなるまで作図する。

6.7 (5) 横過接近物件に対する測量について

横過または接近する他線路・建造物・樹木のうち，測量送電線路の電線が横振れしたときに，必要な離隔距離に近くなるものに対しては，山腹測量に準ずる測量を必要とする。

とくに，独立の大木・煙突・高層建物などが径間の中間にある場合は，中心線より相当離れている場合でも支障となることがある。したがって中心線近くばかり気をとられず，責任者は常に広範囲に注意をする必要がある。山林中で木立のあいだを測量する場合などは，中心線から少し離れた大木に気がつかないことがある。また，人家の密集地では見通しが悪いため，煙突や無線用アンテナなどを見落とす場合が多いので注意を要する。

6.8 直線鉄塔本点の決定

(1) 直線鉄塔の本点（線路中心点）は，現地の状況を考慮して縦断図上で選定される。
(2) 選定された鉄塔本点が鉄塔敷地として適した場所であることを確認して，本点杭を設置する。
(3) 選定された鉄塔本点が鉄塔位置の敷地として

不適当なため予定位置から移動する場合，または中間に割込鉄塔を設ける場合には，その部分の縦断検測を行い，鉄塔敷地としての可否も十分に検討して，本点杭を打設する。

6.8 (1) 直線鉄塔位置の図上選定について

鉄塔本点のうち，角度鉄塔の本点は現地踏査，基準測量時に決定されるが，直線鉄塔の本点は縦断測量の段階では特殊な場合を除き未決定の場合が多く，その場合縦断測量が終了してから地形縦断図上で選定される。特殊の場合としては，用地関係で鉄塔の位置が限定された場合や想定される径間に対してその位置のほかに鉄塔敷地としての適地がない場合などが考えられるが，これらの場合でも地形縦断図の結果を待たないと本点は決定できない。

直線鉄塔の予定位置に対しては，仮縦断図および現地踏査で基ごとに調査されているのに，中心測量で本点杭を設置しないで小杭とし，その前・後約10mの位置にもTP杭を設置するのは，上記のように縦断図上で本点位置が変更される場合が多いからである。

直線鉄塔の位置の選定には，鉄塔敷地としての可否につき十分調査する必要があるが，この方法は「3.7.5 ルートの現地詳細調査」を参照のこと。

6.8 (2) 本点杭の打設について

懸垂鉄塔の位置を予定地点から移動する場合は，予定された位置の小杭が正しく中心線上にあることを確認した後，この点にトータルステーションを据えて本点杭を縦断図上で選定された位置に設置する。

選定された本点位置の付近の地形などについては，縦断測量までの諸測量で，縦断図上の検討ができるように調査されているが，本点杭入れに際しても念のため鉄塔敷地としての可否を検討する。鉄塔敷地としては，予定位置より条件が悪くなっても，縦断図上の総合的な条件によっては，多少の悪条件はやむを得ない場合があるが，著しい悪条件については早急に再検討を行う。

本点杭の位置を縦断図上に正確に入れるため，必ず器械盛替点のTP杭まで水平距離および高低差を測量する。この場合，盛替点以外のTP杭を使用してはならない。器械盛替点は正確に測量されているので，その点より本点杭の位置を引用する。また，基準測量時に設置したトラバース点から新しく測設された本点位置の座標を誘導し，測量成果に錯誤のないことを確認する。

6.9 地形縦断図の作成

縦断測量の結果は，特殊箇所縦断測量の結果とともに取りまとめ，下記により汎用CAD等で作成する。

(1) 縮尺は縦1/400，横1/2 000で作成する。
(2) 中心縦断，線下縦断，山腹横断，樹高，鉄塔，弛度，図枠等は共通の仕様でレイヤ分けする。
(3) 線種，文字，色等も共通の仕様で作成する。
(4) 中心縦断測量の結果は，実線で記入し，地形縦断図の基本となる中心縦断図とする。
(5) 線下縦断測量の結果は，中心縦断図に対応する位置に破線で記入し，L（左）・R（右）と側別を併記して線下縦断図とする。
(6) 山腹測量の結果は，線下縦断図に対応する位置に破線で記入し，L（左）・R（右）の側別を併記して山腹測量図とする。
(7) 縦断測量のデータ類は，整理しておく。

6.9 (1) 地形縦断図の作成について

地形縦断図は以前はマイラー方眼紙に手作業で描画することが一般的であったが，近年では測量の結果を汎用測量ソフトにより座標データにとりまとめ，それを測量ソフトまたは汎用CADで描画し縦断図を作成するようになった。また，測量データの収集から作図まで一貫してシステム化されている場合もある。

また縦断図作成上の線の凡例は，第6.9.1表のとおりである。

第6.9.1表 縦断図作成上の凡例（一例）

	線の種類
実 測 中 心 縦 断	———————
他 デ ー タ 活 用 縦 断	— — — — —
線 下 縦 断	- - - - - - -
山 腹 横 断	- - - - - - -
現 在 の 樹 高	— - — - — -
将 来 の 樹 高	— ‥ — ‥ —

6.9 (4) 地形縦断図の記載方法について

地形縦断図を作るときには，その内容を精査して誤りのないことを確認し，スケッチを参考にして位置を誤らないように特に注意する。

地形縦断図は，上側に鉄塔と電線ならびに横過する他工作物などの説明，下端に付表が記載でき，縦断面のなるべく長い区間を連続して記入できるように，各鉄塔予定位置の標高を考えて記入する。なお，縦断図は，左側を送電線路の鉄塔番号を若番側とし，右側を老番側とする。また，中心線に対するL（左）・R（右）の別も送電線路の老番側に向かって定める。

測量の方向による測点番号の進みとは反対になる区間もあるので注意する。

測点は、標高線を基準にして記入し、測点番号を付記する。実測した測点間は直線の実線で結び、他データ活用部分は直線の長破線とする。

中心縦断図は、縦断図の基本となり、鉄塔の位置とその地盤の高低差ならびに径間長を示すものであるから、全区間を通じて作成する。鉄塔中心点に標高を記入する。

鉄道・軌道・道路・河川・その他の横過する他工作物などを実線で記入し、測量のときに調査した必要な事項を略図とともに付記する（第6.10.6図参照）。

樹木の高さは、線下縦断測量の結果を記入するのが原則であるが、中心線付近にだけ樹木がある部分などに対しては、中心縦断測量のときに調査または測量した結果を中心縦断図上に記載する。

また特殊箇所の縦断測量は、普通区間の連続で行うのが原則であるが、必要によっては先に測量される場合もある。しかし、特殊箇所も同一縮尺であるから普通区間の測量結果とともに取りまとめ、一貫した地形縦断図を作成する。

6.9 （5） 線下縦断図の記載について

線下縦断図と山腹横断図は、鉄塔の位置と高さを決定するために必要なものであるが、全区間にわたって必要はなく、電線の離隔が少なく必要な部分だけを中心縦断図に対応する位置にL（左）・R（右）の側別を付記する。線下縦断図は測点間を直線の破線で結ぶ。

線下縦断測量のときに調査または測量した樹木の範囲と高さは、鉄塔高さの決定に必要な場合があるから、線下縦断図上に鎖線で記入する。

横過する他工作物などのうち、交差角度が直角でないものまたは垂直角度の大きいものの電線または架空地線等の位置と高さは、中心縦断図と線下縦断図とで当然別位置となる。鉄塔高さの決定に関係のあるものは、必ず線下縦断図の位置によらなければならない。その他の注意は、中心縦断図の記入に準ずる。

6.9 （6） 山腹測量の記載について

山腹測量は、中心縦断測量・線下縦断測量が縦断面の測量であるのに対して、横断面の測量であるので、山腹測量図を山腹横断図とも呼称する。

山腹測量図は、鉄塔の位置と高さを決定するのに線下縦断図と同時に検討する必要があるので、下記の方法によって縦横の縮尺を1/400として地形縦断図に記入する。

山腹測量の起点は線下縦断上にあり、その基準となる点は中心線上にある。しかし、山腹の地形が単純でない場合には、中心測量で基準となる位置を的確に選定するのが困難なため、多くの点を基準にして山腹測量を実施し、その結果を検討して正しい山腹測量の基準点を選定することも必要である。山腹測量図の記入には、その対応する中心縦断図上の基準点・線下縦断図上の起点を間違わないように注意する。山腹測量の測点間は直線の破線で結ぶ。

山腹測量図の横の方向は、老番側・若番側のどちらでもよいが、電線支持点の低い鉄塔の側にした方

第6.9.2表 横断測量成果

線測量成果表（その1）

（工区記号　　　）　　　　　　　　　　　業者名＿＿＿＿＿＿

旗付番号	測量番号	径　間	荷重径間	地盤高低差	水平角度	鉄塔形	鉄塔地盤の h/S			がいし装置
							h_1/S_1	h_1/S_1	Sh/S	

線測量成果表（その1）

　　　　　　　　　　　　　　　　　　　　　　　年　　月　　日

（第　　工区）　　　　　　　　　　業者名＿＿＿＿＿＿

基準点	距　離	累計距離	水平角	高低差	杭打ちの		左の結果の集約			
					番号	基準点よりの距離	番号	区間	累計距離	高低差	標高

が，電線との交差記入が少なく好都合である。他の記入事項との関係位置も考えて適当に決める。

山腹測量で調査または測量された樹木の結果は，線下縦断と同様に鎖線で記入する。

横過または接近する他線路・建造物等に対し，山腹測量に準じて行われた測量結果も，山腹測量図に準じて地形縦断図に記入する。

6.9 (7) 測量データのまとめについて

測量データより径間長，高低差，水平角，累計距離，標高などを整理し，第6.9.2表に示すような縦断測量成果表を作成する。

6.10 縦断図の作成
6.10.1 作成の手順
地形縦断図に鉄塔，電線位置などを記入したものを縦断図という。現在は汎用CAD等で縦断図を作成する方法が一般的であるが，成果品としての縦断図は従来と同様であるため，従来の作図方法を以下に記載する。

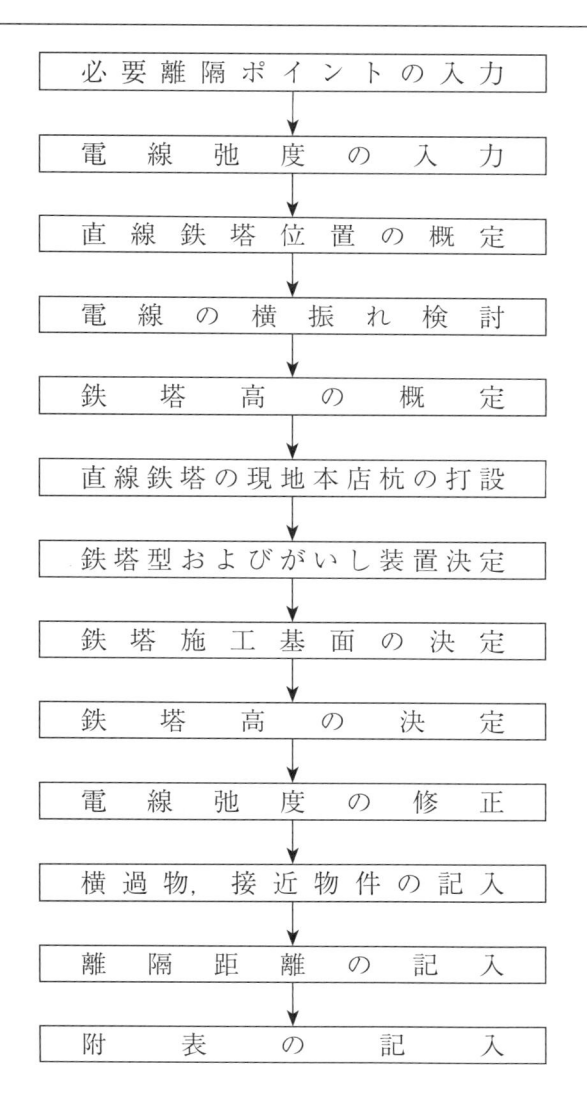

```
┌─────────────────────┐
│ 必要離隔ポイントの入力 │
└──────────┬──────────┘
           ↓
┌─────────────────────┐
│   電線弛度の入力    │
└──────────┬──────────┘
           ↓
┌─────────────────────┐
│  直線鉄塔位置の概定 │
└──────────┬──────────┘
           ↓
┌─────────────────────┐
│   電線の横振れ検討  │
└──────────┬──────────┘
           ↓
┌─────────────────────┐
│    鉄塔高の概定     │
└──────────┬──────────┘
           ↓
┌─────────────────────┐
│ 直線鉄塔の現地本店杭の打設 │
└──────────┬──────────┘
           ↓
┌─────────────────────┐
│ 鉄塔型およびがいし装置決定 │
└──────────┬──────────┘
           ↓
┌─────────────────────┐
│  鉄塔施工基面の決定 │
└──────────┬──────────┘
           ↓
┌─────────────────────┐
│    鉄塔高の決定     │
└──────────┬──────────┘
           ↓
┌─────────────────────┐
│   電線弛度の修正    │
└──────────┬──────────┘
           ↓
┌─────────────────────┐
│ 横過物，接近物件の記入 │
└──────────┬──────────┘
           ↓
┌─────────────────────┐
│   離隔距離の記入    │
└──────────┬──────────┘
           ↓
┌─────────────────────┐
│    附表の記入       │
└─────────────────────┘
```

6.10.2 電線弛度の記入
地形縦断図上に下記手順により電線弛度を記入する。これも現在は，汎用CAD等で行われている場合が多い。
(1) 角度鉄塔間の直線鉄塔の位置を想定し最下電線の最低限度となる位置に○印をつける。
(2) 弛度定規を用いて○印の位置よりいずれも下にならないように最適と思われる電線の弛度を数本記入する。
(3) 鉄塔の高さが最低となるように直線鉄塔の位置を決め，電線弛度を記入する。
(4) 中間尾根および横過接近物件に対する横振れを検討し，地上高が不足の場合は鉄塔高を修正する。
(5) 弛度記入の際，下記の箇所は特に注意する。
　(i) 強い引下げ箇所
　(ii) 他線路の横過箇所
　(iii) 着氷雪により電線垂下の生ずる可能性のある箇所

6.10.2 電線弛度の記入について
縦断図と鉄塔敷地測量の結果から線路設計に関する重要な諸事項が決定されるが，このうち鉄塔の高さについては，電線の異なった温度に対応するそれぞれの弛度条件のもとで，電線の地上高，他工作物や樹木などとの離隔距離を確保する必要がある。
(弛度定規は，「設計2.3.3 弛度定規」を参照)
(電線温度は，「設計2.3.5 地上高の考え方」を参照)
(離隔距離については，「平面測量7.7.3 離隔距離について」を参照)

6.10.2 (1) ○印のつけ方について
第6.10.1図の事例により記入方法を説明する。
(i) 直線鉄塔の位置の条件
角度鉄塔間の直線鉄塔の予定位置を，現地測量での予定位置を参考とし，地形縦断図上で次の方針によって検討する。
(a) 電線が鉄塔の前・後とも引下げとなるような山頂
(b) 小高い場所で，鉄塔を立てなければこれを越すために著しく高い鉄塔が必要となるような位置（例：TP11）
(c) 径間割りその他の条件で鉄塔が必要となる範囲で，用地関係で限定され，他に適当な予定位置がないもの
(d) 角度鉄塔間の径間割りをどのようにとった場合にも，横過他工作物や地盤高低差などの関係で，鉄塔位置としなければならないような位置

(e) 河川や谷越しなどの関係で限定された鉄塔位置

上記の条件を考慮して、なるべく標準径間に近い径間割りで鉄塔位置を想定する（例：TP5）。

(ii) ○印のつけ方

地形縦断図の下記の諸要点に対して、最下電線の垂直離隔距離が、最低限度となる位置に○印を付ける。

(a) 角度鉄塔の本点杭位置（ジャンパ線の弛度に対して）（例：No.1鉄塔）

(b) 直線鉄塔の本点の予定位置およびその付近数箇所（例：No.2, No.3鉄塔）

(c) 径間中で最下電線との垂直間隔が最小と規定される箇所（例：TP2）

(d) 前後の鉄塔の位置と高さの決め方によって問題になりそうな線下縦断上の位置。

(e) 鉄道・軌道・道路・河川の堤防・洪水位・横過他工作物等の上方

(f) 伐採不能または経済上伐採しない樹木のうち、最下電線との垂直間隔が最小と想定される箇所（例：TP9付近）

6.10.2 (2) 電線弛度の記入について

TP9上記の○印の位置よりいずれも下にならないように、弛度定規を使って下記事例のような方法で最下電力線を許しうる最低の位置に仮に記入する。

なお弛度定規は線種、導体数、最大使用張力、最悪時などの条件により計算するもので、その計算条件の記入事項を確認して使用する。

(i) 第6.10.1図は、No.1角度鉄塔位置からTP11までについて、中間の直線鉄塔の位置と各鉄塔の高さを決定する例である。TP11の若番側の造林を伐採しないで越すためには鉄塔の本点を若番側に移したいが、尾根が広くないのでTP11をNo.3鉄塔位置と想定したもので、TP5は径間割りからも地形からもNo.2鉄塔の予定位置と考えられるものである。

(ii) No.1～TP5間には、中間にTP2の山腹があるので、その前・後に対して最下電線の位置がA点を通るもの、B点を通るものの二つとれる。

TP5～TP11間にはTP11に近い位置に伐採不可の桧造林があるだけなので、最下電線位置は一つだけであり、No.1～TP5間のものとA点・B点で切り合う。

6.10.2 (3) 鉄塔高さの決定について

(i) 鉄塔の位置、高さの決定

仮に記入した電線の位置によって検討し、各鉄塔の位置と高さを想定する。なお最下電線を支持する鉄塔の腕金の高さは、誤解のおそれのない場合に単に鉄塔の高さと呼称される。本技術解説書でも、この略称を使用しているので留意していただきたい。

(a) 第6.10.1図の例では、上記のとおりTP11は、敷地の関係でNo.3鉄塔位置と想定され、鉄塔敷地測量の結果で支障がなければ決定位置とできるものである。

(b) TP2付近には鉄塔はいらないが、その若番側はA曲線、老番側はB曲線より低くは電線を架設できない。

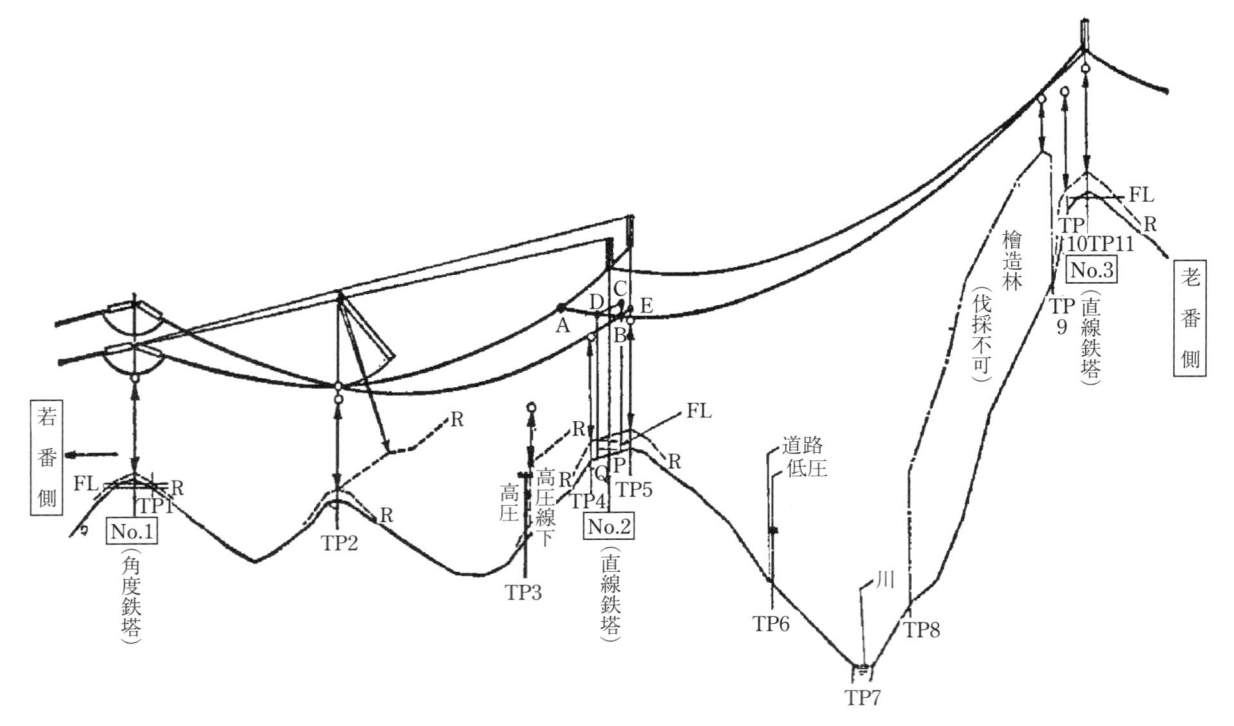

第6.10.1図 地形縦断図上で鉄塔の位置と高さを想定する例

(c) No.2 鉄塔の位置と高さは，A・B の切合い点付近について検討し，さらに敷地の状況，その他の条件を考慮し，次の手順によって選定する。

A 点では前後の径間に長短ができるうえ，敷地の条件も悪くなるので，B 点付近が適当である。

B 点に対して必要な鉄塔の高さは，鉄塔の継脚単位の関係で CP となり，この高さがあれば現地測量で予定した TP5 でもよいことが，B 曲線上の E 点が C 点より低いことで判断できる。

B 点から A 点側で同じ高さの鉄塔ですむのは，図上で CP＝DQ による D 点までであるから，中心線上の Q～TP5 間で鉄塔敷地として最も良い位置を No.2 鉄塔位置とすればよいことが判明する。

しかし，この位置で電線が CP と同じ高さでは電線の重量が軽すぎて，強風のときに懸垂がいしが大きく横振れするため，がいし装置を耐張型に変更しなければならないことが，明らかになった場合（「2.3.7 懸垂横振れ検討」参照），鉄塔の高さを No.2 は高く，No.1 は低くすることにより，No.2 の懸垂がいし装置を耐張型に変更しなくてすむような No.2 の高さについての検討を，資材費・工事費等の経済比較とともに行って，いずれかの案に決定する。

(ii) 鉄塔高さ決定の注意事項

(a) 懸垂がいし装置鉄塔の最下電線支持点の高さは，腕金位置からがいし連の長さを引いたもので，耐張がいし装置鉄塔の最下電線支持点の高さは，腕金位置の高さである。

(b) 耐張がいし装置鉄塔にはジャンパ線があるから，鉄塔の高さは〇印から上にジャンパ線の弛度を加えたものが必要である（第 6.10.1 図の No.1 鉄塔参照）。

(c) 鉄塔型別（または，種類別）の標準高さ・継脚単位・懸垂がいし連の長さ等は，設計で決められている。

各鉄塔の高さは，この継脚単位を考えて地形縦断図上で検討し，本点地盤上の高さとして想定する。縦断図では鉄塔施工基面決定後これを基準として正確なものに書き直さなくてはならない。鉄塔施工基面は，鉄塔型，高さの決定後「8. 鉄塔敷地測量」によって決められるものである。

(d) 鉄塔の高さを決める場合に重角度鉄塔，長径間の補強鉄塔，鉄塔敷地用地が狭い鉄塔，あるいは基礎地盤の悪い鉄塔などは経済性，安全性を考慮してなるべく低くするように留意する。

(e) 平地の長径間，中尾板のある径間，中間地点にサイドおよび山腹のある径間，特高等の高い横過物のある径間等は，鉄塔の高さが高くなるので，その径間の鉄塔高を優先して決定する。

(f) 既設送電線，配電線を横過する場合は，将来建替えられる可能性が考えられる場合，関係各所と打合せをして離隔距離を決定する。

6.10.2 (4) 横振れの検討について

第 6.10.1 図の TP2 のような中間尾根のある場合は，山腹横断図を書いて電線横振れに対する検討を行う（記載方法は「第 6.2.4 図山腹測量位置」を参照のこと）。また山腹の稜線が中心線に対して直角でない場合は稜線の何れの点が最悪条件になるかが不明のため，「第 6.7.2 図斜行する中尾根の山腹測量」のように，稜線上の数点に対する断面の横振れを検討して最小離隔距離を求める。

6.10.2 (5) 特殊箇所の検討について

(i) 強い引下げ箇所

電線横振れは，送電線路と直角の方向の強風について検討されるものであるが，第 6.10.2 図に示すような特殊な地形の部分に対しては，電線が山の方向に吹きつけられて線下縦断面で離隔距離が小さくなるため，とくに高い鉄塔を必要とする場合があるから注意しなければならない。

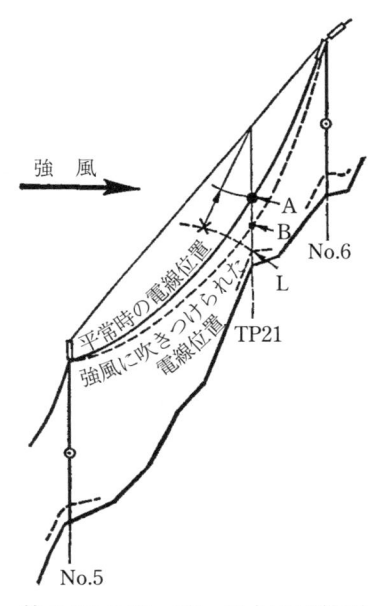

第 6.10.2 図　強い引き下げ箇所

No.5・No.6 の鉄塔の高さは，TP21 の山腹横断面の×点で，横振れした電線との離隔距離が指定された限度となるように選定され，横振れしない A 点の地表面との垂直離隔距離も指定限度に近いものである。

このような場合に線路方向に強風を受け，電線が線下断面で B 点まで吹きつけられるものとすれば，TP21 位置の減少した垂直離隔距離のほかに，L 点と電線との斜距離についても検討し，必要があれば

No.5鉄塔のがいし装置を耐張型に変更するか，片側または両側の鉄塔を高くする。

急傾斜地における電線，地上間の離隔は垂直距離より斜距離の方が小さくなることがある。斜距離の計算式は，次のようになる。

$$AC = \sqrt{AB^2 + BC^2}$$

（AB・BCは縦横の縮尺が異なるため注意する）

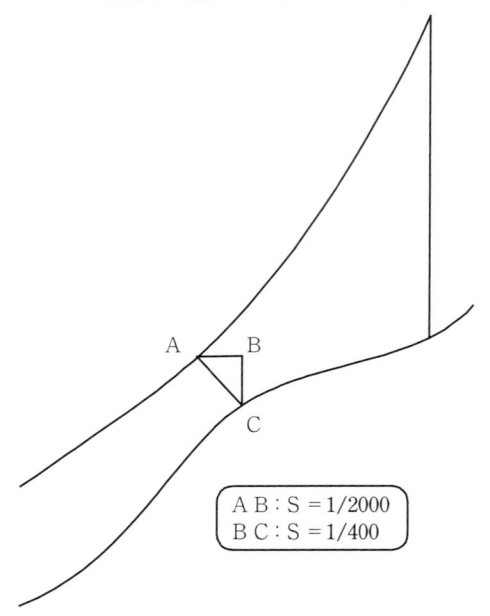

$AB : S = 1/2000$
$BC : S = 1/400$

第 6.10.3 図

このような箇所では放物線よりカテナリー式の弛度の方が大きくなる場合があるので，これらを考慮して，必要離隔がとれるようにする。

(ⅱ) 他線路の横過箇所

他の特別高圧架空電線路等の下越しの場合には，測量送電線路の最上電線または架空地線を，弛度定規で記入して支持点の高さを想定する。上越しに使用する弛度定規は架設設計条件が高温季に対するものであるが，下越し用には低温季に対するものを使用することがある。

他特高の最下電線（または保護線等）の記入位置は，測量送電線路の中心線上に架空地線がある場合には中心縦断上の高さの点であり，測量送電線路の最上段の左右（またはいずれかの片側）に電線または架空地線がある場合には，4か所以内の交点のうち相互の垂直離隔距離が最小となる1点である（第6.10.4図参照）。いずれの場合にも，両送電線路の中心線の交差位置とは別位置である。

また，測量送電線路の最上電線または架空地線の中心線から左右への出幅は，最下電線に対するものとは別のものである点に注意する。

(ⅲ) 着雪による電線垂下の生じる可能性のある箇所（第3.7.12図参照）

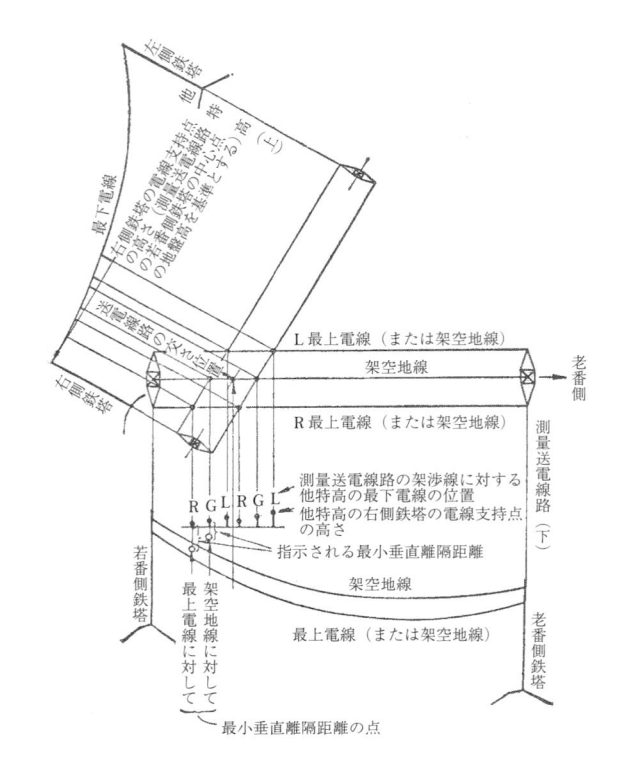

第 6.10.4 図 他特高下越しの場合の最小垂直離隔距離の点（例）

6.10.3 直線鉄塔位置決定後の縦断図の修正
(1) 現地の調査結果，地形縦断図上で決定した本点位置が鉄塔敷地として不適当な場合，中心線上で適当な位置を選び縦断図上でも検討のうえ本点位置を最終決定する。
(2) 鉄塔敷地測量の結果，鉄塔施工基面高が決定された後，これにより縦断図の修正を行う。なお，偏心鉄塔では偏心点と本点との高低差を縦断図上に明示する。

6.10.3 (1) 直線鉄塔位置の最終決定について

現地での本点位置は，数mの移動で鉄塔敷地としての条件が著しく良くなり，縦断図上の離隔距離その他には支障のない場合もあり得るため，鉄塔本点の決定については，杭入れの現地作業と併行して最後まで検討を続けなければならない。

地形縦断図上で選定した鉄塔位置のうちには，現地測量で予定していなかったものもあるので，本点打設の時調査して鉄塔敷地として不適当なことが判明する場合もある。また，鉄塔敷地面積が予定より著しく大きくなったり，鉄塔敷地に擁壁工事等が必要になったり，さらに鉄塔敷地として不適当となる場合もある。これらの場合に対しても，本点杭入れの現地作業と併行して検討のうえ，鉄塔本点位置を決定しなければならない。

6.10.3 (2) 縦断図の修正について

鉄塔施工基面高は地形縦断図第6.10.1図に示すよ

うに実線で記入し，本点地盤に対する高低差を付記する。

鉄塔施工基面高と本点の地盤高との差 (FL) が小さく，径間内の地盤・横過他工作物等と最下電線との離隔距離等の諸条件によっても鉄塔高さを変更する必要のない場合には，最下電線支持点高さをFLの値だけ上下し，これに付随する電線位置・電線横振れ関係等の記入を修正する。

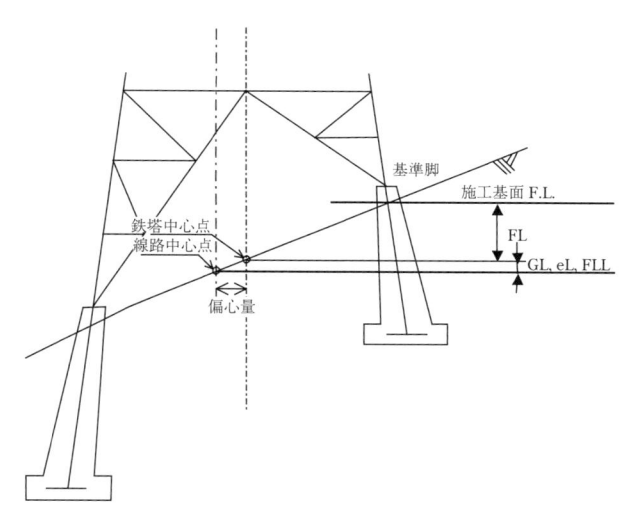

第6.10.5図 縦断図上の鉄塔高の修正

鉄塔施工基面高と本点地盤高との差の大きいものに対しては，鉄塔高さを増減する必要が生ずることがある。この場合，鉄塔高を修正して縦断図に記入する。なお，偏心鉄塔の場合は，線路中心点と鉄塔中心点との高低差を第6.10.5図のように縦断図上に明示する。この記号はGL，EL，FLL等といわれる。

6.10.4　鉄塔型及びがいし装置の決定

各測量結果とそれにより作成された縦断図を基に，鉄塔型，がいし装置等を決定する。

6.10.4　鉄塔型およびがいし装置の決定

各測量結果とそれにより作成された縦断図を基に，鉄塔型，がいし装置等を決定する。

6.10.4 鉄塔型及びがいし装置の決定について

送電線の設計を行うには，第6.10.1表を使用し，下記の手順により鉄塔重量などの鉄塔規模ができるだけ小さくなるように設計する。

(1) 鉄塔番号，測量番号，前塔との地盤高低差，鉄塔の支持点高さ，径間長，水平角度を第6.10.1表に記入し，下式により前塔との支持点高低差，荷重径間を計算し記入する。

$$h = H + F_2 - F_1$$
$$S_m = (S_1 + S_2)/2$$

h　：前塔との支持点高低差 (m)

当該鉄塔が前塔より高い場合：正
低い場合：負

S_m：荷重径間長 (m)

H　：前塔との地盤高低差 (m)

当該鉄塔が前塔より高い場合：正
低い場合：負

F_1, F_2：前塔ならびに当該鉄塔の支持点高さ (m)

S_1, S_2：前塔と当該鉄塔ならびに当該鉄塔と後塔の径間長 (m)

なお，F_1, F_2 については，鉄塔敷地測量後においてFLを考慮したものを記入する。

(2) 前塔側の高低差と径間長の比 (h_1/S_1)，後塔側の高低差と径間長の比 (h_2/S_2) およびこの合計値 ($h_1/S_1 + h_2/S_2$) を求め記入する。

これらの計算値は，いずれも小数点以下2位まで求め，3位を四捨五入する。

(3) 「設計 2.3.6 鉄塔の裕度計算」の水平荷重ならびに垂直荷重の裕度計算式から，適用可能な鉄塔型を選定する。

(4) 「設計 2.3.7 懸垂横振れ検討」により，懸垂鉄塔が適用できるか判定する。

(5) 「設計 2.3.8 カテナリー角検討」により，鉄塔前後のカテナリー角を求める。

(6) 「設計 2.3.9 懸垂がいし装置 強度検討」および「設計 2.3.10 支持点張力検討」により，がいし装置の決定ならびに架渉線強度の確認を行う。

(7) 不平均張力が生じやすい下記の箇所では，鉄塔型の選定において注意を要する。

・前後径間長が極端に異なる場合
・前後径間で着雪が不均等となる場合
・突風などを受ける特殊地形の場合
・支持点高低差 h と径間長 S の比 (h/S) が極端に大きい場合

なお，不平均張力が生じる場合の水平荷重裕度計算式は下記のとおりとなる。

$$W_w S_m + (T_1 + T_2)\sin\frac{\theta}{2} + |T_1 - T_2|\cos\frac{\theta}{2}$$
$$< W_{wo} S_o + 2T\sin\frac{\theta_o}{2}$$

W_w　：架渉線の風圧荷重 (N/m)

W_{wo}：架渉線の設計条件である風圧荷重 (N/m)

S_m　：当該鉄塔の荷重径間長 (m)

$$S_m = (S_1 + S_2)/2$$

S_0　：当該鉄塔の設計条件である径間長

T_1, T_2：当該鉄塔の両側の架渉線張力
（最大使用張力）(N)

T　：当該鉄塔の設計条件である架渉線張力
（最大使用張力）(N)

θ ：当該鉄塔の水平角度（度）
θ_0 ：当該鉄塔の設計条件である水平角度（度）

> **6.10.5　縦断図の修正と調査事項の記入**
> 設計により変更した事項に合わせて縦断図を修正し，鉄塔型，鉄塔施工基面，鉄塔高，電線弛度，がいし装置などの決定事項を記入し，さらに横過物，接近物件，離隔距離，付表などを記入する

6.10.5　縦断図の修正と調査事項について

第6.10.6図実測縦断図を下記の順序に従い修正および追記して完成させる。

(1)　「6.10.4 鉄塔型およびがいし装置の決定」により決定した鉄塔型を下段の付表に記入する。

(2)　「8. 鉄塔敷地測量」により決定された鉄塔基面高 (FL) を記入する。

(3)　鉄塔高さを縦断図に記入する。

(4)　上記(2)，(3)により決定された鉄塔支持点に合わせて電線弛度を修正し，横振れ検討の必要箇所も併せて修正する。

(5)　横過，接近物件に線名，支持物，番号，線種，交差角，高さ及び道路名，巾員，交差角等の旗上げを記載する。

(6)　(5)で記載した横過，接近物件と電線との最小離隔距離を記入する。

(7)　「6.10.4 鉄塔型およびがいし装置の決定」により決定したがいし吊型，および地目を記入する。

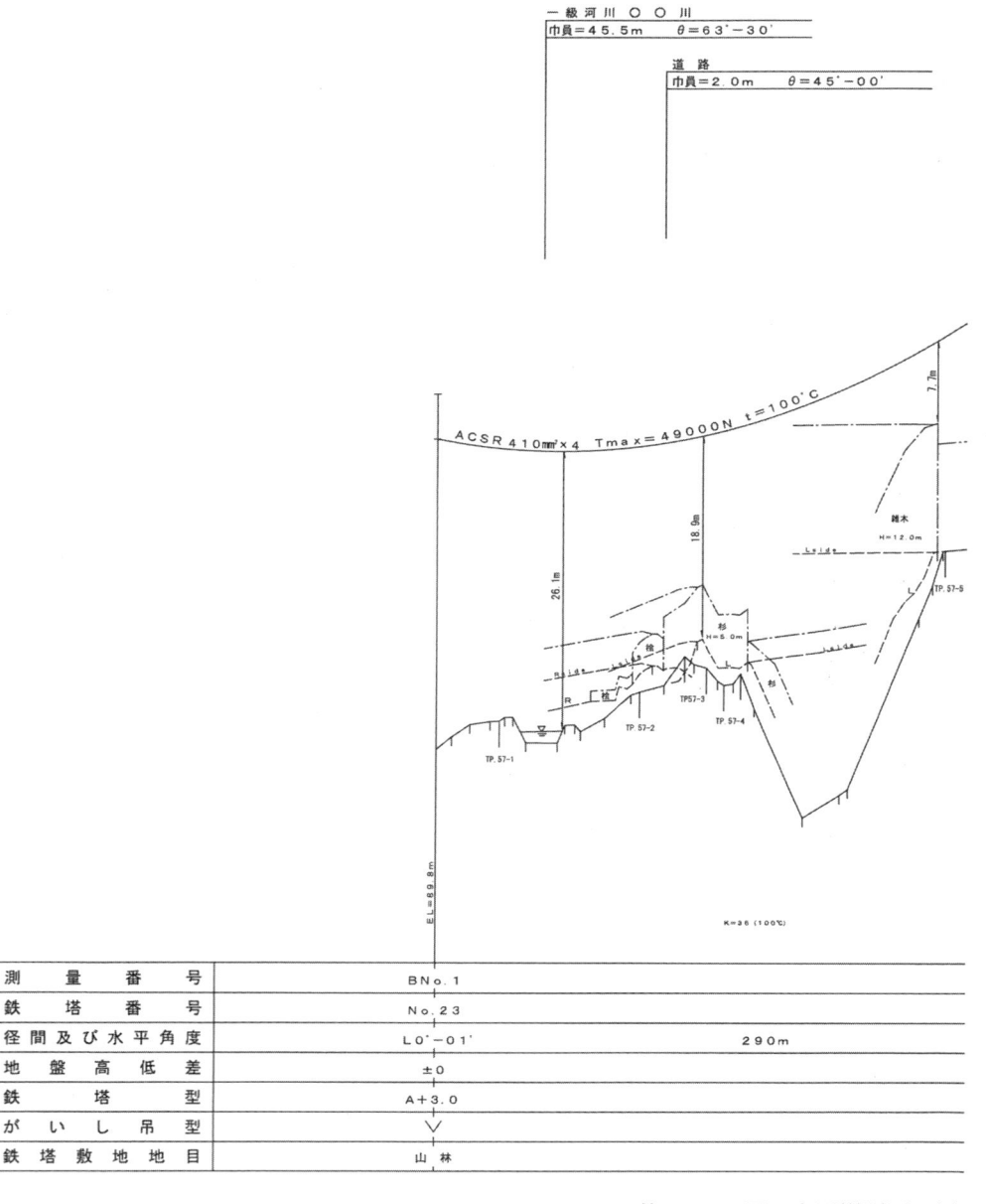

第6.10.6図　実測縦断図の例

第6.10.1表 鉄塔型及びがいし装置決定計算表

平成　　年　　月　作成

鉄塔番号	測量番号	(S)径間長 (m)	(Sm)荷重径間 (m)	水平角度		鉄塔型		前塔型		FL		最下電線支持点高 (m)	前塔との支持点高低差		h/S						懸耐の判定		垂張の判定	カテナリー角			がいし吊型	備考
				方角	角度	型	継脚	符号	(m)	符号	(m)		符号	(m)	符号	h1/S1	符号	h2/S2	符号	Σh/S	懸垂	耐張		前塔側	後塔側	合計		

○○○kV ○ ○ ○ 線

当社高圧下郡線 No.373～No.374
GW Fe30²×1　OE120²×3　通信線×3
H=10.5m　θ=83°-00'
(共架) NTT下郡線 No.左18/左23/3～
No.左19/左23/3　4-50CP×1

道路
巾員=7.0m　θ=84°-30'

道路
巾員=7.0m　θ=64°-00'

○○電力特高 ○○線 No.181～No.182
GW OPGW60mm² 1条
ACSR 240mm² 2cct 66kV
H=25.2m　θ=85°-35'

BNo.1		BNo.3
No.24		No.25
L12°-22'	252m	L23°-05'
+18.4		-24.4
B 29.0		D 35.0
山林		荒地

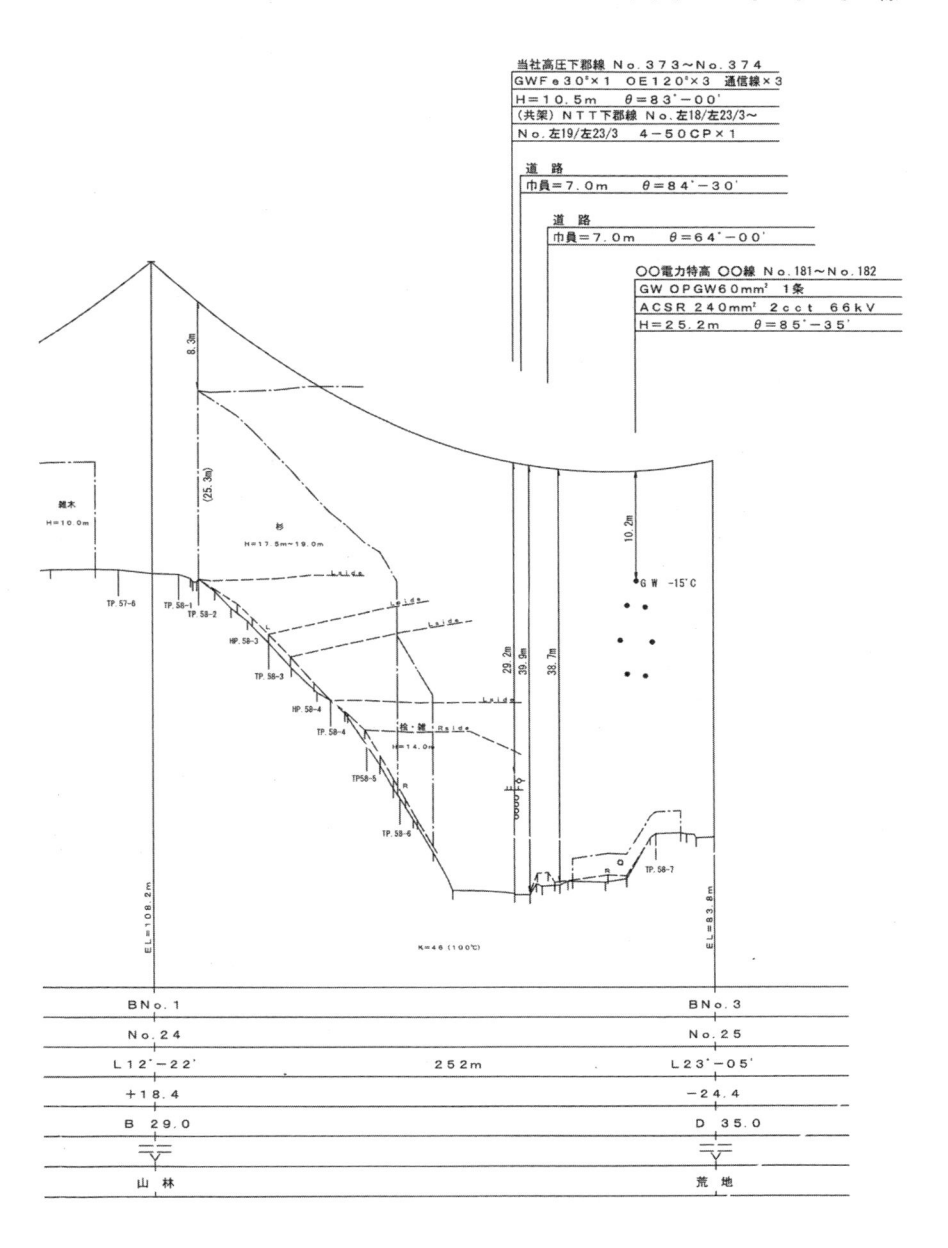

7. 平面測量

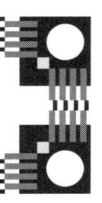

7.1 平面測量の目的
平面測量は,送電線と交差又は接近する河川,道路,建造物及び他工作物などとの平面位置関係を測量し,諸申請及び設備管理等に必要な実測平面図を作成するために実施する。

7.1 (1) 平面測量について
平面測量は,送電線路の中心線に対して両側100m(鉄塔高が100m以上の場合は第1次接近状態が100m幅を超えるため150mまで図示することが望ましい)区域内の地形と工作物・建物等の送電線路との関係平面位置を測量する。

実測平面図作成においては,送電線ルート選定に先立ち実施される航空写真撮影から得られた航空図化平面図を活用するのが一般的である。

ただし,航空図化平面図が無い場合は,都市計画図や森林基本図などの既存図面ならびに,国土地理院作成の図化平面図を活用する場合がある。

これらの図面を利用し,測量調査により現地確認し,必要事項を補備あるいは修正した図面が,実測平面図(縮尺1/2 000)である。

7.1 (2) 実測平面図の使用について
実測平面図は,電気事業法第48条による工事計画届出,及び土地収用法第16条による事業認定申請に使用する。

工事計画届出においては,経済産業大臣又は所轄経済産業局長に対して,建設しようとする送電線が,横過又は接近する工作物などに対して,電技に抵触することがないかを判定する目的で使用する。

事業認定申請においては,国土交通大臣に対して,鉄塔敷範囲,線下範囲(保安伐採範囲を含む)及び工事用地範囲等の事業用地を記入して申請するものである。

なお,実測平面図は,工事施工管理ならびに建設後の送電線保守管理など多くの目的に使用される。

7.2 実測平面図の記載事項
実測平面図に記載する事項は次のとおりである。
(1) 送電線の中心線及び鉄塔位置,支持物番号(測量番号),径間長,水平角(方向),鉄塔型,継脚,がいし吊型など。
(2) 接近する建造物などの位置及び最外電線よりの水平離隔距離。
(3) 横過又は接近する河川,道路,横断歩道橋及び鉄道又は軌道の位置と必要調査事項。
(4) 交差又は接近する索道,架空弱電流電線,高低圧架空電線,高低圧電車線,他の特別高圧架空送電線及び他工作物の位置と必要調査事項
(5) 国有林,公有林,保安林,自然公園などの範囲。
(6) 地目及び地目の境又は田畑の畔。
(7) 等高線,三角点,方位など

7.2 実測平面図の記載事項について
(1) 横過接近物件の必要調査項目は次のとおりである。河川・道路・横断歩道橋・鉄道・軌道などについては,管理者名,種別,名称,区間,幅員,交差角度などであり,鉄道,軌道については起点からのキロ程も調査する。
(2) 索道・架空弱電流電線・高低圧架空電線・他の特別高圧架空電線・他の工作物については,構造の略図,管理者名,種別,名称,電圧,支持物番号,架渉線の線種,太さ,条数,がいし吊型,交差角度などである。

7.3 工作物の横過接近規定(電技)
送電線路と横過接近する工作物などとの関係は,電技により,下記のように規定されている。
(1) 建造物(電技解釈第124条),道路(同125条),索道(同126条),架空弱電流電線,高低圧架空電線(同127条),特別高圧架空電線相互(同128条),他の工作物(同129条)と横過接近する場合の離隔距離
(2) 建造物との接近では,電技解釈第124条により170kV以上の特別高圧架空電線は建造物と第2次接近状態に施設することは禁止されているが,170kV未満の場合は,定められた条件が満たされれば第2次接近状態に施設することができる。

7.3 工作物の横過接近規定(電技)について
7.3 (1) 離隔距離について
電技に定められている離隔距離を,「第7.3.1表 離隔距離」に示す。

第7.3.1表　離隔距離

工作物	－	66 kV	77 kV	110 kV	154 kV	187 kV	220 kV	275 kV	500 kV
建造物 道路・鉄道・軌道 横断歩道橋	35kV 以下 3.0	3.6	3.75	4.2	4.8	5.4	5.85	6.6	10.05
索道 低高圧電線等 特別高圧架空電線 相互 他の工作物 植物，樹木	60kV 以下 2.0	2.12	2.24	2.6	3.2	3.56	3.92	4.64	7.28

・道路・横断歩道橋の場合は，路面上の高さを示す。
・軌道を横断する場合は，軌条（レール）面上の高さを示す。

7.3 (2) 接近状態について

接近状態とは，電技解釈第1条により，送電線が他の工作物の上方又は側方において接近する場合，その接近限界を定めたものであり，第7.3.1図のとおり，2種類に区分される。

(i) 第1次接近状態

第7.3.1図のように鉄塔最下節の点から，鉄塔高さ（L）に相当する距離位置までの範囲において，他の工作物が接近した状態を「第1次接近状態」と言う。

(ii) 第2次接近状態

送電線の両側最外電線の3m外側位置から内側の範囲において，他の工作物が接近した状態を「第2次接近状態」と言う。

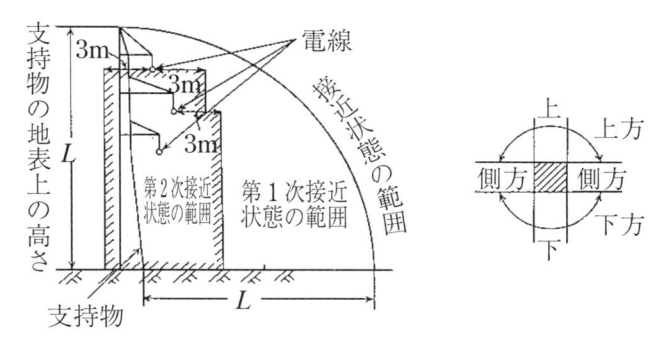

第7.3.1図　接近状態図

7.3 (3) 送電線の施設条件（建造物との接近）

建造物と接近する送電線の施設条件（電技解釈第124条）を，第7.3.2表に示す。

なお，建造物とは，電技解釈第76条で「人が居住し，若しくは勤務し，又はひんぱんに出入りし，若しく来集する造営物」とあるが，住居と接続・人の立入状況・電気設備・建物の規模などにより，その判断が難しい場合があるため留意する。

第7.3.2表　送電線の施設条件（建造物）

		35 kV 以下	35 ～ 170 kV	170 kV 以上
建造物	第1次接近状態	・第3種特別高圧保安工事の実施 ・離隔距離の確保	同左	同左
	第2次接近状態	・第2種特別高圧保安工事の実施 ・離隔距離の確保	・第1種特別高圧保安工事の実施 ・離隔距離の確保 ・その他追加規制	禁止

送電線に建造物が接近する場合は，特別高圧保安工事（電技解釈第123条）の実施が必要となり，電線の種類・太さ・引張強さ，径間長，がいし装置などに注意を要する。

35kV～170kVの送電線において，建造物が第2次接近状態にある時は，保安工事及び離隔距離以外の下記の規制が追加される。

(i) 火薬庫・燃料庫などの危険な建物で無いこと。
(ii) 屋根が不燃性又は自消性がある難燃性の材料であること。
(iii) 送電線に，架空地線・アークホーン・アーマロッドのうち，いずれか2種類以上を取付けること。
(iv) 建造物の金属性屋根には，D種接地工事を実施すること。

D種接地工事の工法は，下記のとおりである。
・接地抵抗値は100Ω以下（電技解釈第19条）
・接地線の種類は引張強さ0.39kN以上の
　金属線又は直径1.6mm以上の軟銅線とする
　（同20条）
・対象物の電気抵抗値が100Ω以下である場合
　は接地を施したものとみなし接地工事不要
　（同21条）

7.3 (4) 金属性物件に対する誘導対策について

超高圧以上の送電線の場合，第2次接近状態より外に，金属性屋根の建造物や果樹園の鉄線などがある場合，人体がこれらに触れたことにより誘導障害が起こる可能性があるため，誘導対策としてこれらに接地工事を行う場合がある。

7.4　平面測量の準備

(1) 測量従事者を手配し必要な資料および工具その他を準備する。
(2) 平面測量に関係ある諸状況を十分従事者に説明する。
(3) 測量開始前，用地担当者と十分打合せを実施し，用地事情，伐採の範囲などを確認する。
(4) 1/2 000 空中写真図化図に基準測量，中心測量，縦断測量によって決定した，中心線と鉄塔位置を正確に記入して平面基本図を作成する。

7.4 (1) 人員と工具について

平面測量の人員は，地形及び横過又は接近する工作物・建造物等の現場状況と天候・積雪などを考慮して決定する。

また，平面測量の用具・測量器具の取扱いは，中心測量の項を参照し，現場に応じて適当な数量を準備する。

7.4 (2) 事前打合せについて

縦断測量によって決定した中心線上の諸測点の位置，基準測量によって確認又は設置した基準点ならびに各位置に行く道順，また入念な実測又は特殊箇所の測量を必要とする部分，見取りでよい部分など，現地確認・測量に関係のある諸状況を地図と現地について説明し，従事者全員に十分理解させる。

7.4 (3) 用地担当者との打合せについて

現地確認，測量を実施する前に用地担当者と測量可能区域，立入可能範囲および立入禁止の箇所を確認する。

特に立入・測量範囲が，中心測量等と異なり広範囲となるため十分注意する。

7.4 (4) 平面基本図作成について

送電線ルート選定に先立ち実施される，空中写真撮影から得られた空中写真図化図面を活用するのが一般的である。

ただし，空中写真図化図が無い場合は，都市計画図や森林基本図などの既存図面，ならびに国土地理院作成の地形図等（縮尺 1/25 000 等）を活用する場合がある。

送電線の中心線及び鉄塔位置を既存の図面に展開する場合は，基準測量，中心測量，縦断測量で得られた座標等のデータをもとに正確に記載する。

7.5　平面測量の実施

(1) 図化平面図を現地に携行し，中心測量の時に平面関係位置確認の基準点として設置した小杭などをもとに，横過接近する物件との関係位置，離隔距離などを確認し，必要に応じ実測のうえ修正する。
(2) 横過接近する物件で，図化平面図に記されていないものを調査し，必要に応じ実測し追加記入する。
(3) 実測はトータルステーションを原則とする。
(4) 横過接近する物件の必要項目を調査する。
(5) 現地確認では，地目を確認する。
(6) 実測に当たっては，立入る土地の踏荒しならびに樹木伐採を少なくするよう努力する。

7.5. (1), (2) 実測範囲について

(i) 現地確認によって図示を必要とするすべての工作物・建造物などと，中心線との接近関係箇所を調査し，実測平面図の完成に必要な実測部分を決定する。

(ii) 中心線の左右各 50m までの他工作物・道路などの横過接近箇所を実測し，それより離れた箇所は見取りとする。170kV 未満の実測範囲については，最外電線から外側に数 m までとする場合がある。

(iii) 特殊箇所の測量は，なるべく平面測量の前に行い，その結果をこの部分の図面作成に役立てるようにする。

(iv) 縦断測量・出願箇所の測量などが先に行われていれば，その結果を利用したうえ，不足分を実測する。

(v) 煙突等の高さのある接近物件は，測量漏れのないようにとくに注意する。

7.5. (3) 実測方法について

(i) 実測は，トータルステーションによるほか，電子平板測量，水平距離や地盤高低差の測量にトランシットなどを併用するものや，局部的な地形の変化をポール測量するものなどがある。

(ii) 図化平面図上に，ルート及び鉄塔位置を記入する際は，基準測量の基準点から，道路・建造物などの関係位置，送電線の中心線，鉄塔予定位置などとの関係位置を実測して，正確に記入する。

7.5. (5) 地目について

地目については，田・畑（桑畑・茶畑）・果樹園・原野（原地・荒地）・竹林・針葉樹林・広葉樹林などの別のほか，鉱山・鉱業許可地・廃坑地・採石場・神社仏閣境内・公園・天然記念物・名勝保存指定地・墓地などの別についても調査する。

地目区分については，実測部分の果樹園などで離隔保安上重要な場合以外は，常識的な概略区分でよい。

7.5. (6) 立入及び伐採について

平面測量は中心・縦断測量と異なり，幅をもった広範囲の測量となるため，踏荒しをできるだけ少なくするように注意する。

樹木伐採はできるだけ避け，適当な方法で測量の目的を達するように努力する。

7.6　実測平面図の作成

(1) 「7.2 平面測量の記載事項」に示す内容を記載する。
(2) 送電線に接近する建造物など（家屋，物置畜舎など）と，送電線の最外線との水平離隔距離を記入する。
(3) 実測平面図には表紙をつけ，その後ろに凡例として記号の説明表を付記する。

7.6 (1) 実測平面図の作成について

(i) 中心線を，図面の中央に記入するのを原則とし，1枚の図面に記入できる区間に水平角度点がない場合は，上下の輪郭に平行に記入する。

水平角度点がある場合は，比較的長い直線部分を上下の輪郭に平行にし，角度の大小と方向に応じて中心線の位置を上下させる。

(ii) L・R反対の水平角度点が含まれる場合には，全体の位置を考えて適当に記入する。

水平角度が著しく大きく，図面が上下輪郭内に納められない場合には，鉄塔位置で実測平面図を切り，前後の実測平面図の方向を変えていずれも上下の輪郭に平行に記入する。この鉄塔の若番側の分を重複して記入する。

この鉄塔位置の前後の実測平面図は30mm重複して記入する。

各葉の図面の終わりは，著しい長径間等やむを得ない場合のほかは，鉄塔の位置とし，この鉄塔の位置付近の状況も次葉と合わせなくてもわかるように，約60m以上の分を重複して記入する。各葉の始めの鉄塔の位置も同様に，若番側の分を重複して記入する。

(iii) 等高線は5mごとに記入し，標高が25mの倍数にあたるものは太線として標高値も付記する。

なお，平地では5mごとの等高線を必要とする場合があるから注意する。

(iv) 実測平面図は，縦断図などと食い違いが無いように注意する。

(v) 各種測量結果を実測平面図に記入するときは，中心線上の測点位置を間違えないように，とくに注意する。

(vi) 図示を必要とする範囲の地形（等高線による）ならびに工作物・建造物・地目・諸境界線（自然公園・国有林・公有林・保安林・砂防指定地・開墾制限地・行政区画・その他）などを記入する。中心線上に表れない接近物件に対しては，記入漏れのないようにとくに注意する。

特殊箇所平面測量中に調査された事項のうち，実測平面図に記入が必要なものについても同様である。

(vii) 横過工作物の構造の略図を実測平面図の上側に適当な大きさで記入し，必要な事項を付記する。

構造略図には，中心線交差点における横過送電線の最上段架渉線の地上高，腕金長さ・腕金間隔などを記入する。

付記する必要な事項は，工作物の管理者名・種別・名称・電圧・支持物番号・架渉線の種類・太さ・条数・交差角度などである。

(viii) 横過主要道路・鉄道・河川・運河などの必要な事項は，実測平面図の上側に付記する。

実測平面図に付記する必要な事項は，その管理者名・種別・名称・区間・幅員・交差角度。ならびに鉄道・軌道の起点からのキロ程などである。

道路の経由都市名・鉄道・軌道の隣接駅名は，実測平面図の上・下端に記入する。

河川の流下方向は図面の適当な位置に矢印で記入する。

(ix) 実測平面図の地目は，地図の記号を適当にあてはめて表示する。

(x) 実測平面図には各葉に真北を記入する。国土地理院発行の地図等に記載されたものに合わせる。

(xi) 実測平面図には，縦断測量で標高の基準とした三角点などを記入する。

(xii) 平面測量を数班に分かれて実施した場合は隣班と班境付近の実測平面図を互いに交換し，完全に連続したものとする。

7.6 (2) 水平離隔について

接近距離の少ない建造物などとの水平離隔距離は1/2 000の縮尺図では正確にわからないから，実測値を図上に明記する。

水平離隔距離の記入は，一般に最外線より220kV以下では10m程度までで良いが，275kV以上では静電誘導作用の検討のため，30m〜50mまで実測して寸法を記入する。

人家付近では詳細を表示しやすくするために1/500〜1/200の図面を別に作成することがある。

7.6 (3) 凡例について

実測平面図に記入する工作物・建造物ならびに地目・鉄道・軌道・道路・諸境界線などの記号を，「第7.6.2図　実測平面図の例」に示す。

第 7.6.1 図　実測平面図の表紙と記号の例

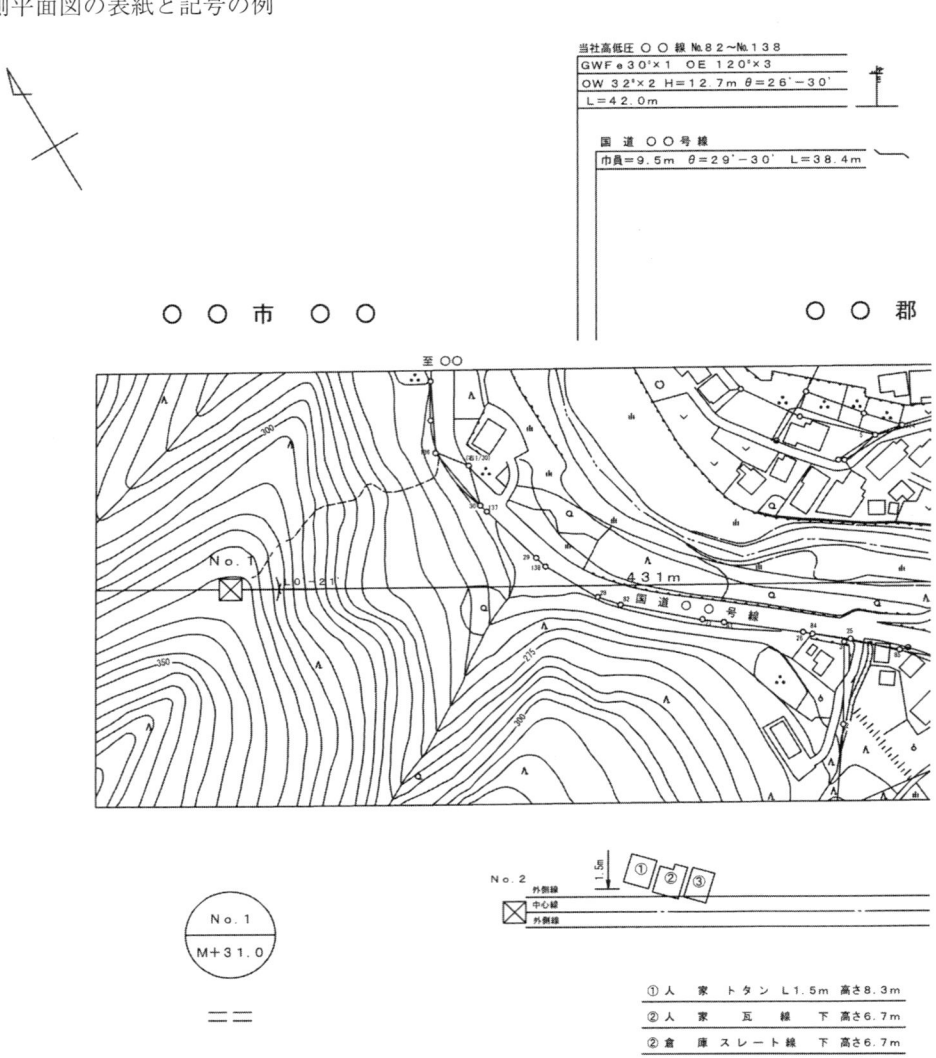

第 7.6.2 図　実測平面図の例

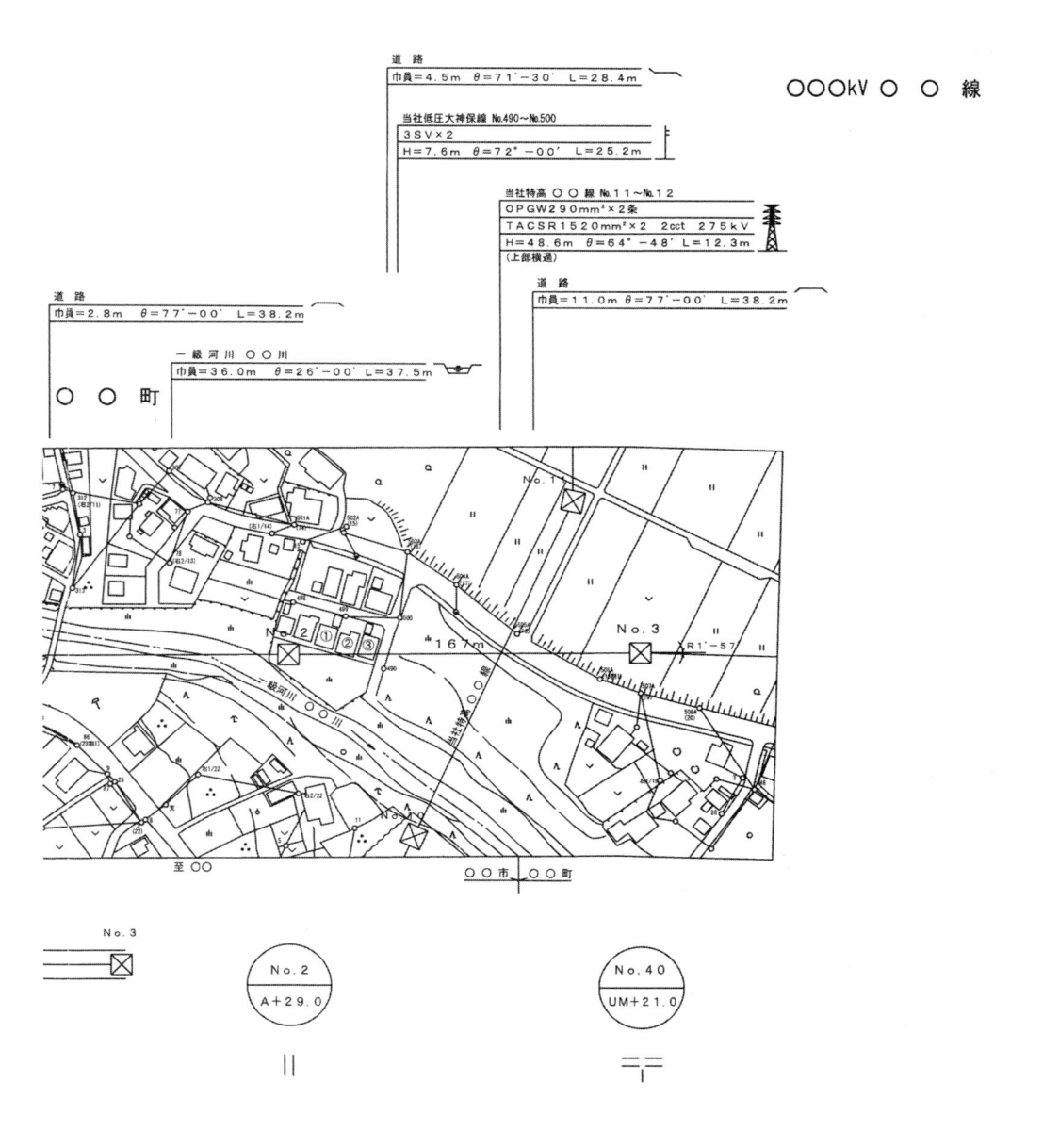

道　路	
巾員＝4.5m	θ＝71°−30′　L＝28.4m

当社低圧大神保線 No.490〜No.500
3SV×2
H＝7.6m　θ＝72°−00′　L＝25.2m

○○○kV ○ ○ 線

当社特高○○線 No.11〜No.12
OPGW290mm²×2条
TACSR1520mm²×2　2cct　275kV
H＝48.6m　θ＝64°−48′　L＝12.3m
（上部横過）

道　路	
巾員＝2.8m	θ＝77°−00′　L＝38.2m

道　路	
巾員＝11.0m	θ＝77°−00′　L＝38.2m

一級河川 ○○川
巾員＝36.0m　θ＝26°−00′　L＝37.5m

○ ○ 町

至○○　　　○○市 ○○町

No.3　⊠

No.2
A+29.0

No.40
UM+21.0

8. 鉄塔敷地測量

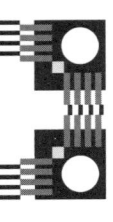

> **8.1　鉄塔敷地測量の目的**
> 　送電線路の鉄塔敷地図（鉄塔敷地断面図と鉄塔敷地平面図）作成のための測量を鉄塔敷地測量という。
> 　この鉄塔敷地図と縦断測量により作成された縦断図によって，鉄塔に関する次の事項が決定または設計される。
> 　施工基面・継脚・片継脚・主脚継（ポスト継）・基礎型・根巻コンクリート・整地・敷地面積

8.1　鉄塔敷地測量の目的

　鉄塔敷地測量は鉄塔の最下節および基礎部分を決定するためのものである。鉄塔の基礎設計では一般の構築物と違って，引揚荷重が圧縮荷重より支配的条件となる場合が多いことに特に留意する。
　鉄塔敷地測量では，地形測量を行い，敷地内の等高線を作図することになるが，基礎設計に必要な断面はこの等高線から逆に求めることが多い。したがって，この測量の目的は正確な等高線図の作成にあるということができる。
　従来は，敷地断面測量の結果から断面図を作成し，これを敷地平面図に展開することにより鉄塔敷地図を作成する一連の業務を手作業で実施していたが，現在はトータルステーションシステムによりコンピュータ化され，各図面は自動作成されている。
　なお，鉄塔に関する施工基面・継脚・片継脚などの概要については「1. 総則 1.6 用語の説明」を参照のこと。

> **8.2　鉄塔敷地測量の注意事項**
> (1)　角度型懸垂鉄塔や耐張型鉄塔で偏心アームを採用している鉄塔は，線路中心と鉄塔の中心点が一致しないので注意する。
> (2)　鉄塔の据付方向に注意する。
> (3)　各断面の方向・距離・垂直角を正確に測定する。
> (4)　器械据付位置の選定に注意する。

8.2　(1)　線路中心と鉄塔中心について

　送電線の線路中心は左右最外側線間の中点を通る1本だけであり，鉄塔の中心を結ぶものではない。従って，線路中心線に打設する鉄塔位置を表示する杭を本点杭といい，偏心鉄塔の塔心に打設する杭は偏心杭という（杭の仕様については 5. 中心測量を参照）。

8.2　(2)　鉄塔敷地測量について

　鉄塔敷地測量の図示する縮尺は 1/100 が標準である。中心測量や縦断測量では前視，後視により確認が行われているが，敷地測量は完全なオープン測量（片方向のみの測量）のため特に注意して観測に当らねばならない。

8.2　(3)　器械据付位置選定上の注意について

　器械の盛替点はなるべく少ない方がよいので，その位置選定は器械の据付と操作が困難でない所で，なるべく断面の前後が遠くまで観測できる点を選ぶ。

> **8.3　鉄塔敷地測量の準備**
> (1)　必要な測量技術者を手配し，各鉄塔敷地の測量範囲・地形・立木の程度により，測量器材・伐採機具を準備し，併せて伐採の要員を手配する。
> (2)　鉄塔敷地測量の実施に際しては，総則の第1.4.1表「調査測量に携行する資料」に記載する図書類および設計図書の抜粋などを準備する。
> (3)　測量技術者は事前打合せを行い，各鉄塔位置の選定の条件・鉄塔の中心点・水平角度・鉄塔据付方向・鉄塔型と高さによる敷地範囲を十分理解しておく。

8.3　(1)　敷地測量の人員と工具について

　要員は一般に 3～5 名程度で，熟練者から次の順序で配置するのが好ましい。
　(i)　選点担当………敷地測量範囲の状況を見極め，等高線が自然な状態でつながるように測点の位置を指示する。同時に地形全体をスケッチし，敷地測量図とのチェックに使用する。
　(ii)　器械・データコレクタ担当者………観測器械を操作し，観測値を記録する。また，あわせて伐採方向や伐採木を指示する。
　(iii)　選点担当助手………ミラーマン・指示された測点に反射プリズムを立てる。
　(iv)　伐採担当者………主に伐採作業に従事し，場合により反射プリズムを立てる等の補助作業を行

う。

伐採要員は伐採の量や難易により，2〜3人位を必要とする。とくにチェーンソーや刈払機を使用する時は，長時間にわたる場合の交代と，事故防止のために，機械扱者と助手の二人一組とするのが望ましい。

鉄塔敷地測量の用具・測量器具の取扱いは基準測量 4.4.2，4.4.3 を参照し，現場に応じて適当な数量を準備する。

8.3 (2) 携行する資料について

地籍図があれば，土地利用状況や地形と照合することによって，地権界が推定できる場合が多いので，地籍図を利用するのが望ましい。特に行政界や道・水路界など特殊な地権界には注意する。

最近は，基本ルート選定等の時，航空写真測量を実施し，それと同時にレーザーを利用したより精度の高い地形データを取り込むことがある（詳細は付録2.1 航空測量を参照）。レーザーにより作成された図面と現地とを照合し現地でなければ得られないデータを取得する測量計画を考える。

設計図書の抜粋は鉄塔構造図・鉄塔裕度表・基礎構造図およびがいし吊型表などである。

8.3 (3) 事前打合せについて

鉄塔敷地測量に先立ち事前打合せを行う。測量作業責任者は各測量技術者に対して，鉄塔敷地測量に関する技術的な説明を行うとともに，鉄塔基毎に位置選定した技術的条件や用地的条件等を説明し理解を深めることに努める。

鉄塔位置が，縦断測量の時に想定した位置と異なって，縦断図上で選定された場合には，その変更事情をよく理解させ，鉄塔位置を誤らないように注意する。

8.4 鉄塔敷地測量の方針

(1) 敷地測量は縦断図で決定された鉄塔位置の鉄塔の中心点および鉄塔据付方向を基準として実施する。
(2) 鉄塔敷地測量の範囲は鉄塔根開き，基礎の種類と大きさ，地形および整地方法によって決定される。
(3) 測量は，鉄塔中心点にトータルステーションを据え付け，反射プリズムを敷地測量の範囲内の地形変化点にランダムに移動し，もれなく各地点のデータを測定し，トータルステーション内部やデータコレクタに保存する。
(4) 鉄塔敷地測量の図面の縮尺は，断面図の縦，横，及び平面図ともに 1/100 を標準としている。平面図は若番側を下にし，断面図は，平面図と対照しやすいように配列する。
(5) 鉄塔敷地内各方向の付号は，鉄塔の中心点から老番側を (+)，若番側を (-)，老番に向って左側を (L)，右側を (R) とし，鉄塔脚の付号は若番側の右側から時計廻りに A・B・C・D とするのを標準としている。
(6) 鉄塔敷地平面図は，敷地測量システムや汎用測量プログラムで，鉄塔の中心点の地盤高を基準高とした 50cm 間隔の等高線を作図して記入する。また測量範囲内に地類界，地権界，地上地下の構造物があるときは，これらの位置も記入する。
(7) 鉄塔敷地測量のための伐採は，用地的に許される範囲で行う。

縦断図上で想定された鉄塔型とその継脚に基づいて，あらかじめ各鉄塔に対する主脚材の地際根開き寸法表を作り，現地での測量を実施する時に基礎の大きさと地形などを勘案して，測量範囲や詳細測量箇所の決定ができるようにしておく。

8.4 (1) 鉄塔敷地測量の範囲について

鉄塔敷地測量の範囲は線路ごとに標準の範囲を定めているが，個々の鉄塔の大きさや地形によっては標準以上の範囲を必要とする場合もあるので，注意して実施する。

根開きの特に大きい場合や急傾斜地などでは，整地や工事用仮設用地などを考慮して測量範囲を決定する。また，施工計画調査に役立てるためさらに広範囲を同時に測量することもあるので注意する。

	77kV 以下	110〜154kV	187〜275kV	500kV
一辺長	15〜20m	20〜30m	25〜40m	40〜50m

一般的には上記の範囲が目安とされている。

なお，鉄塔敷地測量の範囲を検討する場合の概略値は下式による（第8.4.1図参照）。

$$L = l_0 + 2k(h + H) + B + 2l_1$$

L：測量範囲の一辺長〔m〕
l_0：施工基面における鉄塔根開き〔m〕
k：主脚材の傾斜率（転び）$k = k_2/k_1$
h：最大片継脚長〔m〕
H：基礎根入深さ〔m〕
B：基礎床板幅〔m〕
l_1：整地幅〔m〕

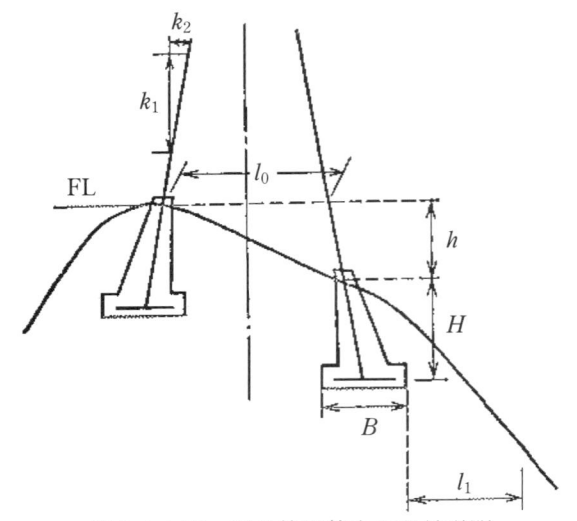

第 8.4.1 図 測量範囲算出の記号説明

8.4 (2) 敷地測量の方法について

鉄塔敷地測量は，従来トランシットと箱尺，テープで行っていたが，現在はコンピューターに測量データが取り込めるトータルステーションで測量するのが一般的である。

具体的には，鉄塔中心に据えたトータルステーションにより，地形の変化点や等高線を書くのに必要と思われる鉄塔敷地内の各所に，選点担当助手が反射プリズムを持って移動し，データを測定する。

測定データはトータルステーション内部のメモリーやデータコレクタに測量データとして保存され，そのデータを敷地測量作図システムプログラムや汎用測量プログラムを組み込んだパソコンに取り込むことにより，等高線を自動発生する計算が行われ，上記プログラムや汎用 CAD により鉄塔敷地断面図と平面図を作成し，プロッタ等により出力される。

反射プリズムを地形の変化点等ランダムに移動し測量箇所を選ぶが，鉄塔敷地図は鉄塔基礎の形状や位置などを決めるための重要なデータであり，特に重要な脚立ち上がり位置周辺の地形データは詳細にとる必要がある。

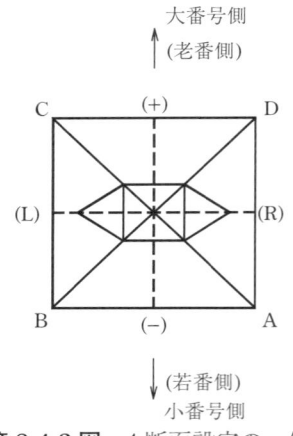

第 8.4.2 図 4 断面設定の一例

具体的には，従来，敷地設計時に使用する断面として設定された四断面（第 8.4.2 図）の A～B, C～D, ＋～－, R～L の 4 方向と，脚立ち上がり位置周辺付近は細かく反射プリズムを移動して測定し，測量精度を高める必要がある。

また，鉄塔の中心点や据付方向・脚方向などはしっかり設定し，それぞれ必要な杭を打設しておき，それらの杭は必ず測量し，データを取り込んでおく必要がある。

8.4 (3) 鉄塔敷地平面図について

起伏の少ない地形では，必要に応じて任意の標高点を記入することもある。

地権界などを記入しておくことは，用地測量とのデータの整合性の確認を行うために有効な方法となる。

8.5 鉄塔敷地測量の実施

(1) 鉄塔の線路中心点で線路中心線方向・水平角度を確認し，さらに偏心がある場合はその方向と長さを確認し，鉄塔の中心点および鉄塔据付方向の基準となる点を設置する。
(2) トータルステーション本体を鉄塔の中心点に据付け，鉄塔据付方向を基準として測量すべき主要な 4 断面方向を決定する。
(3) 鉄塔の中心点を基準（座標原点）として，主要な 4 断面方向を測定し，さらに敷地全体の地形変化点をランダムに測定を行う。
(4) 測量範囲内に地類界・地権界・地上地下の構造物があるときは，これらの点を測量する。
(5) 鉄塔敷地測量にあたっては，その敷地の地目も調査する。
(6) 調査事項は野帳に記入し，敷地平面の見取図を作成する。
(7) 鉄塔敷地測量の結果，鉄塔位置の変更が望ましい場合は，縦断図を詳細に検討のうえ，鉄塔位置を変更して，再度鉄塔敷地測量を実施する。

8.5 (1) 基準杭について

測量杭は打設後の状況により移動していることもあるので，線路中心点にトータルステーション本体を据え，中心線上でなるべく遠くの老番側・若番側それぞれ 2 点以上の TP 杭によって，線路中心点および最寄りの TP 杭の移動の有無を確かめる。移動していた時は，正しい位置に直して水平角度もチェックする。

偏心のない一般の鉄塔の場合は，中心線の水平角度を 2 等分する方向を据付方向の (＋)～(－) とし鉄塔工事に支障ないと思われる距離を保って，鉄塔据

付方向点を設置する。

　偏心鉄塔でとくに指定のない場合は，中心線の水平角度を2等分する方向に控点（θ/2杭）を設置し，これに直交する方向を据付方向の (R) ～ (L) とし，この線上に所定の偏心量（偏心長さ）をとり鉄塔の中心点（偏心杭）を設置する（第8.5.1図(c),(d)参照）。

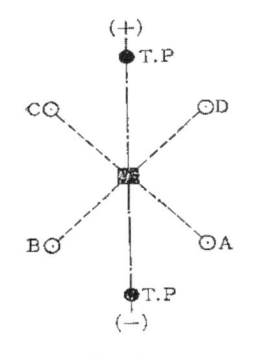

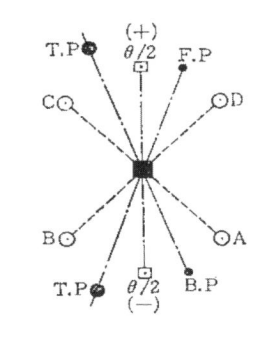

(a) 直線鉄塔（偏心なし）　(b) 角度鉄塔（偏心なし）

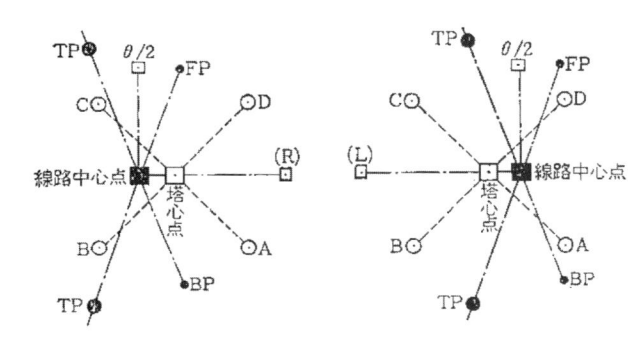

(c) 角度型懸垂鉄塔（偏心あり）　(d) 角度鉄塔（偏心あり）

据付基準杭：偏心なしの(a)，(b)は，(+) あるいは (−) 方向杭
　　　　　　偏心ありの (c)，(d) は，(R) あるいは (L) 方向杭

第8.5.1図　鉄塔付近の各種杭の関係図

　また，偏心鉄塔では，線路中心点と鉄塔の中心点の高低差 (FLL) を忘れずに測量する。
鉄塔の据付方向（鉄塔の向き）は，長径間箇所や発変電所の引出・引込鉄塔では，径間の長い側に正対させることが多いので注意する（第8.5.2図参照）。

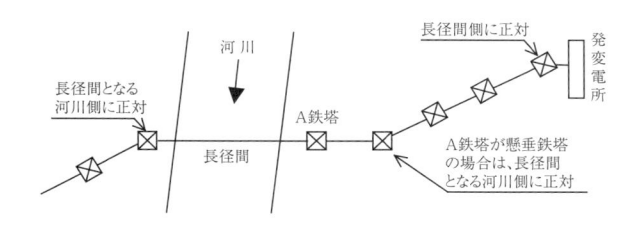

第8.5.2図　正対据付となる事例

　また，市街地などでは用地上の制約で前後の中心線方向と関係なく据付方向が決められるなど特殊な場合もあるのでよく確認する。

8.5 (2) 断面の方向について

　各断面の方向は，鉄塔据付方向の基準杭（第8.5.1図参照）から水平角度45度ごとに脚方向杭を設置する。
　なお各方向ごとにトータルステーションの望遠鏡を反転する等して相対する方向が正しいことを確認する。

8.5 (3) 断面の測量について

　断面測量で必要な測点は，勾配変化点であるが，勾配が一様と思われる場合にも，3～4mに1点程度は必ず実測するようにする。
　また局部的な，小さい突起やくぼみは，脚立ち上がり位置付近等影響の大きい場合以外は無視し，付近の平均地形を考えて測点を決定する。
　隣の断面との間隔が広く，かつ，その間の地形が複雑に変化している場合は，等高線の精度を保つため，適宜測量点を追加する。
断面測量の方法は，トータルステーションを鉄塔の中心点に適当な器械高で据付け全範囲を測量するが，見通せない範囲がある場合には，反射プリズムの高さを過度に上げたりせずに盛替点に移動した方が効率的である。
　測定は，反射プリズムを断面上の地形の変化点に立てて行う。鉄塔の中心点からの観測が終了したら，盛替点に，小杭を打設し，反射プリズムを設置し測定する。盛替点にトータルステーションを移動し，同様に見通せなかった範囲の地形の変化点を測定する。
　その後，隣の断面との間隔が広いところや基礎の立ち上がり付近を円周状になるべく細かくランダムに選び，反射プリズムを立て測定しておく。
　トータルステーションでの測量は，器械本体の位置と測定点（ミラー設置点）との関連を距離，角度（水平角・高度角）などを測定し，トータルステーション据付位置や各測定点をX・Y・Zの座標で表すことができるため，その数値を確認して，測量範囲に漏れのないようにすることが必要である。また敷地測量は前述したようにオープン測量のため，データコレクタ等に誤りなく器械高や反射プリズム高さを入力する必要がある。
　その他地類界など用地上必要な箇所についても同様に反射プリズムを設置し測定しておく。
脚方向杭や＋−杭，線路方向杭，θ/2杭なども同様に測定して誤りのないことを確認する。

8.5 (4) 地類界・地権界・構造物について

　用地上の理由から，土地所有者の立会を求める必

要がある場合は，地権界を確認してから測量する。また，道・水路や法面があるときは，道・水路の付替を必要とすることもあるので測量範囲を拡げて測量する。

地上構造物および地下埋設物があるときは，関係者から図面を借用したり，必要な場合には立会を求めたり，一部を掘り起こすなどして確認してから測量する。

8.5 (5) 地目について
地目は登記簿の記載とは別に現実の状態を調査しておくことが必要である。

8.5 (6) 敷地平面の見取図について
等高線の形は低い所から高い所を見るとよくわかるものなので，自分の眼の高さの等高線を実測した測点を参考にしながら描く。見取りによる等高線の数は測量範囲内で，高所・中程・低所の3以上とし，大きい変化を特徴的に描く。

平面見取図は，等高線のほか鉄塔周辺の境界杭・地権界・地類界・構造物についても記入する。

8.5 (7) 鉄塔位置の変更について
仮縦断図や概略敷地図などを利用して入念に踏査を行って鉄塔位置を選定した場合は，敷地測量の結果でその位置の大幅な変更を必要とするようなことは少ない。しかし地質調査の結果や用地上の制約のため大幅な位置変更を要する場合は，敷地図の再検討のみでなく，中心側量および縦断測量の修正が必要である。

8.6 鉄塔敷地図の作成
鉄塔敷地図（鉄塔敷地断面図・鉄塔敷地平面図）は，鉄塔敷地測量の結果に基づいて，下記の要領で作成する。なお鉄塔敷地図の作図範囲は個々の鉄塔の規模によって決定される実測範囲とし，断面図と平面図を別葉にして作成することが一般的である。
(1) 鉄塔敷地断面図は，脚方向断面（A-C，B-D），縦横断面（+～-，R～L）とする。
(2) 鉄塔敷地平面図の作図は下記による。
　(i) 図面の下方を若番側として，鉄塔の中心点を通る対角・縦・横の方向線と線路中心線を記入する。
　(ii) 敷地測量システムや汎用測量プログラムにより，鉄塔の中心点の地盤高を基準高として50cmごとの等高線を作図する。
　(iii) 地類界・地権界・地上地下の構造物・転石などを実測平面図の記号に準じて記入する。

8.6 鉄塔敷地図の作成について
図面はプロッタ等によりA列（A4～A1）の大きさで出力し，原図はマットフィルム等に出力する。

8.6 (1) 鉄塔敷地断面図について
脚方向断面図の，A～CとB～D両断面図は，各鉄塔の中心点を図面の縦中央線に合わせ，上下に適当な間隔をおいて配列する。縦横断図は，脚方向断面図の下部に配列する。

断面図の作成には，従来，図上で鉄塔の中心点より垂直上側に器械高をとり，これから垂直角を与えて視準線を引き，この上に斜距離をプロットし，この点から垂直下側に箱尺の読みをとって測点を図示する方法がとられていたが，現在はトータルステーションシステム等により自動計算し作図されている。

8.6 (2) 鉄塔敷地平面図について
鉄塔の中心点を通る脚方向線（A～C，B～D）・縦線（+～-）および横線（R～L）は実線で，線路中心線は一点鎖線で記入する。鉄塔に水平角度がない場合は，縦線が線路中心線と一致するが，角度鉄塔や偏心鉄塔，あるいは鉄塔据付方向が特殊な場合は，線路中心線にとくに注意して記入する。

鉄塔の中心点の地盤高を±0mとして，50cm毎の等高線を記載する。比較的平坦な地形では，等高線の数が少なく，図面により地形の全体を把握することが困難なため，標高点を記載して地形の高低が平面図から判別できるようにすることが望ましい。

等高線の数値は，鉄塔の中心点を通る等高線を±0mとし，図面の端1.0mごとに記入することが一般的である。

鉄塔敷地図面の作成も他の図面と同様に，従来の手作業に変わり，現在はトータルステーションシステム等により，測量データの収集から作図及び出力まで一貫して作成されている。

8.7 鉄塔敷地設計図の作成
鉄塔敷地図に鉄塔基礎・敷地形状等を記入したものを鉄塔敷地設計図（鉄塔敷地設計・断面図および平面図）といい，下記によって作成する。

なお，鉄塔敷地設計図も鉄塔敷地図同様に従来の手作業に変わり，敷地測量システムや汎用測量プログラム・汎用CAD等で作成するが，敷地測量システムで自動的に設計される場合を除き，手法的には従来と同様である。
(1) 線路縦断図・地質調査などの結果から決定された鉄塔型・基礎型のテンプレート（対角断面型図）を作成する。
(2) 基礎型のテンプレートを脚方向断面図に合せ

て重ね合わせながら，必要な断面図などを検討し下記事項を決定記入して鉄塔敷地設計断面図を作成する。

　施工基面・継脚・片継脚・基礎型・主脚継・根巻コンクリート・整地・鉄塔敷地範囲など。

(3) 鉄塔敷地設計断面図で決定記入された諸事項を鉄塔敷地平面図に記入し，鉄塔敷地設計平面図を作成する。

(4) 鉄塔敷地設計図には，必要な設計数量などを記入する。

8.7 鉄塔敷地設計図の作成について

鉄塔基礎，鉄塔敷地設計の詳細は付録3.3「鉄塔敷地設計」を参照のこと。

ここでは広く利用されており，作図上注意すべき点の多い逆T字型コンクリート基礎を原形復旧する場合について記載した。

8.7 (1) 鉄塔型・基礎型について

縦断図によって鉄塔型およびその継脚が決まると，これに対応して基礎に働く基礎荷重が求められる。

さらにその場所の地質を考慮して，支持力が検討されて基礎型ならびに設計深さ Df が決まる。

逆T字型基礎の場合，その基礎根入れ深さは，通常，鉄塔の引揚荷重に抵抗する有効土量を確保できる深さで決定される。第8.7.1表にその比較例を示す。

しかし傾斜地では，その有効土量を算定するのが複雑なため，下記のとおり，あらかじめ制限している（図8.7.1図参照）。

＜制限例＞

(1) 基礎底面縁端（又はいかり材位置）から地表に向かう任意勾配 θ と谷側の現地盤との交点①とし，この交点と基礎底面との垂直距離を，設計深さ Df の0.7～0.8倍以上確保する。

(2) 地盤傾斜角を30度以下で制限している場合が多い。

さらに，圧縮荷重に対して斜面谷側の抵抗土圧を確保するため，下記のとおり制限する場合がある。

(3) 基礎底面 延長線と谷側の現地盤との交点②とし，この交点と基礎底面縁端との水平距離を，底盤幅 B の2倍以上確保する。

第8.7.1表 基礎根入れ深さ比較例

	A	B	C	D
任意勾配 θ	3分法線（深さ1mに対し水平距離0.3m）	3分法線（深さ1mに対し水平距離0.3m）	30°（甲地盤の有効角度）	30°（甲地盤の有効角度）
垂直距離 ①	0.8Df	0.8Df	0.8Df	0.7Df
水平距離 ②	2B	—	2B	—

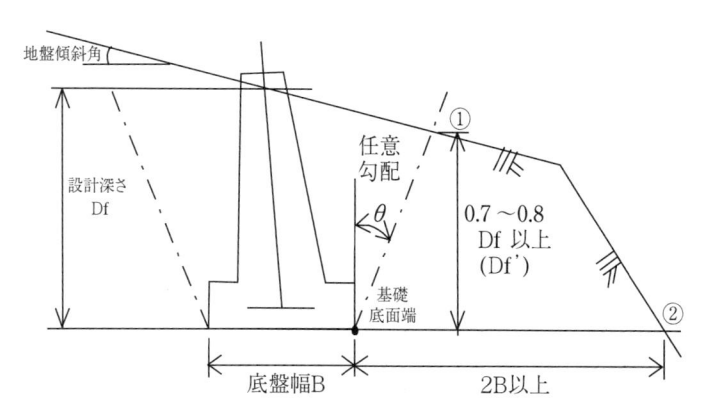

第8.7.1図　根入れ深さ　制限例

鉄塔型・基礎型のテンプレートは第8.7.2図，第8.7.3図の要領で，縮尺1/100で作成する。

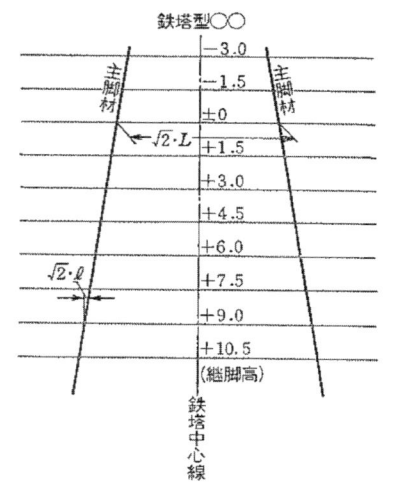

L：継脚 ±0 の根開き
l：主脚材の傾斜率（高さ1m当たりの転び）

第8.7.2図 鉄塔型のテンプレート

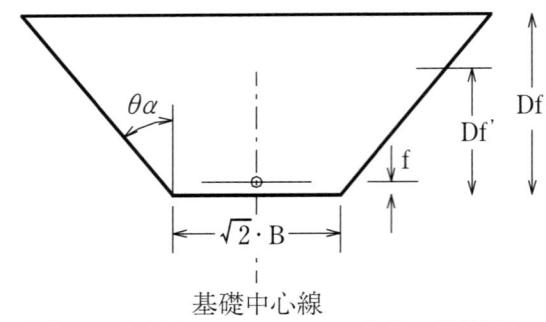

B：基礎の設計底幅　　　Df：基礎の設計深さ
f：いかり材と床板底との間隔　　θa：対角方向の任意勾配

第8.7.3図 基礎型のテンプレート

8.7 （2）鉄塔敷地設計断面図について

（i）設計の方針

本文に記載された諸事項を決定するには，

(a) 基礎は主脚材の引揚力に抵抗する支持力（土量およびコンクリート量）を確保できること。

(b) 基礎コンクリートの天端は主脚材の防蝕などのため整地後の地盤から設計の高さを確保できること。この2点を念頭において，一般には次の手順によるが，諸事項は相互に密接な関係にあるので十分慎重に検討する。

① 鉄塔施工基面（FL）の決定と継脚・片継脚の適用

脚方向断面図の中心線に鉄塔型のテンプレートの中心線を重ね合わせて，その位置を上下させ，最も高い脚の断面に所定の継脚が合う位置を求め，他の3脚について適当な片継脚と施工水準面が得られるかを検討し，4脚ともに満足する鉄塔施工基面と他の3脚の片継脚を決めて主脚材の線を記入する。

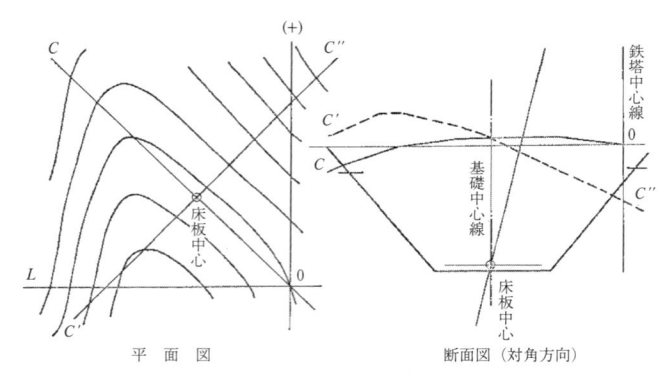

第8.7.4図 脚方向と直交する補助断面図

鉄塔施工基面（FL）が決まった後，線路縦断図で下記の検討をする。

(ア) FLが（+）の場合，鉄塔継脚が下げられないか。
(イ) FLが（-）の場合，電線地上高が不足しないか。
(ウ) 懸垂鉄塔で電線支持点が低くなる場合，前後の鉄塔との関係で耐長鉄塔にする必要がないか。

片継脚の長さは斜材の効果を考えて，主柱材と斜材の夾角20度程度を限度とする。なお，そのときの片継脚長さは，施工基面における鉄塔根開きの半分程度が限界になるのが普通である。

② 基礎型と主脚継（ポスト継）

基礎型は，鉄塔型と主脚継（ポスト継）・片継脚の大小によって決定されるが，重角度鉄塔では引揚側と圧縮側で荷重の性質が著しく異なるので，2種類の基礎型を適用することもある。

基礎型決定後下記の順序で主脚継（ポスト継）を検討し決定する。

(ア) 適用する基礎型のテンプレートのいかり材中心点（床板中心点）を①で記入した主脚材の線に沿って移動させて，必要な根入れ深さを確保できる床板中心点を求める。

(イ) 敷地平面図にこの点をプロットする。

(ウ) 脚方向線と等高線が45度以下で交差している場合や変則的は地形では，床板中心点で脚方

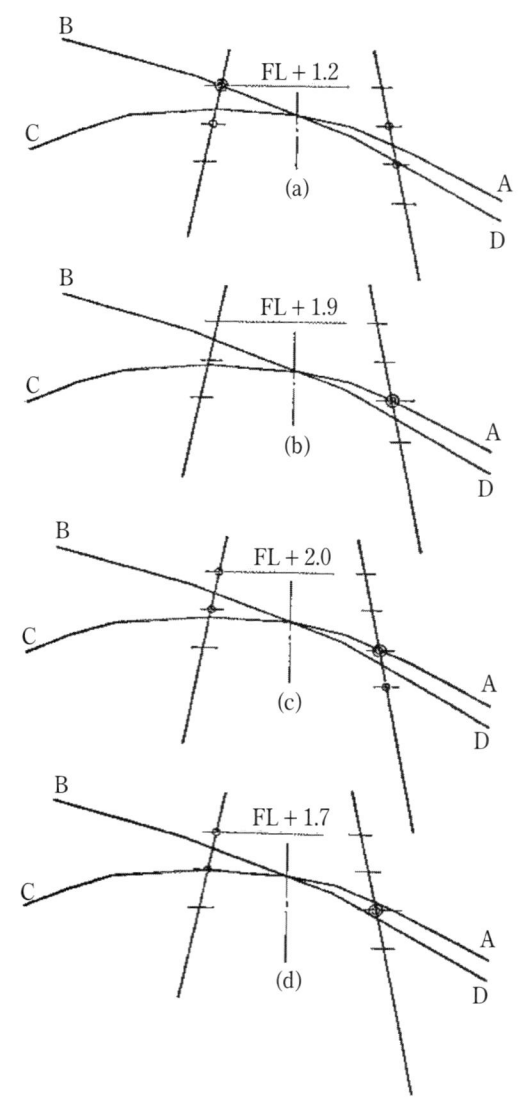

第8.7.5図 鉄塔施工基面と片継脚（対角方向）

向と直交する補助断面図をその脚方向断面図に重ねて記入する。

㈐ 補助断面図で㈎と同様に必要な根入れ深さを確保する。

(ii) 設計手順（例）

設計手順の一例を下記に示す。

(a) 縦断図検討の結果，鉄塔の継脚は＋6.0mと決定している。最も地盤が高いB脚に合わせて，FL＝＋1.2mを設定する（第8.7.5(a)図参照）。

継脚＋6.0m，FL＝＋1.2m

脚	片継脚	基礎天端の位置
A	1.5	＋0.7
B	0.0	±0.0
C	1.5	－0.6
D	3.0	－0.1

(b) 基礎天端を全脚地表上に出すために，FLを＋0.7m上げ，FL＝＋1.9mとする。（第8.7.5(b)図参照）。継脚1.5mピッチとすれば，継脚を＋6.0m→＋4.5mに下げる。

(c) 鉄塔が低くなり根開きが狭くなるので，(a)(b)同様の手順で検討し直し，基礎天端を地表に出す（第8.7.5(c)図参照）。

継脚＋4.5m，FL＝＋2.0m

脚	片継脚	基礎天端の位置
A	3.0	＋0.0
B	0.0	±0.9
C	1.5	＋0.3
D	3.0	＋0.6

(d) (c)でB脚の天端が出すぎるので，FLを調整する（第8.7.5(d)(d)図参照）。

継脚＋4.5m，FL＝＋1.7mとすると

脚	片継脚	基礎天端の位置
A	3.0	－0.3
B	0.0	＋0.6
C	1.5	±0.0
D	3.0	＋0.3

継脚・FL・片継脚が仮決定したので，次に主脚継を検討する。

(e) 主脚継は，その長さピッチを0.3mとすると，下記のとおりなる。

脚	片継脚	主脚継
A	3.0	＋2.1
B	0.0	＋1.2
C	1.5	±0.0
D	3.0	＋3.3

しかし，C脚の床板中心で脚方向と直交する補助断面C′～C″を記入してみると（第8.7.4図参照），C脚はもっと深くしなくてはならない。

その結果，C脚の主脚継を下記のとおり変更する（±0.0→＋1.2）（第8.7.6(e)図参照）。

脚	片継脚	主脚継
C	1.5	＋1.2

(f) (e)ではD脚の主脚継が制限値3mを超えるので，FLを0.3m下げる必要があり，最終結果として，下記のとおりとなる（第8.7.6(f)図参照）。

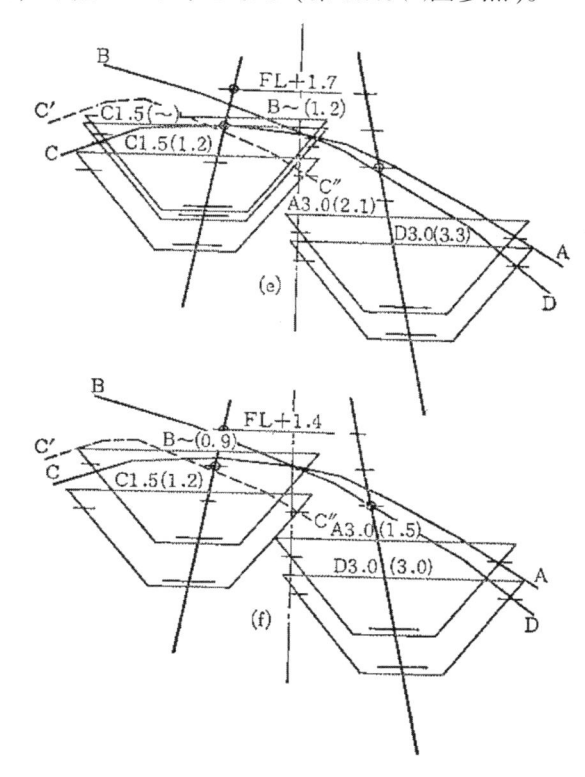

第8.7.6図 基礎型と主脚継（対角方向）

継脚が1.5m低くなり，FLが＋1.4mとなるため，鉄塔高さが当初より0.1m(1.5m－1.4m＝0.1m)低くなることから，縦断図を再検討しなければならない。

継脚＋4.5m，FL＝＋1.4m

脚	片継脚	主脚継	根巻コンクリート	基礎天端の位置
A	3.0	1.5	0.7	－0.7
B	0.0	0.9	0.0	＋0.3
C	1.5	1.2	0.3	－0.3
D	3.0	3.0	0.2	－0.2

(iii) 整地

整地は，鉄塔敷地の保全が目的であり，その形状から下記の3方式に分類される。

(a) 原形復旧

原地盤の形状に復元する方式で，地盤傾斜角が20度以上の場合には，鉄塔敷地の保全のため原形復旧が多く採用されている。

(b) 半整地（半原形整地・脚別整地）

脚別に水平面にする方式で，普通は2～3面に整地するが，地盤傾斜角が20度以下の場合の山

地や畑地に多く採用されている。
(c) 完全整地

4脚とも同一水平面にする方式で，主として平坦な畑や水田で採用されている。

残土は敷地の地盤傾斜が緩やかな場合（一般に20度以下）は，敷地内に盛土または敷きならすこともある。敷地の地盤傾斜が急な場合は土留柵を採用して処理するが，用地事情などで処理が不適当な場合，最寄りの適地へ搬出する。

盛土の勾配・法長，土留擁壁の構造，高さはそれぞれ地形や土質によって適切な設計をする。なお，地域によっては規制されている場合があるので十分注意する。残土量，盛土量，土留擁壁などは，敷地平面図から必要な断面図を作成して算出する（付録3.3「鉄塔敷地設計」を参照）。

(iv) 鉄塔敷地範囲

鉄塔敷地範囲は，一般に一番低い脚の床板端から所定の距離を保った正方形とする場合が多い。

なお整地のための切盛土を行い，あるいは土留擁壁を設ける場合は，これらの構造物から所定の距離を保った範囲とする。

また宅地開発，土地造成が行われる可能性がある地域では，鉄塔基礎の保全のため8.7(2)の設計上必要な土量を確保するため，鉄塔敷地範囲を広げる場合もある。

8.7 (3)(4) 鉄塔敷地設計図について

鉄塔敷地設計図には決定した諸事項を下記のように所定欄に記入する。それぞれ第8.7.7図に平面図，第8.7.8図に断面図の敷地設計例を示す。

(i) 鉄塔条件……線路名・鉄塔番号・鉄塔型および継脚・水平角度・施工基面高など。

(ii) 脚別条件……基礎反力・片脚継・主脚継（ポスト継）・基礎型・根巻など。

(iii) 脚別工事量……掘削の幅と深さおよび土量・コンクリート量・栗石量・残土量・土留擁壁量など。

(iv) 参考事項……敷地面積・所在地・地質・測量業者名など。

測量番号	F－18
支持物番号	No.134
支持物型式	SC＋4.5
水平角度	R·19°－52
偏心	0.700
F.L	＋1.4
基礎種別	甲
基礎形	27－40
敷地面積	

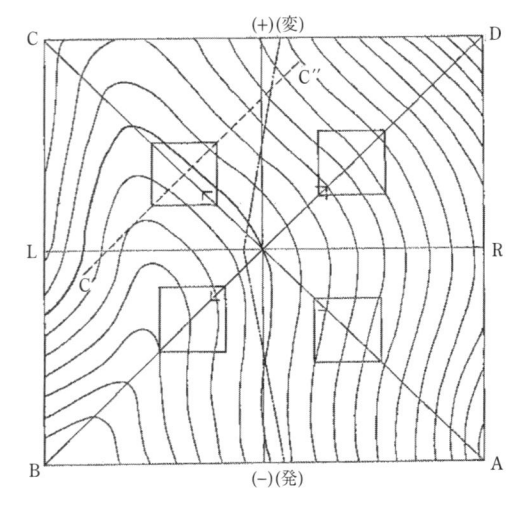

第8.7.7図 鉄塔敷地設計　平面図例

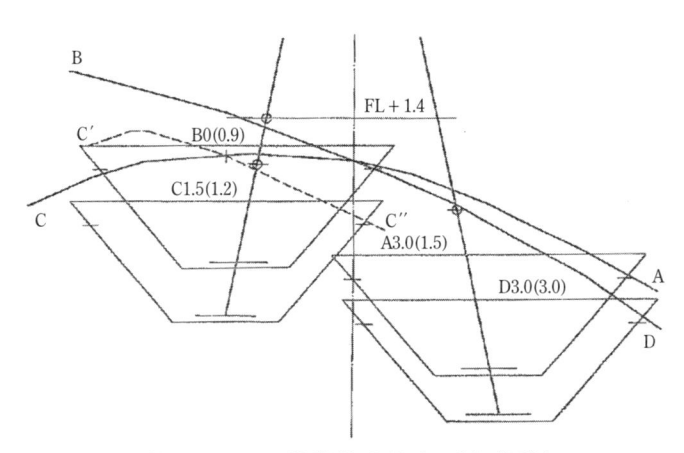

第8.7.8図 鉄塔敷地設計　断面図例

測量番号	F－18
支持物番号	No.134
支持物型式	SC＋4.5
水平角度	R·19°－52′
偏心	0.700
F.L	＋1.4
基礎種別	甲
基礎形	24－40
敷地面積	

脚	片継脚 [m]	主脚継 [m]	根巻 [m]	堀さく 深 [m]	堀さく 土量 [m]	コンクリート 主脚継	コンクリート 根巻	鉄路 φ mm	鉄路 φ mm
a	3.0	1.5	0.7						
b	0	0.9	0						
c	1.5	1.2	0.3						
d	3.0	3.0	0.2						
セメント	袋	小	計						
栗　石	m²	標準数量							
目　標	m²	所要数量		m²					

9. 保安伐採範囲調査

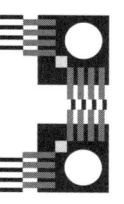

9.1 保安伐採範囲調査の目的

通常，樹木との離隔を確保し鉄塔高を決定するが，鉄塔高の抑制が必要な場所などでは，線下及び鉄塔敷地サイドで送電線の保安上において必要な接近木の伐採範囲を調査する。

9.1 (1) 保安伐採範囲について

樹木静止の状態で電線が振れた時，または電線が静止の状態で樹木が電線側に倒れた時のどの場合でも，相互の離隔距離が電技で定められた値以上に保てることが必要である。電線と植物の離隔距離は電技解釈第131条により，第9.1.1表のように決められている。

第9.1.1表 植物の離隔距離

	離 隔 距 離 (m)							
	60kV以下	66 kV	77 kV	110 kV	154 kV	187 kV	220 kV	275 kV	500 kV
植 物 (電技解釈131条)	2.0	2.12	2.24	2.6	3.2	3.56	3.92	4.64	7.28

電線が横振れすると，同時に樹木が反対側から倒れ込むようなことは通常の現場にはあり得ないが，急傾斜の山腹の高い位置にある不安定な巨木などは注意を要する。

電線横振れの角度は60度が一般であるが，谷合などで局地的に特異な吹上げ風を線路の直角方向から受けるような場所に対しては，地形に応じて横振れ角度を大きく考えて保安伐採範囲を決める必要がある。

積雪の多い山地では，山頂などの伐採が雪ぴや，なだれを誘発する結果となることから注意を要する。

鉄塔の高さ，又は位置の変更によって伐採量を非常に少なくできることが伐採調査で判明した場合には，その変更についても検討する。

なお，鉄塔高さ決定においては，将来の樹木の成長を考慮した将来樹高を見込むことで，保安伐採を回避する傾向にある。

9.1 (2) 地位別の想定樹高について

第9.1.3図は林野庁発行の林分収穫表をもとに，杉の想定樹高を表したグラフの一例であり，地位別の現在樹高と樹齢から，将来の想定樹高を評価することが一般的である。

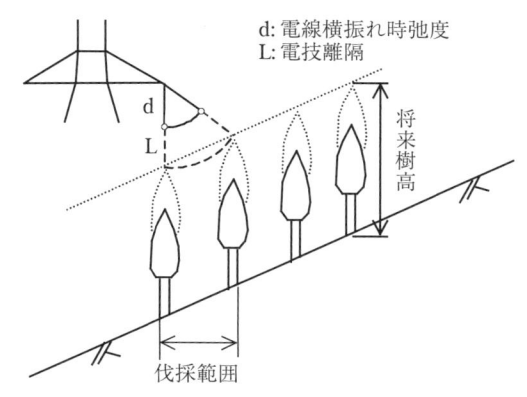

第9.1.1図 保安伐採範囲（電線横振時）

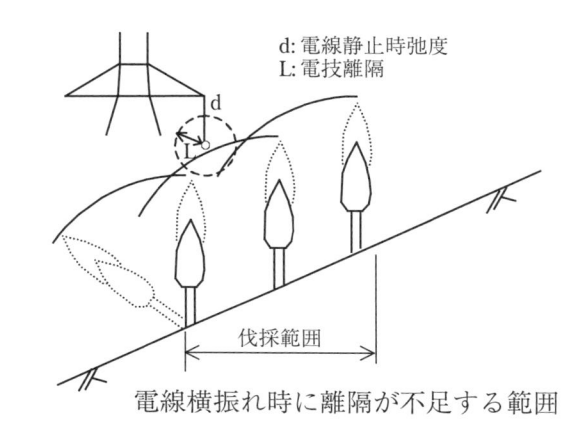

第9.1.2図 保安伐採範囲（電線静止時）

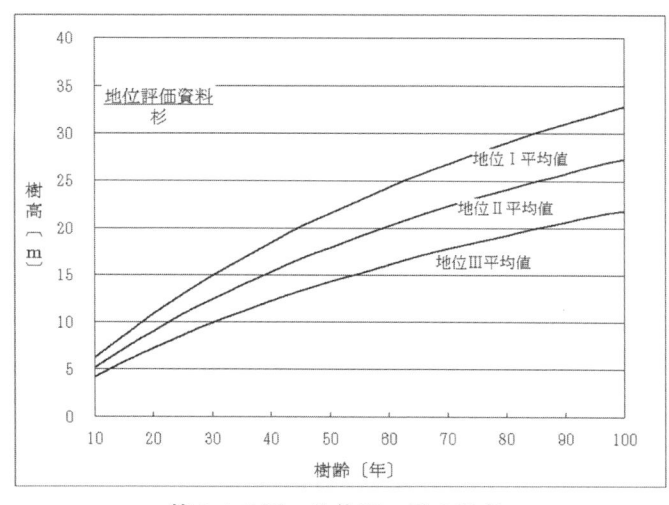

第9.1.3図 地位別の将来樹高

地位とは，林地の生産力をあらわすもので，気候・地勢・土壌等諸要素の総合された結果であり，植林地における将来期待し得る材積・成長量・収穫量等

の推定に用いられるものである。

しかし，樹齢の推定が困難な場合は第9.1.2表を参考として地位評価を行う。

また，地位別将来樹高は地域・樹種により異なることから，各地で発行されている林分収穫表を参考とする。

第9.1.2表 山林における地位評価（参考）

地位	地位Ⅰ（肥地） ←→ （やせ地）地位Ⅲ	
土壌硬度	◎普通の硬さ	◎軟か過ぎ又は堅過ぎ・土が軟かすぎると乾きやすい・土が堅いと，水分や空気を含みにくい
風	◎常風・強風があたらない・樹林の中に適度の湿度がある	◎常風・強風があたる・植物の蒸散・蒸発をオーバーにし，生理的障害をひき起こす・土壌が乾燥して，水分失調となる・肥効分の多い表土を飛散させ，地味を低下させる
日当り	◎適度に日当りが良い	◎日当りが強過ぎる ◎日当りが悪い
葉の大きさ	◎葉の巾が広く面積が大きい・針葉が長い・葉の緑が濃い・自生ススキの草たけが高い	◎葉に勢いがなく小さい・針葉が短い・葉の緑が薄い・自生ススキの草たけが低い
天然生林の樹種	◎広葉樹	◎針葉樹（マツ，エゾマツ，トドマツ，スギ，ヒノキ）
樹高及び斜面の地形	◎斜面の上下部とも，一様に成長している下降斜面	◎斜面上部の成長が悪い，上昇斜面
その他	◎段段畑（田）が跡地 ◎崩積土かい地・崖すい地 または，崩れたり，滑りやすい土地 ◎海や川から離れているのに人家周辺に竹林が多いか又は散在している。	◎昔からの放牧地や砕石地 ◎崩れにくいか，滑りにくい安定した土地

山林における地位評価の例

9.2 伐採範囲調査の準備

伐採範囲調査に先立ち，縦断図を調査し，現地の状況を考慮して，必要な部分の伐採調査用の縦断図を作成する。

また，伐採範囲の現地表示に必要な巻尺，ビニールテープ，または毎木テープなどを用意する。現地調査から伐採までに時間を要することが予想される場合は，テープの樹木への食込みを防止するため，極力毎木テープを使用する。

9.2 伐採範囲調査準備について

縦断図上で電線と樹木（将来樹高を考慮）との離隔距離が不足する箇所はもちろん，縦断測量中に知り得た現地の状況を判断して，離隔距離不足が多少でも懸念される箇所に対しては，もれなく伐採調査を実施する。

鉄塔位置では横断方向の伐採調査を見落としがちであるが，倒木による伐採が必要となることがあるため，必ず調査する。

山腹測量を実施した箇所に対しては，樹木がない場合のほかは例外なく伐採調査を必要とする。現場調査用の縦断図では弛度に対する電線横振れ範囲を上記調査地点及び上記調査地点外の適当な間隔ごとに図示しておく。

山腹測量実施箇所のように樹高も測定されている点に対しては，上記によって図上で伐採範囲の決定ができる(第9.2.1図参照)。

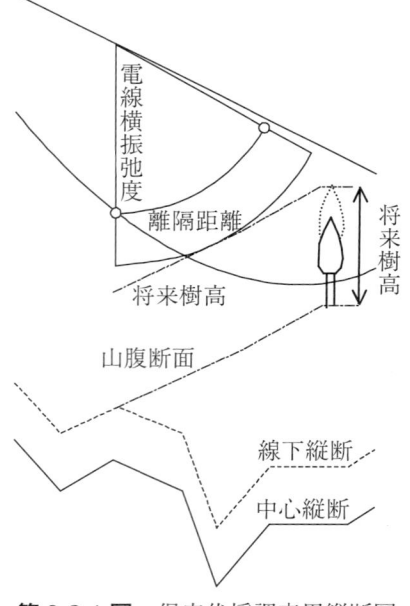

第9.2.1図 保安伐採調査用縦断図

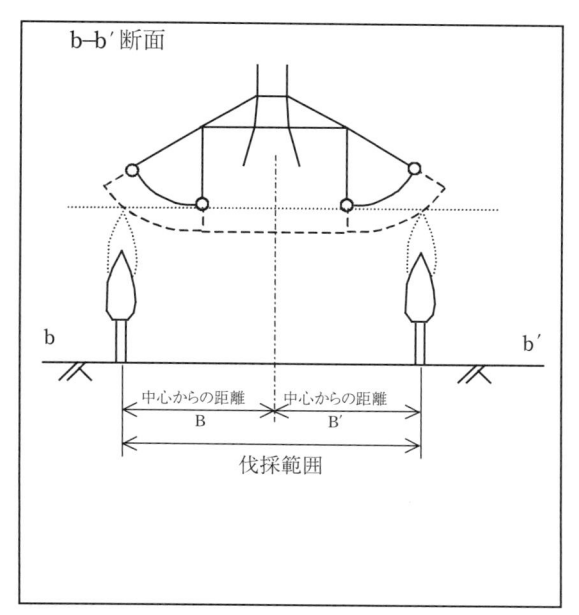

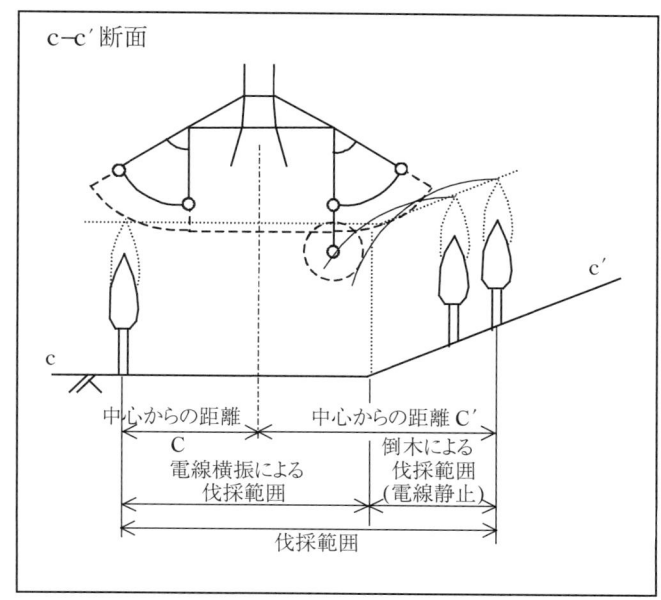

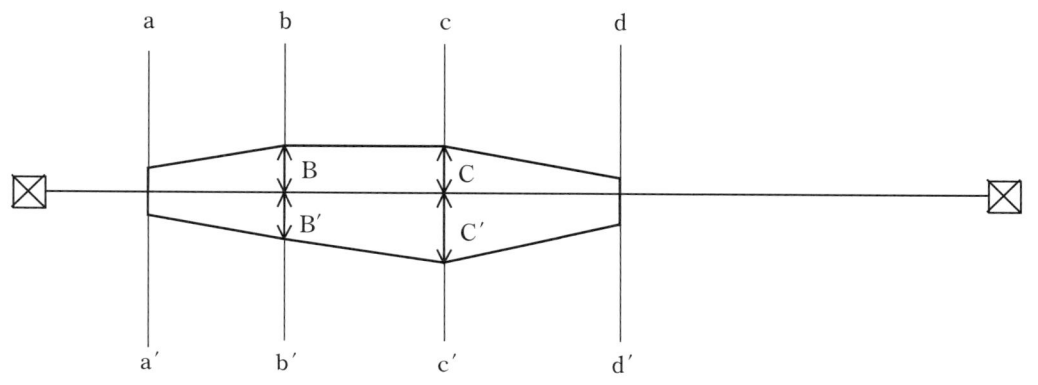

第 9.3.1 図 伐採範囲検討図例

9.3 伐採範囲調査の実施

伐採範囲は縦断図や横断図に現地実測結果を記入し，樹木と電線との離隔距離によって決定する。

調査決定した伐採範囲は測点を基準にした中心線上の距離と左右の幅で表示し，その関係位置のスケッチとともに野帳及び伐採調書に記入する。

伐採範囲と伐採を要する樹木は，ビニールテープまたは毎木テープで表示する。

9.3（1） 調査の方法について

縦断図に記入された多くの電線横振れ横断図は，それぞれ中心線上の一点に対する横断図に表わすものであり，山腹の横断方向の地盤勾配と樹高が一様の場合には横断面上の任意の一点に対して，中心線から水平距離と地盤の高低差並びに樹高を測定すれば，その横断面に対する必要な伐採範囲は縦断図上で決定できる。

山腹の横断方向の勾配と樹高が一様でない場合には，横断面上の多くの点に対して，上記の測定を必要とする。

調査の範囲（横断方向の調査距離）は現地の地形状況，樹種や樹高によって異なることから，縦断図及び平面図により事前に検討し現地での調査範囲をあらかじめ検討しておく。また，樹高及び樹種が事前検討と異なる場合は現地に持参した縦断図などに横断地形・樹高（将来樹高を考慮）を記入して調査不足のないようにする。

9.3（2） 伐採範囲の検討について

縦断図や現地調査により任意の間隔毎の横断図を作成し，中心線の左右方向の伐採範囲を検討する。

次に各横断面毎の左右の伐採範囲を結び，平面上での伐採範囲を決定する（第 9.3.1 図参照）。

地形が複雑であったり，樹高に差がある場合には，測量結果による伐採範囲の形も複雑になるから，これを整理して必要な範囲は完全に含み，最終的に，なるべく簡単な図形になるように伐採範囲を決定する。

ただし，このために著しく伐採量が多くなる場合や用地上の制約がある場合には，多少複雑な伐採範囲でもやむを得ない。

また将来，追加伐採が困難と予想される部分に対

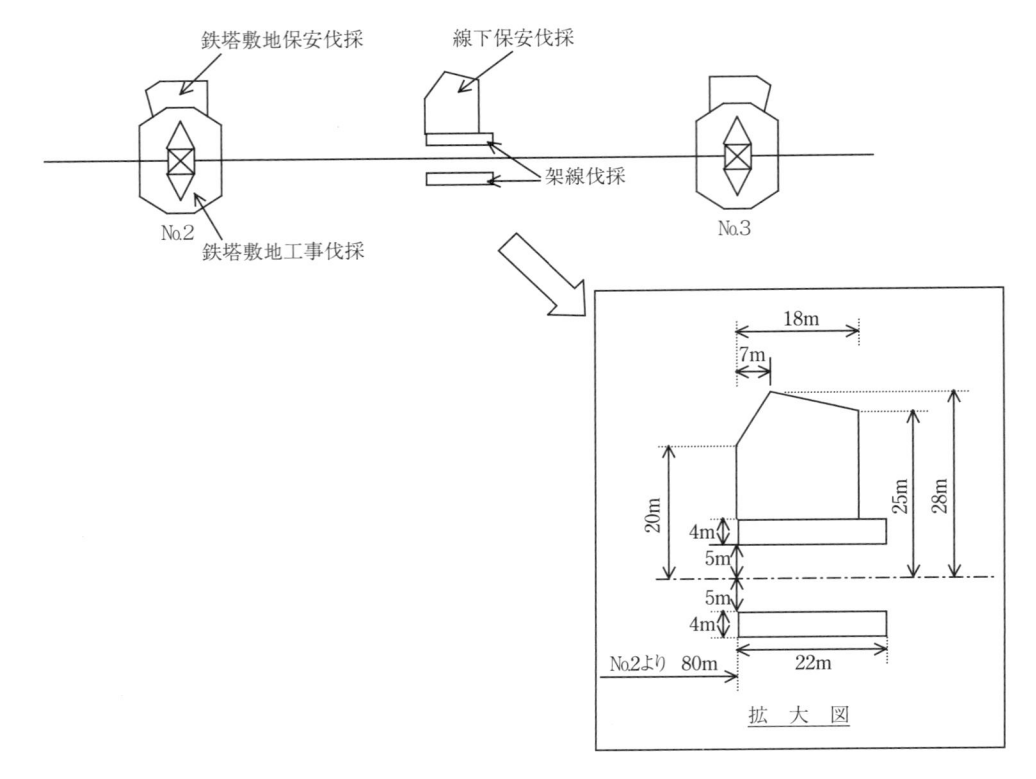

第 9.4.1 図 伐採範囲図

しては，伐期想定樹高を考慮し鉄塔を高くすることもある。

9.3 (3) 現地表示について

伐採範囲と伐採を要する樹木は，ビニールテープまたは毎木テープで表示する。

伐採範囲の外側に表示用の樹木がある場合には，その内側（線路中心線側）の目の高さに表示する。

伐採範囲の外側に表示用の樹木がない場合には，伐採する一番外側の樹木の外側の目の高さに表示する。

ただし近年，伐採木以外への表示に関し問題となる場合があるため，現地の用地状況を考慮し表示方法を決定する。

伐採範囲外で特に伐採する木がある場合には，ビニールテープまたは毎木テープで表示する。

表示の方法については，後日伐採する際に間違うことのないよう伐採範囲図及び伐採調書等に必ず記載する。

9.4 伐採範囲図の作成

伐採範囲調査の結果を取りまとめ，伐採範囲図並びに伐採調書を作成する。

9.4 伐採範囲図の作成について

伐採範囲図には線下伐採や敷地伐採範囲を合わせて記入し各伐採範囲が重複していないか確認する。

伐採範囲図に第 9.4.1 図のように伐採幅が変わる点ごとに中心線からの距離と，左または右の伐採幅の決定値を記入する。

距離および幅はいずれも水平距離による。

縮尺は実測平面図と同じにするのを原則とするが，中心線から左，右の幅が小さくて図示が困難な場合には，拡大図を別途作成する。

第 9.4.1 表 伐採調書

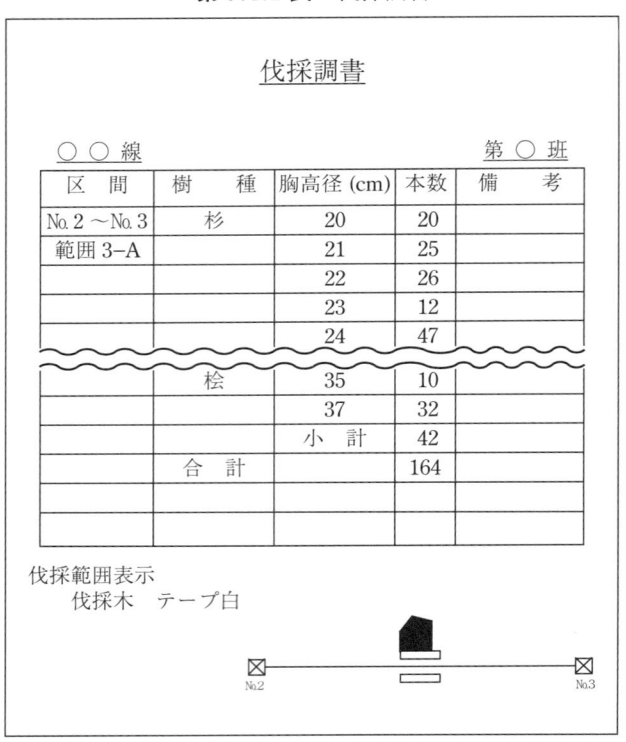

区間	樹種	胸高径(cm)	本数	備考
No.2〜No.3	杉	20	20	
範囲3-A		21	25	
		22	26	
		23	12	
		24	47	
	桧	35	10	
		37	32	
	小 計		42	
	合 計		164	

伐採範囲表示
　伐採木　テープ白

10. 出願箇所の調査測量

10.1 出願箇所調査の目的

送電線工事においては，横過・接近等により各関係箇所へ個別に出願手続きを行う必要がある。

出願の際必要となる資料については，出願箇所によって異なることから，その目的に合わせた調査測量を実施することが必要である。

出願手続きを必要とする主なものは下記のとおりである。

(1) 道路 横過箇所
(2) 河川，運河及び海峡，港湾 横過箇所
(3) 鉄道軌道横過箇所
(4) 特別高圧架空電線路 横過箇所
(5) 国公有林，自然公園などの横過箇所
(6) 通信線電磁誘導障害
(7) 通信線静電誘導障害
(8) マイクロ波通信回線障害

10.2 道路横過箇所

(1) 道路横過箇所の出願は原則として道路法に基づく道路が対象となる。

(2) 道路横過径間の両側鉄塔と，その道路の下記地点までの距離および高低差などを測定する。

道路敷境界線，法尻，法肩，側溝，路面幅(送電線と道路との交差角度含む)，路面上の配電線など。

(3) 測量に際して次の事項を調査する。

道路の名称，種類，管理箇所，既存道路の嵩上げ・拡幅計画の有無，道路敷の境界，道路両方面に接近する主要都市町村名，横過箇所の地番など。

(4) 図面作成の注意事項
図面作成は下記により作成する。

(ⅰ) 横過箇所図の縮尺は平面図1/2 000，縦断図縦1/400・横1/2 000を基本とする。

(ⅱ) 図示範囲は送電線路方向では，交差径間の前後隣接径間の一部まで，直角方向では中心線から左右各100～150m程度とする。

(ⅲ) 縦断図には横過箇所の前後鉄塔と最下電線を記入し，その支持点の高さ，種類，太さ，横過道路路面上の高さ等を付記する。

10.2 (1) 出願対象について

出願を必要とするものは第10.2.1図に示すように，道路境界内に送電線路の最外架渉線が入っている場合で，その対象は都道府県道以上のものであるが，市道その他の道路についても必要な場合があるので，事前に関係箇所と協議する。

また出願には上空占用，道路占用，工事中の一時道路占用などがある。送電線の場合は主として，上空占用が多い。申請の際は相手側の規定や，要求事項を事前に知っておくことが必要である。

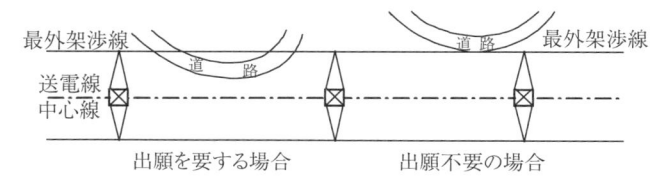

第10.2.1図

10.2 (3) 測量調査について

道路の境界は現地に境界標があるものは，これにより実測できるが，ない場合は管理箇所で調査し，必要があれば現地立会を依頼し境界線を確認する必要がある。

また，高速道路などは道路敷のほかに保留地があるので注意する。

10.2 (4) 図面作成について

出願のための図面は，縦断図及び平面図を基本として，現地測量調査の結果を記載する。

縦断図については，最下電線の支持点の高さは，施工基面および懸垂がいし装置の長さを考慮した高さで表示する。

架渉線の記入は最下電線のみ記入し，上部電線，架空地線は必要により記入する。

また出願対象道路の路面上の架渉線の高さは，縦断図上で最小となる箇所の数値を記入する（第10.2.2図参照）。

10.3 河川運河および海峡，港湾横過箇所

(1) 河川，運河横過箇所の出願は原則として，河川法に基づく河川が対象であり，海峡，港湾横過箇所の出願は海上交通安全法，港湾法などの適用を受けるものが出願の対象である。

(2) 河川，運河および海峡，港湾横過径間の両

○○線
県道○○～○○線　横過箇所図
○○県○○郡○○町地内

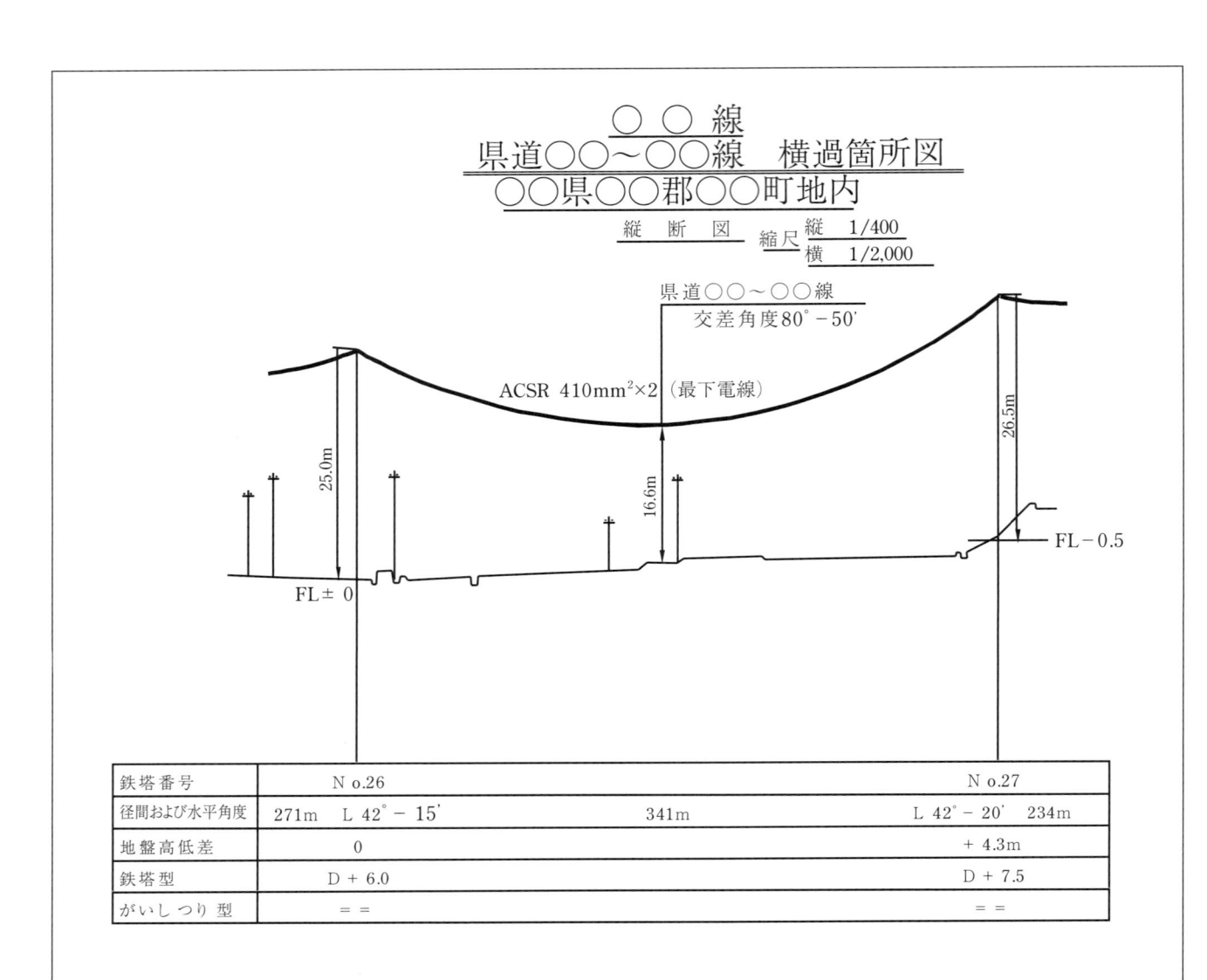

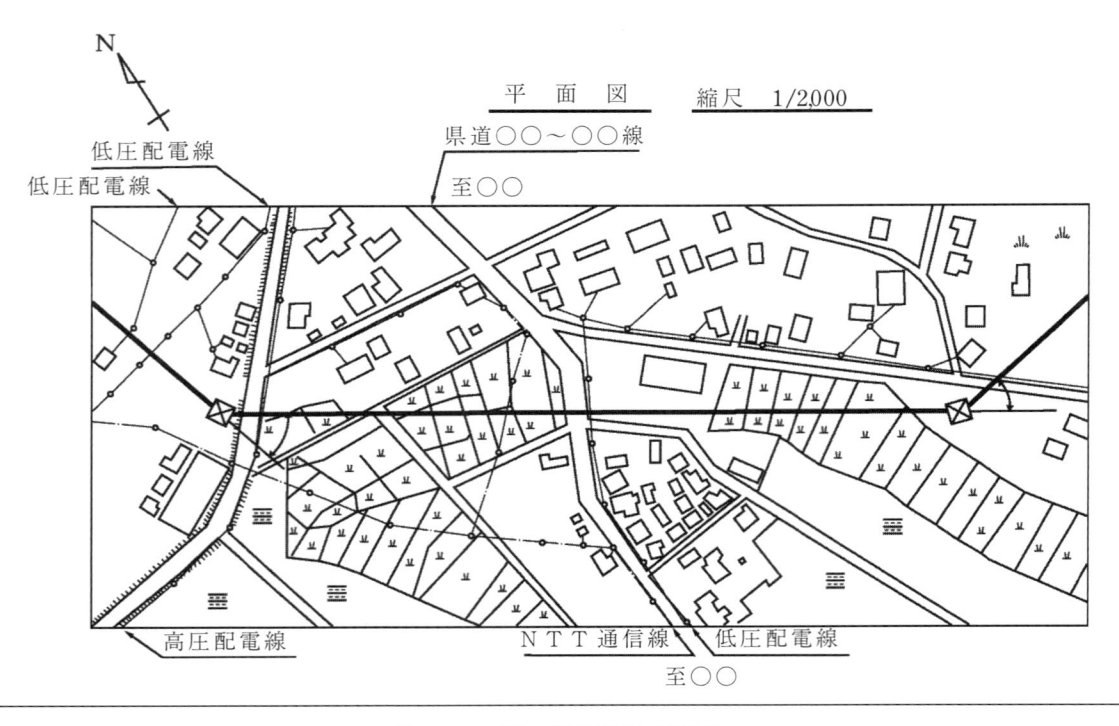

縦断図　　縮尺　縦 1/400
　　　　　　　　横 1/2,000

県道○○～○○線
交差角度 80°-50'

ACSR 410mm²×2（最下電線）

25.0m

16.6m

26.5m

FL-0.5

FL±0

鉄塔番号	No.26		No.27
径間および水平角度	271m　L 42°-15'	341m	L 42°-20'　234m
地盤高低差	0		+4.3m
鉄塔型	D+6.0		D+7.5
がいしつり型	＝＝		＝＝

平面図　　縮尺　1/2,000

低圧配電線
低圧配電線
県道○○～○○線
至○○

高圧配電線　　ＮＴＴ通信線　低圧配電線
至○○

第 10.2.2 図　道路横過申請図

側鉄塔と下記地点までの距離および高低差などを測定する。

河川，運河については，河川敷境界線堤防法尻，法肩（犬走りを含む），側溝，堤防付近の配電線，現在水位，左岸，右岸の堤防中心線と送電線路との交差角度など。

また海峡，港湾関係では，港湾水域の堤防，突堤，護岸など。

(3) 測量に際して次の事項を調査する。

河川，運河について，河川の名称，管理箇所，計画高水位，堤防の高さ，河川敷の境界，河川保全区域の範囲，基点からの距離，横過箇所の地名，船舶の航行する河川では航行する船舶の種類，高・低水位，最高潮位・最低潮位からの電線までの所要離隔距離などについて管理箇所で調査する。

海峡，港湾についても上記と同様，航行する船舶について調査する。

(4) 図面作成は下記により作成する。

(i) 横過箇所図は送電線路名，河川，運河および海峡，港湾名称，横過箇所の地名，縮尺を付記する。

(ii) 図示範囲は送電線路方向では交差径間の前後隣接径間の一部まで，直角方向では，中心線から左右各 100〜150m 程度とする。

(iii) 縦断図には横過箇所の前後鉄塔と最下電線を記入し，記入電線の支持点の高さ，種類，太さ等を付記する。

河川，運河の横過については，計画最高・最低水位，堤防上の電線の高さ，また海峡，港湾横過は略最高高潮位からの電線の高さ及び船舶航行可能高さを付記する。

(iv) 図面には，鉄塔番号，径間および水平角度，地盤高低差，鉄塔型，がいし吊り型等必要事項を記入する。

10.3 (1) 出願対象について

河川横過の出願は河川法適用，または準適用河川および特殊の運河，水路などが対象であり，関係箇所で河川の指定別（等級）について調査する。

海峡，港湾横過の出願は海上交通安全法の適用海域を横過するもの，また港湾法の適用を受ける港湾水域を横過するものが対象である。

10.3 (3) 測量調査について

河川堤防の要所には，距離杭などとともに，水準杭が設置されている。

送電線路中心線上の堤防法肩と近くの河川基準点との距離（河川沿いの実距離）および地盤高低差などを測定し，河川保全区域については，その範囲，河川区域，河川予定地などについても調査する。

河川敷の境界は現地に境界杭のあるものは，これによって実測できるが，ない場合には管理箇所で調査し，必要があれば現地立会し境界線を確認する。

水位，堤防高さなどは，TP（東京湾平均海面）を基準にされる場合が多いが，別の特殊基準面が使用される場合がある。その主なるものをあげると，第10.3.2図に示すとおりである。

10.3.1 鉄塔位置の制限について

鉄塔位置が河川に近接し，堤内地（堤防で守られている部分）に設置する場合，一般には堤防（計画堤防含む）法尻と鉄塔の基礎床板端との水平離隔距離 a が，根入れ深さ h の 2 倍以上必要となる。

この制限値は都道府県によって異なるので，河川管理箇所と打合せを要する。

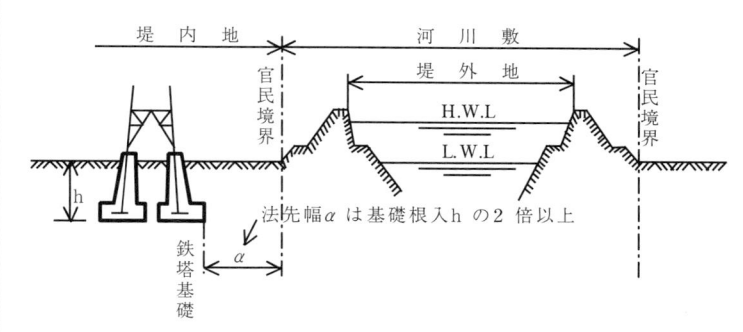

第 10.3.1 図　河川敷と鉄塔との水平離隔距離

この水平離隔距離が少ない場合は，接近箇所の平面および横断の拡大図を作成し，河川管理箇所と打合せる必要がある。

拡大図は上部に横断図，下部に平面図を記載し，堤防法尻線（官民境界）及び接近距離を記入する。拡大図の縮尺は 1/100〜1/300 程度とする。

10.3.2 海峡横過について

海峡横過送電線の海面上高さの決定要素として，航行船舶の高さ，電線の弛度，保安離隔（第10.3.1表参照）および海面の基準水位などがある。

電線弛度は連続許容温度時の弛度を記載する。ただし，海峡横過箇所では長径間となることが多く，クリープ伸び[※1]による垂下量が多大となるため，垂下量を考慮した弛度も合わせて記載する場合がある。

更に船舶との保安離隔を考慮した，船舶接近限界線を記載する。

海面の基準水位は航行可能最高水位として，略最高高潮面を電線高さの基準水位とする（第10.3.4図，10.3.5図参照）。また海面上の高さ，略最高高潮面，通航船舶の種類などについては，関係する海上保安部，海難防止協会などと事前協議して決定される（第

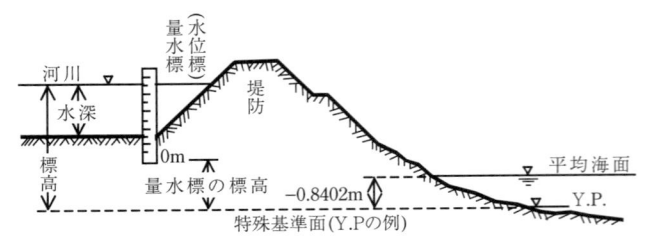

基準面の名称	利用している河川・港湾など	東京湾平均海面との関係
Y.P.	江戸川・利根川およびその支流	− 0.8402m
A.P.	荒川・中川・多摩川・東京都都市計画	− 1.1344
O.P.	淀川・大阪港	− 1.3000
K.P.	北上川	− 0.8745
S.P.	鳴瀬川・塩釜港	− 0.0873
A.P.	吉野川	− 0.8333
O.P.	雄物川	± 0
M.S.L.	木曽川	± 0

第 10.3.2 図　特殊基準面（例）

○○○線
○○川横過箇所図
○○県○○郡○○町地内
○○県○○郡○○町地内

縦　断　図　　縮尺　縦 1/400 / 横 1/2,000

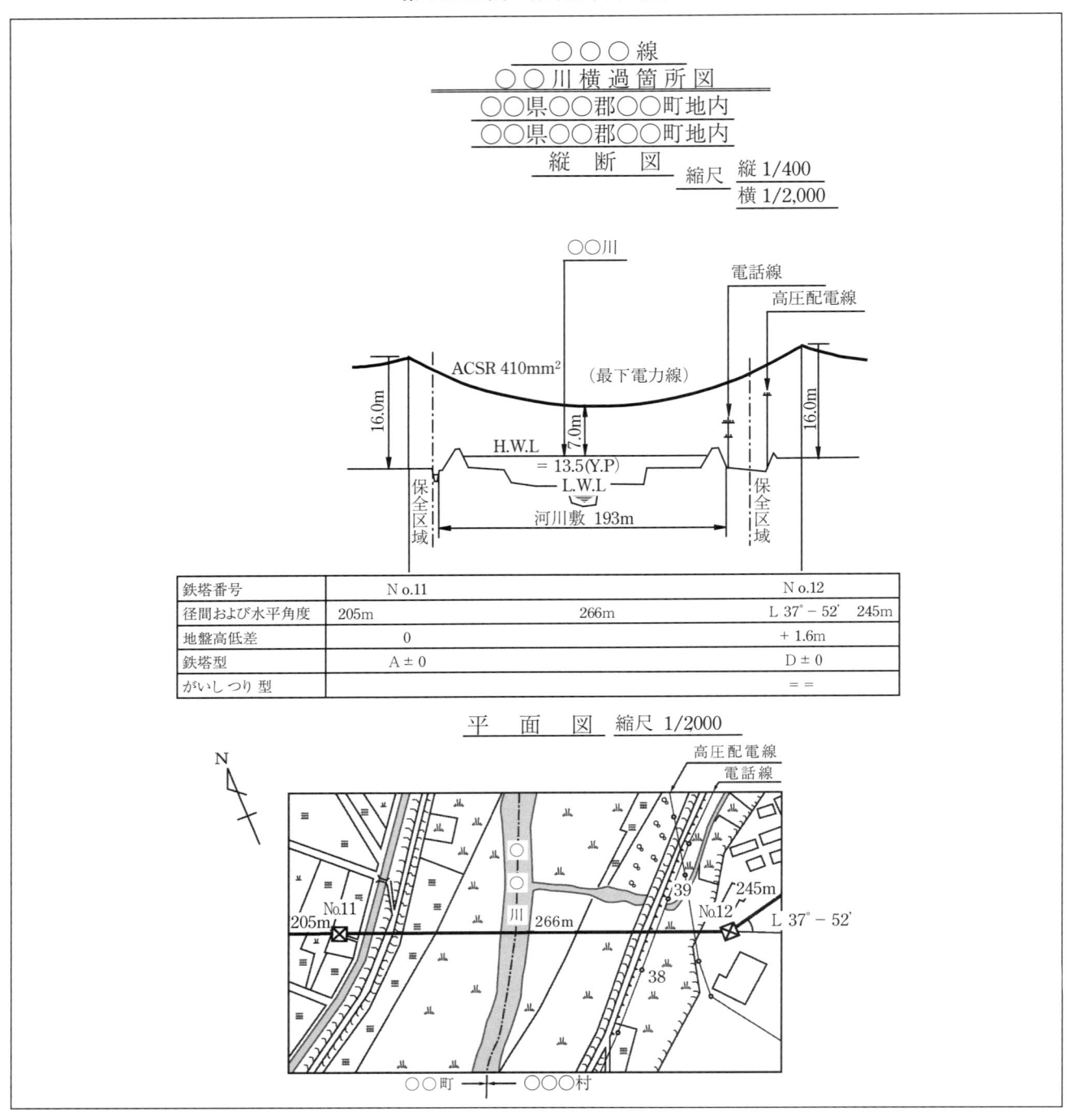

鉄塔番号	No.11		No.12
径間および水平角度	205m	266m	L 37°− 52'　245m
地盤高低差	0		＋ 1.6m
鉄塔型	A ± 0		D ± 0
がいしつり型			＝ ＝

平　面　図　縮尺 1/2000

第 10.3.3 図　河川横過申請図

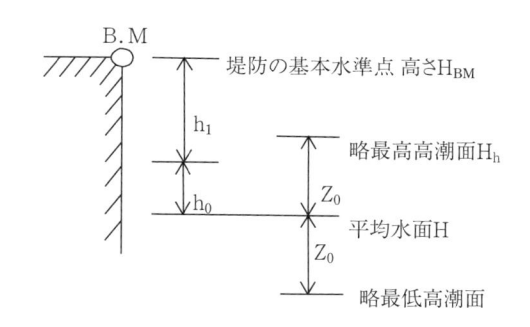

第10.3.4図 略最高高潮面算定図

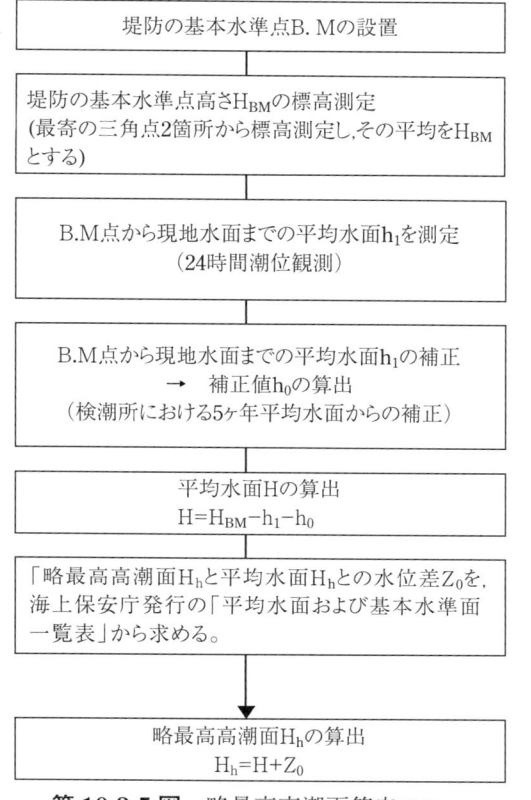

```
堤防の基本水準点B.Mの設置
　　　↓
堤防の基本水準点高さH_BMの標高測定
(最寄の三角点2箇所から標高測定し,その平均をH_BMとする)
　　　↓
B.M点から現地水面までの平均水面h₁を測定
(24時間潮位観測)
　　　↓
B.M点から現地水面までの平均水面h₁の補正
→ 補正値h₀の算出
(検潮所における5ヶ年平均水面からの補正)
　　　↓
平均水面Hの算出
H=H_BM-h₁-h₀
　　　↓
「略最高高潮面H_hと平均水面H_hとの水位差Z₀を,海上保安庁発行の「平均水面および基本水準面一覧表」から求める。
　　　↓
略最高高潮面H_hの算出
H_h=H+Z₀
```

第10.3.5図 略最高高潮面算定フロー

10.3.2表参照)。

略最高高潮面から船舶接近限界線までの最低高が海図に記載されることになるため、保安距離の記載漏れのないよう注意する(第10.3.6図参照)。

※1 電線は架線してのち、数十年の間に風圧、気温、日射等気象条件の繰返し変化を受け、半永久伸びを生じ、僅かではあるが電線実長が増加し、弛度も増加する。

第10.3.1表 保安離隔距離

使 用 電 圧	保安離隔距離
66kV	2.12m 以上
77kV	2.24m 以上
110kV	2.60m 以上
154kV	3.20m 以上
187kV	3.56m 以上
220kV	3.96m 以上
275kV	4.64m 以上
500kV	7.28m 以上

10.4 鉄道軌道横過箇所

(1) 鉄道軌道箇所の出願は原則として、鉄道事業法ならびに軌道法により敷設された線路を送電線が横過する場合や2次接近状態となる場合である。

(2) 鉄道、軌道横過径間の両側の鉄塔と下記地点までの距離及び高低差を測定する。

鉄道軌道用地、境界線、築堤または切取の法尻、法肩(施工基面)、軌道床、最外側軌道の外側面、付帯電線路等までの水平距離と地盤高低差、横過鉄道軌道の用地幅、付帯電線路等との交差角度など。

(3) 測量に際して次の事項を調査する。

鉄道軌道の名称、管理箇所基点からの「キロ」程、横過地点の線路計画(電化、複々線化、高架化)、用地境界、隣接駅名、横過箇所の地名、付帯電線路の種別名称、支持物番号、電線の種別、太さ、条数等。

鉄道又は軌道が送電線と2次接近状態にある場合は、2次接近状態の長さを詳細に測量し平面図へ記載する(「基本ルートの選定 3.7.3 工作物などの横過箇所の検討」を参照)。

(4) 図面作成の注意事項
図面は下記により作成する。
(i) 横過箇所の縮尺は平面図1/2 000,縦断図縦1/400・横1/2 000を基本とする。

第10.3.2表 電線海面高決定表(例)

航行船舶最上高さ				決 定 値				管理機関
現地調査		将来計画		船舶高さ等	電線の所要海面高	設計海面高	海図記載値(航行可能高さ)	
種類・総トン数	最上高さ(m)	種類・総トン数	最上高さ(m)					
貨物船　2 071t	25.0	貨物船　2 000t級	25.0	38.5 m	48 m 船の高さ 38.5m 保安距離7.3m クリープによる垂下量1.5m = 47.3m	48 m	39 m	熊本県土木部港湾課 (合津港,阿村港,柳港) 松島町 (合津港,阿村港) 大矢野町 (柳港)
フェリー　2 165t	23.0	フェリー　1 000t級	25.0					
漁船　　　2 165t	14.0	漁船　　200t級	18.0					
起重機船　482t	34.5	起重機船	27.0					
浚渫船　1,483t	38.0	杭打船	20.0					
杭打船　　301t	20.0	地盤改良船	38.5					

○○○○線
○○○海峡横過箇所図
○○県○○郡○○町地内

縦 断 図

縮尺 縦 1/400
　　 横 1/2,000

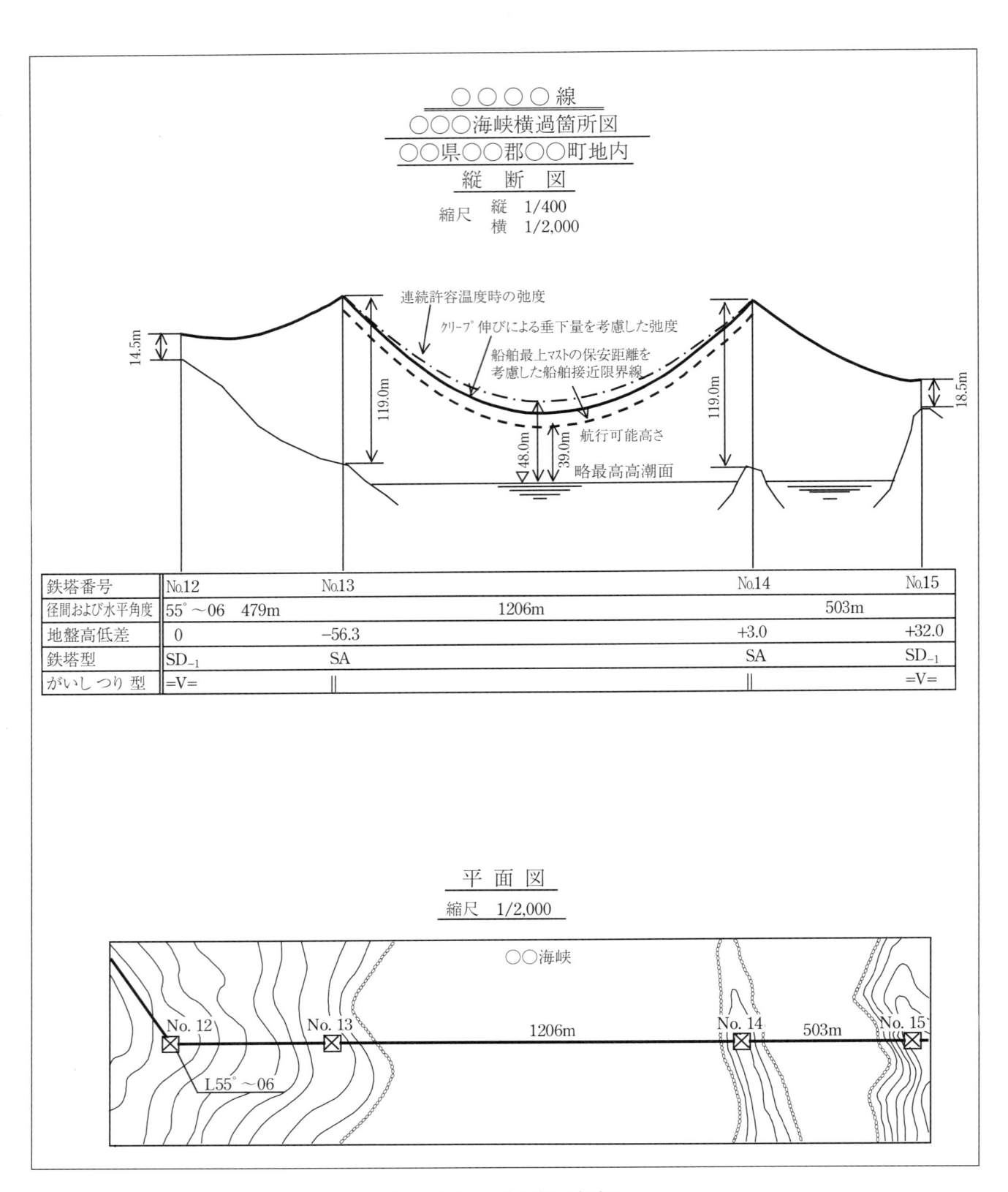

図中注記：
- 連続許容温度時の弛度
- クリープ伸びによる垂下量を考慮した弛度
- 船舶最上マストの保安距離を考慮した船舶接近限界線
- 航行可能高さ
- 略最高高潮面

寸法：14.5m、119.0m、48.0m、39.0m、119.0m、18.5m

鉄塔番号	No.12	No.13	No.14	No.15
径間および水平角度	55°〜06　479m	1206m	503m	
地盤高低差	0	−56.3	+3.0	+32.0
鉄塔型	SD₋₁	SA	SA	SD₋₁
がいしつり型	=V=	‖	‖	=V=

平 面 図

縮尺 1/2,000

○○海峡

No.12　L55°〜06　No.13　1206m　No.14　503m　No.15

第10.3.6図　海峡横過申請図

(ii) 図示範囲は送電線路方向では，交差径間の前後隣接径間の一部まで，直角方向では，中心線から左右各100～150m程度とする。
(iii) 縦断図には横過箇所の前後鉄塔と最下電線を記入し，電線支持点の高さ，種類，太さならびに横過鉄道軌道の軌条面上の高さを付記する。

10.4 鉄道軌道横過箇所について

送電線路の最下電線の軌道面上からの高さは，電技第116条の制限によるほか，鉄道電化などを考慮する必要がある。

電車線などは，送電線路との交差位置に支持物がない場合が多いが，縦断図には，交差位置に近い支持物の装柱を表わし，これに交差点の電線など実測の高さを記入する。

横過箇所図には，鉄道軌道の起点からのキロ程を記載するが，複線の場合は下り線側のレールの中心がキロ測定の測点である。

なお，基点からのキロを示す標識は軌道のわきに100mごとに設置されているから，この標識から横過地点までの距離を測定しキロ程を求める（第10.4.1図参照）。

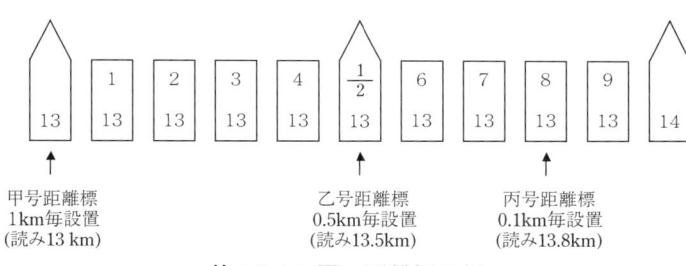

| 13 | 1/13 | 2/13 | 3/13 | 4/13 | 1/2 / 13 | 6/13 | 7/13 | 8/13 | 9/13 | 14 |

甲号距離標
1km毎設置
(読み13km)

乙号距離標
0.5km毎設置
(読み13.5km)

丙号距離標
0.1km毎設置
(読み13.8km)

第10.4.1図 距離標の例

第10.4.2図 距離標の例
（丙種距離標　起点より64.3km）

10.5 特別高圧架空電線路横過箇所

(1) 既存の特別高圧架空電線路を横過する場合は，電線相互の離隔距離を確保することは言うまでもなく，架線作業および保守作業時に安全に作業が行えるような距離を確保することも念頭において調査を行うことが必要である。

(2) 下記地点の特別高圧架空電線路横過径間の両側鉄塔および電線との関係位置を測定する。

他送電線路の位置及び支持点高低差，各架渉線の交差点における地盤上の高さ，中心線との交差角度など。

(3) 横過接近する特別高圧間の離隔距離は，電技に決められた離隔以上とし，また相互の電線横振れに対しても十分に安全離隔距離を保つようにする。

(4) 測量に際して次の事項を調査する。

他送電線路の名称，管理箇所，将来計画（建替，増強）の有無，両側の支持物番号，種類，形状，がいしの種類・吊型，1連の個数，電圧，架渉線の種類，太さ，条数，配列，横過箇所の地名等。

(5) 図面作成の注意事項

図面は下記により作成する。

(i) 横過箇所図の縮尺は平面図1/2,000，縦断図縦1/400・横1/2 000を基本とする。
(ii) 図示範囲は測量送電線路方向では交差径間の隣接径間の一部まで，直角方向では中心線から左右各100～150m程度とする。
(iii) 縦断図には横過箇所の前後鉄塔と最下電線（下越の場合は，地線および最上電線）を記入し，その支持点の高さ，種類，太さ，他特高の地線および電線との垂直最小間隔を付記する。

10.5 (1) 関係位置の測量について

測量を行う場合は，まず新設および他送電線路の交差径間両側の鉄塔位置を実測し，相互の位置関係を明確にする。

次に各送電線路中心の交差地点に杭を打設し，各鉄塔から交差点までの距離を測量する。この際，建設工事時の鉄塔型防護設備等を建設可能であるか交差点周辺の地形を調査しておくことも必要である。

さらに，他送電線路の鉄塔据付角度，支持点高さ，弛度，径間長については必ず現地で観測を行う。

10.5 (2) 離隔距離について

特別高圧架空送電線路相互間の離隔距離は「電技解釈第128条」参照のこと。

離隔の検討方法については，「6.10.2 (5)(ii)他線路の横過箇所」項を参照のこと。

○○○線
○○線横過箇所図
○○県○○郡○○町地内

縮尺 縦 1/400 / 横 1/2,000

縦断図

- 20.5m
- FL±0
- ACSR 410mm²×2（最下電線）
- L
- JR通信線I151～I152間 24cct 2.6mm Cu 交差角度83°-03'
- 高圧線
- JR○○○線 交差角度83°-40'
- き電線
- 11.5m, 8.6m, 9.0m, 17.5m
- 10.4m, 10.4m, 9.5m
- 27m 敷地幅
- FL±0

鉄塔番号	No.87		No.88
径間および水平角度	340m L 6°-16'	327m	L 14°-47' 350m
地盤高低差	0		-29.19
鉄塔型	B+1.5		C-1.5
がいしつり型	＝＝		＝＝

平面図　縮尺 1/2,000

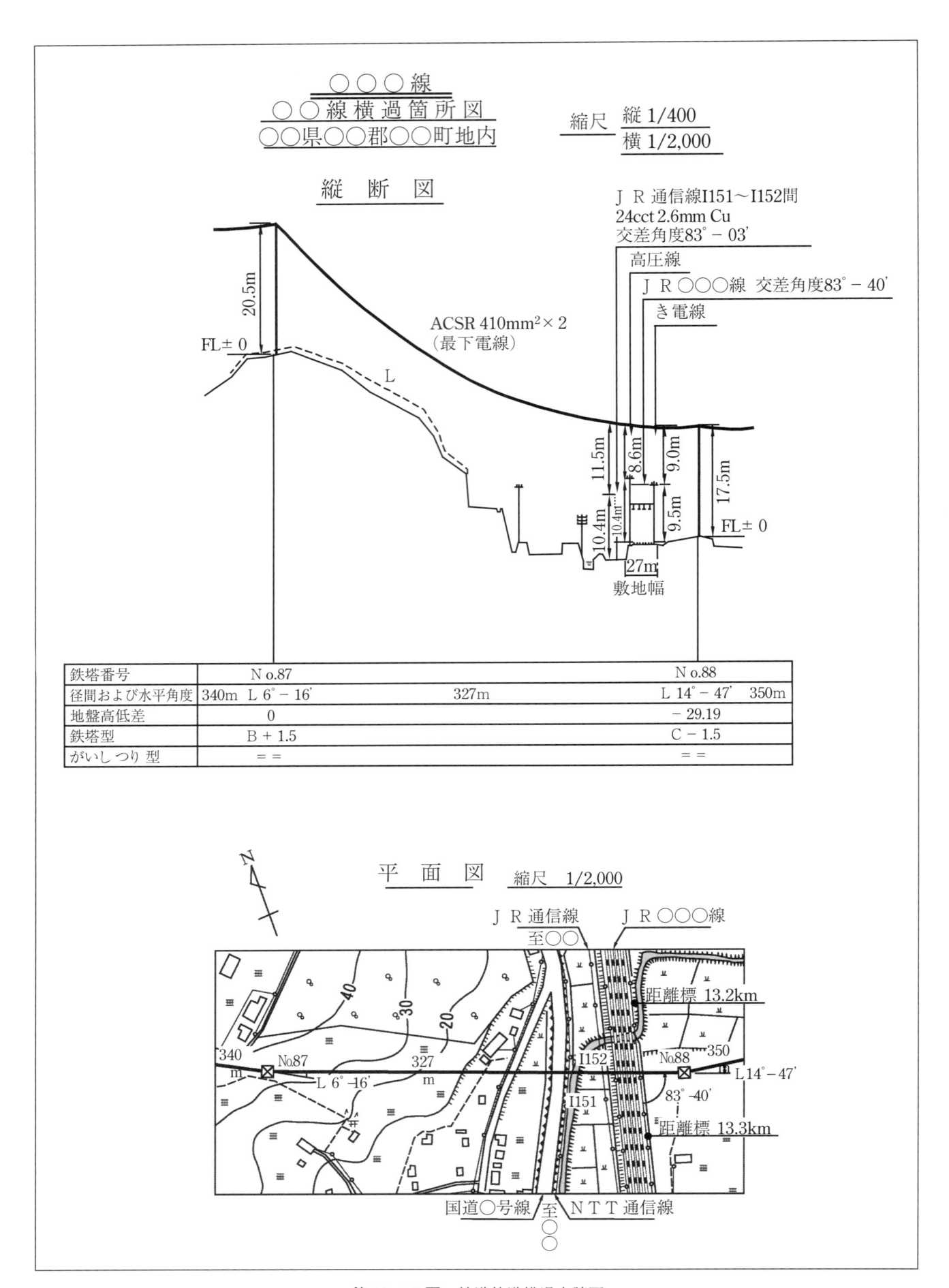

- JR通信線　JR○○○線
- 至○○
- 距離標 13.2km
- No.87　340m　327m　I152　No.88 350m
- L 6°-16'　I151　L 14°-47'　83°-40'
- 距離標 13.3km
- 国道○号線／至○○　NTT通信線

第10.4.3図　鉄道軌道横過申請図

10.5 (3) 将来計画の調査について

将来の建替，増強計画は最近の傾向として，多回線化が進められているのが実情で，多回線は高鉄塔になるので，横過地点が限定される場合が多い。よって将来計画の有無について協議時に再確認する必要がある。

10.5 (4) 図面作成について

送電線路の架渉線は，上空を横過する送電線路の電力線の弛度は連続許容温度時とし，下方を横過する送電線路の架空地線の高さは最低温度時の弛度で，縦断図に図示する。

横過の他送電線路は，その中心線を縦断図上に単線で記入し，両特高架渉線間の垂直距離が最小となる点を●印等で図示し，その離隔距離および他送電線路架渉線の地上高を付記する（第10.5.1図参照）。

10.6 国公有林，自然公園などの横過箇所

(1) 国有林・公有林を横過する場合は，その横過願・樹木伐採願・鉄塔敷貸付願に必要な平面図，求積図，求積表などの作成のために測量する。
(2) 自然公園，自然環境保全地域内を横過する場合は，その横過に対する横過願，樹木伐採願などの作成に必要な測量を実施する。
(3) 測量に際しては次の事項を調査する。

国公有林，保安林等の名称ならびに，その範囲，横過箇所の地名，管理箇所，国立公園，国定公園，県立自然公園等の名称，公園の種別および地域，地区種別，制限範囲。

10.6.1 国公有林などの横過箇所について

この測量は主として出願用の図面を作成するためのものであるが，必要な図面の種類や，その縮尺，測量範囲などが各管理箇所によって異なるので，あらかじめ管理箇所と十分打合せ，不備のないように注意する。

10.6.1 (1) 国有林の貸付について

国有林における土地貸付は，一時貸付と永久貸付に区分される。

一時貸付とは資材置場，工事用地，索道工事に使用する範囲である。

永久貸付とは送電線路が設備存続期間占有する範囲であり，種別は下記のとおりである。

(i) 山林における永久貸付

林木育成上の支障有無により，使用面積A・Bに区分されている。

使用面積Aとは，林木育成上の支障をきたす範囲であり，現在又は将来のいかんを問わず保安伐採などにより，樹木の育成に影響を与える範囲をさし，離隔不足となりやすい中間尾根などが該当する。

その貸付幅は，最外線幅に，第10.6.1表の電圧別水平距離を左右に加えた幅となる。

第10.6.1表　永久貸付　使用面積Aの水平距離

	60kV以下	66 kV	77 kV	110 kV	154 kV	187 kV	220 kV	275 kV	500 kV
水平距離(m)	2.0	2.12	2.24	2.6	3.2	3.56	3.92	4.64	7.28

ただし，中間尾根などにおいて横振れおよび樹木倒木範囲が，第10.6.1表の貸付幅を超過する場合は，部分的に貸付範囲を増やす必要がある。

また，鉄塔周囲においては，上記の水平距離を確保する必要があるとともに，敷地保全範囲も含め使用面積Aとする。

次に使用面積Bとは，林木育成上の支障をきたさない範囲であり，送電線下などにおいて将来に亘って保安伐採など樹木育成に影響を与えない範囲をさす。

その貸付幅は，最外線幅に水平距離2mを左右に加えた幅となる。

線下（山林）の場合

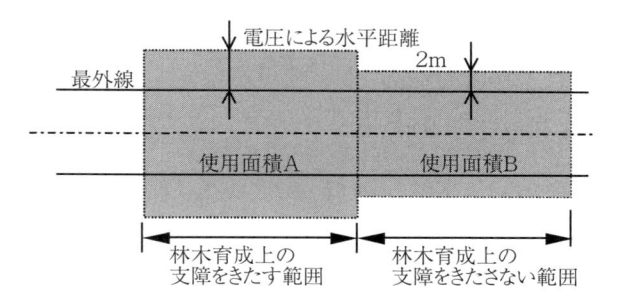

鉄塔敷地の場合

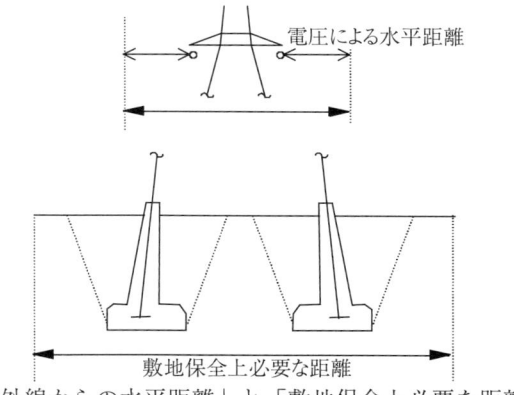

「最外線からの水平距離」と「敷地保全上必要な距離」のうち広い方を使用面積Aとして貸付を受ける。

第10.6.1図　永久貸付　使用面積

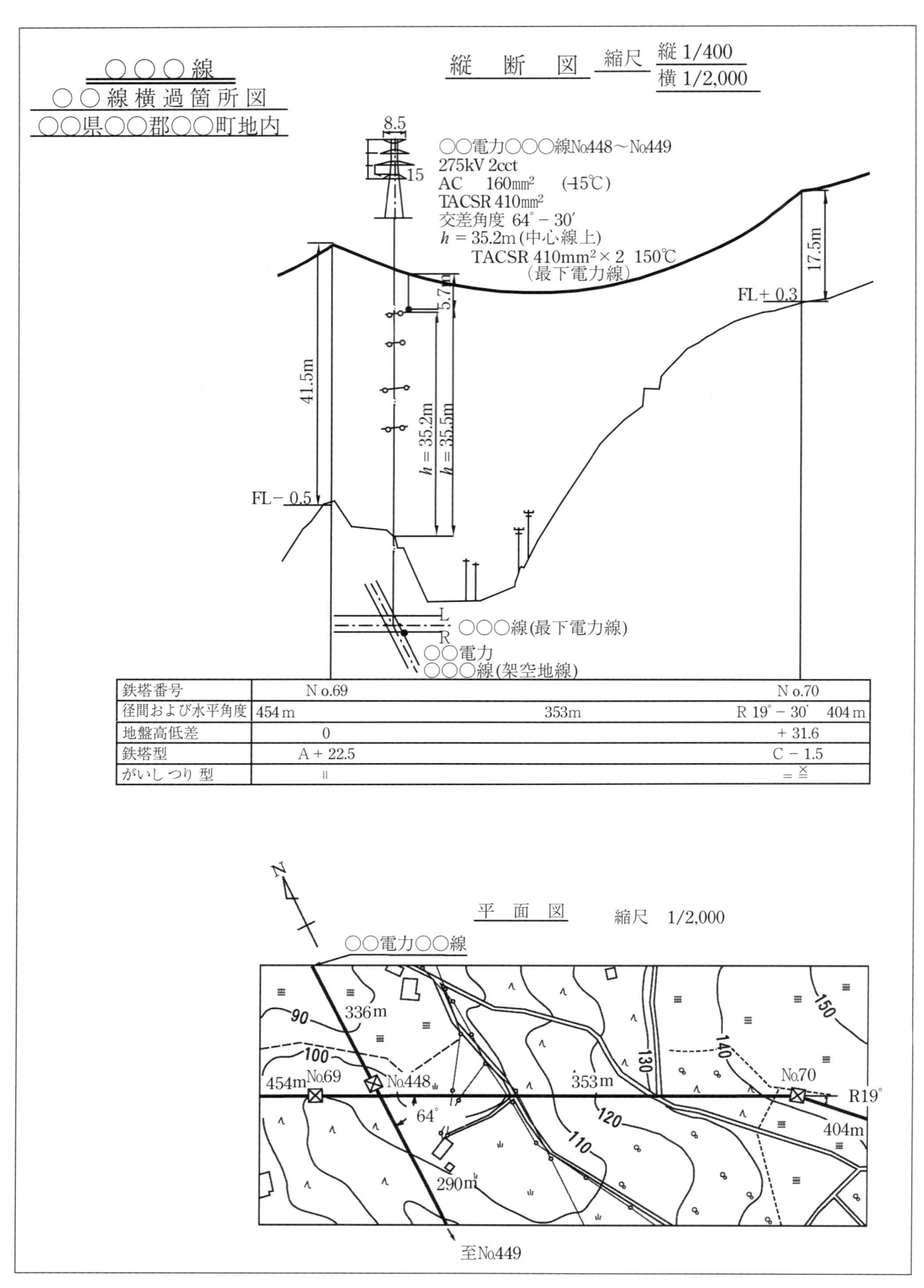

第 10.5.1 図　特別高圧架空電線路横過申請図

ただし，建設時点で使用面積Bであった範囲において，その後新たに保安伐採を実施する場合は，使用面積Aとして貸付変更を行う必要がある。

(ii) 山林以外の永久貸付

貸付幅は，最外線幅に水平距離3mを左右に加えた幅となる。

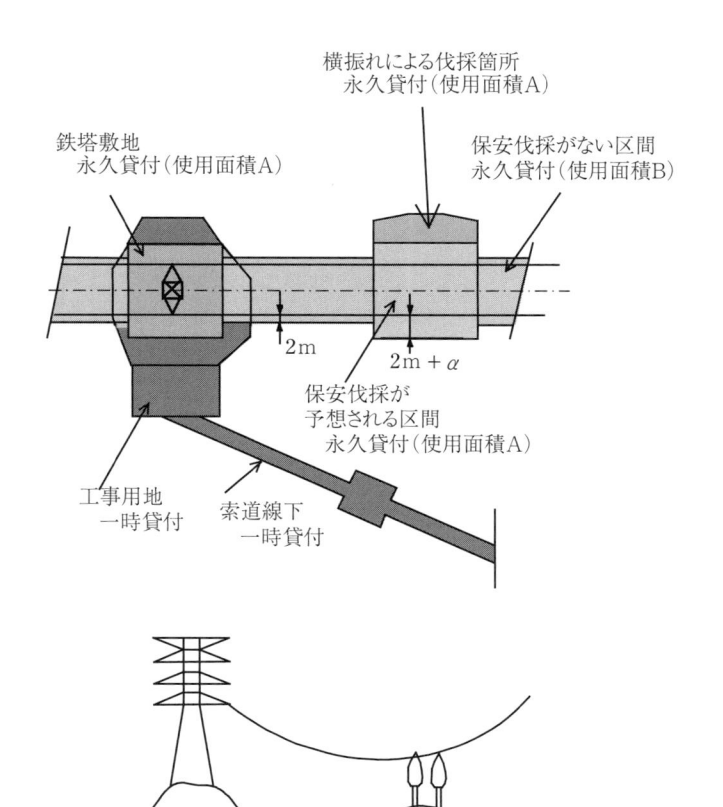

第10.6.2図　国有林　貸付箇所の分類

10.6.1（2）国有林貸付面積の求積について

求積は林班別，使用面積別に分け算出することになるので，林班の境界線を現地並びに管理箇所と測量前に十分打合せ不備のないようにする。求積に必要な測量は等高線その他の地形に関する測量は不要である。

求積はヘクタールを単位とし，少数点以下4位に止め，端数は切り捨てるものとする。

森林管理署の林班図の図形が実測結果と相違する場合は森林管理署と協議し，その指示に従うこと。

永久貸付範囲の外周の角度点には小杭を設置し貸付範囲を明確にする。

10.6.2　自然公園などについて

自然公園，自然環境保全地域内横過箇所の出願図は平面図および縦断図が必要である。

平面図及び縦断図には特別地域，普通地域の範囲ならびに，鉄塔敷，工事用地の伐採範囲を区分する。

求積は特別地域，普通地域に区分し，さらに用途別に鉄塔敷，工事用地，索道，工事用仮設道路等に分けて求積する。求積に必要な測量は等高線その他地形に関する測量は不要である。

また，自然公園内の横過に関しては，事前に関係箇所と十分に協議を実施する必要がある。

10.7　通信線電磁誘導障害
10.7.1　電磁誘導電圧計算の事前調査

送電線路の新設・変更に際し，地絡故障による地絡電流によって，近接する通信線に発生する誘導電圧を算出し，事前に通信線管理者と協議を行う必要がある。

電磁誘導電圧の計算に当たっては事前に送電線路に近接する通信線の実態について調査する。調査の方法は送電線路中心からの垂直投影距離が5km以内の通信線を対象にして，現地およびその通信線の管理者の資料にもとづく。

10.7.1　電磁誘導電圧計算の事前調査について

事前調査の実施事項は下記のとおりである。
(1) 事前調査の内容および目的
(i) 通信線の管理者名および所在地
(ii) 通信線のルート

国土地理院発行の地形図または，転記および受領した管理者所有の管理図に，通信線ルート，電話局の位置，中継所の位置などを記入する。

(iii) 通信線の名称，区間，系統
(iv) 通信線の種類

線種（ワイヤーとケーブルの区別，ケーブルの場合は遮蔽層の有無）および地中管路の種類。

(v) 通信線の布設方式

布設方式において遮蔽設備の有無など誘導軽減対策に影響のある事項。

10.7.2　電磁誘導電圧の計算式

電磁誘導電圧は，送電線路の地絡故障による地絡電流によって，近接する通信線に発生する誘導電圧で，その値は送電線路と通信線との関係位置から計算する。

電磁誘導電圧の計算方法は「電気学会誘導調整委員会報告書（昭和38年6月）」に示された誘導調整基準に基づき，竹内式あるいは深尾式を用いて計算する。

ただし，通信線管理者との協議などにより現在では竹内式による計算が広く採用されているが，さらに精密計算を必要とする場合には，カーソンポラチェック（Carson-Pollaczek）式を使用することもある。
（付録5.3 電磁誘導電圧計算を参照）

10.7.3 電磁誘導電圧計算結果の取りまとめ

電磁誘導電圧の計算結果は，官公庁に対する届出および通信線管理者との協議用に使用するため電磁誘導電圧計算書を作成する。
計算書の作成様式は提出先によって若干の相違があるので，定められた様式で作成する。

10.7.3 電磁誘導電圧計算結果の取りまとめについて

電磁誘導電圧計算書を作成する事項は一般的に次のとおりである。
（1） 計算式
　計算に用いた計算式名を記載する。
（2） 送電線，通信線の経過地図
　国土地理院発行の地形図または，管理者所有の管理図に送電線と通信線の関係位置を記入する。
　また，国土地理院発行の地図を使用する場合は，測量法第29条に基づく「測量成果の複製承認申請」又は測量法第30条に基づく「測量成果の使用承認申請」が必要となるため，事前に申請手続きを行っておく。
（3） 送電系統図
（4） 起誘導電流分布図
　計算の対象である起誘導送電系統の起誘導電流分布図
（5） 電磁誘導電圧計算書
　電磁誘導電圧一覧表，離隔距離図，計算表などの計算結果をとりまとめ作成する。

10.7.4 電磁誘導電圧軽減対策設計書の作成

通信線に生ずる電磁誘導電圧の計算結果が制限値を超過する場合には，最も経済的な対策案を検討して，対策設計書として取りまとめる。

10.7.4 電磁誘導電圧軽減対策設計書の作成について

（1） 電磁誘導電圧の制限値
　通信線に生ず電磁誘導電圧の制限値は，通信線管理者と協定されている場合にはその値とするが，その他の場合は第10.7.1表の値が一般に用いられている。

第10.7.1表　電磁誘導電圧の制限値（推奨値）

送電線路の種類	通信線	推奨制限電圧	備考
故障電流が0.06秒以内に除去されるように維持された送電線	通信事業者の承諾を得た通信線	650V以下	屋外作業において通信作業者の胴体の接触部が誘導電流の経路とならないように設備上の対策を実施する。
使用電圧が100kV以上で故障電流が0.1秒以内に除去される送電線	通信事業者，鉄道および有線放送などの通信線	430V以下	
	電力用保安通信線および管理者の承諾を得た通信線	650V以下	
上記以外の送電線	通信事業者，鉄道および有線放送などの通信線	300V以下	
	電力用保安通信線および管理者の承諾を得た通信線	430V以下	

（2） 電磁誘導電圧軽減対策方法の例
　一般に実施されている電磁誘導電圧軽減対策方法は下記のとおりである。
（i） アルミ被誘導遮蔽ケーブルへ張替による対策
（ii） 架空通信線の地中化による対策
（iii） 管路等の変更により，遮蔽効果向上による対策
（iv） 高圧・誘導遮蔽線輪または誘導抑圧線輪による対策
　通信線が裸線やRDワイヤーなどの場合には高圧誘導遮蔽線輪，または誘導抑圧線輪を通信線に直列に接続することにより電磁誘導電圧を軽減することができる。
（v） 通信線のルート変更による対策
（vi） 通信線の回線切替による対策
　通信線管理者の既設ケーブルを使用して被誘導区間を迂回する回線構成が可能な場合には，管理者と協議して回線切替をすることにより，電磁誘導電圧を軽減できる。
（vii） 通信線のアレスタ取付けによる対策
　電磁誘導電圧対策用アレスタ（通信用とは規格が異なる）の取付けに管理者の了承が得られた場合は，これにより誘導電圧を抑圧できる。
（viii） 遮蔽線の新設および遮蔽設備接地抵抗の低減による対策
　送電線または通信線の支持物に電気抵抗の低い電線を張り（送電線の場合は地線，通信線の場合は遮蔽線）または既設遮蔽設備の接地抵抗を低減することにより電磁誘導電圧を軽減することができる。
（ix） 通信線（メタリック線）の光ファイバーケーブルへの切替による対策

(x) 上記各項目の組合せによる対策

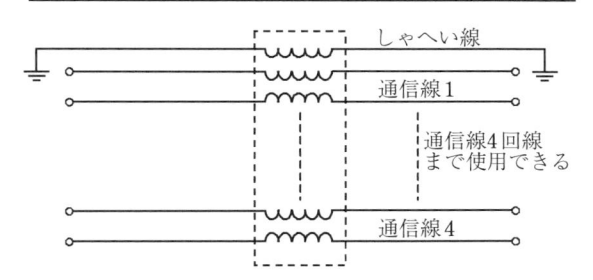

第 10.7.1 図 高圧誘導遮蔽線輪接続例

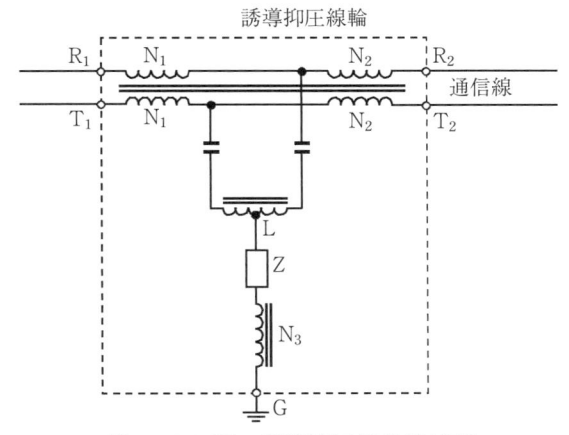

第 10.7.2 図 誘導抑圧線輪接続例

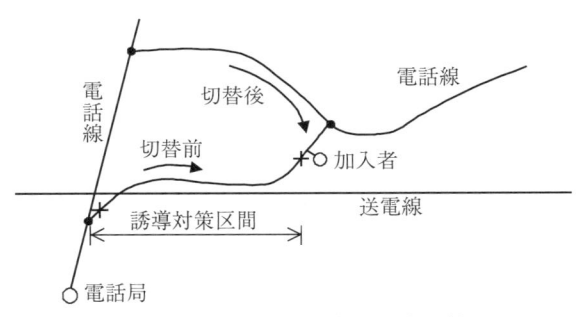

第 10.7.3 図 通信線の回線切替

10.8 通信線静電誘導障害
10.8.1 静電誘導電流計算の事前調査測量

送電線路の新設・変更に際し、近接通信線に与える常時静電誘導作用により発生する誘導電流を算出し、事前に通信線管理者と協議を行う必要がある。

静電誘導電流の計算に当たっては、事前に送電線路に近接する通信線の実態を下記により調査する。
(1) 近接する通信線と送電線路との関係位置の測量。
(2) 通信線管理者の資料による通信線系統、形態の調査。

(3) 調査測量の範囲は送電線路の電圧によって第10.8.1表 (電技省令第 27 条,解釈第 102 条による) の離隔距離以内の通信線とする。

第 10.8.1 表 静電誘導電流計算の範囲

送 電 線 路 電 圧	送電線路と通信線の離隔距離
25kV 以下	60m 以内
25kV を超え 35kV 以下	100m 以内
35kV を超え 50kV 以下	150m 以内
50kV を超え 60kV 以下	180m 以内
60kV を超え 70kV 以下	200m 以内
70kV を超え 80kV 以下	250m 以内
80kV を超え 120kV 以下	350m 以内
120kV を超え 160V 以下	450m 以内
160kV を超えるもの	500m 以内

10.8.1 静電誘導電流計算の事前調査測量について
(1) 事前調査の実施事項は「10.7.1 電磁誘導電圧計算の事前調査」を参考に行う。
(2) 静電誘導関係の測量は送電線路と交差、または、近接する架空通信線との離隔距離をトータルステーション、電子平板などを使用して実施する。

10.8.2 静電誘導電流の計算式
静電誘導電流は送電線路から近接通信線に与える相互の静電結合容量と送電線電圧によって計算する。送電線路電圧が 15kV 以上の場合の静電誘導電流計算は電技解釈第 102 条に示されている計算式によることが一般的である (付録 5.4 静電誘導電流計算を参照)。

10.8.3 静電誘導電流計算結果の取りまとめ
静電誘導電流の計算結果は、官公庁に対する届出および通信線管理者との協議用に使用するための静電誘導電流計算書を作成する。計算書の作成様式は提出先によって若干の相違があるので定められた様式で作成する。

10.8.3 静電誘導電流計算結果の取りまとめについて
静電誘導電流計算書を作成する事項は一般的に次のとおりである。
(1) 計算式
計算に用いた計算式を記載する。
(2) 送電線、通信線経過地図
国土地理院発行の地形図、または管理者の管理地図に送電線と導通信線の関係位置を記入する。
また、国土地理院発行の地図を使用する場合は、

測量法第29条に基づく「測量成果の複製承認申請」又は測量法第30条に基づく「測量成果の使用承認申請」が必要となるため，事前に申請手続きを行っておく。

(3) 静電誘導電流計算書

送電線と通信線の離隔距離図，計算表などの計算結果を作成する。

(4) 静電誘導電流一覧表

静電誘導電流計算結果を一覧表として作成する。

10.8.4 静電誘導電流軽減対策設計書の作成

通信線に生ずる静電誘導電流の計算結果が，制限値を超過する場合には，最も経済的な対策案を検討して，対策設計書として取りまとめる。

10.8.4 静電誘導電流軽減対策設計書の作成について

(1) 静電誘導電流の制限値

通信線に生ずる静電誘導電流の制限値は，電技解釈第102条により第10.8.2表のように定められている。

第10.8.2表 静電誘導電流の制限値

送電線路電圧	通信線亘長	静電誘導電流制限値
15kVを超え60kV以下	12kmごと	$2\mu A$
60kV超過	40kmごと	$3\mu A$

(2) 静電誘導電流軽減対策方法の例

一般に実施されている静電誘導電流軽減対策方法は，下記のとおりである。

(i) 遮蔽層のある通信ケーブルへ張替による対策

(ii) 遮蔽線新設による対策

送電線または通信線の支持物に電気抵抗の低い電線を張り(送電線の場合は地線，通信線の場合は遮蔽線)接地することにより静電誘導電流を軽減できる。

(iii) 通信線ルート変更による対策

(iv) 通信線の回線切替による対策

通信線管理者の既設ケーブルを使用して被誘導区間を迂回した回線構成が可能な場合には，管理者と協議して回線切替をすることにより，静電誘導電流を軽減できる。

(v) 通信線（メタリック線）の光ファイバーケーブルへの切替による対策

(vi) 上記各項目の組合せによる対策

10.9 マイクロ波通信回線障害

10.9.1 マイクロ波通信回線の障害調査

マイクロ波通信回線障害とは，送電鉄塔や電線等の構造物が電波通路内に入ることにより，回線障害が発生することであり，その障害状況を調査検討する必要がある。

この場合のマイクロ波とは，固定無線のうち電波法第102条2「伝搬障害防止区域の指定」により保護される890MHz以上の周波数の通信回線を指す。

なお，指定外の回線についても相手方免許人との協議により，鉄塔位置及び高さを変更する場合があるため，障害調査検討を実施する。

10.9.1 マイクロ波通信回線の障害調査について

伝搬障害防止区域において地表高31mを超える高層建築物（送電鉄塔を含む）を建設する場合は，鉄塔の位置，高さ，形状，構造及び主要材料などを書面にて，総務大臣に届出を行う（提出は各地域を担当する総合通信局，沖縄の場合は沖縄総合通信事務所）。

また，マイクロ波通信回線については，セキュリティーの問題から一般に公開していない場合が多く，指定区域以外の場所においても既存の無線回線へ障害を発生させることが懸念される場合は，各無線免許人との協議が必要となることから，建設送電線路全域に亘って調査を実施する必要がある。

調査の手順は，下記により行うのが一般的である。

(1) 総合通信局，都道府県や市町村での縦覧

伝搬路障害防止区域については総合通信局，都道府県や市町村で位置図を縦覧でき，障害防止区域位置・免許人名を確認することができる。

指定区域図は1年ごとに更新されるため，送電線の調査実施前及び建設前に調査を実施する必要がある。

ただし，縦覧においては固定局の詳細位置が不明であったり，障害防止区域に指定されていない回線については開示されていないため，各免許人へ確認する必要がある。

(2) 免許人への確認調査

障害防止区域指定回線の所有免許人及び，回線を所有している可能性のある下記の免許人などへ個別に確認する。

回線を所有している免許人の例

(i) 官公庁（国土交通省，自衛隊，海上保安庁等）

(ii) 都道府県，市町村

(iii) 通信事業者（固定電話，携帯電話等）

(iv) 放送事業者（テレビ，ラジオ）

(v) 電力事業者　等

(3) 現地確認

送電線建設箇所周辺について，アンテナ・反射板の有無を現地で確認する。

(4) マイクロ波通信回線の調査項目

各免許人の免許状の閲覧等により，下記項目について調査し，送電線との離隔検討資料とする。

また，免許人によって計算手法が異なる場合があるため，閲覧時点で検討方法を打合せておく。

(ⅰ) 無線局（反射板）名称及び回線名
(ⅱ) 無線局（反射板）の設置場所
　　アンテナの緯度経度，海抜高
　　緯度経度については測地系(Tokyo又はITRF)に注意する。
(ⅲ) 回線周波数
(ⅳ) 計画中の無線局，回線
(ⅴ) 可能であれば無線系統図のコピー等を受領する。

(5) 検討上の誤差

免許状の緯度経度は1秒単位の記載であり，位置として30m程度の誤差を含んでいる，また免許状の位置及び標高を5万分の1地形図から算出している免許人もいるため，検討時には十分注意する。

10.9.2　マイクロ波通信回線の障害検討

マイクロ波通信回線への障害については，アンテナの近傍域には鉄塔などの構造物を設置しないことを原則とするが，その他の区域については送電線がマイクロ通信回線へ及ぼす通信障害の程度を計算し，免許人との協議により対策を決定する。

一般に「電波法関係審査基準」に記載されている第1フレネルゾーンの計算式により離隔を検討し，フレネルゾーン内に鉄塔や電線が入っていないかを計算する。また，入っている場合はどの程度の障害が予測されるかを計算し協議資料とする（第1フレネルゾーン計算式を付録5.5マイクロ波通信回線障害計算に記載する）。

10.9.2　マイクロ波通信回線の障害検討について

アンテナ近傍の範囲については架空送電規定により第10.9.1図を目安とする。

至近距離：構築物を入れない。
近傍距離：この領域のうち，アンテナから500m以内には原則として構築物を入れない。
フレネル領域：免許人との協議による。

フレネルゾーン内に鉄塔又は電線が入る可能性がある場合は，座標誤差を考慮しGPS測量などにより緯度・経度・楕円体高を現地実測する必要がある。

詳細測量により位置関係を明確にし，鉄塔位置や高さなどの変更を行うか，無線回線の遮蔽損失計算を行い免許人と協議し対策の要否を決定する。

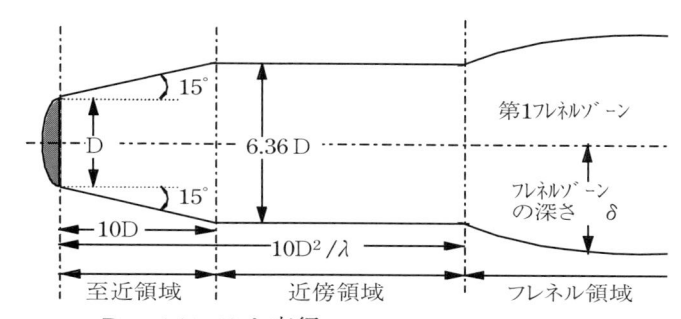

D：アンテナ直径
λ：電波の波長
$$\lambda = \frac{c}{f} \,[\text{m}]$$
c：自由空間中の光速 $3 \times 10^8 \,[\text{m/S}]$
f：マイクロ回線周波数 $[\text{Hz}]$

第10.9.1図　電波通路図

10.9.3　マイクロ波通信回線の障害検討結果の取りまとめ

計算結果及び測量結果より下記の資料を作成し免許人へ提出・協議する。

10.9.3　マイクロ波通信回線の障害検討結果の取りまとめ

(1) 無線回線・送電線位置図

国土地理院発行の地形図，または管理者の管理地図に送電線路とマイクロ波通信回線の関係位置を記入する。

また，国土地理院発行の地図を使用する場合は，測量法第29条に基づく「測量成果の複製承認申請」又は測量法第30条に基づく「測量成果の使用承認申請」が必要となるため，事前に申請手続きを行っておく。

(2) プロフィール（無線回線断面図，送電線縦断図）
(3) 送電線縦断図
(4) 計算諸元及び計算書

場合によって

(5) 詳細測量位置図
(6) 遮蔽損失計算書

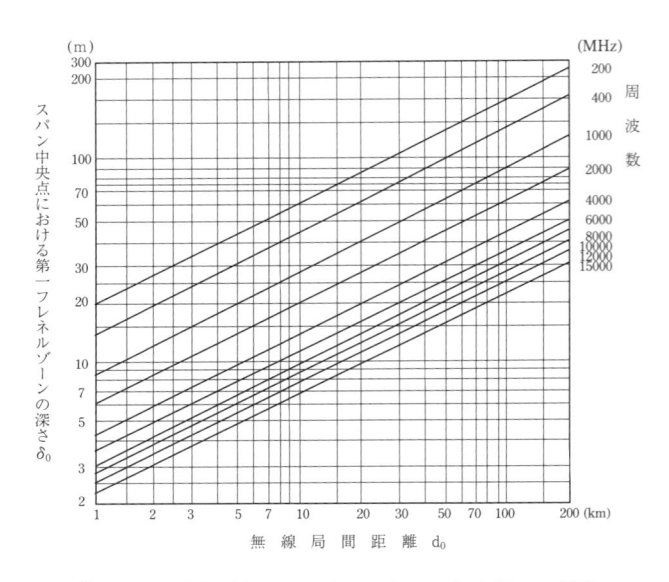

第10.9.2図 第1フレネルゾーン中心深さ（例）

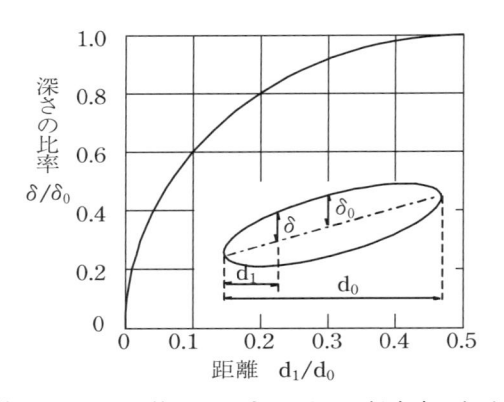

第10.9.3図 第1フレネルゾーン任意点の深さ

> **10.9.4 情報管理の徹底**
> マイクロ波通信回線は，防災や国民の安全に直結するものが多いため，閲覧したデータ及び受領した資料については，他へ流出することのないよう十分注意する。

10.9.4 情報管理の徹底について
免許人によっては，マイクロ波通信回線のデータを開示しないこともあるので，電力側から送電線ルートのデータを提示し，支障有無の確認を依頼する。

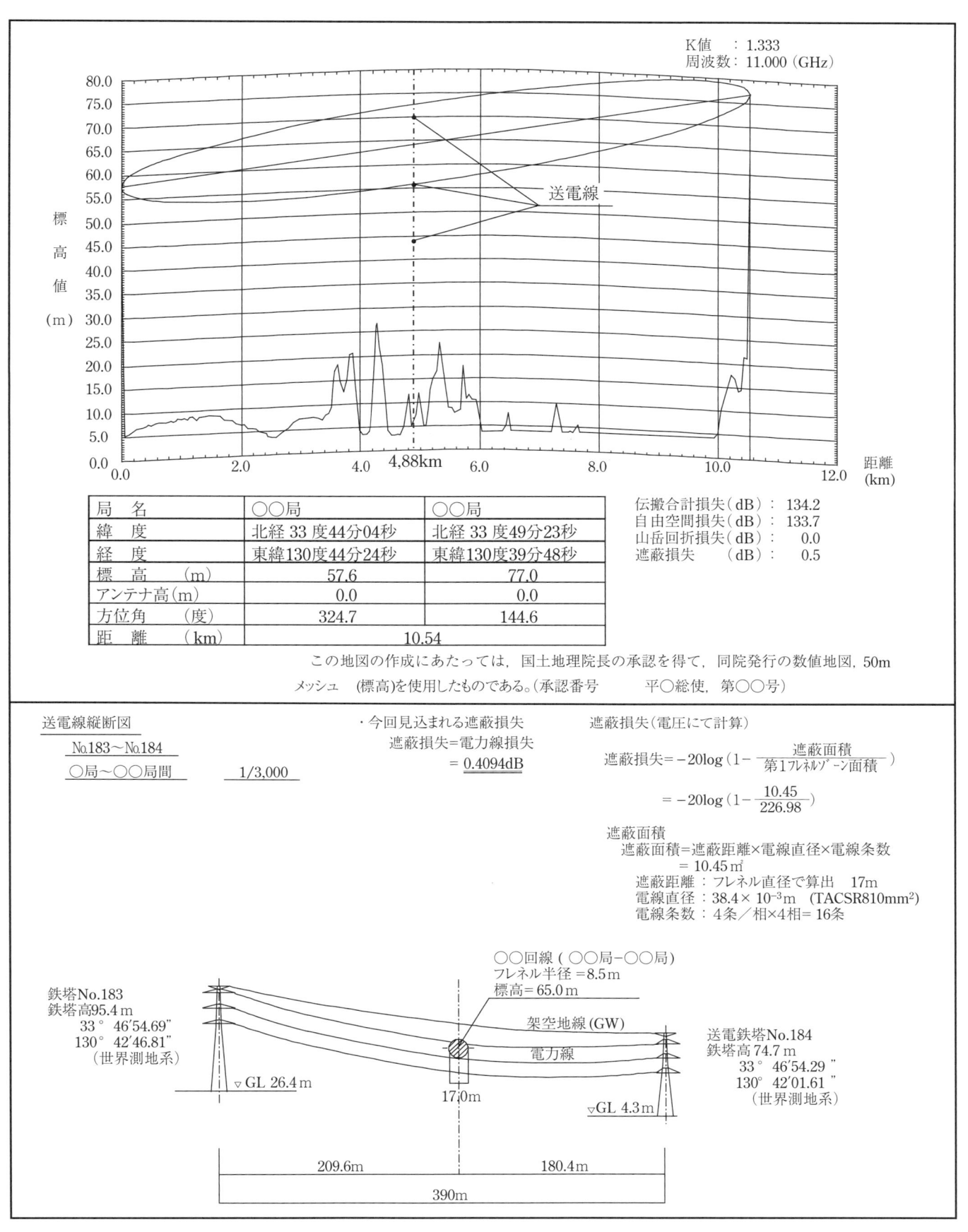

K値 : 1.333
周波数：11.000（GHz）

局　　名	○○局	○○局
緯　　度	北経 33 度44分04秒	北経 33 度49分23秒
経　　度	東緯130度44分24秒	東緯130度39分48秒
標　高　（m）	57.6	77.0
アンテナ高(m)	0.0	0.0
方位角　（度）	324.7	144.6
距　離　（km）	10.54	

伝搬合計損失（dB）： 134.2
自由空間損失（dB）： 133.7
山岳回折損失（dB）：   0.0
遮蔽損失　　（dB）：   0.5

この地図の作成にあたっては，国土地理院長の承認を得て，同院発行の数値地図，50m メッシュ（標高）を使用したものである。(承認番号　　平○総使，第○○号)

送電線縦断図
No.183～No.184
○局～○○局間　　　1/3,000

・今回見込まれる遮蔽損失
遮蔽損失＝電力線損失
　　　＝ 0.4094dB

遮蔽損失（電圧にて計算）

$$遮蔽損失 = -20\log\left(1 - \frac{遮蔽面積}{第1フレネルゾーン面積}\right)$$

$$= -20\log\left(1 - \frac{10.45}{226.98}\right)$$

遮蔽面積
遮蔽面積＝遮蔽距離×電線直径×電線条数
　　　　＝ 10.45 ㎡
遮蔽距離：フレネル直径で算出　17m
電線直径：38.4×10^{-3} m　（TACSR810mm²）
電線条数：4条／相×4相＝ 16条

○○回線（○○局－○○局）
フレネル半径＝8.5m
標高＝65.0m
架空地線（GW）
電力線

鉄塔No.183
鉄塔高95.4m
33°46′54.69″
130°42′46.81″
（世界測地系）
▽GL 26.4m

送電鉄塔No.184
鉄塔高74.7m
33°46′54.29″
130°42′01.61″
（世界測地系）
▽GL 4.3m

17.0m

209.6m　　180.4m
390m

第10.9.4図　検討図

11. 検 測

11.1 検測の目的
近年では測量機器の精度向上により測定誤差は極めて小さくなったが、測量は人によって行われるものであり、測定漏れや電子野帳への入力ミスに起因する誤差・間違いなどのヒューマンエラーの発生は回避することが出来ない。
このため測量時には必ず検測により測量成果の再検討を実施する。

11.1.1 検測について
測量の間違いが工事施工の段階まで発見されなかったため、鉄塔の割り込み、地盤の切り取り、鉄塔位置、高さ、鉄塔型等の変更など、重大な影響を及ぼした例は少なくない。

これらはすべて当初の間違いが検測によって発見されなかったためである。

測量は人によって行われるものであり、人が行うものは、しばしば間違いを生じるものと思わなければならない。

近年では測量機器の精度向上により機器誤差・個人誤差に起因する誤差は極めて少なくなったが、新たに電子野帳へのプリズム高、測点名などの入力ミスに起因する誤差・間違いが発生するようになった。

また、検討が必要な箇所の測定漏れなども、別の観測者の観点から確認することが必要である。

したがって、検測は絶対に必要なものであり、軽視することができない重要な1項目である。

検測の重要なポイントは、鉄塔の位置、鉄塔高さ及び鉄塔型が決定される要因となっている箇所であり、つぎに鉄塔敷地内における鉄塔中心点と鉄塔脚位置との地盤高低差及び脚周辺地形である。

なお、技術基準によって定められている離隔距離の確保、横過物件の確認も重要なポイントであり、また伐採範囲についても軽視できない。

11.1.2 検測の種類
検測は測量作業後、直ちにに実施する測量検測と工事施工前に実施する工事検測に分けられる。
(1) 測量検測は全般の測量が終った直後に、水平距離・高低差・水平角度等の実測結果の再調査を主眼とし、測量結果全般の再検討を含んで実施するものである。

(2) 工事検測は工事施工に先立ち、図面及び測量成果のチェック、杭の確認、測量時から工事施工時までの現地状況の変化を再調査するものである。

11.2 検測の準備
縦断図・平面図・鉄塔敷地図・伐採範囲図など、測量成果及び資料を取り揃える。

11.2 図面などの準備について
(1) 検測では、実測結果を再調査すると同時に、図面の記入が適正か否かをも調査する必要があるため図面を携行する。

見取りによって作成した部分については現地状況を確認し再検討する。

(2) 縦断検測は地形縦断図の再調査を主目的とするが、鉄塔・電線等を記入した縦断図を用意する。鉄塔敷地図も、基礎を記入したものが望ましい。

(3) 縦断検測に際しては、同時に平面検測ならびに現地確認もできるように送電線路の実測平面図を用意する。

11.3 検測の方針
11.3.1 中心および縦断検測の方針
中心検測は縦断検測と同時に並行して実施し、縦断検測では、縦断図と対照して次の諸点を実測又は調査し、必要なものは補足又は追加測量する。
(1) 本点杭位置、角度点の水平角度。
(2) 測量全区間にわたって各径間とその地盤高低差。
(3) 鉄塔高さの決定に関係のある中間尾根、電線横振れによる接近箇所、横過接近する他工作物などに対する線路中心点、杭位置からの水平距離および地盤高低差。
(4) 鉄塔高さの決定に関係のある箇所の実測漏れの有無。
(5) その他横過箇所と本点杭位置との水平距離と地盤高低差。
(6) 地形縦断図作図の適否
他工作物等の記入漏れの有無。

(1) 中心検測について
中心検測においては、中心測量において測設した

角度点間の直線が正しいものであるかを検測し，直線が狂っている場合は修正しなければならない。

特に，伐採できない樹木等により，迂回して測設した箇所については特に入念に検測しなければならない。なお，地形上トータルステーションを短区間で何回も盛り替えた場所，高低差が特に大きい箇所及び尾根の頂上などは注意を要する。

(2) 縦断検測について

縦断検測の目的は，測量値全般の再調査ではなく，必要な箇所を完全に調査し，測量の誤りや不足によって設計変更等の必要が生じないようにすることであるから，一応の取りまとめを終った縦断図によって検測する。

検測により確認する箇所として，線下縦断および山腹測量の取り落とし，横振れによる地表との離隔距離が懸念される箇所，本点杭位置で必要な山腹測量の取り落とし，ジャンパ線の地上高不足などがないか確認する。

本点杭が予定位置と異なって決定されたために必要となった山腹測量などに注意して再調査する。

なお，高低差が大きい径間の高い方の斜面では，静止状態の電線と地表との垂直距離，または線路方向の強風で電線が縦振れ（ギャロッピング）した場合の地表との垂直距離，並びに水平距離が予想外に小さくなるので，実測漏れのないよう特に注意する（第 11.3.1 図参照）。

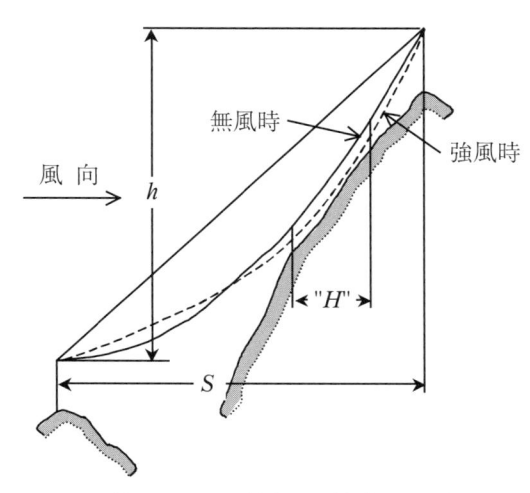

$\tan\delta = h/S$ が約 0.3 以上の場合には注意が必要。
"H" 電線静止時の垂直距離に加え，強風時の垂直距離と水平距離に対しても注意が必要。

第 11.3.1 図 地盤高低差が大きい径間で特に注意する部分

工事検測時に本点杭の移動・紛失が発見された場合は最寄の基準点・控杭・引証点・用地測量杭などを確認し，位置が明確なものから復元を行う。

縦断図に記入の地形が，現地地形と異なっていないか確認する際は，電子野帳への機械高及びプリズム高の入力ミスに起因する高低差のずれに注意する。SP 点の観測については対回観測を行わないため入力ミスに気づきにくいことから特に注意する。

また，鉄塔の位置が予定位置と異なって決定された場合などは，見取りによった部分で実測を必要とするものが生じることがあるのでよく検討する。

見取り範囲にある他工作物などは，測量または記入漏れとなることがあるので，注意して再調査する。

特に，鉄塔高さの決定に直接関係のない位置のものを見落す場合があるため注意する。

また，樹木の高さ・地位の評価についても見落としがないよう確認する。

工事検測時には樹高を測定し，調査時の樹高からの伸びにより地位の評価が妥当であるか確認する。

横過物件などがある場合は，その地点の測点名の電子野帳への入力に誤りがないか，現地で記入した測量野帳と見比べて確認する。

11.3.2　平面検測の方針

平面検測では，実測平面図と対照して，全区間にわたって横過または接近する他工作物・建造物の中心線からの接近距離を確認する。必要なものは補足又は追加測量する。

11.3.2　平面検測について

平面検測では，作成した実測平面図を現場に携行し，横過接近する建造物や他工作物に調査記入漏れがないかを再確認する。

接近する物件については，中心線からの水平距離を実測により検測する（実測する範囲は，平面測量に同じ）。

工事検測時には測量後に新たに建設された物件がないか入念に確認する。

11.3.3　鉄塔敷地検測の方針

鉄塔敷地検測では，鉄塔敷地図と対照して，全基に対し次の諸点を実測または調査し，必要なものは補足または追加測量する。
(1) 平面図が総体的に見て現地の地形と合っているかを確認する。
(2) 鉄塔据付方向および偏心を再確認する。
(3) 地形または鉄塔根開きの大きさに対し，測量範囲は十分であるかを検討する。
(4) 鉄塔中心と鉄塔脚位置付近との水平距離と高低差を検測する。
(5) その他の補足または追加測量断面について

は，平面図上で基礎または擁壁等の設計に関係の深い点を選び，この点と鉄塔中心点との水平距離と地盤高低差を測定する。

11.3.3　鉄塔敷地検測の方針について

鉄塔敷地検測は，鉄塔の片継脚・主脚継・根巻コンクリート等の適用の正否を判定するために重要であるばかりでなく，施工基面の取り方で鉄塔の高さにも関係するので，十分に注意して実施する。

鉄塔敷地検測は，鉄塔型と基礎型を概定してから行う。

全体の地形を見るには平面図上で，中心点を通る基準等高線と尾根の方向が現地と一致するかを調査して，大きな誤りのないことを確認する。

11.3.4　伐採範囲調査検測の方針

伐採範囲調査の検測では，伐採範囲図や複製縦断図等に記入の実測結果と対照して，樹木を伐採する全区間の次の諸点を実測または調査し，必要なものは補足または追加測量する。
(1) 保安伐採範囲及び工事用伐採範囲は，伐採範囲図のとおりでよいか。
(2) 架線伐採範囲は中心線を外れていないか。
(3) 伐採範囲図に対して現地の伐採範囲と伐採を要する樹木の表示は適当であるか。

11.3.4　伐採範囲調査検測の方針について

従来，送電線建設に際し現地表示に従って伐採した結果，不必要な箇所を伐採したり，必要な箇所が伐採されていなかったりする例が多い。このようなことのないよう十分な調査を心掛けなければならない。

11.3.5　検測のための樹木伐採

検測のため必要な樹木伐採は，用地的な問題と検測の精度を考慮し，適切な実施を検討する。

11.3.5　検測のための樹木伐採について

中心・縦断測量で必要な樹木を完全に伐採しても，検測時にはトータルステーションの視距区間が別になる場合があり，追加伐採を必要とすることがある。

また，工事検測時には再伐採が必要となることから，用地部門と十分な打合せを行う。

近年では伐採に伴う交渉等が発生することから，極力追加伐採を避け，かつ確実な検測が出来るよう検測方法を検討する必要がある。

11.4　検測の実施

11.4.1　中心および縦断検測の実施

中心及び縦断検測は下記によって実施する。
(1) 実測または調査は11.3.1記載の諸点について実施する。
(2) 検測は，その区間の既測量とは別の測量員及び測量機器によって実施する。
(3) 本点杭及びTP間の検測は，必ず前視と後視を行い，その平均値を検測結果とする。
(4) 直線区間の検測では，できるだけ遠い測点を目標とし，前視・後視によって中心線測設の正否を調査する。
(5) 水平角度の検測は，できるだけ遠い測点を見て行う。
(6) 径間とその地盤高低差は原則として本点杭位置間を直接検測する。
(7) 縦断測量の諸調査事項については，その主要な事項に誤りがないかを調査する。

11.4.1　中心および縦断検測の実施について

径間は本点杭位置間を直接検測するのを原則とするが，地形・用地上やむを得ない場合は，極力少ない区間に分けて実施する。

測量の他班との境界の径間については，他測量班分の鉄塔の高さを互いに確認したうえ検測する。

11.4.2　平面検測の実施

平面検測は11.3.2によって実施する。

11.4.2　平面検測の実施について

他班との境界の径間については，隣班の実測平面図を互いに交換し，整合させる。

11.4.3　鉄塔敷地検測の実施

鉄塔敷地検測は下記によって実施する。
(1) 実測または調査は11.3.3記載の諸点について実施する。
(2) 断面方向は，中心線方向をなるべく遠い測点によって定め，これを基準にしてその正否を調査する。
(3) 鉄塔敷地地目および地質の調査結果の適否を調査する。

11.4.3　鉄塔敷地検測の実施について

(1) 発変電所等の終始端・長径間箇所等の鉄塔では，特殊な据付となる場合が多いため注意を要する。

偏心鉄塔の場合は，線路中心点と鉄塔中心点との

関係を再確認する。

(2) 基礎が記入された断面図を敷地平面図と対比して検討し，各脚の周辺で引揚力に抵抗する土量が不足する懸念のある部分を調査し，この部分に対して特に入念に検測する。土量の不足が懸念される部分は，対角断面に表われた主脚材の地際より低い部分に多いが，断面図に表われない別の周辺の場合も少なくない。

第11.4.1図のような場合は2～4断面について特に入念に検討する。

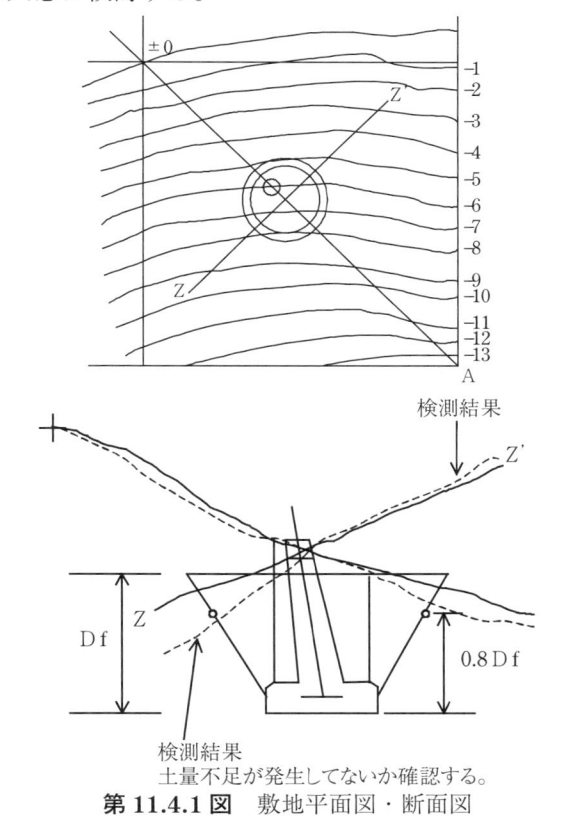

第11.4.1図　敷地平面図・断面図

11.4.4　伐採範囲調査検測の実施

伐採範囲調査の検測は，下記によって実施する。
(1) 実測または調査は11.3.4記載の諸点について実施する。
(2) 伐採調書の記載内容について，その適否を調査する。

11.5　検測の取りまとめ
11.5.1　中心および縦断検測の取りまとめ

縦断検測の結果によって下記の処置をとる。
(1) 検測結果と縦断図とを対照し，その差が許容範囲を越す場合は再度検測を行い，縦断図を訂正する。許容値以内である場合は，検測前の値を真値とする。

(2) 検測時に行った補足又は追加測量の結果は，「6.9 地形縦断図の作成」に準じて取りまとめ，地形縦断図の不備を補う。
(3) 縦断図の訂正とともに，関係図面の訂正を行う。
(4) 検測結果で，技術基準又は定められた諸事項に抵触する箇所や，鉄塔位置・高さ・根開き等が現地に適さない箇所は，直ちに訂正の処置をとる。

11.5.1　検測の取りまとめについて

検測は測量の一種目でありその結果は測量各種目の成果図面，書類に必要な訂正を加えて完了するものである。

(1) 検測結果と縦断図とを対照して，縦断図の訂正を必要とする程度のものは，まず既測量の電子野帳への入力値及び測点名に誤りがないかを調査し，次に観測値を図面へ反映する際に誤りがなかったかを調査する。

検測時に，実測部の地形が現地と相違する部分を発見した場合にも，これを訂正する前に上記と同様の調査をする。

(2) 平面図・鉄塔敷地図・出願箇所の図面等には，縦断図と同一事項の記入が多いことから，関係図面は漏れなく訂正する。

なお，検測の結果，中心線の移動を生じた場合に，その程度によっては，関連するすべての測量結果を実測して修正する必要があるので注意する。

11.5.2　鉄塔敷地検測の取りまとめ

鉄塔敷地検測の結果によって，鉄塔敷地図・鉄塔敷地地目等を訂正する。

検測結果で，鉄塔施工基面・片継脚・主脚継・根巻コンクリート・盛土・切土・土留擁壁工等の設計が現地に適さない箇所は，直ちに訂正の処置をとる。

11.5.2　鉄塔敷地検測の取りまとめについて

検測結果による敷地断面を作成済みの敷地図へ赤書きにより記入し，対比する（第11.4.1図参照）。

鉄塔敷地検測の結果，鉄塔中心点と縦横断面の地盤高低差の誤差が指定された許容値を超す場合は再測し，図面を訂正する。

11.5.3　伐採範囲調査検測の取りまとめ

伐採範囲調査検測の結果によって伐採範囲図と伐採調書を訂正する。

11.5.3 伐採範囲調査検測の取りまとめについて

検測により伐採範囲過不足がある場合は直ちに追加範囲の調査を実施し，伐採範囲図と伐採調書を訂正する。

工事検測時に樹木の伸びの違い等により伐採範囲が不足する場合は，用地状況を確認し追加範囲の調査を実施し，追加分の伐採範囲図と伐採調書を作成する。

12. 工事施工調査

12.1 工事施工調査の目的

工事施工調査とは，本工事着手以前に送電線の経過地を工事実施の観点から調査して，資材の運搬，鉄塔基礎・鉄塔組立・架線工事等について詳細な施工計画を立案するもの。

なお，工事施工調査を円滑に進めるためには，測量実施後の速やかな検討が必要である。

12.1 工事施工調査の目的について

工事施工調査は，工事施工担当者が工事着手前に実施するものであるが，最近は工事用地の取得がむずかしく，許認可に反映を要する場合もあるため，早期に実施する場合が多い。

(1) 工事施工調査にあたっての調査事項は下記のとおりである。

必要な調査を，第12.1.1表施工調査と成果品（その1），（その2）に示す。

(i) 運搬計画調査
　　車両・索道・キャリア・モノレール・ヘリコプタ
(ii) 工事計画調査
　　鉄塔基礎・鉄塔組立・架線工事
(iii) 工事伐採範囲調査
　　鉄塔基礎・鉄塔組立・架線工事及び運搬
(iv) その他の調査
(2) その他の留意事項
(i) 工事施工における経済性，技術的信頼度および安全性の追求。
(ii) 地域環境の調和における，地域住民との協調，世論の動向，自然保護等への配慮。
(iii) 施工計画の良否は直接工事に影響するので，施工時に計画変更が生じないような多面的検討。
(iv) 施工計画の作成と並行して実施する対外関係箇所との調整および申請書類整備については，その審査期間長期化に備える早めの対応。
(v) 現地調査にあたっては，地元住民の反応を念頭に，地元関係者の了解を得ての実施。

第12.1.1表 施工調査と成果品（その1）

	調査成果品
車両運搬	1 道路状況の調書 2 橋梁の調書 3 拡幅計画・待避所計画調書 4 路肩補修，路面整備計画調書 5 舗装，補給計画調書 6 砂利敷計画調書 7 仮設・新設道路実測図および計画図 8 伐採調書
索道・キャリア運搬	1 索道，キャリア，ルート平面図・縦断図（実測図） 2 原動所・基地の調書 3 上空横断物件の調書 4 必要資機材の調書 5 荷積・荷降ろし場の計画書と構造図 6 伐採調書
モノレール運搬	1 仮設ルートの平面図，縦断図および断面図（実測図） 2 必要資機材の調書 3 荷積・荷降ろし場の計画書と構造図 4 伐採調書
ヘリコプタ運搬	1 ヘリポート計画調書 2 飛行計画および運搬距離・運搬時間調書 3 横過物件の調書 4 荷積・荷降ろし場の計画書と構造図 5 伐採調書
鉄塔工事	1 鉄塔敷地の調書（一時使用地の範囲） 2 基別基礎工事計画書 3 基別組立工事計画書 4 基礎・組立工事の作業台構造図および一覧表 5 基礎・組立工事の主要機械・工具一覧表 6 伐採調書
架線工事	1 D場E場の計画書および機器配置計画図 2 架線工事用仮設計画書 3 延線計画および緊線計画書 4 横過防護設備構造図 5 架線計算書（延線張力，カテナリー角，金車横振れ角等） 6 ヘリコプタ延線の計画書 7 架線工事の主要機器・工具一覧表 8 伐採調書

第12.1.1表　施工調査と成果品（その2）

		調査成果品
用地関係	1	一時使用地面積の求積図
	2	伐採面積一覧表
	3	地域図および現況林相図
	4	緑化，植生復元計画図
環境対策	1	環境対策関係調書
	2	残土捨場計画調書（位置図，処理計画図）
	3	排水処理計画調書
	4	河川汚泥防止対策計画図
	5	騒音防止対策計画調書
	6	ハイカー，ハンター対策計画調書
	7	動・植物生態分布図
その他	1	工事工程表
	2	主要道路の通行量の調書（時間帯通行一覧表）
	3	市街地工事の就業時間規制の有無の調書
	4	交通整理員の配置要否検討書
	5	施工調査にあたっての総合所見書

12.2　運搬計画調査

送電線建設工事にあたって，必要な資材・機械工具等を現場に搬入するための運搬計画は工事の規模，工期，地形条件および経済性，環境保全を考慮して立案する。運搬の主な方法は一般的に下記のとおりである。

(1) 車両運搬
(2) 索道・キャリア運搬
(3) モノレール運搬
(4) ヘリコプタ運搬

12.2　運搬計画調査について

鉄塔の大型化により，山岳地では深礎基礎が軟弱地盤では場所打杭・鋼管杭などが多用されるようになった。

この結果，大量の建設資材，施工機械工具を投入することとなり，これらの運搬計画の優劣が，工事施工に大きな影響を与える。

このため，施工計画の段階で十分現地調査を行い，工程，経済性，環境の保全，安全対策等に留意し，立地条件，気象条件の制約なども考慮して運搬計画書を立案する。

運搬手段として一般的に以下の工法が採用されている。

12.2　(1) 車両運搬について

車両運搬には，既設道路を使用する場合と仮設道路を新設する場合とがある。搬入する車両・重機の種類・資機材によって道路の構造，幅員等を決定する。特に，既設道路については十分な調査を行い，拡幅・補強等の要否を検討する。

12.2　(2) 索道，キャリア運搬について

車両運搬が困難な場合に適用され，その設備規模・構造は，地形条件，工事規模によって異なる。

設備の計画に当たっては，労働安全衛生法の関連事項並びに「送電線工事用索道教本」を準用する。

12.2　(3) モノレール運搬について

索道運搬が実用的でない場合に適用され，ルートの制約が少なく伐採範囲が少なくて済む。

急峻でない山岳地丘陵部での使用に適しており，資材・工具の物輸だけでなく，作業員の通勤手段としても使用される場合がある。ただし，長距離輸送には適さない。

12.2　(4) ヘリコプタ運搬について

索道運搬が実用的でない場合に適用され，経済性は索道に比べ劣るが，送電線ルートの山岳地化，緑の保全などによって使用が不可欠な場合も多い。

ただし，騒音問題の発生が懸念され，ヘリポートならびに飛行コースの設定にあたっては十分な調査と配慮が必要である。

機種は多種類あり，その吊り能力と物輸材の単体重量，総輸送量を勘案して検討する。

第12.2.1表　各種運搬設備の比較例

	車両運搬既設(仮設)	索道・キャリア運搬	ヘリコプタ運搬	モノレール運搬
運搬コスト	低（高）	中	高	中
仮設工期	短（長）	長	短	中
運搬制限	勾配は最大15度	・傾斜角最大30度・亘長制限あり	飛行ルートに制限あり	・勾配は最大45度・亘長制限あり
気象影響	降雪時は困難	比較的天候に強い	悪天候は困難	比較的天候に強い
単体運搬能力	制限なし	3t程度	3t程度	3t程度
騒音	小	中	大	中

12.2.1　車両運搬　計画調査

できるだけ既設道路を使用することが望ましいが，民家の密集地，学校，病院等の付近および交通頻繁な道路は極力避ける。

また，既設道路を諸般の事情で利用できない場合は仮設道路を計画する。

車両運搬の調査と計画は下記のとおりである。

(1) 既設道路の状況調査
(2) 路面の舗装，路面整備に関する調査と計画
(3) 既設橋梁の調査および仮設橋梁の計画
(4) 仮設道路および新設道路計画
(5) 道路の拡幅および車両待避所の整備と計画
(6) 伐採調査

12.2.1 (1) 既設道路の調査について
(i) 道路管理者，管理箇所を確認する。
(ii) 道路の位置，幅員，亘長などを調査する（トンネルを含む）。
(iii) 道路に接近する学校，保育園，公園等を調べるとともに，騒音，振動に対する問題点ならびに環境対策を検討する。
(iv) 道路の交通標識，ガードレール等を詳細に調べる。
(v) 大型車，中型車，小型車の運行経路を調べる（図面作成）。

12.2.1 (2) 路面の調査ついて
(i) 既設道路が本舗装か簡易舗装であるかを調べる。
(ii) 工事用車両運行のために，敷砂利を必要とする箇所とその必要量を調べる。
(iii) 路面下の埋設物（ガス管，水道管，下水管，電話ケーブル等）を調べる。

12.2.1 (3) 橋梁の調査ついて
(i) 既設の橋梁の種類，設計諸元，老巧度，損傷状況について調査する。
(ii) 既設の橋梁を補強する必要がある場合は，関係管理箇所と打合わせをする。
(iii) 仮設橋梁を計画する場合は，水路の幅員，両岸の地盤強度を調べて橋梁を設計する。

12.2.1 (4) 仮設道路の計画について
仮設道路の新設にあたっては，下記により計画して，覆工板，鉄板敷，コンクリート舗装，アスファルト舗装などの施工法を経済性，安全性および原形復旧の可否・要否・適否・採否を検討する。
(i) 施工が容易で最短のルートを選定する。
(ii) 緩勾配で切土，盛土量が少なくなるよう計画する。
(iii) 地盤を調査して，水田，湿地などの軟弱地盤を避ける。
(iv) 民家，豚舎，鶏舎等への近接は騒音，振動による影響が大きいので極力避ける。
(v) 出水，増水，集中豪雨に対する排水路の検討をする。
(vi) 付近の用地事情ならびに環境について総合的な調査をする。
(vii) 工事施工後の仮設道路の復旧について必要な場合，地権者等と打合わせをする。

12.2.1 (5) 車両待避所の計画について
待避所の設置箇所は，道路の幅員，通行車両を考慮して，適当な間隔に設ける。
とくに既設道路では，地元車両，通学児童の状況を考慮して計画する。

12.2.1 (6) 一般注意事項の調査について
(i) 通行車両と通行区分図（大型車，中型車，小型車）を1/50,000，1/25,000または1/5,000の地図に表示する。
(ii) 搬入路として計画している公道が工事中の場合，今後の工事計画について管理者と打合わせをする。
(iii) 大雨等による河川の出水によって道路の崩壊が予想される箇所については，現況と防護方法を検討する。
(iv) 既設道路，橋梁などの現況の記録として，写真集を作成する。
　写真には撮影月日，現況内容を記載して，その場所示す符号を付けた道路見取図も作成する。
　なお，道路損傷部分，待避所予定地，仮設道路予定地なども撮影する。
(v) 町道などを搬入路として計画する場合，町役場から要求される実測図，設計図等を作成する。
(vi) 大がかりな道路および橋梁計画となる場合は，地元建設会社，あるいは道路コンサルタントなどの意見を聞き計画を立てる。
(vii) 運搬道路計画の一例として，第12.2.1表の内容で報告書を作成する。
(viii) 場所打杭基礎工事における施工機材ならびに多導体架線における電線ドラムの運搬には，大型トレーラーが使用されることから，道路コーナーにおける回転半径・地盤段差などについて事前調査する。
(ix) 仮設道路の設計にあたっては，送電線建設技術研究会発刊の「鉄塔工事施工基準解説書4.2」参照のこと。

第12.2.2表 運搬道路計画調書

工種		調査項目		備考
運搬道路	既設道路	既設道路状況調査： 区間・位置 道路現権（幅×長さ） 環境・立地調査 交通規制（通行制限等） 付帯設備（ガードレール・カーブミラー等）種別・箇所数 交通量 道路管理者，管理箇所 路面状況（舗装種別）	本舗装（こう長×幅＝面積） 簡易舗装（こう長×幅＝面積） 砂利舗装（こう長×幅＝面積）	
	仮設道路	仮設道路計画調書： 区間・位置 新設計画（規模，地盤，勾配等） 拡幅計画（こう長×幅＝面積） 補修計画	路肩補修（こう長×幅＝面積） 路面補修（こう長×幅＝面積）	
		付帯設備（ガードレール，カーブミラー等） 伐採必要量（樹種，本数）		
橋梁	既設橋梁	既設橋梁調査： 管理箇所 橋梁の種類 設備概要 設計諸元（制限荷重等） 補強		
	橋梁計画	橋梁計画調書： 新設計画（規模，地盤，構造等） 付帯設備（ガードレール等） 関係管理箇所		
待避所		待避所計画調書： 整地要 整地不要 基礎：切盛量 　　　仮設材規模 関係管理箇所 伐採必要量（樹種，本数）		

> **12.2.2　索道・キャリア運搬　計画調査**
> 　索道およびキャリアの運搬能力については，総運搬量を工期中の所要日数内に運搬できる能力，1日に必要なコンクリート量を運搬できる能力，資材または機械工具の中で最大となる単体重量を運搬できる能力を全て満足する必要がある。
> 　また，索道とキャリアの選定については，地形，工事規模，施工性および経済性を考慮して決定する。
> 　索道，キャリア運搬の調査と計画は下記のとおりである。
> 　(1)　基地およびルートの計画
> 　(2)　設備規模と1日の運搬量の計画
> 　(3)　荷積・荷おろし場の構造と規模の計画
> 　(4)　伐採調査

12.2.2　(1)　基地およびルートの計画について
　索道の計画にあたっては，送電線建設技術研究会発刊の「送電線工事用索道教本5.1」を参照のこと。
(i)　原動所および基地は，資材搬入が容易な場所であること。
(ii)　資材運搬量によって異なるが，基地面積は300m² 以上の安定した地形で切土，盛土量が少ない場所を選定する。
(iii)　ルートは傾斜角30度以下の直線箇所を選定し，水平角度はできるだけ小さくしてSカーブを避ける。
(iv)　支柱の位置および高さは，最大荷重時に積荷が線下物に当たらないように設計をする。
(v)　荷積・荷おろし場の位置は，鉄塔位置より高い位置となるようにルートを選定する。また，架線工事の支障にならないようなルートを選定する。
(vi)　ルート亘長（2連索以上）が長い場合は，運搬能力が低下するとともに，施工面で支障が多いので，工期を考慮して計画をたてる。
(vii)　ルートは伐採の少ない場所を選定する。
(viii)　ルートは既設送配電線および主要道路の横断等，交差物件の少ないところを選定する。
(ix)　基地が谷間で出口のルート傾斜角が30度以上の場合は，索道とせず，キャリアを選定する。
(x)　運搬計画は，第12.2.3～5表の形式に準じて報告書を作成する。

12.2.2　(2)　設備規模について
　設備規模は，工事規模に応じた総運搬量，1日の生コンクリート運搬量・打設時間および最大単体重量により決まる。
　その規模に応じ，ワイヤロープの種類，支柱構造，引留基礎構造および原動機出力等を検討する。

「1日の生コンクリート運搬能力」は下記により計算する。

$$W = P_0 \times \frac{t - t_1}{\dfrac{b}{v} \cdot r + t_2}$$

W：1日あたり運搬可能な生コン総重量〔t〕
P_0：搬器1個の生コン重量〔t〕
t：索道1日の実稼働時間〔分〕
b：搬器間隔〔m〕
v：運転速度〔m/分〕
r：運転ロス係数〔1.1とする〕
t_1：最初のバケットが終点に到着する時間〔分〕
t_2：起点および終点の搬器かけ替え時間〔分〕

12.2.2　(3)　荷積・荷おろし場の計画について
(i)　荷積・荷おろし場の面積はなるべく広く，表面は平坦で作業者の荷おろし作業が容易である所を選定する。
(ii)　荷台を急峻な地形に計画する場合，強固なステージを確保する。
(iii)　索道の運搬容量が大きい場合は，それに見合った荷積おろし設備が必要である。

第12.2.3表　索道架設計画調書

工種	調査項目		備考
索道	索道計画調書		
	基地：整地要		
	整地不要		
	ルート		
	中間支柱		
	荷降場：		
	伐採必要：		

第12.2.4表　索道原動所計画調書

鉄塔番号		索道区分		No～No	所在地	備考
面積				原動所内搬入路亘長	導水方法	動力	立木の状況
畑〔m²〕	荒地〔m²〕	水田〔m²〕	その他〔m²〕			

・原動所別に作成する。
・原動所敷地の地目を記入する。
・水利状況を記入する。
・電源引込の概略ルートならびに容量，電圧を記入する。
・原動所機器配列および金車位置を記入する。
・索道方向を記入する。
・近接横過物件および支障工作物を記入する。
・防護設備設置箇所を記入する。

第12.2.5表　索道横過物件調書

原動所名	索道区分	索道亘長〔km〕	横過物件（箇所数）		備考

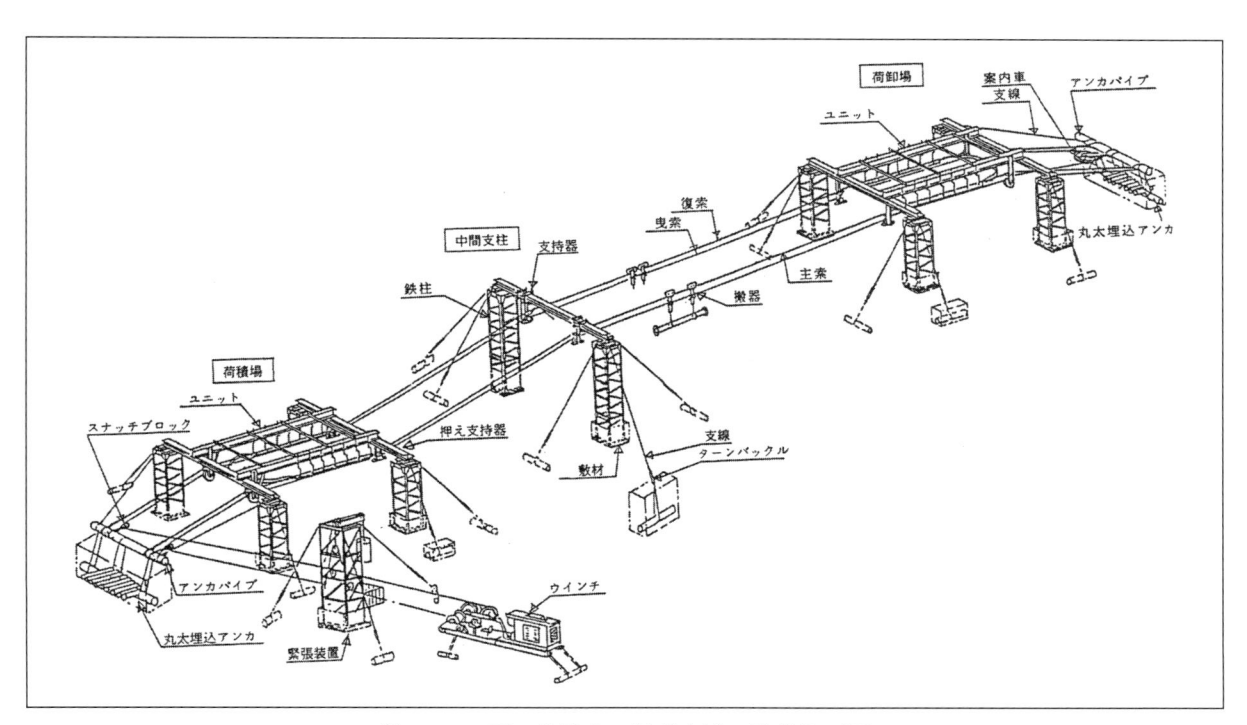

第 12.2.2 図 複線式　循環索道　設備概要図

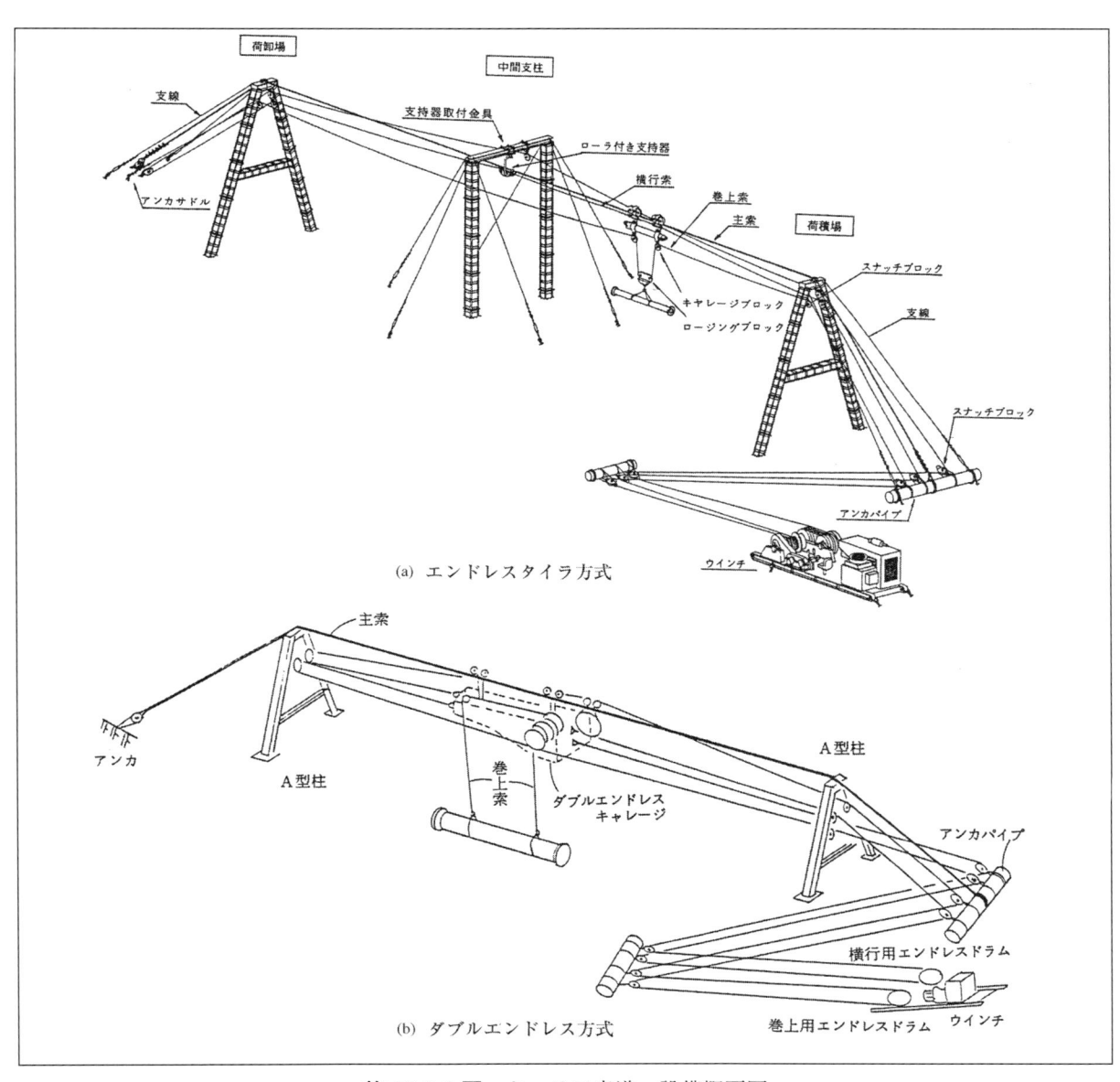

第 12.2.3 図 キャリア索道　設備概要図

(a) エンドレスタイラ方式

(b) ダブルエンドレス方式

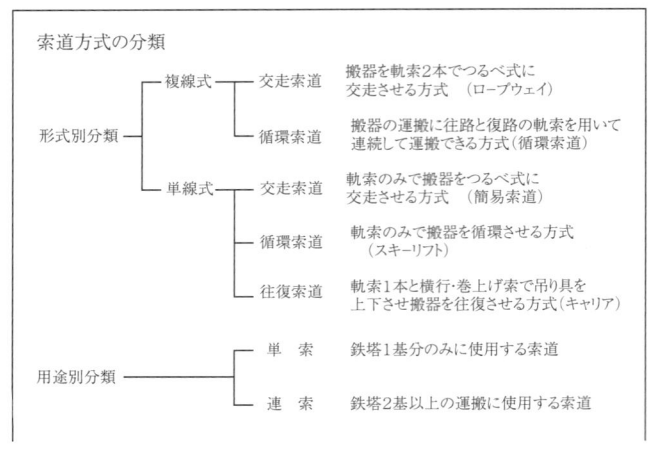

第12.2.1図　索道方式の分類

第12.2.4図　モノレール設備概要図

12.2.3　モノレール運搬　計画調査

山岳地の運搬で，索道運搬が実用的でない場合に適用され，ルート位置の制約が少なく伐採範囲の少ないモノレール運搬の計画を近年行う場合が多い。

モノレール運搬の調査と計画は下記のとおりである。

(1) 積載物および積載量の計画
(2) モノレール基地および架設ルートの計画
(3) 伐採調査

12.2.3 (1)　基地およびルートの計画について

(ⅰ) 安定した地形で切土・盛土量の少ない場所を選定する。
(ⅱ) ルートは傾斜角45度以下の地形を選定する。
(ⅲ) 架設ルートは伐採の少ない場所を選定する。

モノレールの計画調書，設備概要図，計画図（例）を示すとそれぞれ第12.2.6表，第12.2.4図，第12.2.5図のとおりである。

12.2.3 (2)　設備規模について

積載物および積載量を調査し，モノレールの動力車および台車を選定する。

第12.2.6表　モノレール計画調書

工　種	調　査　項　目	備考
モノレール	モノレール計画調書	
	基地：整地要	
	整地不要	
	荷降場	
	伐採必要	

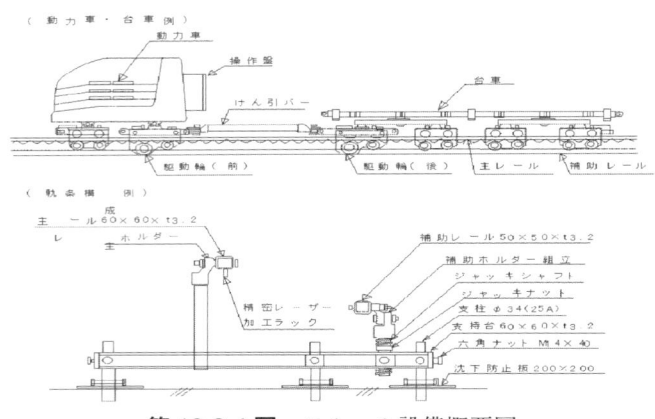

第12.2.5図　モレール計画図（例）

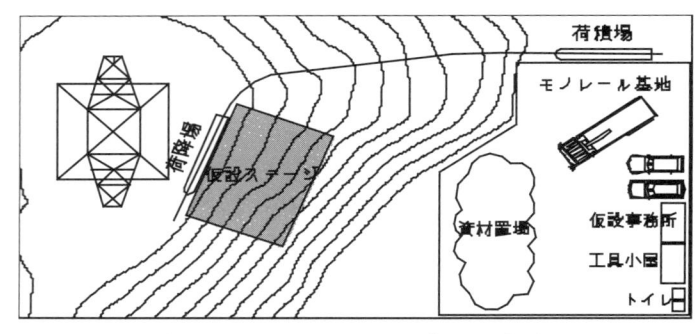

12.2.4　ヘリコプタ運搬　計画調査

山岳地の運搬で，車両・索道運搬などが不可能な場合，ヘリコプタ運搬を計画する。

ヘリコプタの機動性，経済性を比較検討して，工事の実情に適合するよう計画案を作成する。その調査と計画は下記のとおりである。

(1) 機種およびヘリポートの選定と仮設計画
(2) 荷積・荷おろし場の計画。
(3) ヘリコプタの飛行距離と飛行コースの調査
(4) 伐採調査

12.2.4　ヘリコプタ運搬について

急峻な山岳地での送電線工事にはヘリコプタの代替が困難な場合が多い。

ヘリコプタ運搬には，ヘリポートおよび荷積場（ヘリポートとの併設が多い）が必要となる。

ヘリコプタ運搬の長所・短所は，第12.2.7表のとおりである。

第12.2.7表　ヘリコプタ運搬の長所・短所

長所	(1)ヘリポートなどの仮設備が比較的容易である。 (2)時間当たりの輸送量が索道に比べて大きく，工期の短縮が図れる。 (3)伐木，土地使用等の用地上の問題が索道に比べて少ない。 (4)索道などの運搬が困難な箇所へも輸送できる。
短所	(1)気象状況の変化や天候に大きく影響される。 (2)ヘリコプタの運航支障によって工期が大幅に左右される恐れがある。 (3)経済性が劣る。 (4)騒音問題の恐れがある。

12.2.4 (1) ヘリポートの選定について

ヘリポートの選定にあたっては，1ヵ所に限定せず，往復所要時間を考慮して，可能な候補地をすべて調査して比較検討する。

候補地の用地事情について，十分調査するとともに，付近の市町村等と騒音対策について事前に打合せる。

（ⅰ）送電線工事で使用するヘリポートは，飛行場外離着陸場に該当するため航空法第79条により国土交通省航空局に申請し許可を受けなければならない。第12.2.8表及び第12.2.6図に場外離着陸場の設置許可基準を示す。

（ⅱ）ヘリポートは資機材搬入が容易で，荷吊場はヘリ稼働率，地上作業能率，作業安全面に支障をきたさない位置，面積を確保できる場所とする。

（ⅲ）突風の恐れのない場所を選定する。

（ⅳ）ヘリポートの周辺，特に進入離脱方向に幼令木，農作物に影響のない場所を選定する。

（ⅴ）ヘリポートの周辺に人家，畜舎等に対する騒音の少ない場所を選定する。

（ⅵ）ヘリポートが河川敷の場合，出水，増水の過去実績を調べる。

第12.2.8表　場外離着陸許可事務処理基準（一般）

項目		基準
離着陸地帯	長さ及び幅	長さ及び幅は，使用機の投影面積の長さ及び幅以上であること。
	表面	十分に平坦であり，最大縦横断勾配は5％であること。
進入区域及び進入表面		進入区域の長さは500m，進入表面の勾配は1/8以下でその表面の上に出る高さの物件がないこと
転移表面		転移表面の勾配は1/1以下とし，転移表面の上に出る高さの物件及び離着陸地帯の各長辺から外側にそれぞれ10mまでの範囲内に1/2の勾配を有する表面上に出る高さの物件がないこと。

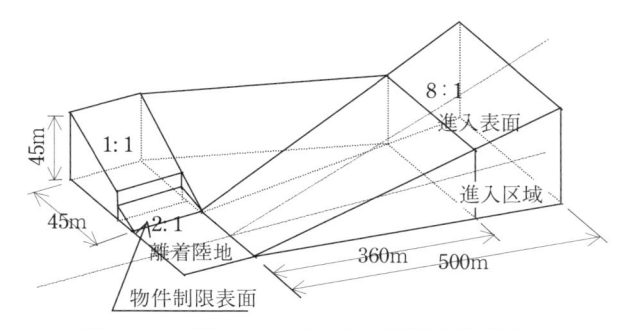

第12.2.6図　ヘリポートの設置基準説明図

12.2.4 (2) 荷積・荷おろし場について

荷積場はヘリポートに準じて，進入表面，転移表面等に障害物がなく，ヘリコプタが安全に降下，上昇できる場所とする。

また，道路に近く資機材集積に便利で所要の広さがあり，ヘリコプタの不時着可能な場所がある等の条件を備えている必要がある。

荷積場に必要な設備としては次のようなものがある。

（ⅰ）指揮所，倉庫，警備員詰所
（ⅱ）資材集積場
（ⅲ）通信連絡設備
（ⅳ）吹流し
（ⅴ）計量装置

コンクリートを荷積場で調合する場合，骨材置場，バッチャープラント等の設備が付加される。

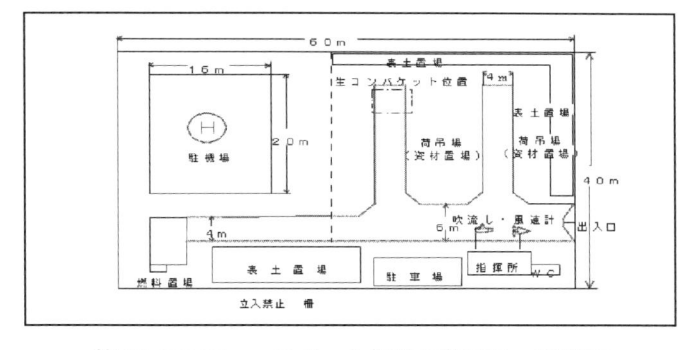

第12.2.7図　ヘリポート併設の積荷場　配置図

（a）ヘリポート周囲には，立入禁止柵を設置し危険表示をする。

（b）駐機場は水平に整地後，コンクリート舗装等とし，Ⓗの表示をする。

（c）風圧による飛散防止処置や防塵対策を行う。

ヘリコプタ運搬時の荷積・荷おろし場の選定時には，下記について注意する。

① 気流条件，最多風方向を調査して，ホバーリング（空中に停止して積荷を上げ下ろすこと）に支障がない位置とする。

② 鉄塔基礎・鉄塔組立・架線工事に支障のない

位置とする。なお荷おろしの場所と付近の高い障害物との間隔は現在使用されているヘリコプタに対しては20m以上とすることが安全上必要である（第12.2.8図参照）。

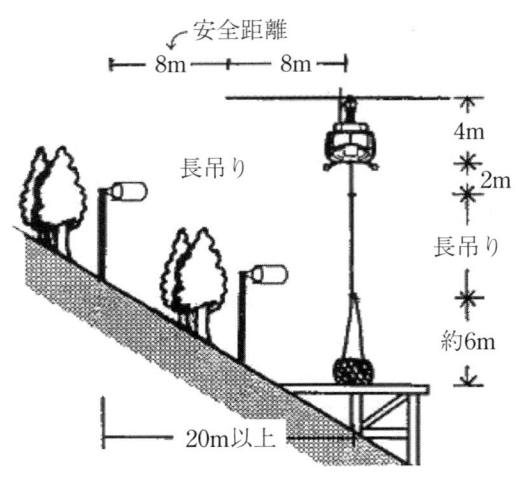

第12.2.8図　荷おろし場概要図

③　原則として鉄塔現場での資機材整理上，鉄塔位置より高い位置を選定する。
所要面積は施工に必要な資機材の量に応じて，ヘリコプタ用保安伐採ができるだけ少ない地点を選定する。

④　進入離脱方向として，3方向を開放することが望ましいが，最小限2方向を開放する。

⑤　急傾斜地ではテールローターが傾斜面と接触する恐れがあるので，こうした場所では荷おろし場をステージなどで仮設する。

12.2.4（3）飛行距離と飛行コースの調査について

（i）運搬時間の最も短いコースを選定するが，人家密集地，交通量の多い道路横断は避ける。

（ii）送電線，高圧線，索道等により，飛行の安全を妨げるようなコースは避ける。

（iii）ヘリコプタの搭載重量は気温が高く，気圧が低いほど少なくなる。このため標高が高い地域や，夏季は積載重量が少なくなるので，ヘリコプタ機種ごとにこの減少量を調査する。

（iv）運搬計画をたてるためのヘリコプタの稼働時間は次のような数値を用いる。

(a) 1日の平均飛行時間：4時間／1日
　　（給油，整備，打合せ等，飛行以外に4時間必要）
(b) 月間標準飛行日数：20日／月

第12.2.10表　ヘリコプタ物輸計画調書

調査年月日
調査者

飛行作業目的	工事件名／工事目的			
発注者		（担当者	TEL	）
施工者		（担当者	TEL	）
現調立合者				
工期				
使用予定機種				
輸送資材数量	最大重量物　資材名　　t			
	最大長尺物　資材名　　m			
	最大容積物　資材名　m×　m×　m			
延線作業	① ワイヤ　mm　② ナイロン　mm　③ km×条			
特殊作業の有無				
ヘリポート（別添ヘリポート図）				
輸送経路	住所／地目／環境／電源，水源／防塵対策／面積状態／施設／横断物件／気流／飛行禁止区域			
荷おろし場	おろし場／地目標高／官民区別	標高　m	地目	
		民地　号～	号	
緊急時連絡先	警察／消防署／病院／航空保安事務所	官地　号～	号	
その他	公害			

（定休日，悪天候日，整備日を考える）

12.2.4 (4) その他について

(i) 物輸計画書の作成例を，第12.2.9～15表に示す。

(ii) ヘリコプタの輸送計画にあたっては，送電線建設技術研究会発刊の「鉄塔工事施工基準解説書4.4」参照のこと。

第12.2.9表　ヘリコプタ計画調書

工種	調査項目	備考
ヘリコプタ	ヘリコプタ計画調書	
	基地：整地要	
	整地不要	
	飛行ルート	
	荷降場	
	伐採必要	

第12.2.11表　ヘリコプタ基地設計計画
（見取平面図，予備基地を含む）

基地位置	面積				関係鉄塔番号	林班				
	畑〔m²〕	荒地〔m²〕	水田〔m²〕	その他〔m²〕	工事用地内搬入路亘長〔m〕	導水方法	電源関係	立木の状況	その他	

見取平面図作成上の注意事項
・基地別に作成する。
・機器配置を記入する。
・水利状況，導水路を記入する。
・電源引込の概略ルートならびに容量，電圧等を記入する。
・風向，進入路方向を記入する。
・近接横過物件および支障物件を記入する。
・切取，盛土を必要とする場合，その範囲と土量を記入する。

第12.2.12表　ヘリコプタ踊場調書

基地位置			基地区分				
地目	鉄塔中心からの距離〔m〕	鉄塔中心からの高低差〔m〕	設置点の平均傾斜	足場面積〔m²〕	設計種別		備考

見取平面図ならびに縦断図作成上の注意事項
・基別に作成する。
・鉄塔中心から半径20m範囲程度の見取図を作成する。
・鉄塔中心から踊り場を結ぶ地形縦断図を作成する。
・踊り場の概略設計図を記入する（平面，縦断）
・風向，進入路方向を記入する。
・ヘリ保安伐採範囲を概略記入する。

第12.2.13表　ヘリコプタ保安伐採計画調書

基地区分	鉄塔番号	伐採木				流用能木	備考
		樹種	直径〔cm〕	樹高〔m〕	数量〔本〕		

第12.2.14表　ヘリコプタ横過物件調書

基地区分	鉄塔番号	水平距離	横過物件					
			国・県道	市町村，私道	高低圧弱電線	索道	その他	
計								

第12.2.15表　ヘリコプタ飛行計画距離時間調書

高地区分	鉄塔番号	水平距離〔m〕	高低差〔m〕	飛行距離〔m〕	平均速度〔km/分〕	飛行時間〔分/回〕	備考

12.3　鉄塔工事　計画調査

最近の送電線は電線の太線化，多回線化により鉄塔が大型化する傾向にあり，鉄塔基礎工事および鉄塔組立工事ともに大規模な仮設が必要である。このため自然環境の保全にも配慮して作業場所に適した施工法を計画して，基礎工事，鉄塔組立工事の両面を考えて作業用地を決定する。

主な調査項目は下記のとおりである。
(1) 塔内荷役設備
(2) 鉄塔基礎工法
(3) 残土処理
(4) 鉄塔組立工法

12.3　鉄塔工事　計画調査について

最近の送電線建設は，山岳地では急傾斜地に建設されることが多く，資機材運搬用の塔内荷役設備をはじめとして，作業台の設置や資機材置場の整備を要し，また掘削残土の塔内処理，塔外搬出および鉄塔組立工法などについても十分な調査をして作業用地を決定する。

平坦地では杭打機械，掘削機，トラッククレーンなどの大型重機に依存することが多いため，現地をよく調査して作業場所に適した施工方法，使用機械を選定し，作業用地，機械運搬路を決定する。

12.3 (1) 塔内荷役設備について

山岳地の工事で，索道やヘリコプタを運搬手段としている場合は荷おろし場から作業場までの間に荷

役設備が必要となることが多い。鉄塔位置の地形や索道ルート選定上の制限などからこの間の距離が，数10mも離れてしまうことも珍しくない。大型鉄塔では根開き寸法が大きく，荷役範囲が広くなり，資機材の単体重量が大きく，量が多いことなどから安全で効率的な荷役設備は工程にも大きな影響を及ぼすので慎重な計画をたてなくてはならない。

よく使われる荷役設備としては小型クローラクレーンやジブクレーンがある。
その特徴は下記のとおりである。
(i) 小型クローラクレーン
(a) 自走することができる。
(b) 荷を360度旋回することができる。
(c) 小回りがきく。
(d) 作業半径は2～8mと小さい。
(ii) ジブクレーン
(a) 設置に時間がかかる。
(b) 荷扱いは容易で能率的である。
(c) 荷を360度旋回することができる。
(d) 設置位置が地形上制限されることがある。
(e) 設置費は小型クローラクレーンに比べて割高である。

平坦地の工事では積載型移動式クレーンやトラッククレーンが広く使われており，特別な荷役設備（運搬設備）を必要としない。

12.3 (2) 鉄塔基礎工法について

基礎の種類によって施工手順，仮設備，使用機械が異なるので，それぞれの施工法の特徴を知って（送電線建設技術研究会発刊の鉄塔工事施工基準解説書「2 基礎工事」参照），また施工時期や工事の規模，工期なども勘案して施工計画を立案する。

鉄塔基礎工事では，以下の事項について調査，検討を行う。
(i) 地域指定の有無の調査（保安林，伐採禁止区域など）
(ii) 周辺地域に与える影響の調査（騒音，振動，地盤沈下など）
(iii) 周辺の障害物の防護，除去の検討
(iv) 掘削方法，土止め計画，掘削土置場の検討
(v) コンクリート打設計画
(vi) 残土処理
(vii) 水場の鉄塔の排水処理
(viii) 資材置場，作業場などの配置，急傾斜地では仮設ステージ（盤台）構築の必要性，構造などの検討
(ix) 塔内仮設道路の配置，構造の検討
(x) 使用機械の検討

山岳地での工事では平坦なスペースが少ないことが多く，資材の置場や作業スペースを得るために丸太材や鋼材などで盤台を作ることが多い。仮設ステージの設置にあたっては各作業段階での作業展開を十分に考慮して配置，規模，構造，設置数を検討する。第12.3.1図は山岳地工事での諸設備の配置例を示す。

平坦地工事の杭打は場所打杭が採用されることが多くなっているが，この工法で発生する泥土，泥水（特にベント・ナイト泥水）の処理は産業廃棄物の処理が社会問題となっているだけに，より慎重に行わなくてはならない。処理場（捨場）の選定をする他に，この運搬方法，運搬経路についても調査，検討する必要がある。

第12.3.2図は平坦地工事での諸設備の配置例を示す。

12.3 (3) 残土処理について

鉄塔基礎工事では，打設されるコンクリートの2～6割増しの体積の掘削土が残土となる。山岳地の工事では鉄塔敷地内やその周辺の工事用地内に土止め柵を設けるなどして現地処理をすることが多い。しかし傾斜地に土止め柵を設けて盛土をすることは，雨などにより崩壊することもあるので，残土の現地処理を計画するときは下記事項を慎重に検討しなくてはならない。
(i) 土質の調査
(ii) 現地処理の残土量調査
(iii) 土止め柵の設計（構造，材料，形状寸法）

現地で処理できない残土は，工事用地外へ搬出しなくてはならないが，この場合下記事項を調査する。
(a) 搬出する残土量の調査
(b) 仮置きについての検討（位置，土止め方法，仮置き期間）
(c) 残土捨場の調査
(d) 搬出方法の検討

土砂は掘削されることにより容積が増加するから掘削土の仮置き，残土処理などを計算するにあたってはこの土量変化を配慮する必要がある。
第12.3.1表に土量の変化率を示す。

第12.3.1表 土量の変化率

土　質	掘削による土量の変化率
軟　岩	1.30 ～ 1.70
砂	1.10 ～ 1.20
砂質土	1.20 ～ 1.30
粘性土	1.25 ～ 1.35
粘　土	1.20 ～ 1.45

（地山掘削作業主任者テキストより）

変化率＝ほぐした土量〔m³〕/ 地山の土量〔m³〕

12.3 (4) 鉄塔組立工法について

鉄塔組立工法の選択は鉄塔形状，規模，施工場所の状況（条件）などを勘案するが，大型鉄塔の組立

では一般に次のような工法が多い。
（ⅰ）立地条件が良い場合
（a）主として，平坦地で搬入路が確保できるところでは，トラッククレーン工法が広く用いられている。

50t級のトラッククレーンでは，高さ50mくらいまでの鉄塔組立が可能である。

（b）鉄塔が高くてトラッククレーンで頂部まで組立られない場合には，残りの部分の工事量や単体部材重量などを勘案し，台棒工法を併用する場合が多い。

（ⅱ）立地条件が悪い場合

山岳地などでトラッククレーンが搬入できないところでは，タワークレーン工法が多い。

鉄塔組立計画では現地の状況を調査し，効率的でしかも安全な計画をたてなくてはならない。調査する事項は下記のとおりである。
（a）地形，地盤強度の調査検討。
（b）作業の支障になる樹木，建造物，電気工作物があれば，それらの防護対策，移設の検討。
（c）鉄塔部材の仮置場，地組場の配置検討。
（d）仮設ステージの検討（位置，規模，構造など）。
（e）トラッククレーンの据付位置検討。

なお，組立工法の詳細については，送電線建設技術研究会発刊の架空送電線工事従事者用教材「基礎編」，「技能編」ならびに鉄塔工事施工基準解説書などを参考とされたい。山岳地工事および平坦地での組立工事仮設備の配置例を第12.3.3図および第12.3.4図に示す。

12.4 架線工事　計画調査

延線距離は一般に3～5kmが標準とされ，延線区間内には重角度鉄塔を極力避けるようにする。

山岳地工事での調査にあたってはドラム場，エンジン場の位置に十分配慮する必要がある。

また，架線計画では緑の保全を考慮して延線工法を計画し，ドラム場，エンジン場，防護設備などの用地を決定する。

主な調査項目は下記のとおりである。
(1) 延線工法の計画
(2) ドラム場
(3) エンジン場
(4) 防護設備

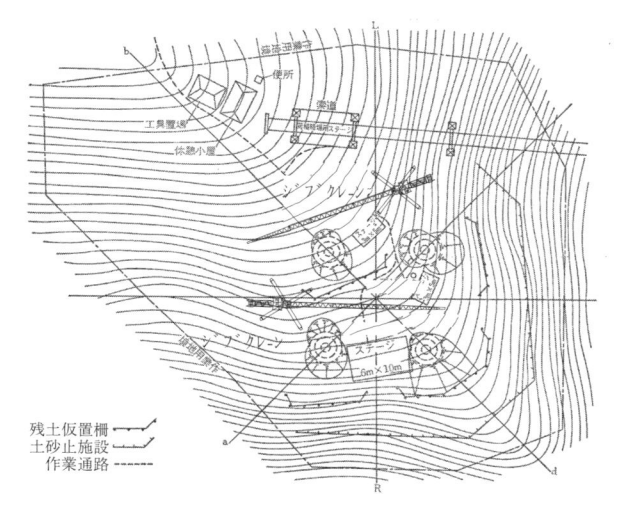

第12.3.1図 基礎工事仮設備配置例（山岳地）

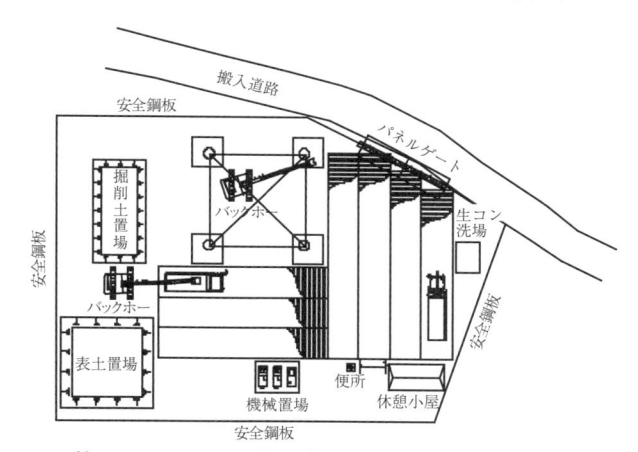

第12.3.2図 基礎工事仮設備配置例（平坦地）

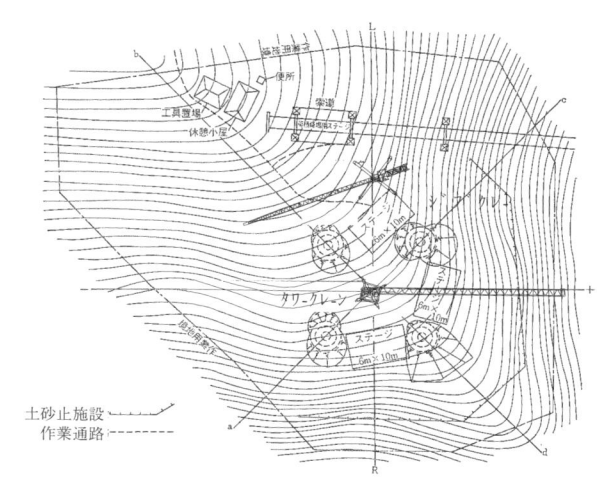

第12.3.3図 組立工事仮設備配置例（山岳地）

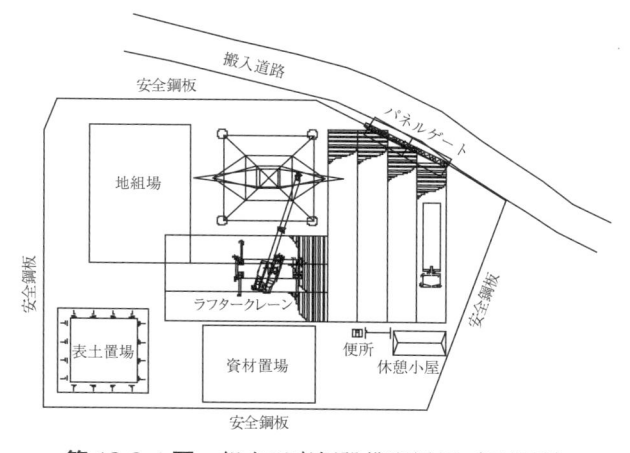

第12.3.4図 組立工事仮設備配置例（平坦地）

12.4 架線工事 計画調査について

架線計画は送電線経過地の地形やドラム場，エンジン場の立地条件，線下用地の状況，道路状況，地方特有の気象など現場諸条件は各工事ごとに異なる。これらは架線工事の工法，特に延線工法を決める大きな要素であるから現地をよく調査し，現場に適した施工計画を立案する。工法の選定は施工の技術的成否，経済性に大きな影響を与えるので慎重な調査が望ましい。

架線工法の基本計画は延線区間，ドラム場ならびにエンジン場の位置，延線工法，横過工作物の防護設備などを検討し，具体的な実施方法を決める他，延線張力をはじめ架線諸計算を行って，これをもとに使用する機械やワイヤの性能検討，腕金，台付，延線境鉄塔などの強度検討や補強方法を決めるものである。

最近の大型送電線工事では機械も大きく強力なものが使用され，高張力延線となる場合も多いので，万一トラブルが発生するとその影響の及ぼすところは非常に大きなものになる。したがって，架線計画を立案する場合には，豊富な架線経験を持った技術者の意見を参考にするなど慎重にされるべきである。

12.4 (1) 延線工法の計画について

架線工事は延線工事と緊線工事に大別される。延線工事は延線区間内の各鉄塔の間に電線を引き延ばす作業で，緊線工事は延線された電線を規定張力に張り上げて各鉄塔に取り付ける作業である。

延線計画の基本事項は，エンジン場，ドラム場を選定し延線区間を決めることであるが，延線区間を決めるには経過地の地形，ドラム場ならびにエンジン場に適した工事用地の確保，電線性能を低下させないための延線亘長，金車抱き角の制限などを総合的に検討する必要がある。

一般に延線区間は下記事項を考慮して決定される。
(i) ドラム場，エンジン場の立地条件
(ii) 延線張力，電線の金車通過回数
(iii) 鉄塔水平角，電線の金車接触角（抱き角）
(iv) 機械工具の性能ならびに数量
(v) 工事期間

なお，延線工事に関しては送電線建設技術研究会発刊の架線工事施工基準解説書「5.1 延線計画」を参照すること。

(a) 引き抜き工法

延線工事は通常 3～5 km の区間を 1 延線区間とし，この片端をエンジン場として架線ウインチを，反対側をドラム場として延線車，電線ドラムを配置する。この中間の各鉄塔に金車を取付け，これに延線全区間に手延線またはヘリ延線した細径ワイヤを掛けてエンジン場の架線ウインチで巻取り，細径ワイヤを太径ワイヤに引替える。さらに太径ワイヤと電線を接続し，延線車を介して電線に引替える。この方法を引抜き工法と言い，最も一般的な延線工法である。引抜き延線工法の概要を第12.4.1図に示す。

(b) ループ延線工法

引抜き工法の他に，延線区間内に延線用ワイヤを折返し金車を介してループ（環）状に配置して延線するループ延線工法もある。本工法は延線亘長が長過ぎる場合に延線区間を二分割する方法として利用する場合や，海峡横断などの長径間架線に採用される。ループ延線工法の概要を第12.4.2図に示す。

(c) プレハブ延線工法

そのほかの延線工法としては，高所作業が減少し安全性の向上が図れ作業性の良いことから，延線の際ドラム場において所定の弛度が得られる長さに電線を切断し，引留クランプの装着を行い，延線終了後その引留クランプを各耐張鉄塔のがいし装置に取付け緊線を終了するプレハブ架線工法がある（工場で引留クランプを電線に装着する場合を完全プレハブという）。プレハブ架線工法の概要を第12.4.3図に示す。また，プレハブ架線工法と引抜き工法を1基おきに交互に施工するセミプレハブ架線工法がある。

プレハブ架線工法を採用する際には，プレハブ架線用精密測量が必要となる（付録1 測量の基本技術 1.6 プレハブ架線用精密測量を参照）。

近年，中心測量（工事検測）結果，鉄塔構造図，鉄塔施工誤差，たわみ等から電線実長を算出し，精密測量（支持点間測量）を省略するプレハブ架線工

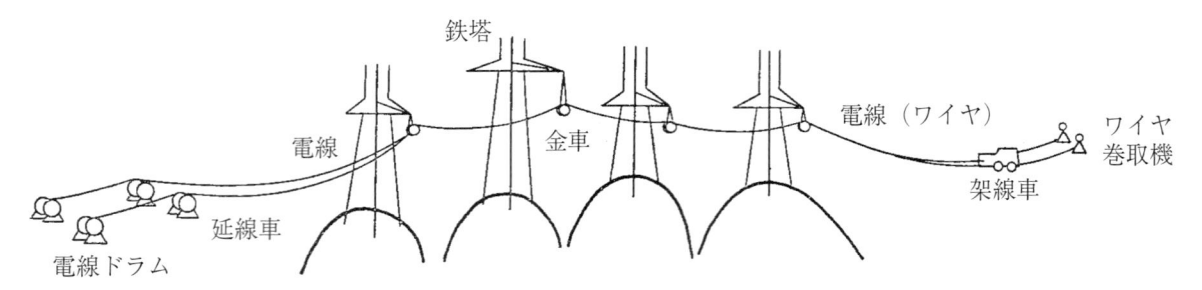

第12.4.1図 引き抜き延線工法の概要

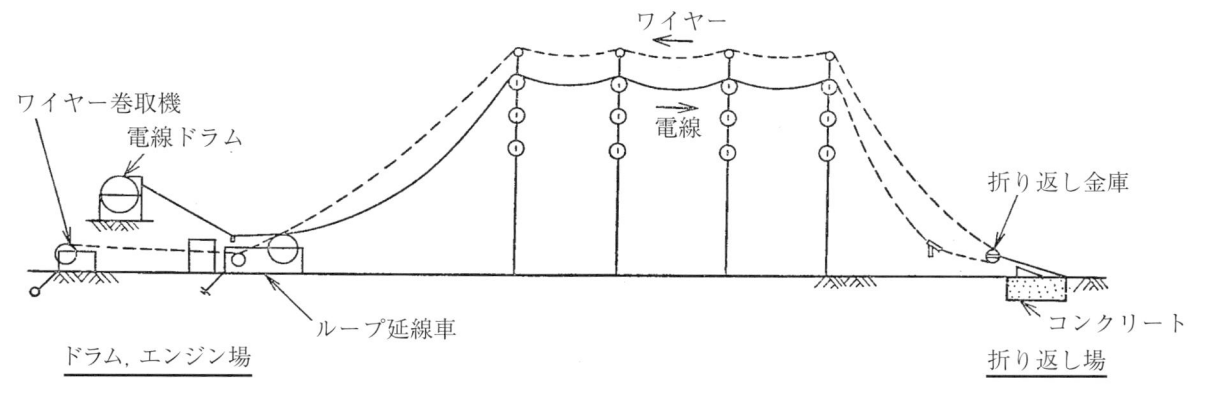

第12.4.2図 ループ延線工法の概要

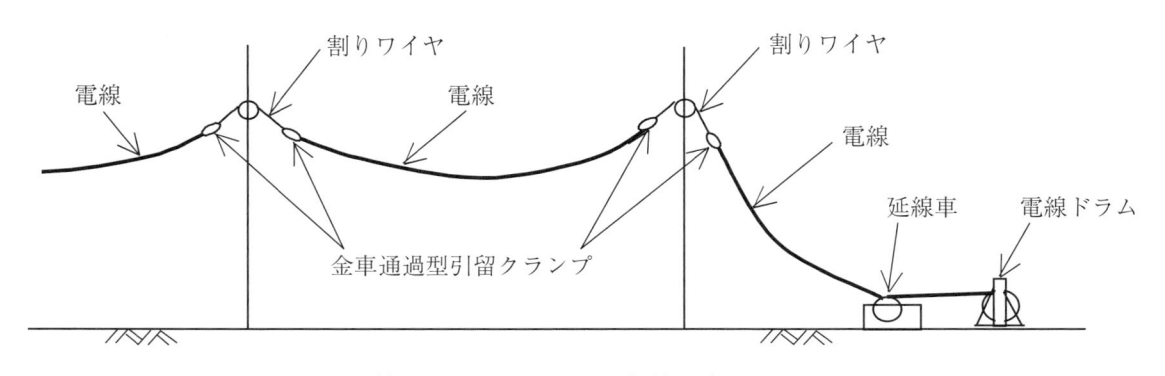

第12.4.3図 プレハブ架線工法の概要

法の施工例もある。

12.4 (2) ドラム場について

ドラム場の選定は下記により実施するが、前節に述べた諸注意により、いくつかの候補地をあげて比較検討する。

(i) 延線区間の中間に、できるだけ重角度鉄塔が入らないよう選ぶ。
(ii) 電線を送電線ルートより外れた位置から引出す横出し延線は、用地的・作業効率的にも不利なので、ドラム場は線下付近に選ぶ。
(iii) 作業に必要なまとまった面積が得られること。必要に応じて切土、盛土をし、あるいは作業盤台を造るなどして必要面積を確保する。
(iv) 地形、地盤が安定していること、地盤の悪い場合は必要に応じて対策を施す。
(v) 電線の引出し角度が30度以下になる位置が望ましい。
(vi) 電線引出しの支障となる近接した工作物がない場所を選ぶ。
(vii) 運搬量が多く、しかも重量物なので大型車両の進入が可能なこと。必要に応じ仮設道路を検討する。
(viii) 伐採が少ない場所を選ぶ。

なお、標準的なドラム場必要面積を第12.4.1表に、機器配置例を第12.4.4図に示す。

第12.4.1表 ドラム場の標準的な目安

導体・回線数	幅×長さ＝m²
単導体　　　　　　　　　　2回線	20×25＝500
2導体又は大サイズ単導体　2回線	25×40＝1000
4導体又は大サイズ2導体　2回線	30×40＝1200
6導体又は大サイズ4導体　2回線	50×60＝3000

（線路方向の縦形が望ましい）

また、ドラム場として好適場が得られず、横出し延線をしている例を第12.4.5図に示す。

プレハブ架線では引留クランプ圧縮やプロテクター取付けをするため、ドラム場前方に広場を必要とするが、これがとれない場合、作業用ステージをつくることもある。

しかし、プロテクター通過型延線車を使用することで、ドラム場前方の広場を必要最小にすることができる。

調査結果は一般に下記のように集約する。

(a) ドラム場位置図　（1/2,000 平面図）
(b) ドラム場調書（第12.4.2表）
(c) 伐採範囲図ならびに調書
(d) 延線車と第1鉄塔間の縦断図
(e) ドラム場、エンジン場　主要機器配置

　　　　　(a) 一般工事　　　　　　　　　　　　　　(b) 大型工事

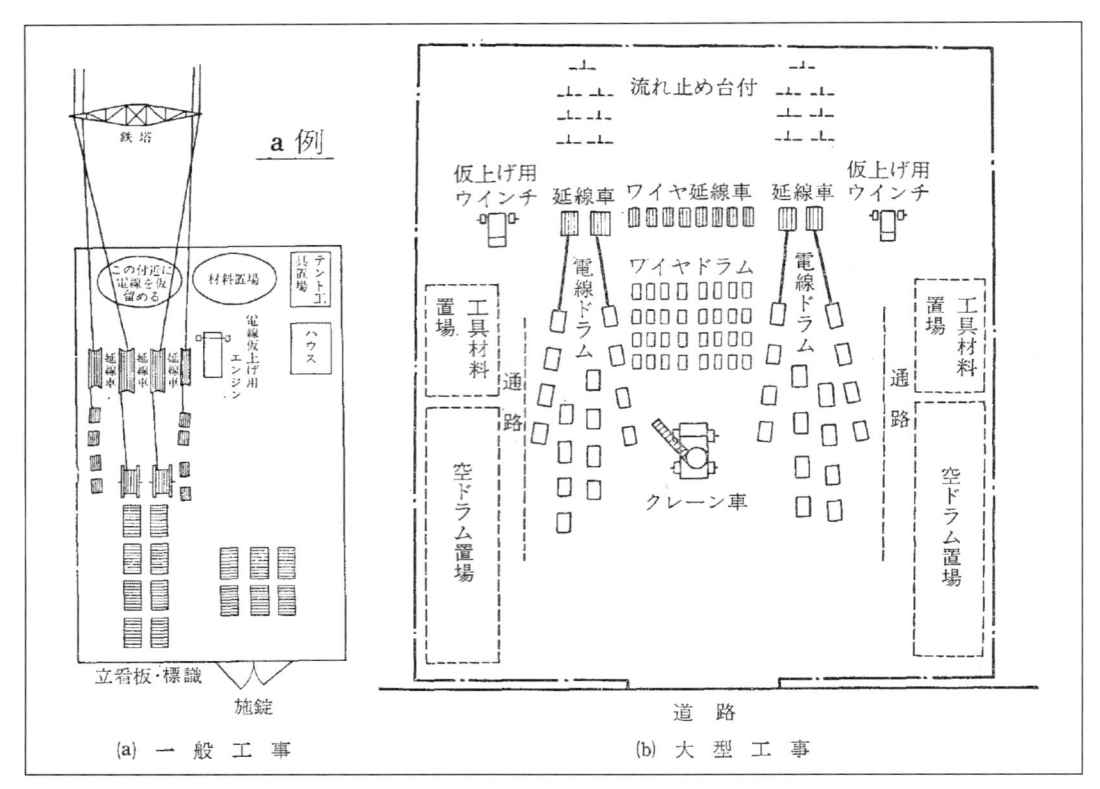

第12.4.4図　ドラム場機器　標準配置例

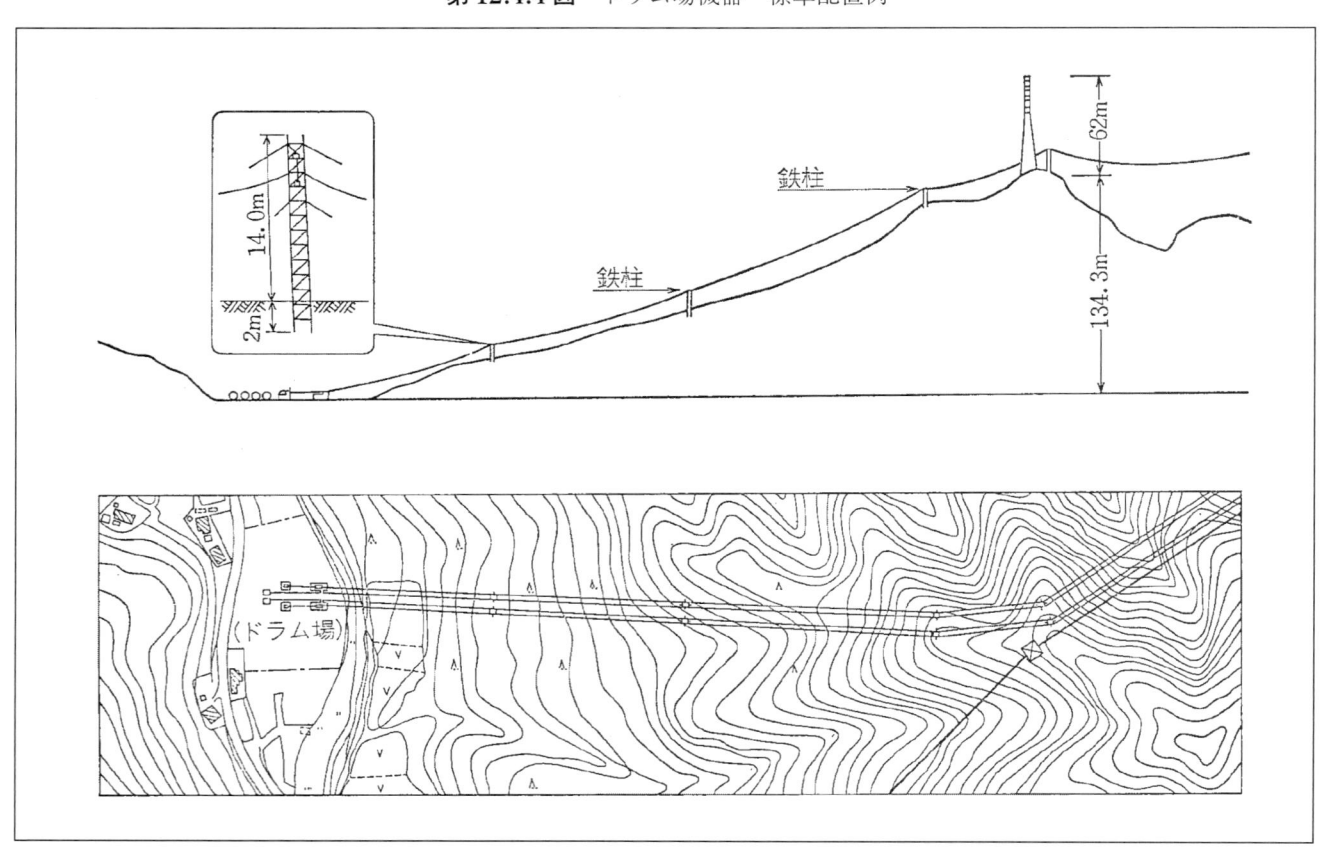

第12.4.5図　横出し延線の例

第12.4.2表　ドラム場（エンジン場）調書の例

ドラム（エンジン）場位置			延線区間	No～No.	延線亘長	
ドラム場（エンジン場）		仮設路亘長	第1鉄塔間距離[m]	第1鉄塔との地番高低差[m]	飛金車箇所数	備考
地目	面積[m²]	水田[m²]	畑（荒地、山林を含む）			

ドラム場（エンジン場）見取図の注意事項

・箇所別に作成する。
・平面図は，求積図をかねて作成する。
・搬入路（仮設路を含む）を記入する。
・延線方向，第1鉄塔間距離等を記入する。
・延線方向，横過物件を記入する。

- 止むを得ず横出延線する場合は，延線車位置飛び金車，個数等配置を記入する。
- 支障物件を記入する。
- 切取，盛土を必要とする場合，その範囲，土量を記入する

12.4 (3) エンジン場について

一般的にエンジン場所要面積の目安は，ドラム場の半分程度であるが，メッセンジャーワイヤなど運搬量が多いので，延線終端鉄塔から遠くなっても車両が進入できる場所を選ぶ方が作業効率が良くなることが多い。エンジン場の選定は一般に下記事項を考慮して行う。

(i) 原則として線下付近を選定する。
(ii) 作業に必要な面積が得られること，必要に応じて切土，盛土をし，あるいは作業盤台を造るなどして必要面積を確保する。
(iii) 地形，地盤が安定していること，地盤が悪い場合は必要に応じて対策を施す。
(iv) 他工作物に近接しない場所を選ぶ。
(v) メッセンジャワイヤの回収など運搬量が多いので，車両乗入れが容易なこと，必要に応じて仮設道路を検討する。
(vi) 伐採が少ない場所を選ぶ。

なお，標準的なエンジン場の必要面積を第12.4.3表に，機器配置例を第12.4.6図に示す。

第12.4.3表 標準的なエンジン場の面積目安

導体・回線数		幅×長さ ＝ m²
単導体	2回線	15×20 ＝ 300
2導体又は大サイズ単導体	2回線	20×25 ＝ 500
4導体又は大サイズ2導体	2回線	30×30 ＝ 900
6導体又は大サイズ4導体	2回線	30×50 ＝1 500

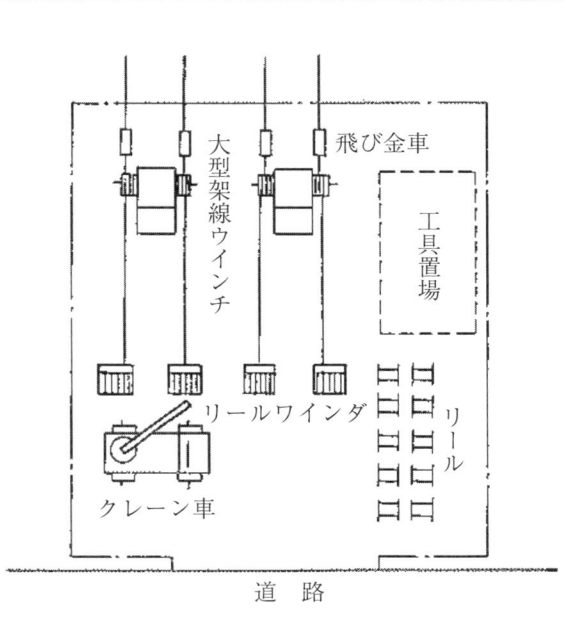

第12.4.6図 エンジン場　標準機器配置の一例

また，第12.4.7図には土地形状の悪いところで，ワイヤを引き回し，エンジン場とした例を示す。
調査結果は一般に下記のように集約する。

(a) エンジン場位置図 (1/2,000平面図)
(b) エンジン場調書（第12.4.2表）
(c) 伐採範囲図ならびに調書

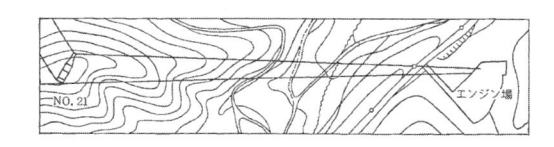

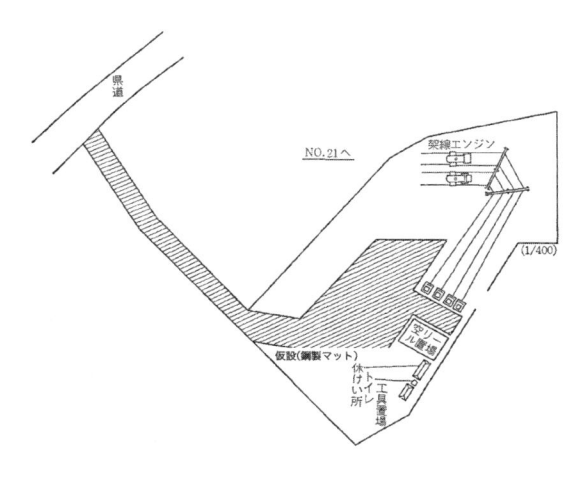

第12.4.7図 ワイヤ引き回しエンジン場の一例

12.4 (4) 防護設備について

防護設備は架線工事の際，電線を他の工作物の上部で交差あるいは接近して架設する場合，この工作物に対する障害や第三者に対する災害，電線の損傷防止および作業の安全を図るために設置する。

防護設備の設置対象となる工作物（横過工作物という）には次にあげるものがある。

(1) 特別高圧架空送電線
(2) 高低圧架空電線
(3) 弱電流電線
(4) 索道
(5) 鉄道，軌道
(6) 道路
(7) 建造物
(8) 河川
(9) 果樹園，鑑賞木
(10) 農作物に被害を与えるおそれのある箇所
(11) その他必要と認められる箇所

防護設備は横過工作物の片側または両側，必要に応じてその上部に構築される。いずれの場合も，常に安全な距離を確保して構築されるが，送電線や配電線の防護設備は，電線風圧による横振れを考慮したうえで，さらに下記の離隔距離を保たなければな

らない。
(a) 低圧および通信線：1.2m 以上
(b) 高圧電線：1.8m 以上
電線に防護具（シールド管）を取付けた場合：1.2m 以上
(c) 特別高圧線：第 12.4.4 表のとおり
(d) 横過工作物の管理者と協議した距離

第 12.4.4 表　特別高圧線の離隔距離

	離隔距離 (m)							
	60kV 以下	66 kV	77 kV	110 kV	154 kV	187 kV	220 kV	275 kV	500 kV
特別高圧線 (電技解釈127条)	2.0	2.12	2.24	2.6	3.2	3.56	3.92	4.64	7.28

防護設備の構築幅は、新設する送電線の最外測線から両側へ 2m 以上広く構築する。ただし、径間の中間に施設するものは、延線ワイヤまたは電線の横振れ幅を検討し構築幅を定める。

防護設備に使用する支線の取付角度は標準として垂直面に対し 45 度にする。支線設置の使用面積も含めた防護設備構築における所要面積の目安を第 12.4.5 表に示す。

第 12.4.5 表　防護設備 所要面積の目安

	防護設備所要面積 (m²/箇所)	
	275kV 送電線	500kV 送電線
特高 (275kV)	1 500	2 000
特高 (154kV)	1 200	1 700
特高 (66kV 以下)	1 000	1 500
鉄道	500	700
高圧	300	400
低圧・弱電	100	200
高速道路	500	700
国道・県道	400	600
町道・村道	200	500
保線用	30	70

防護設備には、鉄塔型、鉄柱型、鋼管型、丸太型があるが、横過工作物の種類、高さ、交差角、線路幅および地形などの諸条件により適切に使い分ける必要がある。それぞれの防護設備の特徴を第 12.4.6 表に示す。

第 12.4.6 表　防護設備の特徴

種別	防護設備の特徴
鉄塔型	・防護設備の高さが、数 10m を越す場合に使用する。 ・支線を取付ける用地が無い場合に使用する。 ・特に重要度の高い工作物の場合に使用する。
鉄柱型	・一般に地上高が 15m を越す場合に使用する。 ・重要度の高い工作物の場合に使用する。
鋼管型	・防護設備にかかる荷重が大きい場合に使用する。 ・一般に地上高が 15m 以下で比較的重要度が高い工作物の場合に使用する。
丸太型	・防護設備にかかる荷重が小さい場合に使用する。 ・一般に高さ 10m 以下で重要度が低い工作物の場合に使用する。

防護設備の例を第 12.4.8 図～第 12.4.10 図に示す。

12.5　工事伐採範囲調査
12.5.1　工事伐採範囲調査の目的
工事に必要な敷地範囲で支障となる樹木の伐採範囲を調査する。

12.5.1　工事伐採範囲調査の目的について
工事伐採範囲調査は下記の種別について調査し、伐採範囲図および伐採調書を作成する。
(1) 運搬路用伐採範囲：道路・索道・ヘリポート（荷積場含む）に支障となる範囲

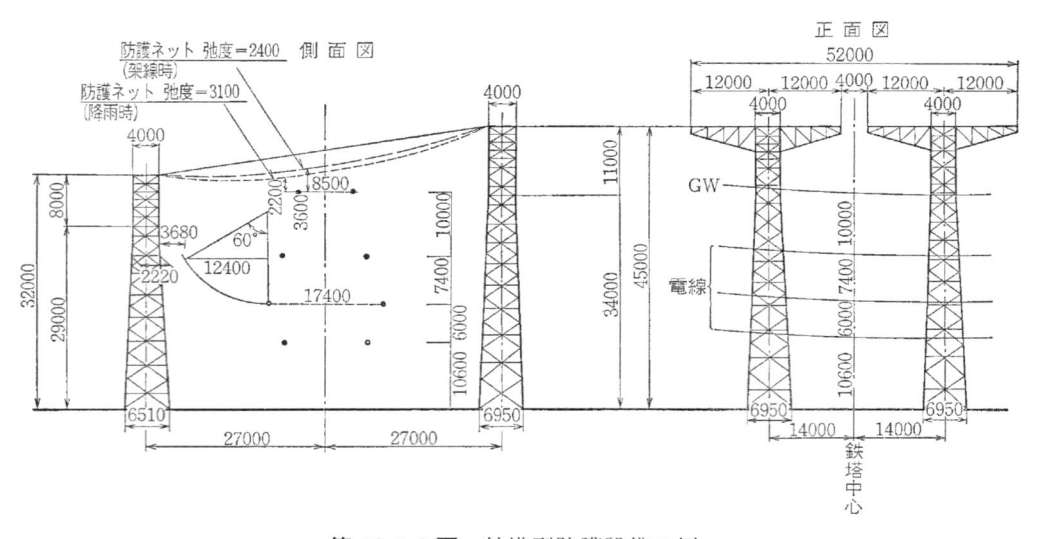

第 12.4.8 図　鉄塔型防護設備の例

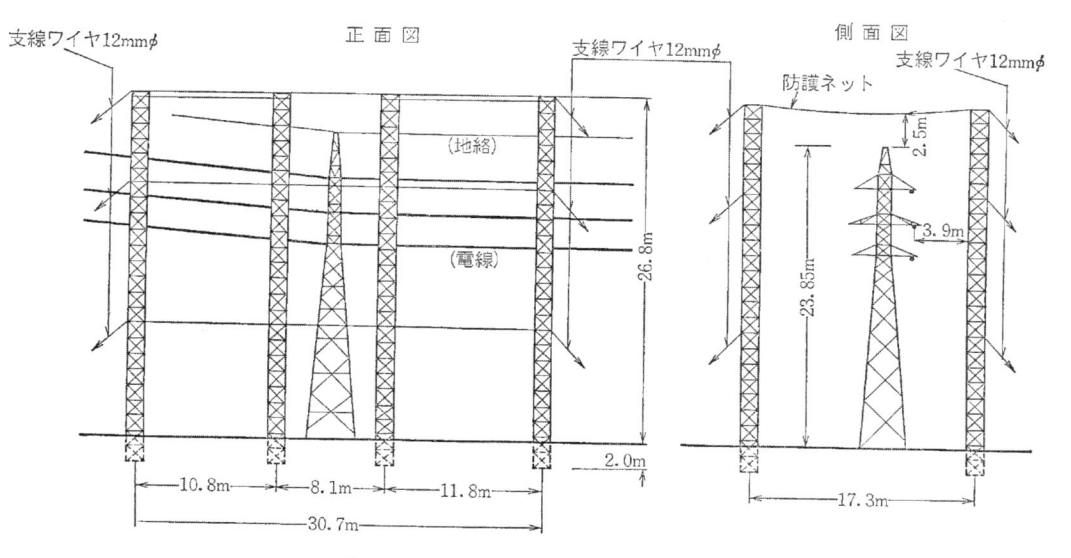

第 12.4.9 図 鉄柱型防護設備の例

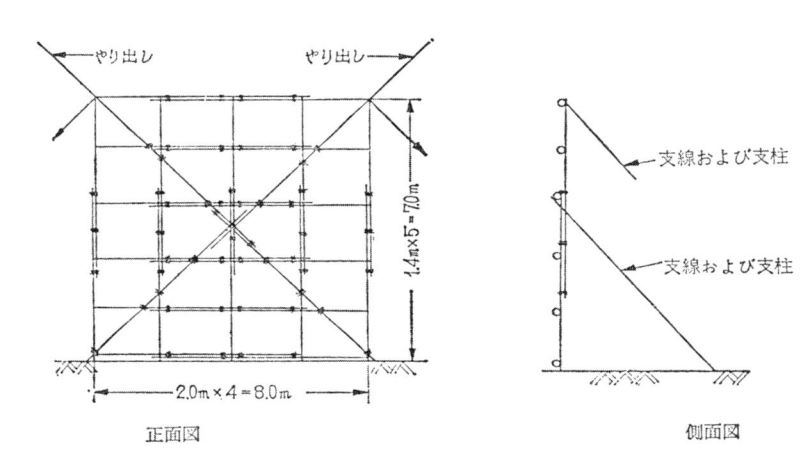

(a) 箱型防護設備の例

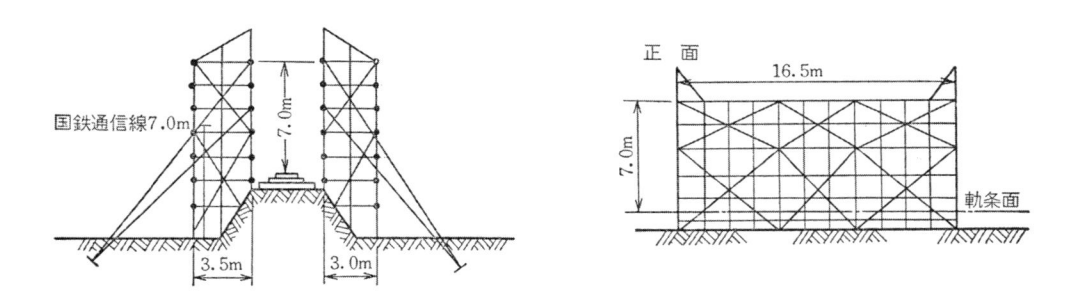

(b) 障子型防護設備の例

第 12.4.10 図 鋼管型防護設備の例

(2) 鉄塔敷伐採範囲：鉄塔基礎および組立工事に支障となる範囲
(3) 架線伐採範囲：架線工事に支障となる範囲

> **12.5.2 工事伐採範囲調査の準備**
> 工事伐採範囲調査に先立ち，次の諸準備を整える。
> (1) 運搬路計画図によって，運搬路用伐採範囲図を基別に作成する。
> (2) 鉄塔敷地図によって，鉄塔敷伐採範囲図を基別に作成する。
> (3) 縦断図によって，架線伐採を必要とする区間を調査する。

12.5.2 工事伐採範囲調査の準備について
工事伐採範囲調査の準備においての留意事項は，以下のとおりである。

12.5.2 (1) 運搬路用伐採範囲図の作成について
運搬路の伐採範囲は運搬方法により異なるので，運搬方法を十分考慮して適正な伐採範囲を調査する。

運搬道路については，既設道路を多用し伐採範囲を少なくするのが一般的である。索道基地およびヘリポートについては，伐採範囲の少ない場所を選定する。

12.5.2 (2) 鉄塔敷伐採範囲図の作成について
鉄塔敷の伐採範囲は支持物，地形，資機材運搬方法などにより異なるので，これらを十分考慮して適正な伐採範囲を調査する。

12.5.2 (3) 架線伐採について
伐採調査用縦断図に延線弛度を記入し，樹木と電線の離隔を検討し，伐採範囲を決定する。
伐採範囲図については，「9. 保安伐採範囲調査9.4」を参照。

> **12.5.3 工事伐採範囲調査の実施**
> 伐採範囲は，現地にて実測調査して決定する。

12.5.3 工事伐採範囲調査の実施について
工事伐採範囲調査の実施においての留意事項は，以下のとおりである。
(1) 運搬路用伐採範囲の実測調査
運搬路用伐採範囲は，運搬方法により必要とする範囲を決定する。
(2) 鉄塔敷伐採範囲の実測調査
鉄塔敷伐採範囲は，鉄塔敷地図と現地の状況を照合し決定する。鉄塔敷内であっても，工事に支障とならない樹木は伐採しない場合もある。
(3) 架線伐採範囲の実測調査
架線伐採範囲は，送電線の規模および架線工法によって決定する。とくに電圧が高く，回線間の線間距離が大きい場合には，線下ごとに伐採を必要とする場合もある。

近年はとくに自然環境の面より緑の保全が重視され，自然林，植林地など貴重な森林資源を保護するため，極力，伐採を避けるヘリコプタによる延線を選択する場合が多い。

> **12.5.4 伐採範囲図の作成**
> 工事伐採範囲調査を取りまとめ，伐採範囲図および伐採調書を作成する。

12.5.4 伐採範囲図の作成について
伐採範囲図および伐採調書については，「9. 保安伐採範囲調査9.4」を参照のこと。

> **12.6 その他の調査**
> その他の調査計画には下記のものがある。
> (1) 生コンプラント調査
> (2) 作業用通路と巡視路

12.6 (1) 生コンプラント調査について
(i) 生コンプラントは一般にJISマーク表示許可工場を選定すること。
(ii) 生コンクリートの供給能力を調査すること。
(iii) コンクリートは練合せてから打込終了まで最大でも90分を超過しないのが原則である。
したがって，各鉄塔までの運搬が時間的に可能か不可能かの調査をする。
(iv) コンクリート運搬車の大型車，小型車の保有台数，ポンプ車の有無等の調査をする。

12.6 (2) 作業用通路と巡視路について
(i) 作業用通路は竣工後巡視路として使用可能なルートを選定し，努めて緩勾配にする。また，土砂崩れ，水害のおそれがある箇所，耕作地等をさけ，国公有地，民有地などの用地事情を十分考慮して調査計画する。
(ii) 巡視路は作業通路に準ずるが，なだれ，雪ぴなどの危険性のある箇所は避ける。

付録1. 測量の基礎技術

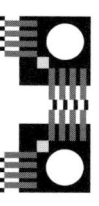

1.1 トータルステーションシステム

従来のトランシットからトータルステーションへと測量機器が進化したことなどコンピュータの普及と高性能化により、測量作業が効率化されたばかりでなく、様々な応用が可能となった。
測量作業で取得したデータを図面等の最終成果品に仕上げる作業は、多くの複雑な計算と製図が必要とされる。従前はこれを別々に手作業で行っていたが、現在は、下図に示すように、トータルステーション→データコレクタ（電子野帳）→汎用測量ソフト・汎用CAD→プロッタ・プリンタといった流れで現地測量から成果品の作成を一貫して行われるようシステム化された。

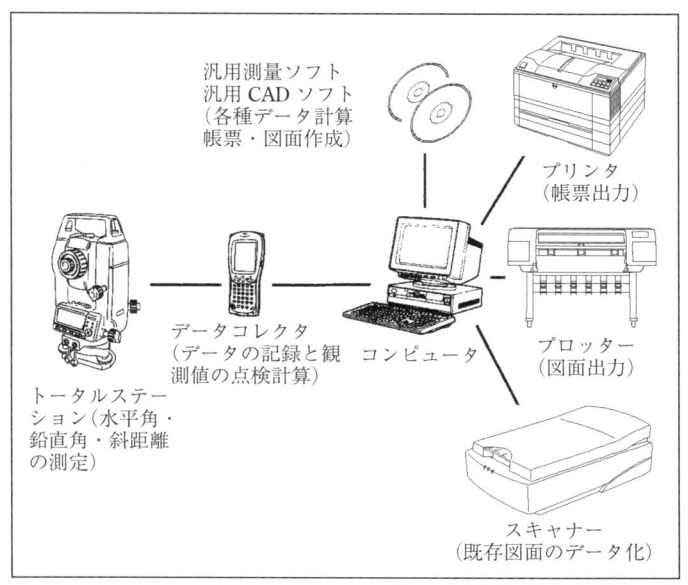

第 1.1.1 図 トータルステーションシステムの構成図

従来の方法では、観測・観測値の記録・点検・計算・帳票類の作成・図面作成がそれぞれ単独で行われていたため、各段階毎に誤りの発生する危険があった。しかしこのシステムの登場により、測定データの自動記録・観測精度の点検が現地で可能となり、記帳ミス・転記ミス・入力ミスのないシステム化が可能となった。
また計算処理から図面作成まで一貫して行い、図面等もデジタルデータ化されるため、大規模な測量でも効率化が進みかつ高品質で高精度な測量成果品が得られるようになった。

1.2 トータルステーション

(1) トータルステーションとは

トータルステーションとは、1台の器械で、角度（鉛直角・水平角）と距離を同時に測定する電子式測距・測角儀のことである。その最大の特徴は、測角望遠鏡の視準軸と光波距離計の光軸が同軸であることと、電子的に処理された測定データが外部機器などに出力できる点である。

またトータルステーションという呼称はアメリカのヒューレットパッカード社の製品で初めて使われ、以後、測距・測角一体型機器の名称として一般化した。

(2) トータルステーションの構造

トータルステーションの主要構造は第1.2.1図の通りである。

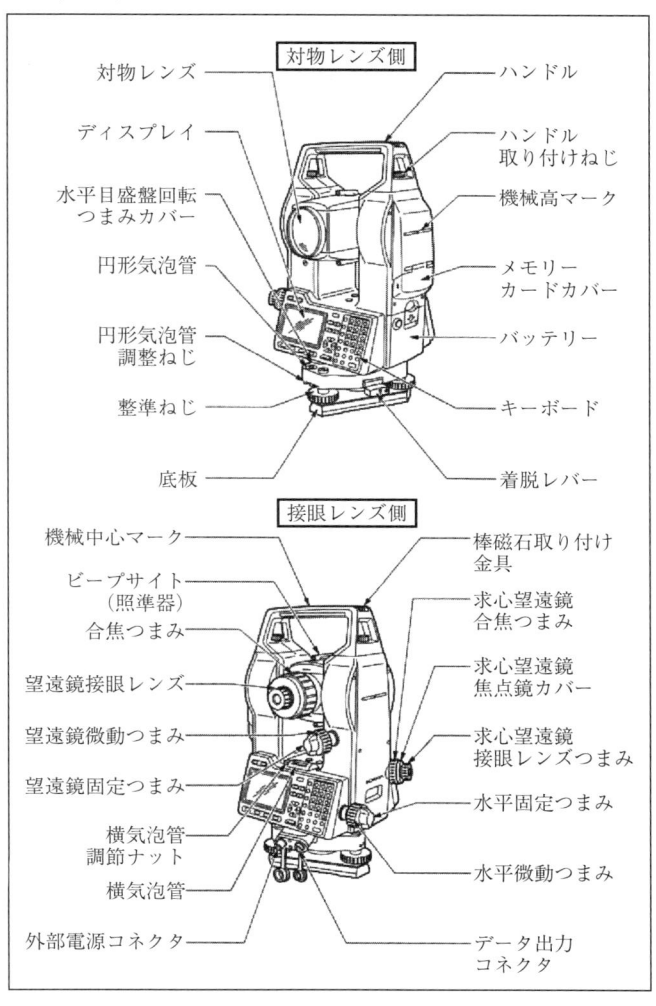

第 1.2.1 図 トータルステーション各部の名称

(3) トータルステーションの種類

トータルステーションの光源は発光ダイオード（LED）の一種であるGa-As（ガリウム・砒素）ダイオードが一般的であるが，レーザーダイオード（LD）やパルスレーザーダイオード（PLD）等，機能やメーカーにより様々である。また，最近のトータルステーションは多くの付加機能を備えており，一概に分類するのは困難であるが機能面から概ね以下のように分類できる。現在，送電線測量において使用されているものは(i)〜(iii)であるが(iv)以下は参照として記載する。

(i) 普及型

測距・測角の基本的な機能を搭載したタイプで，一部の応用測定機能を有するが，観測データはデータコレクタに接続して記録するのが一般的である。

(ii) 多機能型

データコレクタ機能を一体化したもので，普及型に比べて多くの応用機能を内蔵している。本体メモリ機能の他にメモリカードスロット付きや，望遠鏡のピント合わせを自動化したオートフォーカス機能付きなどがある。

(iii) ノンプリズム測距型

近距離（100〜300m程度）であれば，測定目標に反射プリズムや反射シートを設置しないでも測距が可能となるタイプである。これにより，上空の送電線や土地に立ち入らなくても家屋等の測定がある程度可能となり，現在の送電線測量で主流となりつつある。

なお，最新型の機器として以下のようなものがある。

(iv) 自動追尾型

器械操作者が手動で反射プリズムを視準するのではなく，モータ駆動により自動で反射プリズムを視準したりさらに移動する反射プリズムを追従するタイプである。

(v) CCDカメラ搭載型

望遠鏡部にCCDカメラを搭載して，その映像をパソコン画面で確認しながら，一人での観測が可能となり，危険のある現場などでは，遠隔地から現場映像の監視や測定データの収集が行える。

(vi) その他

(iv)・(v)は特殊な環境で使用される場合が多く一般的ではないが，最近ではトータルステーションとGPS受信機を一体型にしたタイプも開発されつつある。

(4) トータルステーションの性能

トータルステーションは国土交通省国土地理院測量機器性能基準により1級〜3級に規定されている。

第1.2.1表　性能基準

機　　　器	性能基準の一部
1級トータルステーション	最小読定値1秒読み 測定精度 5mm + 5×10⁻⁶ D
2級トータルステーション	最小読定値10秒読み 測定精度 5mm + 5×10⁻⁶ D
3級トータルステーション	最小読定値20秒読み 測定精度 5mm + 5×10⁻⁶ D

＊Dは測定距離

しかし，現在使用されている2級トータルステーションの精度は，測角精度3"〜5" 測距精度 $2〜3mm + 2×10^{-6}・D$ となっている。

1.3 トータルステーション使用上の基本事項

(1) トータルステーションの据付方法

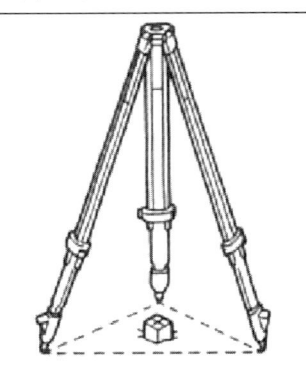

(i) 脚の先端がほぼ三角形になるように等間隔に開き，測点が正三角形の中心にくるように置く。この時垂球（下げ振り）を使うと容易に設置できる。

(ii) 1本の脚をしっかりと踏み込み，残りの2本で脚頭が水平になるように注意しながら，2本とも踏み込む。

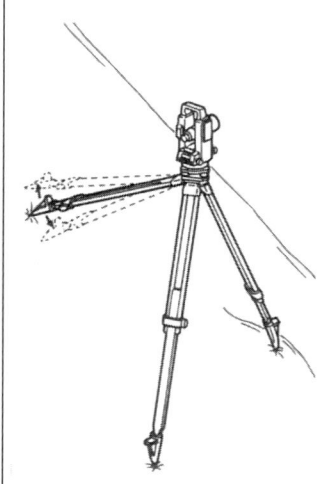

山間部の傾斜地で機器を設置する場合には，三脚を均一に伸ばしてからでは，なかなか脚頭面の水平が出せない。この様な場合には，2本の脚をほぼ均等に伸ばし，斜面の下側に広げて踏み込み，他の1本を短めにして脚頭面が水平になるように調整すると比較的簡単に設置できる。

第1.3.1図　トータルステーションの据付方法

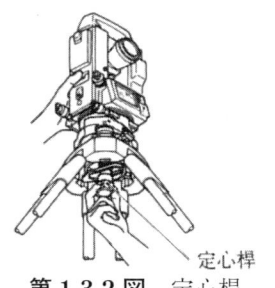

(iii) 三脚のほぼ中央に器械を載せ，片手で器械を押さえながら器械の底板にある雌ねじに三脚の定心桿をねじ込み固定する。

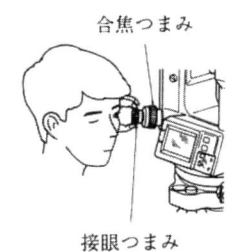

第1.3.2図　定心桿

(iv) 求心望遠鏡を覗き，接眼つまみを回して2重丸（焦点板；この形状はメーカーにより異なる）にピントを合わせる。個人の視力によってピントの合う位置が違うので，このピント合わせは観測者が交替した場合にはその都度行う必要がある。

第1.3.3図　球心望遠鏡

(v) 求心望遠鏡の合焦つまみを回して測点にピントを合わせる。測点が見えない場合には，整準ねじを回転して視線方向を動かしても良いが，それでも見えない場合には脚頭が大幅に傾斜しているか，脚頭の中心が大幅に測点とずれているため，三脚の設置をやり直す。

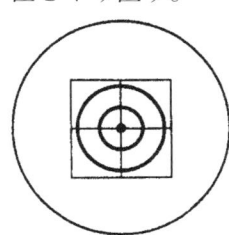

(vi) 求心望遠鏡を覗きながら，整準ねじを回して2重丸の中心と測点の中心を一致させる。

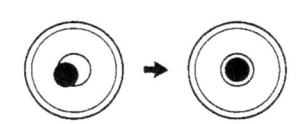

第1.3.4図　2重丸の中心と測点

(vii) 三脚の伸縮により円形気泡管の気泡を中央に入れる。この際は，気泡のよっている方向に遠い脚を伸ばすかまたは，近い脚を縮める。

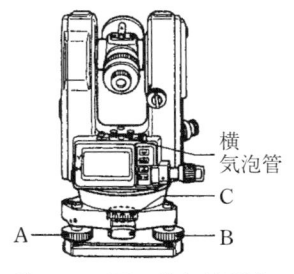

第1.3.5図　円形気泡管

(viii) 水平固定つまみを緩めて，本体を回転させ，横気泡管を整準ネジA・Bと平行にする。整準ネジA・Bを回して横気泡管の気泡を中央に入れる。最近のトータルステーションは，チルト機能の搭載などによりこの作業もデジタル化されている場合もある。

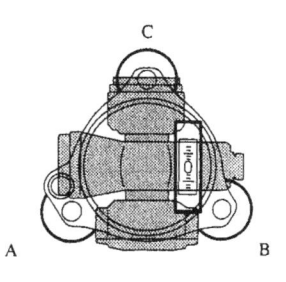

第1.3.6図　横気泡間と整備ネジ

(ix) 整準ネジA・Bを結ぶ直線に垂直な方向に本体を90°回転させ，整準ネジCのみを使って横気泡管の気泡を中央に入れる。

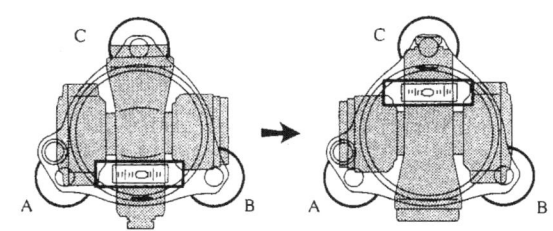

第1.3.7図　整準ネジ

(x) 本体をさらに90°回転させて（A・B面から180°回転した位置），横気泡管が中央にあることを確認する。中央にない場合は，ずれた量の1/2を戻す。これは微細にずれた場合であり，大きくずれている場合には点検・調整の必要がある。

(xi) 本体をさらに90°回転させて（(ix)のA・Bを結ぶ直線に垂直な方向面から180°回転した位置）で(x)と同様にずれた量の1/2を戻す。

(xii) 最後にもう一度求心望遠鏡を覗き，焦点板と測点が一致していることを確認して器械の設置を完了する。ずれている場合には，定心桿を緩め，器械全体を脚頭上で移動して焦点板と測点を一致させ，(viii)～(xi)の作業を繰り返す。

(2) 観測方法
（i）角度の測定

水平角度の測定は一般的に「方向法」と呼ばれる方法で行われる。これは，特定の方向を基準（一般に零方向という）として各側線の水平角度を望遠鏡正・反で測定する方法である。望遠鏡の正のみで測角することを単角観測といい，正及び反で観測することを対回観測（正反観測）という。敷地測量の断面方向やランダム点，縦断測量のSP点，山腹測量は主に単角観測で行われ，基準測量や中心測量・縦断測量の盛替点の測定には対回観測を行うのが普通である。1対回観測の場合の水平角度は $1-r ≒ 180°$ となるため，誤差の確認が比較的容易に出来る。

鉛直角の場合は，水平角度と異なり，どの位置に器械を設置しても，常に基準となる方向は天頂方向（天頂角）または水平方向（高度角）となる。一般に天頂角による場合が多いが，正反観測によって得た天頂角の和は360°になるという特性があるため，誤差の確認が容易である。観測方法は水平角の場合と

同様のため省略する。
(ii) 測定方法
(a) トータルステーションをO点に正しく設置する。

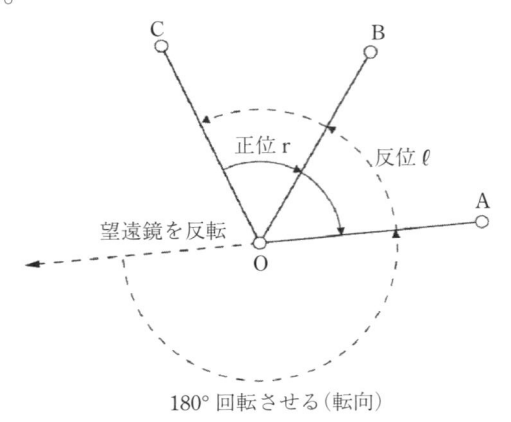

第1.3.8図　正反観測

(b) 水平固定つまみ及び望遠鏡固定つまみを緩め、ピープサイト（照準器）の△マークを基準となるA点の反射プリズム等の目標に合わせ、各つまみを固定する。
(c) 望遠鏡微動つまみ及び水平微動つまみを使ってA点の目標物を視準する。

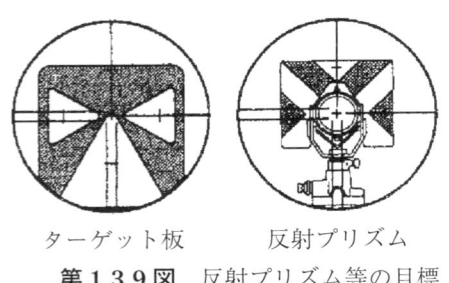

第1.3.9図　反射プリズム等の目標

(d) 水平角度を0°にセットし、鉛直角・距離のデータを取得する。
(e) 上記(b)、(c)と同じ手順でB点、C点を視準して水平角度・鉛直角及び距離を測定し、データを取得する。
(f) 望遠鏡を反転する。

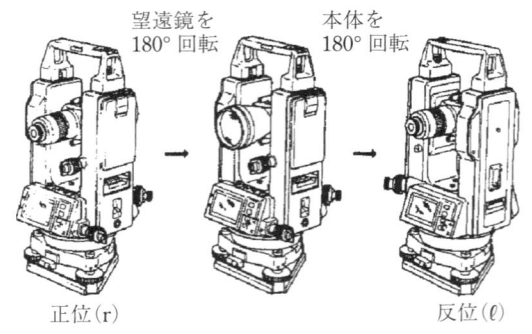

第1.3.10図　望遠鏡の反転

(g) (e)と逆の順序でC、B、Aの測点の目標物を視準して、各データを得る。以上が1対回の観測となる。

(iii) 距離の測定と補正
(a) 距離の測定モードはメーカーにより呼称は様々であるが、概ね精密測定（ファイン）や簡易測定（コース、ラピッド）、トラッキング測定等に分かれる。いずれも測量の精度と方法により使い分ける必要がある。
(b) 距離の補正
・傾斜補正
斜距離を水平距離に直すことを傾斜補正という。
・両差補正
地球表面は球面であることから、測定する2点には異なる水平面が存在する。このことにより生じる誤差を球差という。また、空気密度の変化により、空気中を通る光が屈折するための誤差を気差といい、この球差と気差を合わせたものを両差という。この両差による誤差は、測定距離が100mで1mm以下であり、距離が短い場合にはほとんど影響がないが、トータルステーションに内蔵された機能で自動補正される。
・気象補正
トータルステーションの測距光は大気中を通過するため、大気の状態によって速度が異なり、測距精度に影響を与える。この誤差を消去するために、気象補正機能があり、気温と気圧を入力することで自動補正される。気温と気圧の変化に対する誤差の大きさは、温度1℃の変化で約1ppm（1kmで1mm）、気圧1hPaの変化で約0.3ppm（1kmで0.3mm）である。平坦地では気圧の影響は少ないが、山岳地などでは影響が大きくなる。また同一箇所を測定しても、真夏と真冬など極端な温度差があり気象補正を行わない場合には、測定距離に大きな差異が生ずる場合がある。
・投影補正
公共座標の計算をする場合、水平距離を標高0mの高さでの球面距離（準拠楕円対面上の距離）に直す必要がある。これを投影補正という。

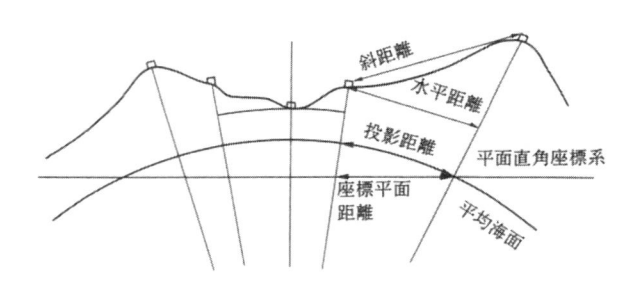

第1.3.11図　投影補正

補正量は標高 H，水平距離 S，地球の半径 R とすると以下の式となる。

補正量 = $-SH/R + SH^2/R^2$

さらに，平面直角座標系の平面距離に直す場合には，準拠楕円体面上の距離に縮尺係数を乗ずる必要がある。

(iv) 観測並び取り扱い上の注意事項

(a) 観測前には求心（測点の線上に正しく器械を設置すること）と整準を行うが，観測中にも随時点検を行う。

(b) 器械を運搬・移動するときは，各部固定つまみは軽く閉めておく。

(c) 器械を三脚に取り付ける際には，落下事故防止のために，完全に器械が定心桿で固定するまで器械を持っている手を放さない。

(d) 観測作業中に，「器械に衝撃を与える」「各固定つまみを締め付けた状態で器械を回す」「各部のつまみを必要以上に締め付ける」「各部のネジやつまみを無理矢理回す」等の行為は故障の原因となるため，絶対に行ってはならない。

(e) 作業終了後，器械を格納ケースに収納する際にはレンズの埃を取りキャップをして各固定つまみを軽く閉め，整準ネジを元の位置に戻しておく。

(f) 格納ケースに器械を収納するときは取り出したときと同じ状態にし，格納ケースの蓋は無理に閉めない。

(g) 降雨時に使用した場合は，現在のトータルステーションはほとんどが防塵耐水構造ではあるが，十分に水気を拭き取り乾燥させる。

(v) 点検と調整

測量器械を使用する前には，器械が正常に機能していることを確認する必要がある。運搬中や作業中に何らかの衝撃を受けたと思われる場合には必ず点検する必要がある。しかし，従来の光学式のトランシットと異なり，現在のトータルステーションは電子式のため測量技術者による点検・調整が困難なため，以下に現場の三脚上で点検・調整できるものについて説明する。

(a) 横気泡管の点検と調整

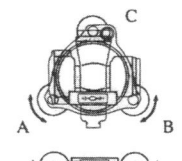

① 水平固定つまみを緩めて，横気泡管が整準ネジ A・B と平行になるように本体を回転させ，軽く固定する。
整準ネジ A・B を回して横気泡管の気泡を中央に入れる。

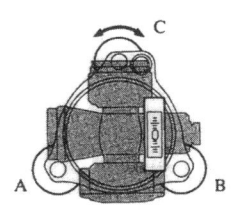

② 本体を 90°回転させ，整準ネジ C で横気泡管の気泡を中央に入れる。

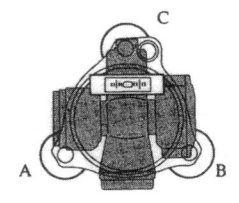

③ さらに本体を 90°回転させ，横気泡管の気泡が中央にあるか確認する。中央にある場合は正常である。

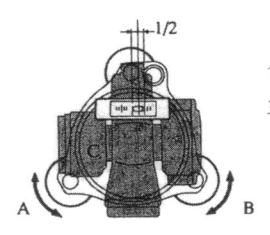

④ 中央からずれている場合には，ずれた量の 1/2 を整準ネジ A・B で戻す。

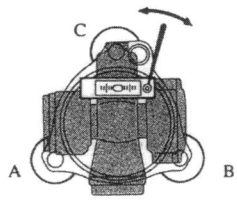

⑤ 気泡のずれの残りの半量を，横気泡管調整ナットで気泡が中央に位置するように修正する。

⑥ ①～⑤を何回か繰り返し行い，どの方向でも気泡が中央に来るように調整する。

第 1.3.12 図 横気泡管の点検と調整

(b) 円形気泡管の点検と調整

① 調整された横気泡管で本体を正しく整準する。

② この時円形気泡管の位置が中心にある場合には正常である。

③ 気泡がずれている場合には，ずれている方向とは逆の円形気泡管調整ネジを緩めて，気泡が中心となるように調整する。

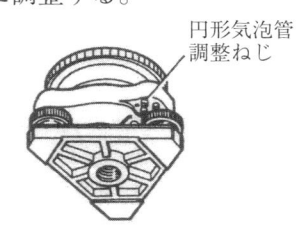

第 1.3.13 図 円形気泡管調整ねじ

④ 3 本の円形気泡管調整ネジの締め付けが同一となるようにネジを締め付ける。締め付けが同一でない場合には再度円形気泡管の位置が狂う原因となるので注意する。

＊以上横気泡管と円形気泡管の調整方法は据付型反射プリズムでも同様に行える。

(c) 距離の点検

個々の器械は構成部品等の特性により，その測定

値と実距離の間には，若干のずれがあるのが普通である。このずれを測距定数（機械定数）という。このずれは器械の出荷時にゼロになるように調整されており，ほとんど変化することはない。また定期的に第三者機関等で校正・調整されていればほとんど気にする必要はないが，使用中に衝撃を与えた場合などには点検をすることが望ましい。点検手順を以下に示す。

① 平坦な場所に約100m程度隔ててA点とB点を設置する。
② AB線上のほぼ中間地点にC点を設置する。
③ A点に器械を据えて，ABの距離を測定する。

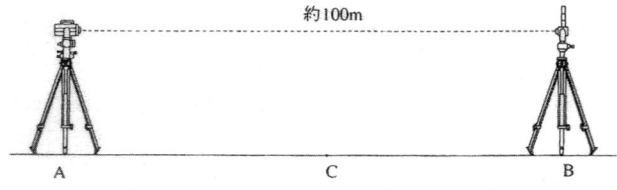

第1.3.14図　距離の点検（その1）

④ C点に器械を据えて，ACとCBの距離を測定する。

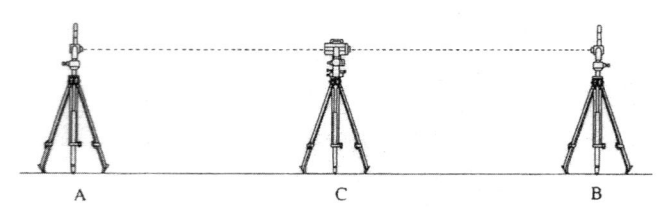

第1.3.15図　距離の点検（その2）

⑤ 距定数Kは
　　K = AB − (AC + CB)
⑥ 上記3及び4の手順を2〜3回繰り返して，Kの絶対値がメーカーの測距精度仕様より小さい値であることを確認する。Kの値が大きい場合にはメーカーに点検・調整を依頼する。

1.4　トラバース測量

トラバース測量の種類は「測量準備4・6」，観測方法は「付録1・3・(2)」において記載してあるため，ここではトラバース測量の計算方法について記述する。

トラバース計算とは各測点間の方向角と辺長及び高低差から各測点の3次元座標を算出することである。

(1) 水平距離の計算
　　$S = L \cdot \sin\gamma$（γが天頂角の場合はsin，高度角の場合はcosとなる。）
　　S：水平距離
　　L：斜距離…実測値
　　γ：鉛直角

(2) 高低差の計算
　　$S = L \cdot \cos\gamma + Ih$（器械高）− mh（反射プリズム高）（$\gamma$が天頂角の場合はcos，高度角の場合はsinとなる。）

(3) 方向角の計算

方向角とは基準となる方向を座標軸とした場合，その基準となる方向からの角度である。公共座標系に取付けた場合には，N方向が基準のX軸となるため，方位角とも呼ばれる。なお，測量座標は数学座標やCAD座標とX・Y軸が異なるため注意が必要である。

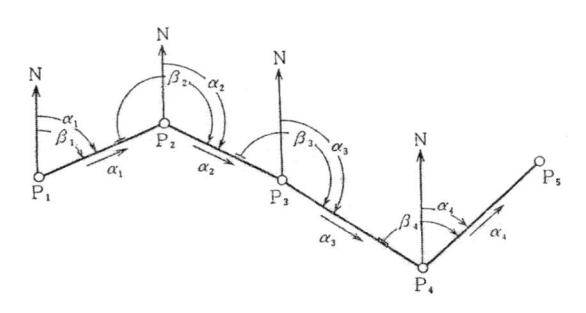

第1.4.1図　交角と方向角

$P_1 \rightarrow P_2 : \alpha_1 = \beta_1$
$P_2 \rightarrow P_3 : \alpha_2 = \alpha_1 + \beta_2 - 180°$
$P_3 \rightarrow P_4 : \alpha_3 = \alpha_2 + \beta_3 - 180°$
$P_4 \rightarrow P_5 : \alpha_4 = \alpha_3 + \beta_4 - 180°$
P_n：測点（トラバース点）
β_n：P_n点における観測夾角（水平角）
α_n：P_n点から次点への方向角
$P_n \rightarrow N$：P_n点における基準方向

(4) 座標計算（トラバース計算）

(1)，(3)で求められた水平距離と方向角を用いて各トラバース点間の座標差（緯距$\triangle x$、経距$\triangle y$）を求め，その累計として各測点の座標を算出する。

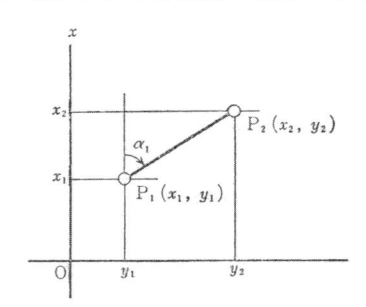

第1.4.2図　座標計算

上図でP₁からP₂間の座標差（$\triangle x_1$, $\triangle y_1$）は
　　$\triangle x_1 = S_1 \cdot \cos\alpha_1$
　　$\triangle y_1 = S_1 \cdot \sin\alpha_1$
ゆえにP₂の座標（x_2, y_2）は，

$x_2 = x_1 + \triangle x_1$
$y_2 = y_1 + \triangle y_1$

となり，これを順次繰り返し計算することで各トラバース点の座標を取得する。

　S_1：P_1，P_2間の水平距離
　α_1：P_1よりP_2への方向角

また，各トラバース点間の高低差を累計することで各点のZ座標を算出する。

(5) 座標計算（逆計算）

トラバース計算とは反対に，座標により2点間の水平距離と方向角を求める計算である。

$P_1(x_1, y_1) \rightarrow P_2(x_2, y_2)$における2点間の距離及び方向角を算出する場合，2点間距離は，x座標、y座標それぞれの座標差$\triangle x = x_2 - x_1$，$\triangle y = y_2 - y_1$を使い，三平方の定理により算出する。

2点間距離$= \sqrt{(\triangle x)^2 + (\triangle y)^2}$

方向角αの計算は，
$\tan^{-1}(\triangle y / \triangle x) = \theta$を算出して以下の条件を考慮して行われる。

　　$\triangle x > 0$かつ$\triangle y > 0$の場合，$\alpha = \theta$
　　$\triangle x < 0$かつ$\triangle y > 0$の場合，$\alpha = 180° - \theta$
　　$\triangle x < 0$かつ$\triangle y < 0$の場合，$\alpha = 180° + \theta$
　　$\triangle x > 0$かつ$\triangle y < 0$の場合，$\alpha = 360° + \theta$

1.5　平板測量

(1) 従来の平板測量

平板測量は、図紙を敷いた平板を三脚に固定し，その上でアリダードとよばれる縮尺定規付きの視準器具と巻尺・ポール等を使って，地物や地形の状況を現地で直接記入・図解したり，見通し線（視準線）の傾斜を測定して土地の比高を求めたりする測量である。

これは，使用する器械もその操作も簡単で，迅速に測量の成果を作製することができ，また現地に対照して測図と同時に大きな誤りを直ちに補正できるので，地形測量、地籍測量，農林測量などで広く利用されてきた。

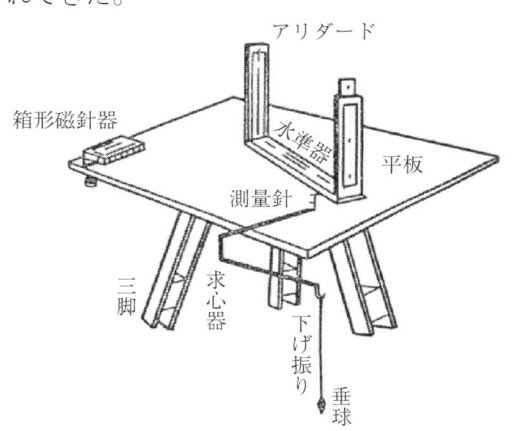

第1.5.1図　従来の平板測量

しかし，測量結果は手描の図面が主体であり，昨今の測量精度の向上や電子化・デジタル化に対応できなくなったために姿を消しつつある。現在は，従来の平板測量の『観測しながら図面の作製が出来る』という特性を活かしつつ，現在の測量システムに対応する機能を有した電子平板測量がこれに変わりつつある。

(2) 電子平板測量

電子平板測量とは，一般にトータルステーションと平板測量用ソフトを搭載したノートパソコンやペンコンピュータをオンラインもしくは無線機を介して接続し，計測したデータを転送し，現地にてパソコン上で計測したデータを確認しながら編集処理して地形図を作成する測量方法である。

第1.5.2図　電子平板測量ソフトを搭載したペンコンピュータ

一般的な電子平板測量の作業手順を以下に示す。

| 作業計画 | 作業範囲，作業方法，使用機器，要員，日程を立案する。 |

| 基準点の設置 | トラバース測量等により細部測量に必要な基準点を測設する。 |

| 細部測量 | 基準点にトータルステーション等を設置して，地形・地物を測定して必要なデータを取得する。測定結果を電子平板のディスプレイ上に表示して，編集機能を用いて地形図の編集及び点検を現地にて行う。 |

| 編集 | 地形，地物などの数値地図データ編集作成 |

| 地形原図作成 |

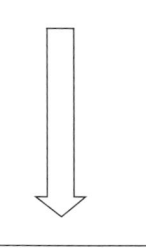

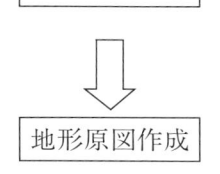

1.6 プレハブ架線用精密測量

(1) 支持点間精密測量の概要

プレハブ架線工法で必要な電線条長（工場で作成する電線の長さ）のデータを得るための鉄塔本点間精密測量と電線実長（クランプを取付ける長さ）を得るための支持点間精密測量を総称してプレハブ架線用精密測量という。

この測量の概要および注意事項は下記のとおりである。

(i) 電線条長は、支持点間精密測量の結果より計算することが望ましいが、鉄塔組立完成から電線の延線開始までの期間が短い場合が多く、電線の製作が間に合わないので、上記の鉄塔本点間精密測量を工事着手と同時に測量して、その結果から計算された電線実長の予測値に基づいて電線を作成する。

(ii) 支持点間精密測量は、鉄塔組立完了後延線作業開始前に、電線支持点間の水平距離と高低差をmm単位まで精密に測量する。さらに各種の補正をして、電線実長を計算する。

(iii) トータルステーションその他測量器具の仕様及び取り扱いは、基準測量を参照。

なお測量を実施する際には、次のようにして測量のミスを防止する。

(a) 測量データは測量条項を指定した野帳に記入するか，またはデータコレクタやパソコンに直接取り込む。

(b) 測量作業における人為的ミスとトータルステーションの固有誤差防止のため器械は２台使用する。

(c) 計算ミス防止のため，パソコンやポケットコンピュータ等を使用する。

(d) 腕金への反射プリズム取付け位置の確認

測量技術者は，反射プリズムの取付け位置を図面等に明記して，取付け作業者（電工）に誤りなく指示するとともに観測時には取付け位置の確認を行い，測量成果の錯誤防止を図る。

(e) 測量器械の点検

トータルステーションは，第三者機関で定期的に点検・校正年したものを使用するが，測量前に自社検査をすることが望ましい。

(2) 鉄塔本点間精密測量

(i) 測量の方法

本点間を直接測量するのが望ましいが、一度に見通せない場合は、TP杭等を利用して数回に分けて測量するか，トラバース測量を行う。いずれの場合にも測量誤差を少なくするためできるだけ盛替点を少なくするように心掛ける。

(ii) 計算式

鉄塔中心間測量結果から各径間における電線支持点間の水平距離および高低差を下式により計算する。

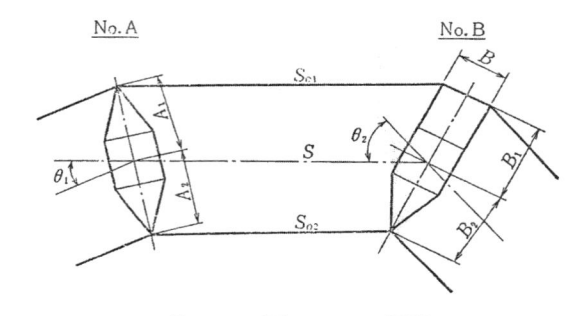

第1.6.1図　A～B径間

(a) 支持点間水平距離

$So_1 = S + A_1 \cdot \sin\theta_1/2 + B_1 \cdot \sin\theta_2/2 - B/2 \cdot \cos\theta_2/2$

$So_2 = S - A_2 \cdot \sin\theta_1/2 - B_1 \cdot \sin\theta_2/2$

$So_1 \cdot So_2$：各回線ごとの支持点間水平距離〔m〕
S：鉄塔本点間水平距離〔m〕
$A_1 \cdot A_2$：A鉄塔中心から各回線ごとのアーム長さ〔m〕
$B_1 \cdot B_2$：B鉄塔中心から各回線ごとのアーム長さ〔m〕
$\theta_1 \cdot \theta_2$：水平角度〔度〕
B：箱アーム幅〔m〕

(b) 支持点間高低差

$h_0 = (h_B \pm h_G) - h_A$

h_0：支持点間高低差〔m〕
h_A：A鉄塔の支持点高さ（FLを含む）〔m〕
h_B：B鉄塔の支持点高さ（FLを含む）〔m〕
h_G：A鉄塔とB鉄塔の地盤高低差〔m〕

また支持点間予測計算表の一例を第1.6.1表に示す。

(3) 支持点間精密測量

支持点間精密測量には，各電線支持点に反射プリズムを取付けて測定する方法と，反射プリズムを取付けず地上に測設した基線によって行う方法等が，従来一般的であった。近年では，鉄塔の腕金を地組する際に予め反射シートを腕金先端等に取付け、塔上作業なしで測量する方法やノンプリズムトータルステーションによる方法等も採用されている。これら測量はいずれの方法でも正確を期するため、トータルステーションの据付位置を変えて２回実施し，その誤差が許容範囲（一般に水平距離・高低差ともに±20mm程度）を超えた場合は再測量を行い，誤差が許容範囲内の場合にはその平均値を測量結果とする。

なお，反射プリズムや反射シートを取りける場合に，その取付け位置が電線支持点と異なる場合には，補正を行う必要がある。

以下に，従来より最も一般的に行われている三角法

第1.6.1表 支持点間計算値表

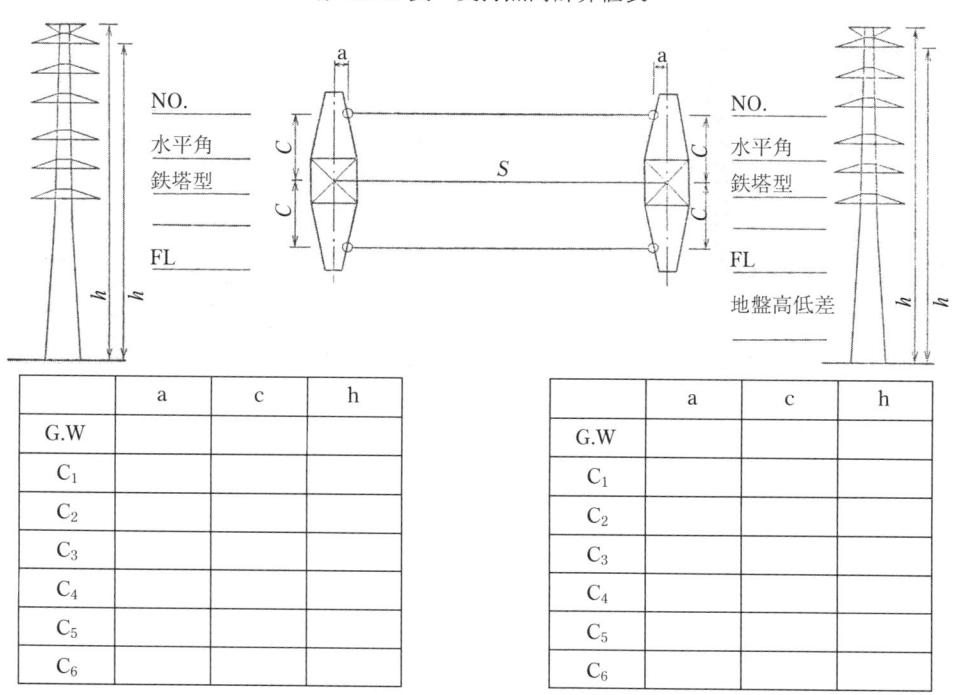

	a	c	h
G.W			
C_1			
C_2			
C_3			
C_4			
C_5			
C_6			

	a	c	h
G.W			
C_1			
C_2			
C_3			
C_4			
C_5			
C_6			

について概説する。

(ⅰ) 三角法（二辺夾角法）

この方法は各相電線の支持点に反射プリズムを取付けて、トータルステーションを地上に据えて測量する方法である。

(a) 電線支持点(1)・(2)が見通せる位置にトータルステーションを設置する。
(b) 電線支持点に反射プリズムを取付ける。
(c) 距離 L_1, L_2・鉛直角 V_1, V_2・水平角 α を測定する。

　水平角 α：対回観測
　鉛直角 V：正反観測

距離 L_1, L_2：5回以上行い、その平均値を取る。

(d) A点・B点の二箇所で測定する。
(e) 計算方法は以下のとおりである。

① 支持点間水平距離
$$S = \sqrt{S_1^2 + S_2^2 - 2S_1 \cdot S_2 \cdot \cos\alpha}$$
$$S_1 = L_1 \cdot \cos V_1$$
$$S_2 = L_2 \cdot \cos V_2$$

② 支持点間高低差
$$H = h_2 - h_1$$
$$h_1 = L_1 \cdot \sin V_1$$
$$h_2 = L_2 \cdot \sin V_2$$

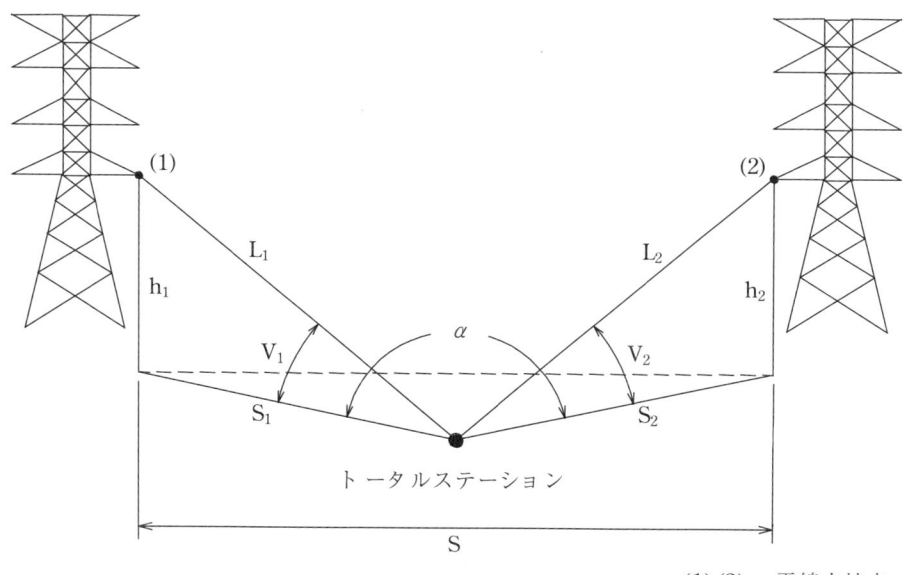

(1)(2)：電線支持点

第1.6.2図 三角法

(3) 支持点間水平距離・高低差の補正計算
(i) 反射プリズムを電線支持点に取付けた場合

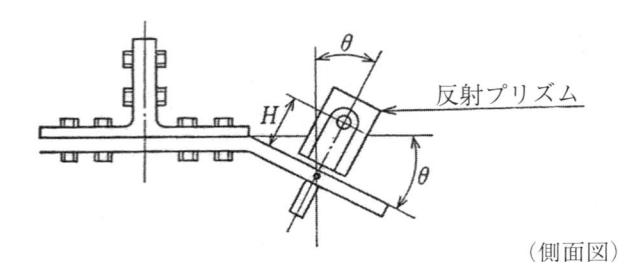

第1.6.3図 電線支持点に反射プリズムを取付けた場合

反射プリズムが上図の場合には下式により補正値を算出する。

ΔS（水平補正値） $= H \cdot \sin\theta$

Δh（高低差の補正値） $= H \cdot \cos\theta$

(ii) 反射プリズムを電線支持点以外に取付けた場合

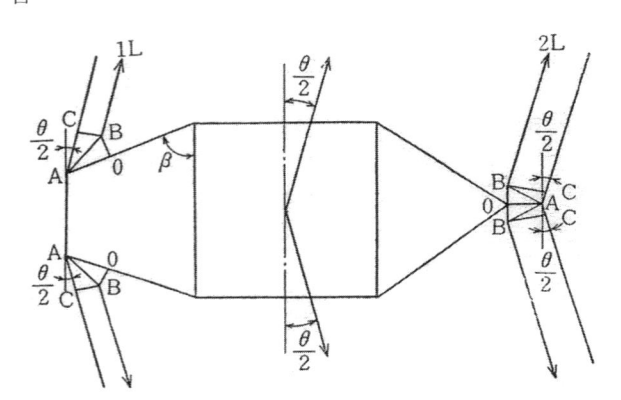

第1.6.4図 電線支持点以外に反射プリズムを取付けた場合（全体図）

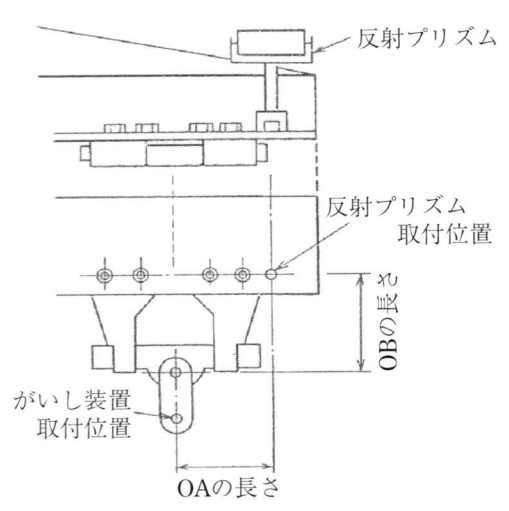

第1.6.5図 電線支持点以外に反射プリズムを取付けた場合（詳細図）

電線支持点以外のところへ反射鏡を取付けた場合の補正量ACは下式により計算する。
（1L側）

$AC = AB \cdot \cos \angle BAC$

$\angle BAC = \beta - \angle OAB - \theta/2$

$\angle OAB = \tan^{-1} OB/OA$

（2L側）

$AC = AB \cdot \cos \angle BAC$

$\angle BAC = 90 - \angle OAB + \theta/2$

$\angle OAB = \tan^{-1} OB/OA$

A：反射プリズム取付け点
B：電線支持点
β：腕金角度
AC：水平補正量

(iii) 懸垂がいし装置を使用する懸垂鉄塔の場合は,懸垂がいし装置の真上に反射プリズムを取付け,がいし装置長の分だけ高低差を補正する。

(iv) V吊がいし装置を使用する懸垂鉄塔の場合は，下図のように反射プリズムを取付け，前後の径間距離の補正を行い，反射プリズムと電線支持点の

第1.6.2表 プレハブ電線用支持点径間長および高低差比較表

線路名　　　　　　　　　　　　　　　　　　　　　　　　　　　　　　　　No.

鉄塔番号	仕様	1L（回線）								2L（回線）							
		GW		上相C		中相C		下相C		GW		上相C		中相C		下相C	
		S	H	S	H	S	H	S	H	S	H	S	H	S	H	S	H
~	計算値																
	実測値																
	差																
~	計算値																
	実測値																
	差																

左右のずれによる補正は極端な場合や短径間の場合を除いて省略しても影響がない。

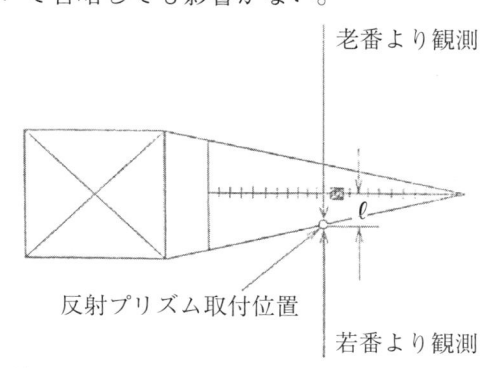

第1.6.6図 V吊りがいし装置懸垂型鉄塔の反射プリズム取付位置

$S_1 = L_1 + l$
$S_2 = L_2 + l$
S_1：老番側の支持点間距離
S_2：若番側の支持点間距離
L_1：老番側の実測距離
L_2：若番側の実測距離
l：補正量（塔上にて実測する）

(v) 支持点間精密測量の結果と鉄塔本点間精密測量を基に算出した予測値との差が大きい場合には，改めてその原因を調査する必要がある。第1.6.2表のような比較表を作成しておくと便利である。

1.7 用地測量

用地測量は事業計画に基づき，土地および建物などについて調査測量し，用地買収，その他に必要な図面資料（第1.7.1図 用地測量図）を作成する。

(1) 測量の範囲
(i) 鉄塔敷
(ii) 送電線線下土地
(iii) 周辺の道路および水路敷など
(iv) 分筆に必要とする土地

(2) 作業内容
(i) 資料のチェック

資料のチェックは，公図写，土地調査表（第.7.1表）など，既調査の資料を提供された場合は，公図および権利関係のチェックを行う。

測量範囲内に該当する公図写および土地調査表の内容について，変更の有無などを法務局などで照合する。

また，測量範囲内の所有者，諸権利者などについて，住所などを確認する。

上記の結果，変更・相違などが発見された場合は，公図写および土地調査表を修正する。

(ii) 境界の調査確認
(a) 私有地の境界立会

現場における筆別境界確認については，関係者の立会のもとに測量範囲内の土地所有者，隣接地所有者などの立会を求め，境界を確認する。

この場合，登記簿などに表示されていない権利（借地権・耕作権など）の調査も併せて行い，土地所有者および諸権利者の住所，氏名を確認する。

(b) 官公有地の境界立会

官公有地の境界立会は，私有地の境界立会に準ずるものとし，境界査定の手続きを必要とする場合は，受託者がこれを行い，関係所有者および官公有地管理者の立会により，官民境界の査定を受け境界を確認する。

この場合，官公有地境界確認書などの交付を受ける。

(c) 確認した境界点の処理

確認された境界点は原則として仮杭を設置する。なお工事中，通行などにより，移動消滅の恐れがある場合は，復元可能な措置を講ずる。

(3) 測量に際しての注意事項
(i) 多角基準点を設け骨組測量を実施したものの測量に当っては三角点又は道路基準点を既知点として測量を行う。

(ii) トラバース測量

用地測量も技術測量同様，トータルステーションを使用した方法であるが，ここでは従来の方法を示す。

(a) トラバース測量における測角は，倍角法（又は反復法）により行い，反復回数の平均値とする。

(b) トラバース測量における距離測定は，鋼製巻尺を用い，往復2回以上とし，その平均値とする。

(c) トラバース測量における閉合比（誤差）は，下記を限度とする。
・森林山地：1/500
・郊外農地：1/1000
・市街地：1/5000

(4) 面積の測定
(i) 面積測定の範囲
(a) 対象土地は，送電線，線下幅員（保安幅員を含む）および鉄塔敷とする。
(b) 所有権移転および権利設定などのため，対象土地が3分割される場合はその筆全部とする。
(c) その他必要な土地（送電線線下土地，又は一団の用地内における道路，水路，河川，沼，鉄道などの敷地）

(ii) 求積
(a) 面積計算は求積小単位ごとに，倍面積を小数点第4位まで算出する。

これにより計算した数値を筆ごとに合計し，その

数値を2で除した数値を小数以下2位まで記入する。(3位以下切捨て)
(b) トラバース測量による場合は，座標計算による。

(5) 図面仕様

種類	紙質	標準規格寸法	縮尺
実測図の原図	ケント紙 色：乳白色	縦40cm×横110cm 又は縦40cmの長尺ロール	1/300 又は 1/500
透過図の原図	ポリエステル，トレーシングフィルム（マイラー＃300）	縦40cmのロール巻きとし，横は亘長5kmまでを標準長の1巻とするが，5km以内において行政境などで分かれる場合は，適当に長さを加減する。	1/300 又は 1/500

(6) 図面への記載事項
(i) 土地の所在，地番，地目（公簿と現況），地籍筆番号
(ii) 土地所有者の住所，氏名（公簿と現況）
(iii) 縮尺および方位
(iv) 実測年月日および実測者の資格・氏名・印
(v) 送電線，線下図は径間，番号．部分図の場合の接合番号
(vi) 境界標識の種別
(vii) 道路，水路などの幅員
(viii) 多角基準点を設定してある場合は，符号および番号
(ix) 地番別または，所有者別の三斜線および地積計算表（平板測量の場合）
(x) 鉄塔敷地周囲のまわり間（境界点間の距離を記入）
(xi) 抵当権と根抵当権（抵当権金額の最大限度額）を除く第三者の権利

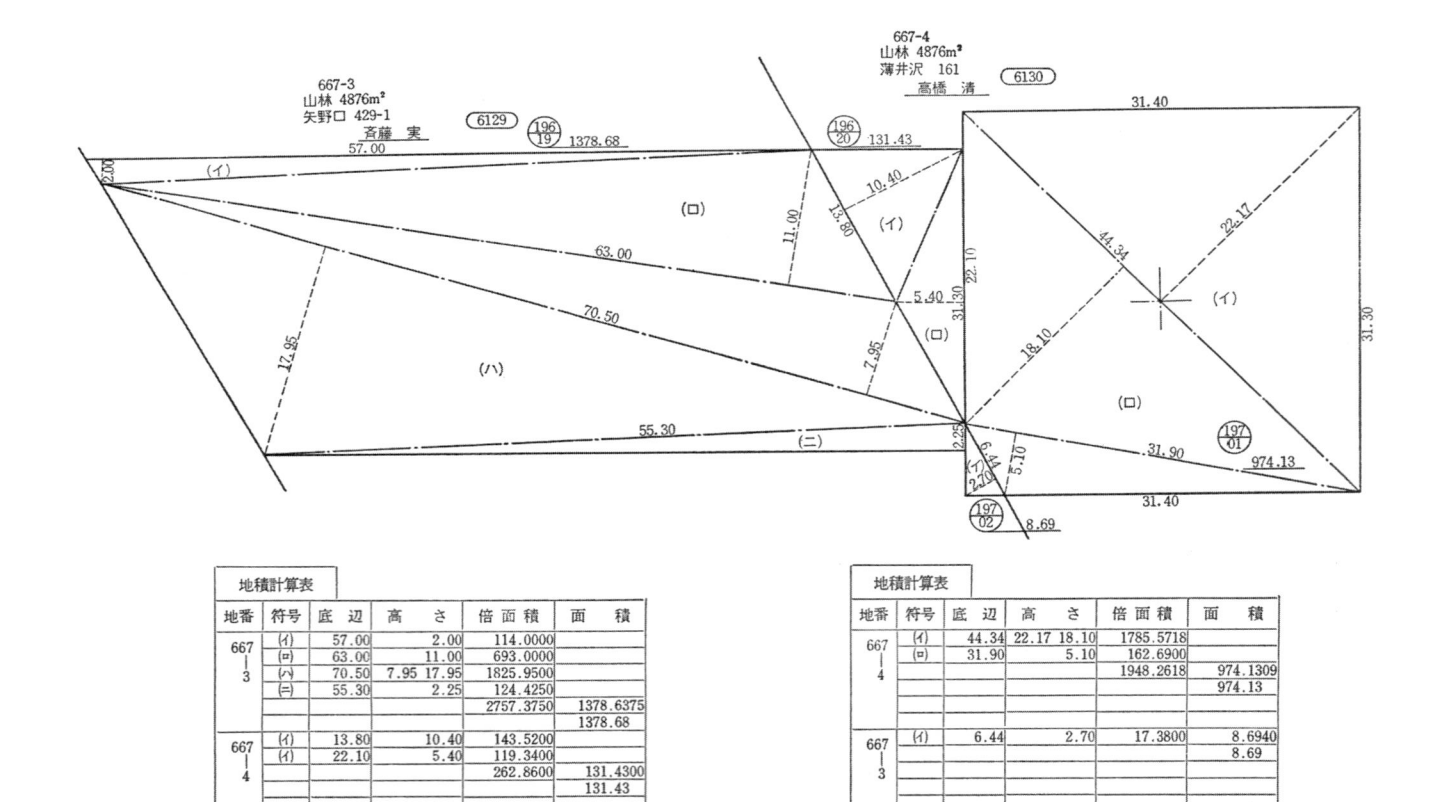

第1.7.1図 用地測量図

第1.7.1表　土地調査表

不動産登記簿					用　　　地		土地登記簿調査	調査年月日		調査者印	
所　在	市郡 町村 大字 字　　　　　　番			分筆の部	符号	地積 m²	法人登記簿又は商業登記簿調査				
							戸籍簿等調査				
地　目		地積	m²				現況調査				
所有者							路線価（　　）				
					残　地		課税評価格（　　）				
登記年月日	第　　　号				符号	地積 m²	所有権以外の権利又は仮登記及び予告登記の調査				
原因・日付											
最終支号											
備　考					符号	地目	地積				
戸籍簿等、法人登記又は商業登記簿				現況調査の部							
住　所											
氏名又は名称	生年月日										
備　考 法人の場合は代表者の住所・氏名											

付録2 調査測量の先進技術

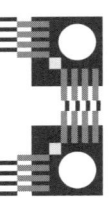

付録2.1 航空測量

　送電線のルート調査は，一般的にルートゾーンの選定など初期の段階では1/50,000 1/25,000 1/5,000など市販の地形図を利用している。さらに，ルートが絞り込まれた段階で航空測量により1/5,000 1/2,000 地形図と地形データを作成し，基本ルートの選定や縦断検討などに利用している。この地形図を作成するための航空測量は，従来，航空カメラを搭載した飛行機から地表面を撮影し地形を図化する手法で，作成に多大の労力と，その精度を保つため多くの経験と技術が必要であった。最近の航空測量技術は，GPSやレーザー計測など様々なテクノロジーを利用してコスト低減，精度の向上が図られており，その技術革新の背景には次のようなことがあげられる。

・IT革命（情報の電子化）
・軍事技術の民間への解放
・効率的な情報の収集の必要性
・低コストでの情報収集

　最近では，航空写真測量に代わり，レーザを使い，機上から地形のデジタルデータが取得できる航空レーザ測量が行われるようになった。
　なお，航空写真測量の誤差が，現地測量誤差を上回るケースがあるのに対し，航空レーザ測量の誤差は，現地測量誤差と差異がないまでに精度向上が図られつつある。

2.1.1 最近の航空写真測量

　最近の航空カメラには，GPS受信機やIMUが内蔵されており，カメラの位置と姿勢（ローリング，ピッチング，ヘディング）も計測され，空中三角測量が省略される。
　また，カメラ本体もデジタルカメラとなり，デジタル図化機とともに，省力化が図られている。

(1) GPS
　地理座標が既知である地上基準局においてGPS受信データと照合することにより，航空機の位置すなわちカメラの位置を高精度に得ることができる。
　高速に飛行する航空機の位置を精度良く求めるためには，計測対象地域から30km以内の三角点や公共基準点上にGPS基地局を設置する必要がある。
　GPSデータは，地上と航空機で同時に取得し，キネマティック基線解析により航空機の位置を求めることができる。1秒間に航空機は数十mも進んでしまうため，その間データをIMUで補う。
　GPS (Global Positioning System) とは，米国国防総省により開発された，28衛星の運用で全地球をカバーし，地球上どこでもいつでも高精度の3次元測位を可能にする測位システムである。

第2.1.1図　地上GPS基地局

(2) 電子基準点
　電子基準点のデータ配信技術は進歩してきており，電子基準点データの利用が主流となりつつある。
　電子基準点は，高さ5mのステンレス製のタワーにGPS衛星からの電波を受信するアンテナと受信機が内蔵された構造になっている。
　得られたGPS観測データは，リアルタイムでつくばの国土地理院に集められる。現在は，全国約1,200点以上の電子基準点が設置されている。この場合は，既知点となる三角点に行く必要がなく，地上GPS地上局の設置も省略される。
　従来は，航空写真撮影前に標定点用の基準点測量を行うとともに，写真上に基準点を明瞭にするために対空標識を山の上などの国家基準点に設置していた。
　GPSや電子基準点を利用することにより，現地作業を大幅に省くことができる。

第2.1.2図　電子基準点

(3) IMU
　従来，解析空中三角測量を行う場合は，撮影され

た写真上の基準点（対空標識）からカメラ位置と傾きを計算で求めていた。

最近では，カメラ位置をGPSから，カメラの向きをIMUからそれぞれ計測データとして直接求めることができる。

第2.1.3図 IMU装置

IMU (Inertial Measurement Unit) とは，移動体の加速度を計測する加速度計と加速度計の姿勢を計測する3軸のジャイロから構成されており，自立的に移動体の位置を求めることができる慣性測位システムである。

(4) デジタル航空カメラ

デジタル航空カメラは，通常のアナログカメラに比べ色彩の再現性が高く，1回の撮影でカメラ，レンズを替えることなくカラー，モノクロ，近赤外の撮影ができ，デジタルカメラなので，フィルムが不要で，現像など写真処理も行なう必要がない。

第2.1.4図 航空機搭載用デジタルカメラ

そのため，災害時など急を要する撮影や，陰影部の部分が多い山間部の撮影，植生調査などに威力を発揮する。デジタルカメラからの映像はコンピュータ処理により再現され，色彩・影部の明暗調整などが自由にできる。

第2.1.5図 DMCカメラヘッド部

またGPS/IMU装置を搭載しているので解析空中三角測量が不要となり，外作業工程を省くことができるので，すぐに図化（計測）を行うことができる。

第2.1.6図 デジタルカメラと航空フィルムの撮影範囲比較

このデジタルカメラ (DMC : Digital Matrix Camera) には，ジャイロ架台に8個のレンズヘッドが配置されている。その内の4個は，12bitのレンジ幅を持つ高解像力パンクロCCDセンサ用のカメラヘッドで，後の4個は近赤外光用のマルチスペクトルカメラヘッドからなっている。最終合成される画像は，横縦画素数13,824×7,680で約1億画素からなる。

従来のアナログ航空カメラのフィルムサイズは，23cm×23cmに対してデジタルカメラの (DMC) の場合，横9.2cm×縦16.6cmである。よって単純にアナログ航空カメラと撮影縮尺を同じにした場合，コース数で1.6倍，1コース当たり，撮影枚数で2.6倍となる。

第2.1.1表 航空カメラの比較

航空カメラ	デジタル航空カメラ DMC(Z/I imaging)	アナログ航空カメラ RC30(Leica)
焦点距離	120mm	150mm
画像サイズ	9.2 × 16.6 cm	23 × 23 cm
デジタルデータ解像度	12μm/dot	スキャニング時に依存
像振れ補正機能	有	有
1フライトの最大撮影枚数	約2000枚	約600枚

(5) デジタル図化機

デジタル図化機は，デジタル航空写真画像を用いてパソコンで三次元計測・図化を行うシステムで，操作はキーボードとパソコンに付属するホイール付マウスを使う。

従来のアナログ図化機のように専用XYハンドル，Z盤をつけて使うことも可能である。

また立体観測装置（液晶シャッター方式）を導入することにより，デジタル航空写真を立体観測しながら標定，数値図化およびデータ編集が可能となる。

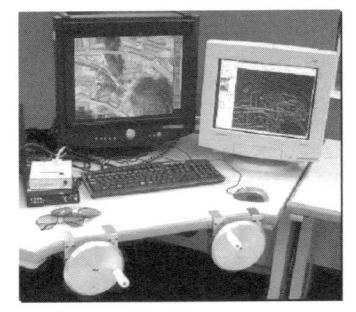

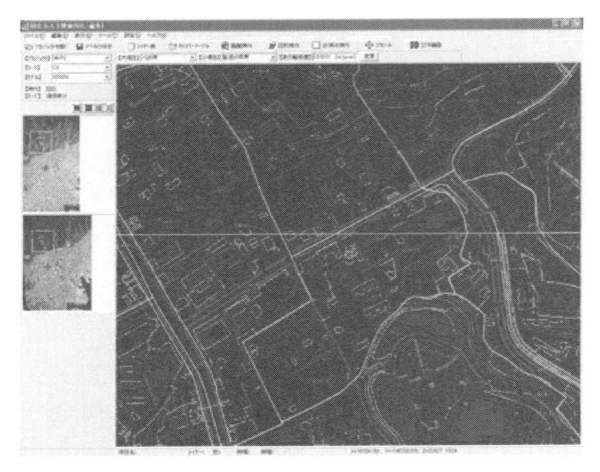

第2.1.7図　デジタル図化機

第2.1.8図　デジタル図化機による地形計測画面

第2.1.2表　航空写真測量　最新と従来の工程比較

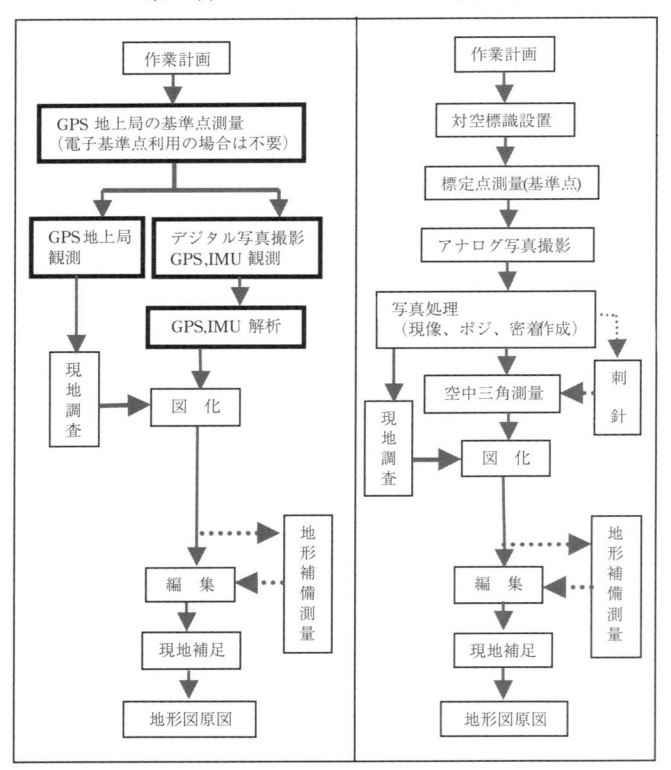

その他の機能として，数値図化やDEM（数値地形モデル）計測作業により取得した三次元計測データを使用してオルソ画像（地図に重なるように正射投影された航空写真ラスター画像）を作成することができる。同時に，正方またはランダムでのDEM計測点の出力や，TIN（不定形三角網）データの生成を行うことが可能である。

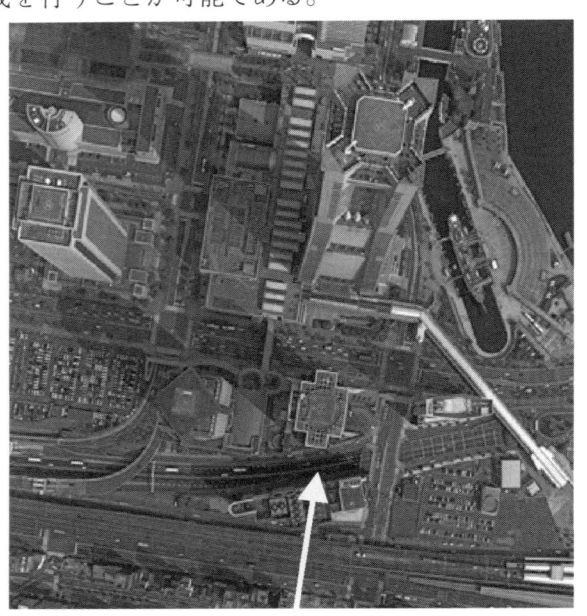

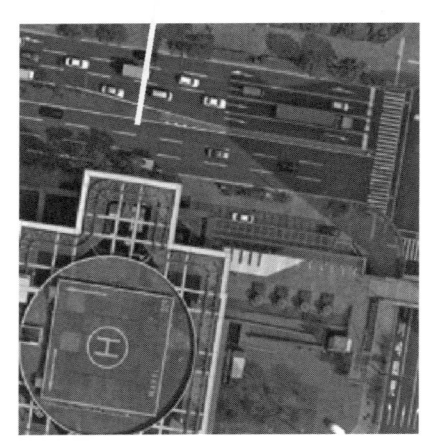

第2.1.9図　デジタル航空画像（全体と部分）

(6) 従来の写真測量との工程比較

これまで航空写真測量を行うには，対空標識設置や標定点測量，空中三角測量の工程によってステレオ写真同士の位置・姿勢の関係を解析的に求めなければならなかった。

これに対してGPS/IMUを使った撮影では，写真一枚・撮影点ごとに位置（X,Y,Z），姿勢（ω, ϕ, κ）が与えられる。

よって，このGPS/IMU計測値を従来の空中三角測量成果の代わりに用いると，その工程が省略化され大幅な工期短縮が実現できる。

現在は，数値地図が主流となり，そのためにはデ

ジタル図化機が必要となるが，デジタルカメラは航空フィルムのようなスキャニング作業が不要となる。

2.1.2 航空レーザ測量

航空レーザ測量は，航空写真測量と比較して様々な特徴がある。
・天候に左右されないため朝夕や高曇りなど，光量が少ない状況下でも計測が可能。
・樹冠の隙間を通して地面にレーザ光が到達するので森林地帯でも正確な地形計測が可能。
・直接的にデジタルデータを取得するので，計測後のデータ処理が迅速に行える。
・対空標識が不要であり計測に際して現地に立ち入る必要がないので，守秘性・安全性が高い。
・精度は，機械的誤差だけで，航空測量のように人為的な誤差が入らない。

航空レーザ測量は，航空機搭載型のスキャン式レーザ測距儀を用いて計測される。航空機に搭載された航空レーザはGPS受信機を内蔵しており，地理座標が既知である地上基準局においてGPS受信データと照合することにより，航空機の位置すなわちセンサヘッドの位置を高精度に得ることができる。また，航空レーザはIMUも内蔵しており，センサヘッドの姿勢も計測されることによってレーザ光の照射位置，照射方向を高精度に把握することができる。一方，レーザ光は高頻度で発射されながら反射ミラーにより左右にスキャンされるため，航空機の進行にともないフットプリント（レーザ光が地上に当たった点）がジグザグに並ぶことになる。最新のレーザの発射頻度は一秒間に10万発のパルスを発射することができ，対地高度も3,000m以上から測定可能である。各フットプリントの間隔は，航空機の対地速度，飛行高度，レーザ光照射頻度，スキャン頻度などの設定によって調整することができる。

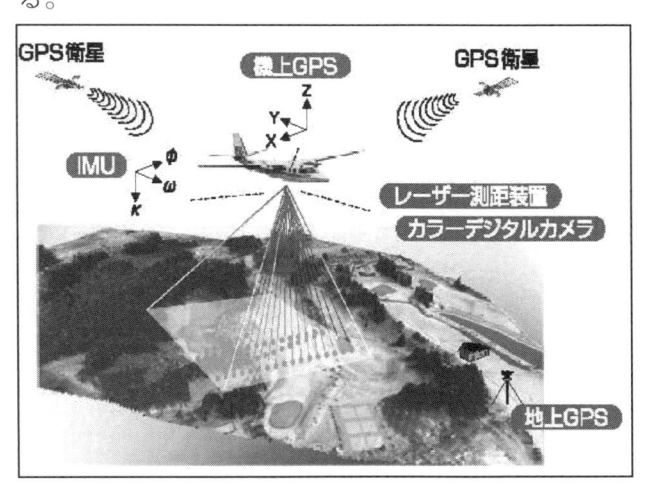

第2.1.10図　航空レーザ計測原理概念図

各フットプリントは，そのレーザ光の照射位置，照射方向データ，およびレーザ光が地上との間を往復する時間から計算される対地距離データを統合することで，その座標が求められる。さらにデジタルカメラも搭載可能で，画像撮影時の飛行機の姿勢と飛行機位置の座標と回転要素が取得できるため，図化用のモデル・オルソフォトなどを簡便に作成することが可能である。

(1) レーザ計測機器

航空レーザの機器構成は，レーザを発信/受信するセンサヘッド部，レーザを制御するコントロール部および位置姿勢を計測するGPS/IMUから成り立っている。その他の装置としてデジタルカメラと記録装置がある。これらの装置を航空カメラと同じように固定翼または回転翼機に取り付ける。

第2.1.11図　センサヘッド部とデジタルカメラ

航空レーザ測量に用いられるレーザ測距装置は，レーザークラスがクラス3A，3Bもしくは4に指定される高出力な物であるため取り扱い，安全管理には十分注意する必要がある。

第2.1.3表　航空レーザ性能例

形式	ALTM2033EDC, ALTM3100DC
運用高度	80〜3,500m
観測幅	930m（対地高度1,000m）
パルス周波数と運用高度	33,000Hz/3,000〜3,500m
	50,000Hz/2,500m
	70,000Hz/1,700m
	100,000Hz/1,100m
高さ精度(1σ)	15cm(対地高度1,000m)
水平精度(1σ)	1/2,000〜1/3,000×対地高度
走査角	0〜±25°（可変）
パルスモード	ファースト/ラスト/中間パルス同時取得
レーザ反射強度	取得可
ビームの拡がり	狭角 20cmまたは30cm(対地高度1,000m)
	広角 80cm（同上）
搭載カメラ	カラー・赤外デジタルカメラ(1,600万画素)

これらのクラスとなると，近距離で直接目にはいると視神経焼損や失明のおそれがある。実際の計測作業では，レーザシステムにより定められた最低安

全高度以下ではレーザが照射されないよう自動停止ロックがかかるようになっている。

(2) 計測方法

地表までの距離は航空機や回転翼から地上に向けてレーザ光を照射し，反射して返ってくるレーザ光を検知し，その往復の時間を測定することにより求める。発射されたレーザ光の一部が樹木や植物などの地物に，残りが地面に当たった場合，反射パルスは複数となる。その最初に当たったパルスをファーストパルス，最後をラストパルス，間を中間パルスという。

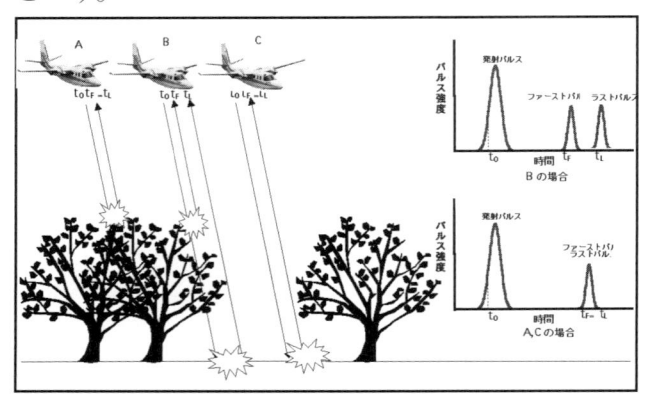

第 2.1.12 図 レーザパルスによる距離計測原理

GPS/IMU データから飛行軌跡算出後，ミラーのスキャン角度，レーザパルスデータを結合して計測点ごとの三次元座標（平面座標，標高値）を算出する。他にも，各レーザパルスの反射強度を取得することができ高さデータ以外の情報が収集可能である。

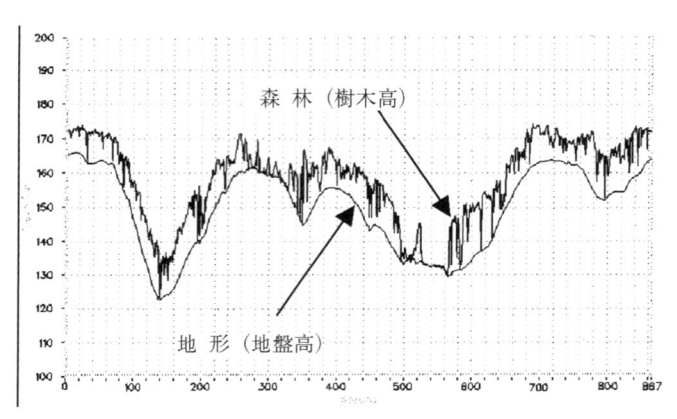

第 2.1.13 図 レーザによる森林断面図

(3) データの種類と特徴

レーザ計測点群データは，地形以外にも樹木・構造物など様々な地物が含まれている。それら地物を取り除き地盤データだけを抽出する処理をフィルタリング処理という。フィルタリング処理では，ラストパルスデータを統計手法や周波数解析など行い地物を除去し，地形データを作成する。

地形，地表を表す点群データに対して内挿計算をほどこすことにより，DEM(Digital Elevation Model：地盤高のメッシュデータ)，DSM(Digital Surface Model：樹木高のメッシュデータ)を作成する。

第 2.1.14 図 DEM　　　**第 2.1.15 図** DSM

航空レーザにより取得される計測データは，ランダムな点の集まりとなる。したがって，目的に適したサイズのTINやDEMを作成するためには，取得計測点密度を地形図の縮尺，等高線の描画を考慮して設定する必要がある。一般的には，DEM 格子サイズより細かくなるような密度で計測点を取得し，内挿処理によりデータ加工される。

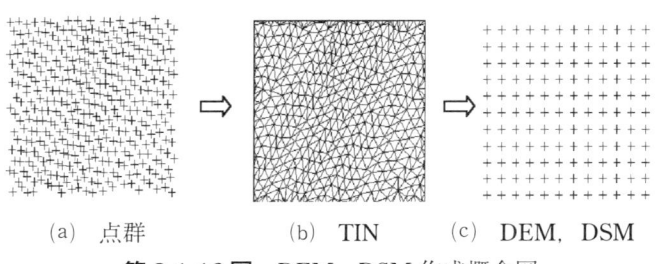

(a) 点群　　(b) TIN　　(c) DEM, DSM

第 2.1.16 図 DEM, DSM 作成概念図

第 2.1.17 図 DEM からの等高線の作成例

(4) 計測精度

レーザ測量の誤差要因には，機械的誤差，計測時と後処理によるデータ計測精度がある。機械誤差は，測量機器の性能による物（第 2.1.3 表　航空レーザ性能例参照）で計測条件により影響する誤差は，ほとんどが GPS に起因している。GPS の精度低下の要因としては，基準局との基線距離，受信衛星数，サイクルスリップ，PDOP（Position Dilution of Precision）などがある。精度を保つために計測時のGPS衛星の飛来情報を入手し，受信可能衛星の数，PDOP（衛星の配置状況指標値。数値が大きいほど悪い）が目安として3以下になるように計画する必要がある。また地上GPS基準局（電子基準点）は，計測範囲から概ね30km以内に選定する必要がある。

レーザ計測点の位置精度検証のため，計測範囲の中に存在する国家基準点（三角点，もしくは水準点）と高さ精度の確認を行う。図化計測値の検証として，デジタルカメラ画像撮影範囲内で線路長10kmに2点程度の目安で，検証点を設置する。設置にあたっては，RTKGPS観測手法で実施する。しかしながら，現地がGPS電波の電波が通じない場所，立ち入り困難な箇所については，既存の基準点や既成図から基準点を選定する。

GPS以外にIMUの取り付けと姿勢の読みとり誤差やレーザスキャン方向の角度検出誤差などがある。これら機械誤差の補正（キャリブレーション）を行うことによりデータの歪みを取り除くことができる。

送電線ルートを縮尺1/2,000で平面図を作成する場合は，誤差要因を考慮して計画・処理を行えば十分な精度で地形を図化することが可能となる。

(5) レーザ測量の作業工程
(i) 作業計画
業務に先立ち，必要な資料を収集・整理する。また，業務の作業方針を立案するとともに，計測飛行コース等の計画を立案する。

(ii) GPS地上局の基準点選定
地上でのGPS観測に先立ち，あらかじめ計測対象地区より30km以内に1点を目安に，基準点を選点する。範囲近傍に電子基準点がある場合はそれを優先して使用する。

(iii) 航空レーザ計測
航空レーザ計測にあたり，1/2,000平面図を作成する場合は，フットプリントが地表面で平均1m以下の間隔となるよう計測を行う。計測データは樹木離隔調査に利用することも考慮して取得する。

第2.1.4表 レーザ測量の作業フロー

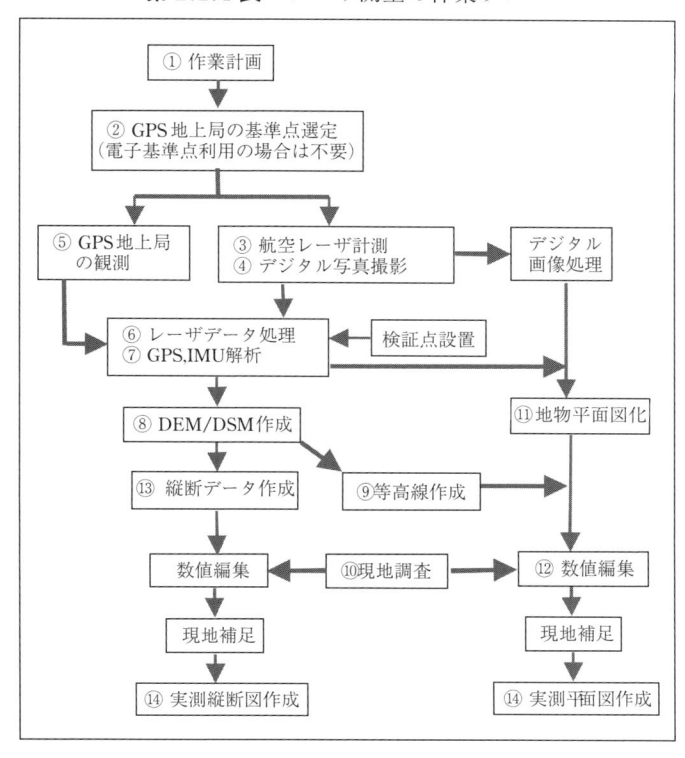

(iv) デジタルカメラ写真撮影
航空レーザに装備された高解像度カラーデジタルカメラを使用して，航空レーザ測量と同時にカラーデジタルカメラ画像を取得する。このとき，従来の航空写真測量と同様に画像が60%ずつラップするように撮影を行う。

(v) GPS地上局の観測
航空レーザ測量実施時に，同時刻の地上電子基準点におけるGPSデータを取得する。

(vi) レーザデータ処理
取得された機上データおよび地上GPSデータを用いて，地表に照射されたレーザ測量点の座標値を算出する。さらにGPSで使用される座標系からの座標変換，コース間接続処理およびノイズ除去処理をおこなうことにより，地形（DEM）や地表（DSM）を表す点群データに分離する。

(vii) GPS/IMU解析
撮影されたデジタルカメラ画像データの1枚ごとにGPSおよびIMUで記録したデータから位置・姿勢情報を算出する。その計算値をデジタル図化に読み込む形式に変換し，ステレオモデルを作成する。

(viii) DEM/DSMの作成
地形，地表を表す点群データに対して内挿計算をほどこすことにより，1mメッシュサイズのDEM，DSMを作成する。

(ix) 等高線作成
DEMデータから5m間隔の等高線数値データを

作成する。

(x) 現地調査

撮影された航空デジタルカメラ画像を出力し，現地にて数値図化で判読できない隠蔽部の現地状況を確認し，図化及び編集，図面作成作業に必要な資料を作成する。また，図面に記載事項の横過，接近物の調査を行う。

(xi) 地物平面図化

デジタル図化機により現地調査結果を参考に道路や植生界など主要な地物を測定して，数値図化データを作成する。

(xii) 数値編集

数値図化素図データを，CADシステムなどを利用して，対話形式で測定点の接合やデータの抜けなどを確認し，現地調査資料を基にデータの編集処理を行う。また，平面図はレーザ計測により作成された等高線データと，数値図化素図データを統合・編集し，縮尺1/2,000数値編集図を作成する。

(xiii) 縦断データ作成

CADシステムにDEM（地盤），DSM（樹木上部他）データを取り込み，縦断図に必要な中心，線下，横断の断面データを作成する。さらにCADにより鉄塔，がいし，弛度，横過物などを入力・編修し，実測縦断図原図作成用のデータを作成する。

(xiv) 実測平面図及び実測縦断図原図作成

CADデータファイルは，原図としてバックアップし保存しておく。図面は，レーザプロッタなどを用いて出力し製本する。

(6) レーザ測量の応用例

デジタルカメラで撮影した瞬間のカメラの位置や姿勢がGPS/IMUで得られるため，航空写真測量では必須であった対空標識設置や測量，空中三角測量等の作業なしに，効率的にオルソフォトを作成することができる。等高線は，航空レーザで取得したDEMデータから作成することができる。2つのデータを重ねて図面を作成すると，地形の形状が判読しやすいオルソフォトコンタ図が作成できる。

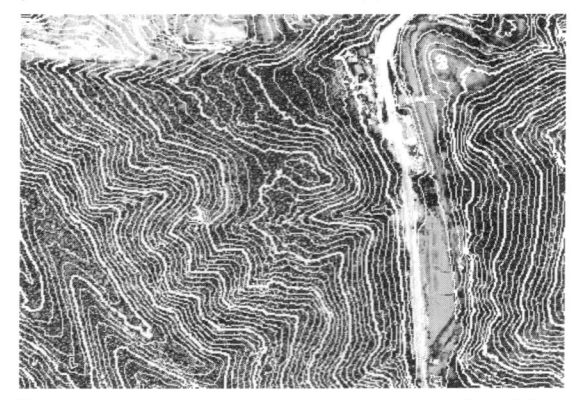

第2.1.18図 オルソフォトとコンタ図の重ね合わせ

DEM, DSMおよびオルソフォト画像を利用し，送電線のルート選定を行うための縦断検討がシステムを使って簡単に行うことができる。

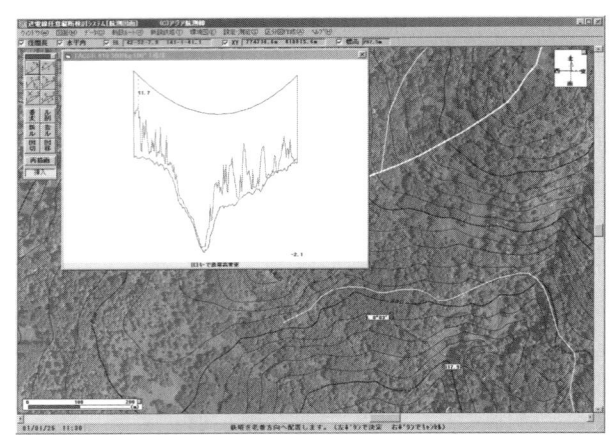

第2.1.19図 レーザ測量を利用した縦断検討システム

航空レーザで取得した3次元データにデジタルカメラで作成したオルソフォトデータをテクスチャマッピングすることでリアルな3次元モデルが作成可能となる。3次元モデルは任意の場所を任意の方向から鳥瞰的に見ることが可能となり，3次元モデル中をフライスルーすることで，アニメーションが作成でき調査・計画用には有効な手法となる。

第2.1.20図 レーザ測量による3次元モデリング

(7) レーザ計測による地形データ活用について

最近の送電線は，電力需要の変動リスク回避のため計画策定から実施までの準備期間を極力短縮することが求められている。一方，環境アセスメントへの対応など早い段階から精度の高い設備設計が必要となることから，レーザ計測による地形データを活用し，現地適用設計や施工計画検討を行うことにより，ルート選定から工事準備までの期間を短縮できる。また，精度の高い地形データを技術測量に利用することにより，鉄塔高さの決定に影響のない箇所の地形測量や鉄塔敷地測量の一部を省略するなど，現地測量の簡素化を図っているケースもある。

付録2.2　ルート調査・測量システム例

　送電線のルート選定は，線路ごとに条件が複雑に絡みあっているため，単純化することは困難であり，むしろ過去の経験や現地踏査によって得られる情報に裏付けられた感覚が大切になる。一方，膨大な調査データを整理分析し，効率的にルート選定を進めるためには，機械化も欠かせない条件となっている。

　最近では，送電線の調査のための各種支援システムが電力会社で開発され，実際の調査測量業務に活用されている。
以下にその一例を「2.2.1 システムの概要」，「2.2.2 システムの構成例」，「2.2.3 システム検討例」として紹介する。

2.2.1　システムの概要

(1)　環境情報管理システム
・市販地図データ，画像（数値地図，国土数値情報等）と電子化した各種情報（社会環境，自然環境，地域開発，その他）をレイヤー（層）に分けて，重ね合わせることにより環境情報図の作成やルートゾーンの抽出を行うことができる。
・地図データとエクセルやアクセス等で作成した調査資料データベース（DB）をリンクさせることにより調査資料の統合的な情報管理ができる。
・複数の鉄塔立地点情報とコスト情報により最適ルートの抽出を行うことができる。

(2)　ルート検討システム
・画面上の地形画像に鉄塔位置，各種情報（閉領域，折れ線等）を入力することにより，ルート図が作成でき，内装している地形データにより縦断検討も行うことができる。
・ルートゾーン抽出機能として，任意の視点場から鉄塔の可視不可視領域区分図の作成や対象とする鉄塔が見える領域を示す鉄塔可視領域図が作成できる。
・景観検討機能として，任意の視点場から3次元で視覚的に鉄塔の可視量が検討できる透視図や航空機からの鉄塔の見え方と障害度合を検討する航空検討図が作成できる。

(3)　景観シミュレーションシステム
・コンピュータグラフィックス（CG）を用いて，送電線の完成予想図を作成するシステムで，現地写真画像と3次元モデルの合成によりフォトモンタージュが作成できる。
・すべて3次元モデルで描画した完成予想図も作成できる。
・鉄塔モデルは，構造図をもとに鉄塔専用のモデリングプログラムにより作成できる。

(4)　送電線測量システム
・現地測量データを使用し，縦断測量機能として，測量データより作成した縦断図に電線を描画し，地形，樹木，道路，電柱等との離隔を考慮した鉄塔高の検討を行うことができる。
・敷地測量機能として，測量により取得した地形データから等高線を作成し，任意の範囲で敷地平面図が作成できる。また，地形データにより敷地縦横断図が作成でき，FL・片継脚や整地の検討ができる。

(5)　施工計画支援システム
・仮設，基礎，杭打，組立，架線工事等の施工計画が検討できる。
・架線設計（延線施工設計，仮上げ）の検討ができる。
・索道設計（循環式，エンドレスタイラ，ダブルエンドレス，）の検討ができる
・索道，引き留め基礎設計（コンクリートブロック，根枷丸太）の検討ができる。

(6)　工事用道路設計システム
・地形データを活用した道路，造成の計画設計が実施でき，縦横断図が作成できる。
・地図画像からの地形データ作成や地形データの合成及び削除，データ形式の変換を行うことができる。
・段彩機能により，地形データを指定傾斜角ごとに色別表示が可能で，傾斜角毎の範囲をCADデータで出力することができる。

2.2.2 システムの構成例

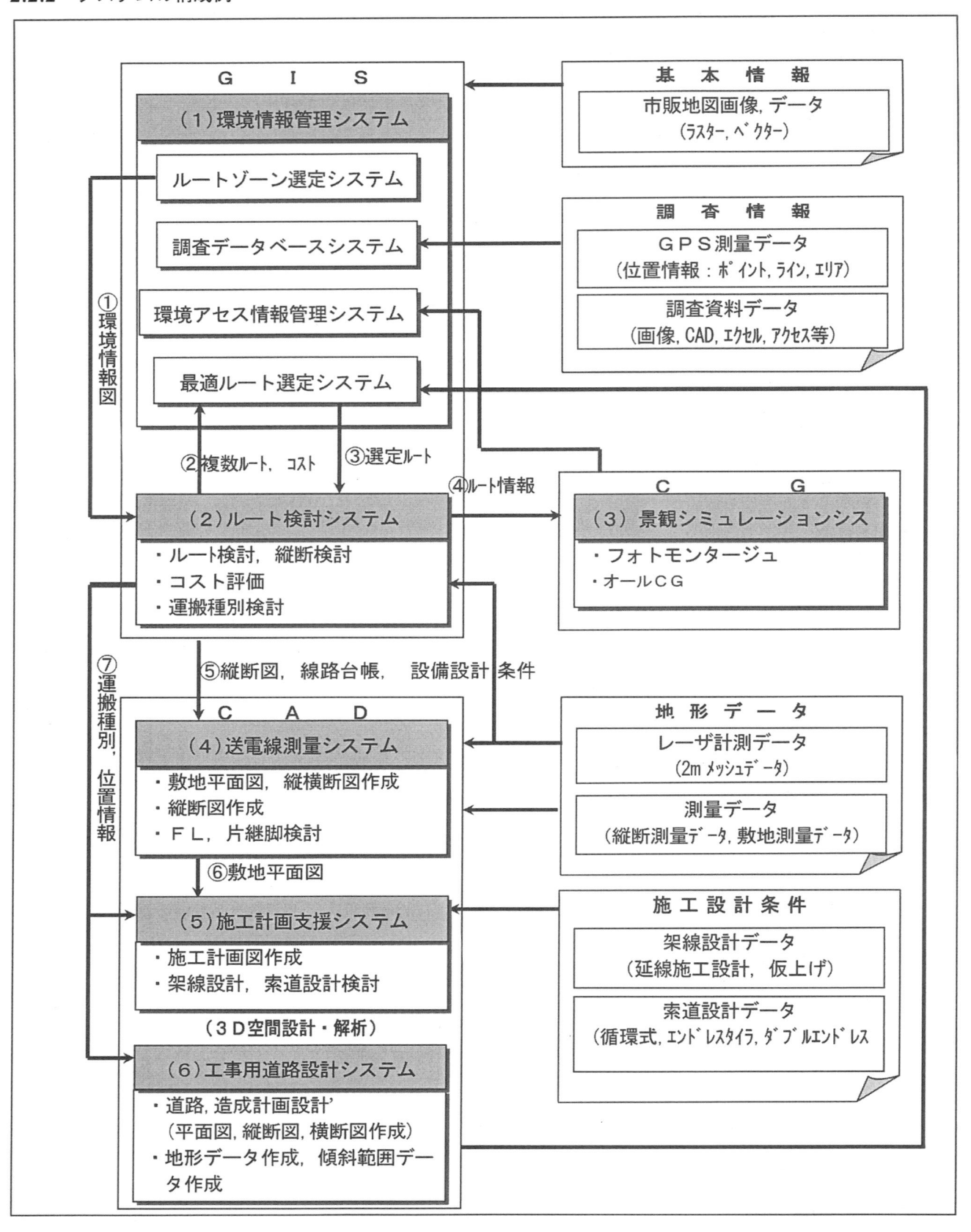

GIS

(1) 環境情報管理システム
- ルートゾーン選定システム
- 調査データベースシステム
- 環境アセス情報管理システム
- 最適ルート選定システム

(2) ルート検討システム
- ルート検討，縦断検討
- コスト評価
- 運搬種別検討

CG

(3) 景観シミュレーションシス
- フォトモンタージュ
- オールCG

CAD

(4) 送電線測量システム
- 敷地平面図，縦横断図作成
- 縦断図作成
- FL，片継脚検討

(5) 施工計画支援システム
- 施工計画図作成
- 架線設計，索道設計検討

（3D空間設計・解析）

(6) 工事用道路設計システム
- 道路，造成計画設計
  （平面図，縦断図，横断図作成）
- 地形データ作成，傾斜範囲データ作成

基本情報
- 市販地図画像，データ
  （ラスター，ベクター）

調査情報
- GPS測量データ
  （位置情報：ポイント，ライン，エリア）
- 調査資料データ
  （画像，CAD，エクセル，アクセス等）

地形データ
- レーザ計測データ
  （2mメッシュデータ）
- 測量データ
  （縦断測量データ，敷地測量データ）

施工設計条件
- 架線設計データ
  （延線施工設計，仮上げ）
- 索道設計データ
  （循環式，エンドレスタイラ，ダブルエンドレス）

① 環境情報図
② 複数ルート，コスト
③ 選定ルート
④ ルート情報
⑤ 縦断図，線路台帳，設備設計条件
⑥ 敷地平面図
⑦ 運搬種別，位置情報

2.2.3 システムの検討例

(1) 環境情報管理システム

①環境情報図
・各種情報（自然環境，社会環境，技術開発等）の重ね合わせ

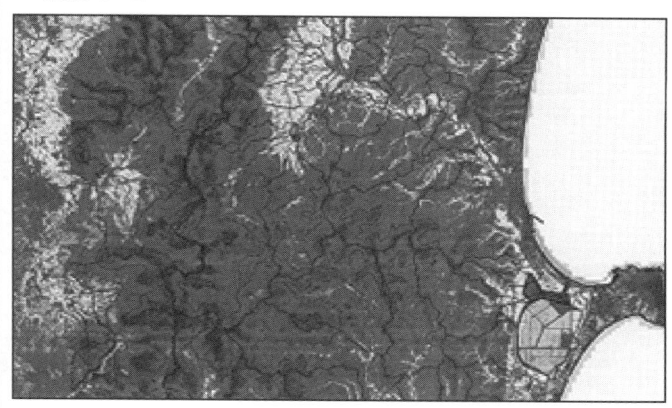

・各種情報（規制領域）のウェイト付加による色彩評価

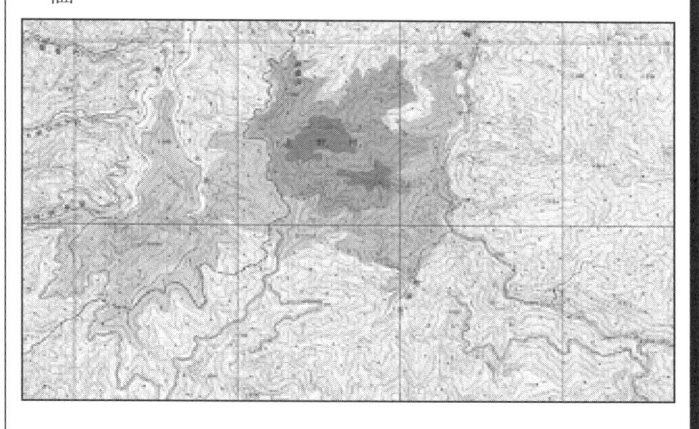

②最適ルートの抽出
・複数の鉄塔地点情報とコスト情報による最適ルートの抽出

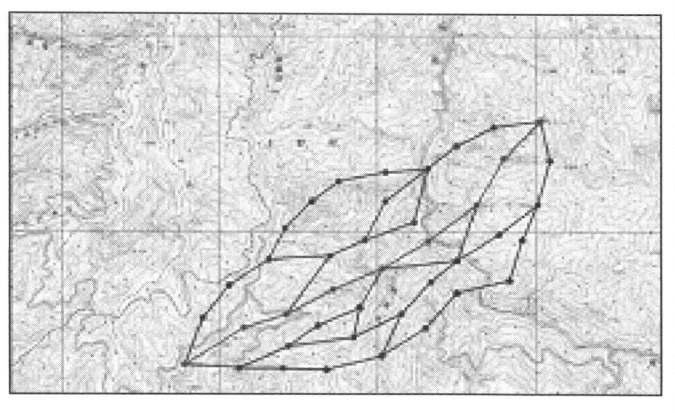

(2) ルート検討システム

①縦断図
・地形データを活用した縦断設計

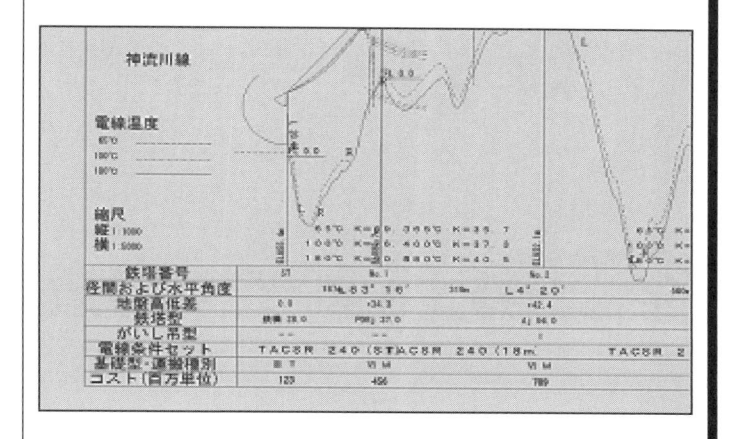

②可視不可視領域区分図
・任意の視点場から鉄塔の可視不可視判定

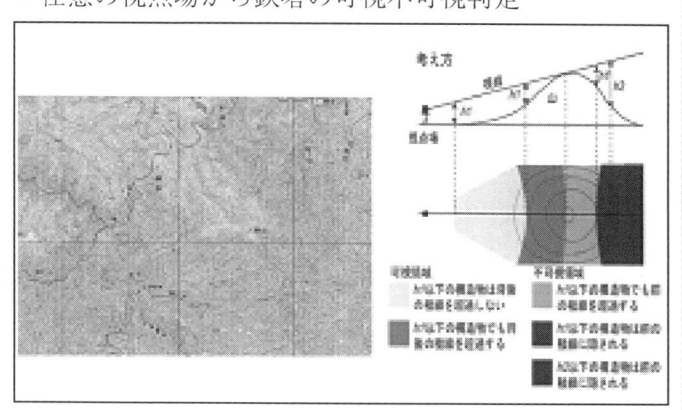

③透視図
・任意の視点場から3次元で視覚的に鉄塔の可視量検討

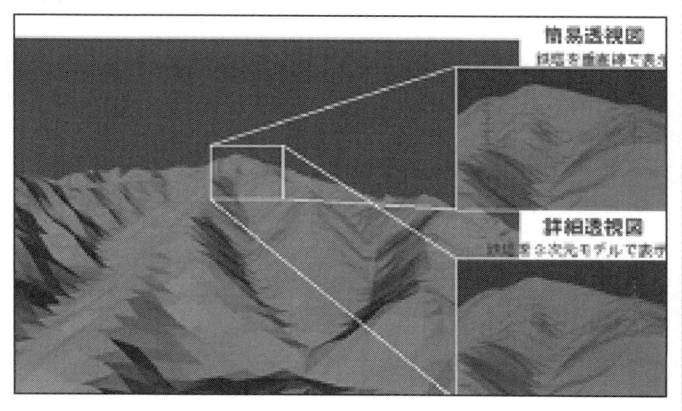

(3) 景観シミュレーションシステム

①フォトモンタージュ
・現地状況

・完成予想図

②オールCG
・すべてCGで描画した完成予想図

(4) 送電線測量システム

①実測縦断図
・測量データを活用した縦断設計

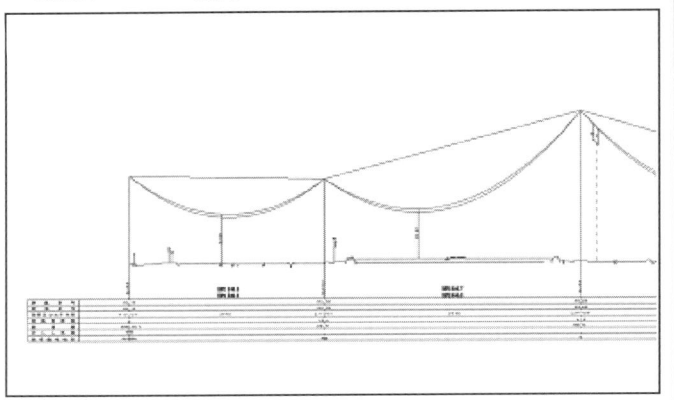

②敷地平面図
・測量データを活用した平面図の作成

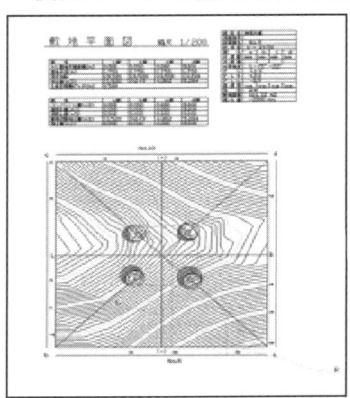

③敷地縦横断図
・測量データを活用した縦横断図の作成とＦＬ・継脚検討

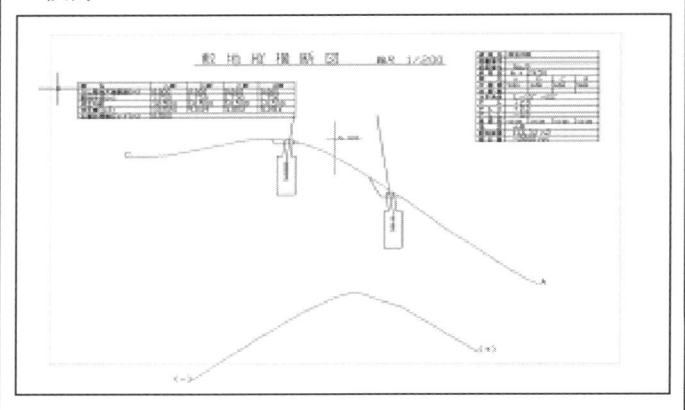

(5) 施工計画支援システム

①施工計画図
・敷地平面図を活用した施工計画図の作成

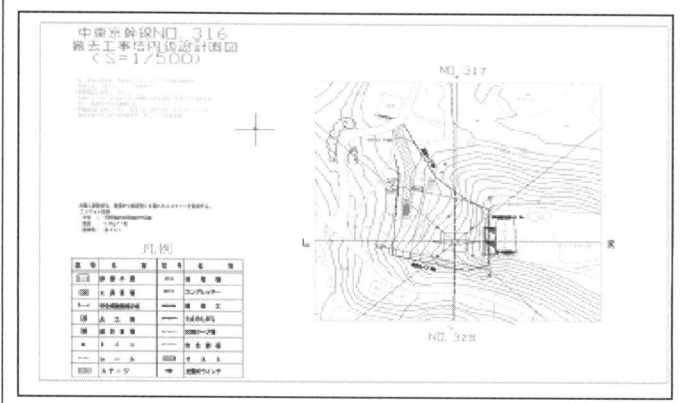

②求積図
・用地平面図を活用した求積図の作成

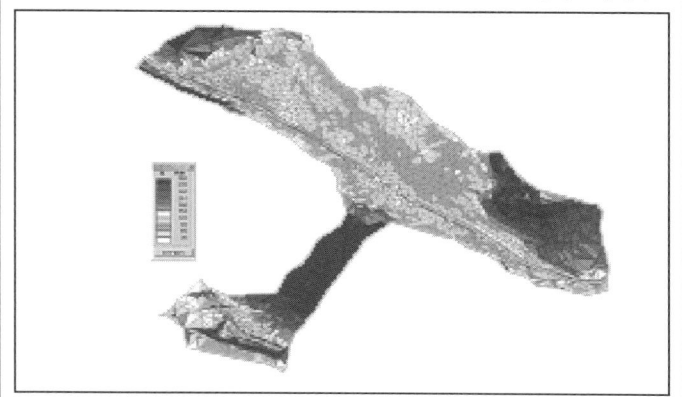

②道路図縦断図
・地形データを活用した縦断図の作成

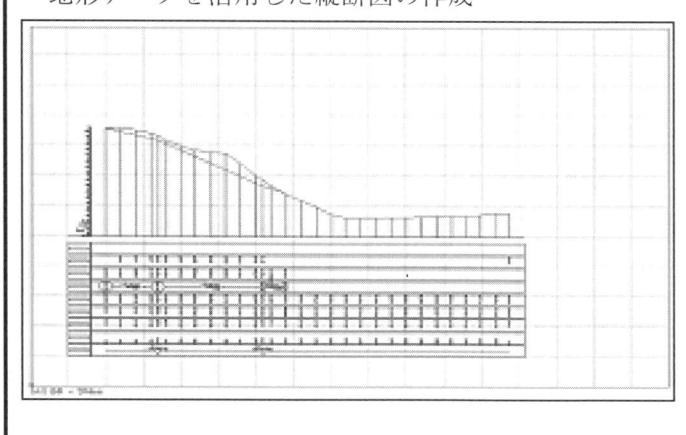

(6) 工事用道路設計システム

①傾斜検討図
・地形データを活用した傾斜方向の検討

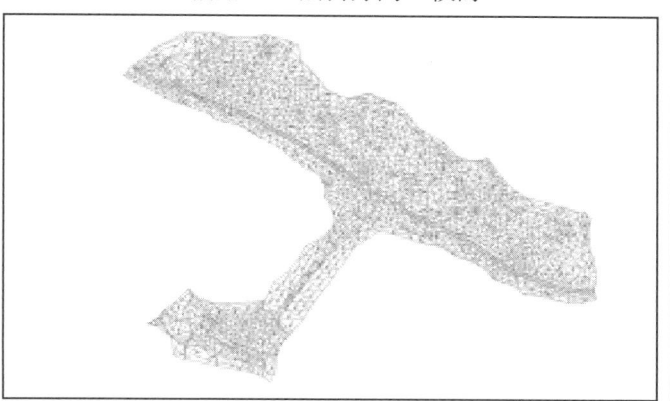

・地形データを活用した色別表示による傾斜角の検討

③道路図横断図
・地形データを活用した横断図の作成

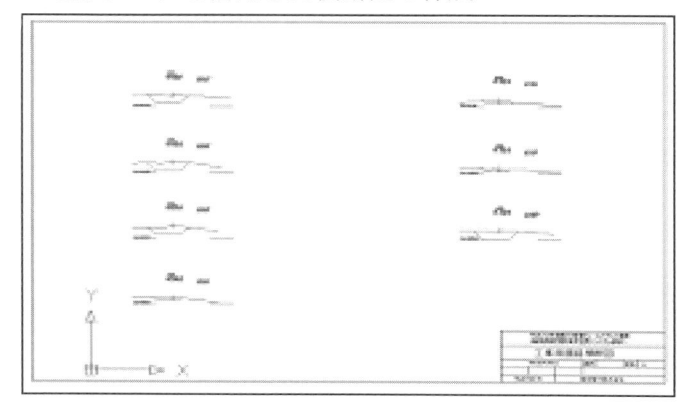

付録3. 鉄塔基礎・鉄塔敷地設計

付録3.1 地質概要と調査

3.1.1 土質の概要

(1) 概要

わが国の地形を大別すると，山岳地，丘陵地，平地に区分することができる。山岳地は主として，日本列島の中央部に分布し，全国土の約60%を占める。また，平地は各河川の流域および内湾奥部に分布し，そのほとんどはたい積土からなっており，そのなかでも河川による沖積層，あるいは火山灰層が大部分である。

風化土は，わが国では厚く発達することはまれで，一般には層厚1m内外のものが多い。

(2) 沖積層

沖積層は今からおよそ1万年前から現在までの間の最も新しい地質時代に作られた地層で，大部分は河成および海成のたい積土で占められており，部分的には，湖成沖積土がある。沖積層の下は洪積層や第三紀層あるいはさらに古い地層が基盤を形成しており，海岸近くの沖積層では，地表面30～60mにも達する。

沖積層は，扇状地域，自然堤防地域，三角州地域などに分けられる。

扇状地域は河川こう配の大きい地域では厚い砂れき層がたい積しており，地下水位は深く，一般に良好な地盤(N値30～50)が多い。しかし，場所によっては河川が伏流している場合があり，大雨による増水でたい積砂れきが洗い掘りされることもあるので注意が必要である。

自然堤防地域は河川の中流域で，洪水のたびに砂または細砂がたい積し，ゆるやかな堤防状の高まりを形成したものである。また，自然堤防をはんらんした洪水によって形成されたはんらん原は砂質の自然堤防たい積物と，粘性土の後背湿地たい積物とが互層になっている。

自然堤防地帯は多くの場合，部落や，畑地となっており，後背湿地は軟弱な地盤で水田地帯となっていることが多い。

三角州地域は，大河川の河口付近では流入してくる土砂は細粒子が多く，これがたい積して軟弱な地盤(N値5以下)を形成している。その下には厚い海成粘土層が存在し，最下部は再び砂質あるいはれき質のたい積物となっている。

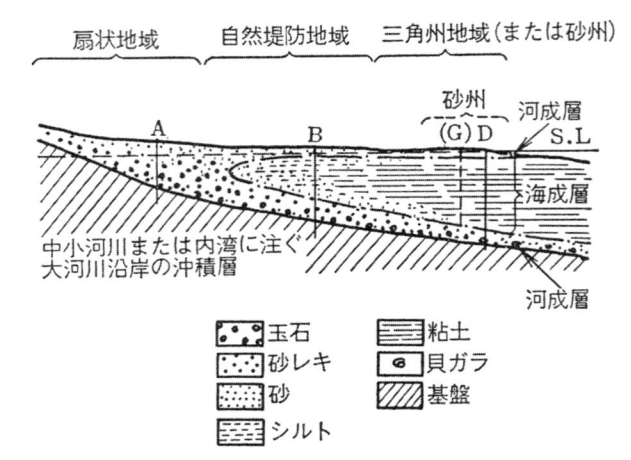

第3.1.1図 河川沿岸の沖積層の一般的な断面図

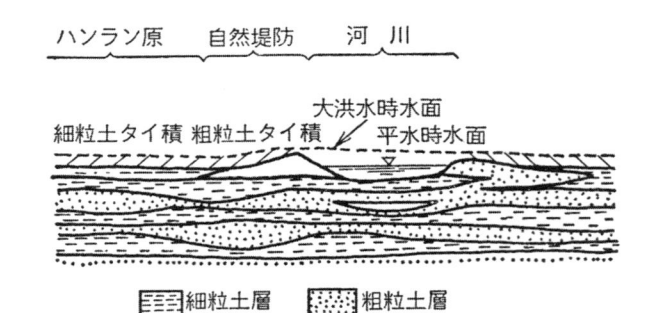

第3.1.2図 自然堤防とはんらん原の断面

以上のように沖積層は，いずれの場合でも，たい積した時代が比較的新しいため固結度が小さく，砂は一般に粒子間の結合が少なく，ばらばらの粒子の集合であり，粘土層や，シルト層はやわらかく，標準貫入試験のN値は砂層で10～30の範囲で30を越えることは少なく，粘土層やシルト層で0～5の範囲で10を越えることはまれである。

一般に，送電線路のルートは，これら沖積層の地盤に建設されることが比較的多く，このような地盤は上部構造物にとって有害な基礎の不同沈下を起こしやすい。

(3) 洪積層

わが国の洪積土層には海成層，河成段丘層，火山性たい積層などがあり，多くの地域の段丘・台地・丘陵地を構成するとともに，沖積層の下にも分布している。

海成層は，洪積世にくりかえしおとずれた氷期と

氷期の間の比較的温暖な間氷期に，海水面が高くなり，その前の氷期にできた谷に海水が進入し，土砂がたい積してでき上ったものである。

海成層は砂層を主とし，砂れき層や固結したシルト層をはさみ建造物の基盤層となるもので，東京では成田層や東京層，名古屋では熱田層，大阪では大阪層群の一部などがその一例である。

河成段丘層も間氷期における高海水面時の河川によるたい積物と考えられており，砂れき，シルト，粘土層などからなっている。

東京では，立川段丘における立川れき層，武蔵野台地における武蔵野れき層，関西から中国地方の丘陵に存在する砂れき層などがその一例である。

一般に，これら洪積砂層はかたく締まっているのが普通で，砂層のN値は30以上を示すことが多い。

粘土層も固結しており，N値で10ないし，それ以上を示すのが普通である。

一方，わが国では洪積世から一部沖積世にかけて，火山活動がきわめて盛んであったので，火山噴出物こよる火山性たい積土が多く，関東・九州・東北・北海道地方に広く分布しており，洪積台地や，丘陵地などの表層部をおおっている。

関東ロームはこの代表的なもので，関東地方の洪積台地，丘陵地の上面は3～15m程度の厚さの関東ローム層でおおわれている。

関東ロームは一般の粘性土に比べて，地耐力と標準貫入試験N値には特異な関係があり，自然地山においては予想以上の支持力を示す。しかし，関東ロームは掘削，こね返し，そして締め固めようとするときに，土の軟弱化をきたす特異な性質をもっている。

また，鹿児島県の大部分と，宮崎県の一部には，軽石と溶岩片よりなるシラスとよばれる特殊た火山たい積物がある。

このたい積層は，約4,700km^{2}の面積を占め，その地形は台地状で台地のへりは高さ数十mの垂直の斜面を成している。

シラスの鉱物組成は主として火山ガラスが多く，岩とも土ともつかない性質をもっているが，地山はかなりの強さをもっている。しかし，地震時のように付加的外力には弱い面がある。

一般にシラスとは，ほぼ細砂粒の集まりで軽石を含み，自然状態では20%の含水比を保ち，若干の粘着力（約20kN/m^{2}程度）を持っている。この他の重要な特性は，水の浸蝕に極めて弱く，含水比の変化による力学的性質の変化をみると約30%以上になると急激に弱くなる。

(4) 岩石と風化作用

地殻を構成している岩石のうち高温溶融の状態にある岩漿が次第に冷却してできたものが火成岩である。

岩石が大気や水の働きで浸蝕されて生じた若くずが低い所に運ばれてたい積したり，火山噴出物や生物の遺体などがたい積し，長年月の間に圧密固化して岩石になったものが堆積岩または水成岩であって，水成岩には層理のあるものが多い。

第一次的の火成岩や第二次的の水成岩が新たに強大な圧力を受けたり，また割れ目に熱い岩漿が貫入したりして，岩石の組成や内容の変ったものが変成岩である。

基盤である岩石が大塊から小塊へ，小塊から砂利，砂，粘土へと細分されることを風化作用といっている。

この風化作用には，気温の上昇下降，乾湿の変化，氷霜の作用，河流，海浪の衝撃などによって次第に細分されてゆく物理的分解作用(崩壊作用)と，水和作用，酸化，炭酸化，脱けい酸化作用，あるいは直接水による溶解作用またはこれらの組合せによって，次第に細分されてゆく化学的分解作用(分解作用)とがある。

日本列島は造山運動が激しく行われている地域に属するため，風化土が厚く発達することはきわめてまれで，厚さは1m内外のことが多いが，阿武隈山地，中国山地などの老年期山地では一般に厚い層がみられる。

まさ土は，風化土の代表的なもので，主として六甲山以西の瀬戸内海沿岸地方にみられ，その厚さが数十mに及ぶこともある。

まさ土は，花こう岩質岩石が風化し，その場所に残積したもので，その土粒子が風化途中のため，物理的，化学的に不安定である上，母岩の性質を反映して，鉱物組成の上でもかなり差異があるため，ふつう土とは種々の異なった工学的性質を示す。

3.1.2 地すべりと崩壊

(1) 地すべりと崩壊

山は削られて次第に平らな平原に化していく。その卓越した現象が山間谷壁の崩壊であり，地すべりである。

わが国には急峻な山地が多く，地質が複雑であり，地すべりを起しやすい地層が発達し，これに加えて年1回の梅雨期があり，雨台風の襲来，豪雪地方における融雪など，地すべり誘因をそなえている地域が多い。そのうえ，地すべりの発生は決して偶発的なものでなく，地質的にある条件をもったところで，ある定まった条件が満たされたときに発生しているということである。すなわち地すべり地としての素

因があり，これに各種の誘因が働いて地すべりが発生する。

広義の地すべりには山地崩壊（単に"崩壊"または"山崩れ"）が含まれる。地すべりも崩壊も，ともに天然・自然の斜面の変動に関する現象であるが，両者の間には一般には次のような相違がある。

(i) 地すべり；運動が緩慢。次第に発生。移動土塊が原型をとどめる。特殊な地質条件の地域で発生する地すべり粘土とすべり面がある。

(ii) 崩壊；運動が急激。突発的に発生。移動土塊が原型をとどめない。急峻な山腹・谷壁で発生する。特別の地すべり粘土やすべり面はない。

このように，地すべりと崩壊の間にはかなり顕著な相違がある。

(2) 地すべり

一般に地すべりはゆるい勾配をもった傾斜地に広範囲にわたって発生する。地すべり地帯におけるすべり面の傾斜は地表の多少凹凸を無視すれば，地表の傾斜をもって代表することができるといわれている。地すべりの多発地帯として代表的な新潟県と長野県についてみると，その大部分が地表の傾斜が20度より小さいところで発生しており，地表面傾斜10度以下の低角度でも約20％の発生率を示している。第3.1.3図に地滑り地形の典型的なものを示す。

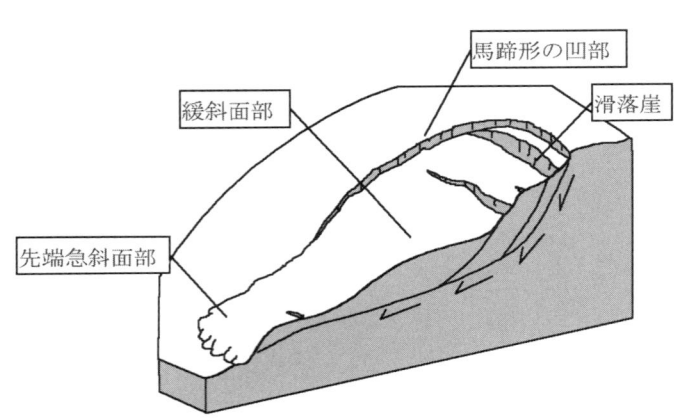

第3.1.3図 典型的な地滑り地形

地すべりが緩勾配の傾斜地に発生していることには次のような意味があるといえる。地すべり地には，すべり面付近に地すべり粘土をもっているにしても，広範囲にわたって滑動を起すためには，広範囲の粘土層に浸透水が十分にゆきわたり，粘土と水とが長時間にわたって接触を保つことが必要である。そのためには地表面があまり急勾配であってはならないし，適当な起伏に富んでいて，保水と垂直浸透とに都合がよいことが必要である。

また，すべり面上の土塊は含水して自重が大きくなり，すべり面付近の粘土はせん断強度または摩擦抵抗が低下して，地形との関係から定まるすべり面の勾配と重力との関係がすべりの条件を満足したところで滑動を起こすことになる。

地域内を少し詳しくみると，地すべりは広い範囲が一様に一度にすべるということでなく，部分的にあるいは局部的に発生し，また相互に繰返して発生しているものが多い。したがって，地すべりは周期性または反覆性を示すのが特徴である。それはエネルギーの蓄積と放出とが交互に繰返し行われる。降雨の浸透は土のせん断抵抗力の低下をもたらし，限界を超えたところで滑動が起る。降雨または浸透水の補給が行われる状態下ではこの動きは止まらないが，やがて降雨がやみ，すべり面付近への水の補給が減少するにつれて浸透水が一散し，土のせん断抵抗力の回復に伴い，土塊の動きも次第に停止する。地すべり地帯には一般に次のような特色が現れる。

(i) 地形図において等高線が不規則に現れて，一般に荒廃地形を示す。

(ii) 緩斜面の下方で等高線が再び密になっている。

(iii) 立木が不規則に傾斜している。

(iv) 地下水の異常な露出に関連して池・沼・湿地・湧泉などが多数認められる。

(3) 崩壊（山崩れ，崖崩れ）

崩壊を地形的，地質的におおまかに分類すると第3.1.4図のようになる。

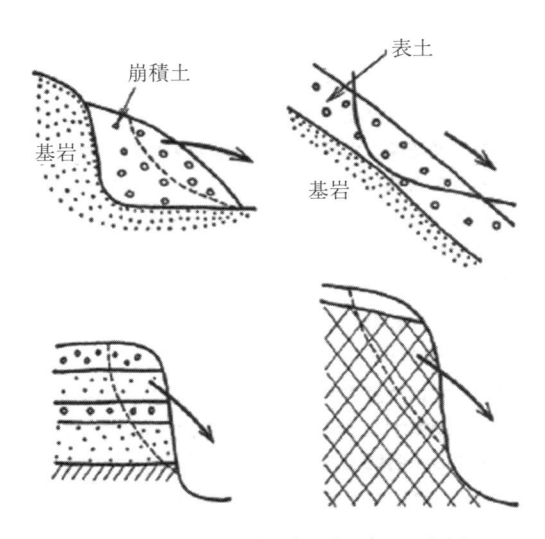

第3.1.4図 崩壊（山崩れ）の分類

崩積土は岩屑，土砂がゆるくたい積したものであり，山裾にたい積した崩積土が崩壊する場合を崩積土の崩壊と言う。水が浸透しやすく，水が集まりやすい箇所で崩壊しやすい。その性質は当然もとの岩石の性質により左右され，花こう岩，変成岩，第三

紀の凝灰岩，泥岩よりなる崩積土は風化しやすいために崩壊しやすい。

表土の崩落とは基岩の表層に生じた風化層が崩落するものであり，最も一般的にみられる崩壊のタイプである。比較的基岩が固く，表層の風化層との差が大きい場合，表層と基岩との間で透水係数の差を生じ，そこに間げき水圧が発生し，崩落すると考えられる。崩落する土層の深さは比較的浅く，小規模なすべりである。発生件数としては最も多い。傾斜変換点（遷急線）－ゆるい所から急な所に変わる地点－で起こることが多い。事例として顕著にみられるのは花こう岩の風化したまさ土の崩落である。また第三紀層などで風化土壌化した表層が浅く崩落することもある。

比較的新しい時代のたい積物で，ルーズである段丘たい積物や火山砕屑物（サイセツブツ）などの土層が崩壊するものが，たい積物の崩壊である。たい積したときの状態により性質の異なる層を形成しており，透水性，土の強度の差があり，集水する地形において崩壊を引き起こし易い。火山砕屑物であるシラス層もこの一種と考えられる。

基岩の崩壊には，硬い岩よりなる斜面でも，節理，層理面，断層面が，重力方向に傾斜すること（流れ盤）によって崩壊することや，重力によって垂直もしくは受け盤となっている地層が変形（クリープ）して，崩壊する場合がある。流れ盤による崩壊では，粘土などをはさんでいる場合には崩壊しやすく，受け盤の場合は地層が表層に近い部分で，水平になっているなどの特異な変形を示している場合が多く，そのような場合に気をつける必要がある。

崩壊の多くは，いわゆる海岸段丘，河川段丘が関係しており，段丘崖が崩壊する事例が非常に多い。地質的には必ずしも明白な特徴はみられないが，被害として目立つのは花こう岩地帯である。花こう岩は風化してまさ土となり，がけくずれを多数生ずる。

また日本海沿いの第三紀層，紀伊半島，四国，九州の中生代層にも崩壊は多い。九州南部のシラス地帯は特殊土であるが，崩壊の危険度が高い地域である。

崩壊の発生は，台風，梅雨前線などに伴う集中豪雨によるものが大部分である。

崩壊発生の誘因の最も大きいのは地表面，地下での水の動きである。

地表水の集中流下する斜面は浸食によりガリ（斜面の細い溝の発達したもの）が発生し被害を及ぼす。大規模になると土石流になる。

一般の崩壊は浸透水が基盤面上にたまり間げき水圧が発生し，崩壊すると考えられる。したがって，崩壊の発生する土層構造は基盤とその上の風化層，滞積層などの間に，透水性の異なる不連続面があることが多く，層として軟弱なものがある場合が多い。

崩壊を引き起こす水は定常的に流れる地下水よりも，もっと表層近くを流れる中間流が原因であるといわれる。中間流は降雨時のみに発生することが多く，その"水みち"は変化しやすく実態がつかみにくい。

一般的にいえば，水の集まりやすい地形の所は崩壊が多く，がけの上部に平たん面があると豊富な浸透水があり危険度が高い。また小さな谷形地形の場合も危険度が高い。

3.1.3 地質調査
(1) 地質調査の種類

一般に軟弱地盤における鉄塔基礎の設計に際しては，地表面からの地盤の推定が困難な場合が多いため，種々の異なる地盤条件に対して，できるだけ合理的な鉄塔基礎の設計施工ができるように地質調査を実施して地盤状況，土の諸特性を正確に把握することが必要である。

地質調査は予備調査と本調査とに大別される。

(i) 予備調査：予備調査では，送電線の経過地全般にわたって踏査して，地表面の状況から半経験的に地質の概略を把握する。また，過去の鉄塔基礎の設計資料，施工例，古い構造物の状況および地質図，地域別地盤図など，既往の資料を活用し，地盤状態の把握に役立てる。

(ii) 本調査：本調査は地盤状況をより正確に知るため行うもので，大別して現場で現位置にあるままの土について行う現場試験と，試料土を採取して実験室で行う物理試験，力学試験とに分けられる。

一般に送電線は長距離にわたり建設されるため，あらゆる鉄塔位置について本調査を実施することは困難なことが多いので，送電線ルートのうちとくに荷重の大きい鉄塔とか，地表面から見て経過地の地盤状態を類推することがむずかしい鉄塔位置を選び重点的に行うことが多い。

また，地質の判別試験の種類はきわめて多いので，どの方法を採用すべきかは，土質および調査の重要度(基礎の種類，荷重の大きさ，線路の重要性等)に応じて決定される。第3.1.1表にその概要を示す。

(2) 現場試験

現場試験とは一般にサンプリング，サウンディング，弾性波探査，載荷試験などを指し，原位置における各土層の状況を把握する目的で行うものである。

サンプリングは物理試験，力学試験を目的とした土の採取に利用される。

第 3.1.1 表　重要度と土質別調査項目

土質			砂質土			粘性土			目　的
調査の重要度			小	中	大	小	中	大	
現場における調査試験	地表観察		○	○	○	○	○	○	土の簡単な判別，計画地下水位も測定する．
	サウンディング	標準貫入試験	○	○	○		○	○	構成土層深さ方向の強度変化・支持層の深さ，地下水など，N値またはコーン支持力から基礎の支持力計算に必要な土性が推定できる．
		簡易貫入試験				○	○	○	
	載荷試験				○			○	サウンディングより求めた支持力の修正に使用
実験室における試験	土の物理試験	単位体積重量試験		○	○		○	○	土の締固められた度合を示す指標値として利用
		土粒子の比重試験			○			○	
		粒土試験		○	○		○	○	粒度による土の分類　材料としての土の規定
		含水量試験		○	○		○	○	
		液性限界試験					○	○	自然状態における粘性土の安定性の判断，圧密沈下量の推定
		塑性限界試験					○	○	
	土の力学試験	直接せん断試験			○		○	○	基礎の支持力計算に使用する土のせん断力を求める．
		一軸圧縮試験					○	○	
		三軸圧縮試験			○			○	
		圧密試験						○	特殊基礎で沈下量の計算が必要な場合など．
		透水試験			○				透水程度の推定

　サウンディングは先端に各種コーンを取り付けたロッドを人力や機械操作で土中に打込み，または圧入して土層の抵抗を探査する試験で重要度の比較的低い場合の軟弱地盤の基礎設計はサウンディングの結果だけに基づいて行われることが多い。ここでは送電線の鉄塔予定地の調査に使用されている地質調査の主なものを示す。

（ⅰ）ポータブルコーン貫入試験（コーンペネトロメーター）：携帯用の最も簡単な装置で現場用として広く普及している。浅い軟弱土層であれば連続的な貫入記録が得られる。貫入方法は人力による静荷重連続圧入方式で，貫入抵抗はプルービングリングから各深さごとに求めることができる。測定は原則として深さ 10cm ごとに行い，その貫入速度は 1cm/sec とする。このようにして求めた貫入抵抗をコーンの底面積で割った値は，円すい載荷による地盤の相対強度を示すものであるから「コーン支持力」と呼ばれる。ロッドは単管式，とより深い位置まで測れる二重管式がある。人力によることから浅い深さの軟質な地盤にしか適用できない。

（ⅱ）標準貫入試験：標準貫入試験は JISA1219 に規定されており，広く普及した試験方法である。この試験を行うにはボーリングを必要とするが，このボーリングには一般にロータリー式が用いられている。

　ロータリー式は，ビットを通常 100～300 回/min の速さで機械的に回転して土を削り取って孔を掘っていくもので，破砕土砂は泥水ポンプで排出する。ロータリー式にはコアボーリングと呼ばれる方式があり，硬い土や風化岩などの連続サンプリングが可能である。

　標準貫入試験は，その孔底を利用して行うもので第 3.1.6 図に示すように，重さ 63.5kg の落錘を 75cm の高さから落下させ，ドリルロッドに取り付けた外径 5.1cm の標準サンプラーを地中で 30cm 貫入させるに要する打撃数（N値）を測り，この打撃数とサンプラー内に入った乱された土試料から，土層の種類，性質，および強度を判定する。第 3.1.2 表は N 値と土の単位体積当り重量 γ，内部摩擦角 ϕ，粘着力 C との関係の目安を示したものである。

　また，標準貫入試験によって得られる N 値は通常 50 までとしているが，まさ土などの軟岩では 50 までの結果を線形補完して換算 N 値とし，N 値を 300 程度まで拡張して用いることもある。

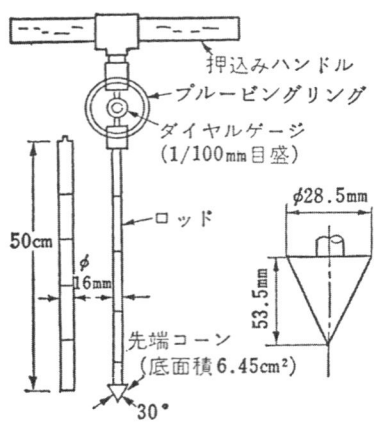

第 3.1.5 図　コーンペネトロメーター

第3.1.2表 N値と γ, ϕ, C の関係

項目 \ 相対密度または堅さ	砂質土					粘性土				
	ごくゆるい	ゆるい	締った	密な	ごく密な	非常に柔らかい	柔らかい	中位の	堅い	非常に堅い
標準貫入試験によるN値	0〜4	4〜10	10〜30	30〜50	50以上	2以下	2〜4	4〜8	8〜15	15〜30
土の単位体積重量 γ [t/m³]	1.5以下	1.6	1.7	1.8	1.9以上	1.5以下	1.55	1.6	1.65	1.7以上
土の内部摩擦角 φ	30°以下	30°〜35°	35°〜40°	40°〜45°	45°以上	—	—	—	—	—
土の粘着力 C [t/m²]	—	—	—	—	—	1.0以下	1〜2.5	2.5〜5	5〜10	10〜20

(注) (1) この表におけるN値とcの関係はTerzaghiとPeckの提案に基づいたものを，N値とφの関係はMeyerhofが提案したものを採用したもので，ごく一般的な目安として与えたものであり，調査結果の適用を誤らないようにするための参考値である．

(2) 砂質土では，通常$c=0$とみなしているが，地下水位が低く不飽和の状態では，水の表面張力に基づく粒子相互間の吸着力による，みかけの粘着力が存在するので，適当な方法で雨水が地盤に浸透しないようにした場合は$c=0.5$〜0.7t/m²程度は期待してよい．ただし，地下水位が高く完全飽和の地盤では，当然粘着力を0としなければならない．

(3) 粘性土では，通常$\varphi=0°$とみなしている．

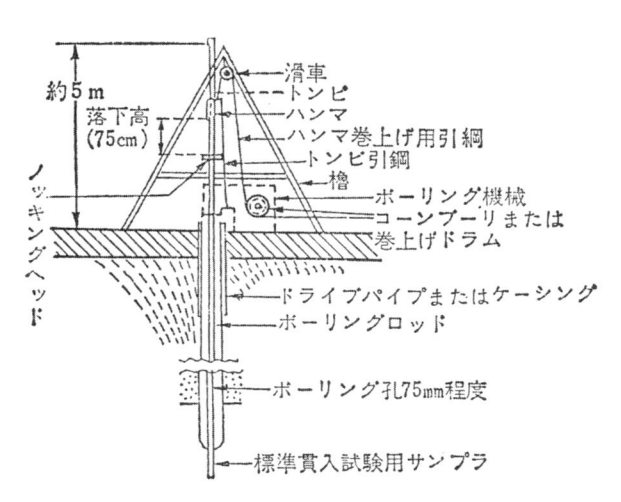

第3.1.6図 標準貫入試験機

(iii) 孔内水平載荷試験

ボーリング孔を用いて，孔内をゾンデなどで押し込むことによって，地盤の変形係数，降伏圧力などを求めるものである．押し込む方法には様々な方式があるが，比較的広い範囲の地盤の変形係数を求めることができる．第3.1.7図にその1つの手法を例として示す．

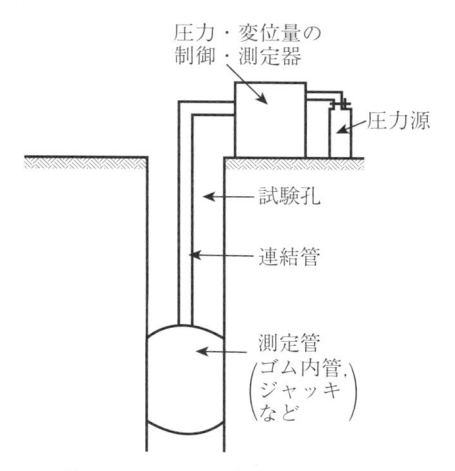

第3.1.7図 孔内水平載荷試験

(iv) 弾性波探査：弾性波探査(物理地下探査法)は広い面積を占める構造物の基礎地盤の探査等に用いられる調査方法で，大地を構成する各種の地質が，それぞれ固有の地震波伝播速度をもっていることを利用して，地表面付近で小発破等の衝撃によって人工地震を起こさせ，その波（通常はP波）の伝播速度の差から地盤構造を探ろうとするものである．第3.1.8図に測定系の例を示す．分解能力は受信機器の設置密度などに依存し，測定深度は受信機の設置幅に依存するため，設置間隔・設置幅などを工夫して，求めたい深さまでの地盤状況に応じた受信器の設置が必要である．また，本手法では，地下深部になるほど弾性波速度は増すものとして解析が行なわれるため，地下に低速度があっても検出されないことや，厚みのない第二層以下の層は無視されてしまうことに留意しなければならない．

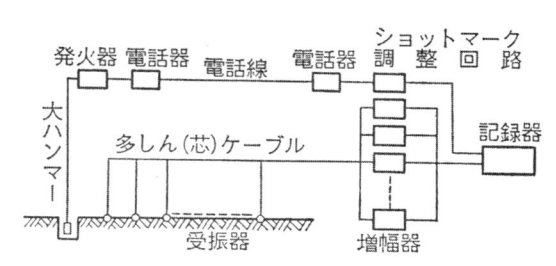

第3.1.8図 弾性波探査の測定系(例)

(v) 密度検層：放射性同位元素から放射されるγ線のコンプトン散乱を利用して，ボーリング孔壁沿いの密度分布を測定するものである．コンプトン散乱とはγ線が物質中を通過するときに物質中の電子と衝突し，エネルギーの一部を失って散乱する現象．コンプトン散乱をしたγ線の強さは物質の密度の関数となるため，これを計測することにより，密度を推定することが出来る．

第3.1.9図に概念図を示す．

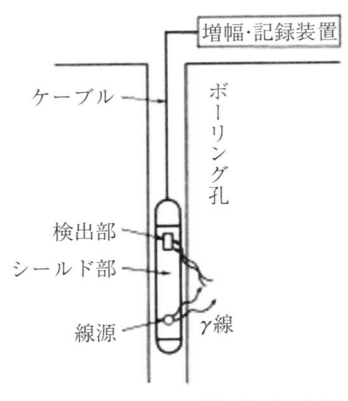

第3.1.9図 密度検層の概念図

(3) 室内試験

(i) 土の物理試験：土の物理試験は，支持力計算に必要な定量的な数値を求めるものではなく，含水量，湿潤密度，土粒子の比重，粒度及び液性塑性限界等の物理的性質を知って，サウンディングや力学試験の結果が正しい値を示しているか否かの判定を行ったり，土の単位体積重量の圧密，沈下量の推定，盛土として使用する場合の適否の判定，透水性の推定を行って基礎の設計，施工に利用するものである。

砂質土か，粘性土か，また，土の利用の仕方によって必要な試験，不必要な試験があるので，その対象目的に応じて試験方法が選択される。

(ii) 土の力学試験：土の力学試験には基礎の支持力計算に使用する土のせん断力を求めるための直接せん断試験，一軸圧縮試験，三軸圧縮試験のほか，透水程度を求めるための透水試験，粘性土の沈下量を推定するための圧密試験がなどがある。

直接せん断試験：直接せん断試験は簡便な方法であるが，試験の機構上欠点が多い。一軸圧縮試験は非排水せん断で供試体が粘土のように自立するものという条件でのみ試験が可能である。

三軸圧縮試験：三軸圧縮試験は試験の機構上からはせん断速度，排水条件を自由に調節できる点で，もっとも優れた試験方法であるが，軟岩などに適用する場合は，潜在する亀裂によって試験値のばらつきが大きくなるため，破壊した試験体の状態をよく観察し，適切な試験結果のものを利用する必要がある。また，仕様としては，主に粘性土に用いられる先行圧密を行なわない非圧密非排水試験（UU試

第3.1.3表 土の力学試験の概要

試験名	機構図	試験方法	試験から求める値	適用対象
直接（一面）せん断試験		試験を上下に分かれたせん断箱に入れ，加圧板を通して上下圧 σ を加え，水平力 $\tau \cdot A$ によってせん断する。資料を変えて σ を2つ以上の値について行い，モールクーロンの破壊基準から C, ϕ を求める。	上下圧に対応するせん断抵抗 内部摩擦角：ϕ 粘着力：C	土被りの浅い土砂
一軸圧縮試験		同筒型試料土を，そのまま上下圧 q_u で圧縮せん断する。	一軸強度 粘着力 鋭敏比	
三軸圧縮非排水条件試験（CU試験）		円筒型試料土にゴム膜をかぶせ，排水条件で側圧と上下圧を σ_3 まで加圧し圧密する。その後，非排水条件として側圧を σ_3 とした状態で，上下圧 σ_1 のみを増大させることにより，圧縮せん断する。試料を変えて σ_3 を2つ以上，通常は3つ程度変化させて実施する。	側圧に対するせん断抵抗 内部摩擦角：ϕ 粘着力：C 変形係数：E_{50}	粘性土 透水性の悪い風化岩 （泥岩，凝灰岩等）
三軸圧縮排水条件試験（CD試験）		円筒型試料土にゴム膜をかぶせ，排水条件で側圧と上下圧を σ_3 まで加圧し圧密する。その後，排水条件として側圧を σ_3 とした状態で，上下圧 σ_1 のみを増大させることにより，圧縮せん断する。試料を変えて σ_3 を2つ以上，通常は4つ程度変化させて実施する。	側圧に対するせん断抵抗 内部摩擦角：ϕ 粘着力：C 変形係数：E_{50}	砂質土 透水性の良い風化岩 （三紀砂岩，まさ土等）
多段三軸圧縮試験		三軸圧縮試験を1つの試料で行うため，σ_3 を固定した後 σ_1 を増圧し，降伏したと考えられる挙動が見えた後，σ_1 を減圧し，その後 σ_3 を増圧して固定した後，σ_1 を増圧して降伏したと考えられる挙動が見えるまで増圧するというサイクルを繰り返す。	側圧に対するせん断抵抗 内部摩擦角：ϕ 粘着力：C 変形係数：E_{50}	試料採取が難しい風化岩

験)，主に排水性の悪い軟岩を対象とする先行圧密を行い非排水条件で行なう圧密非排水試験（CU試験)，主に砂質土，排水性の良い軟岩を対象とする圧密排水試験（CD試験）があり，土の特性を踏まえて選択することが必要である。

多段三軸圧縮試験：多段三軸圧縮試験は，供試体がいくつも作成できない場合に用いる試験であり，コアとして得られるものが少ない場合に適している。第3.1.3表にこれらの試験方法の概要を示す。

参考文献

1) 地盤調査法　平成7年9月　社団法人　地盤工学会
2) 土質の試験方法と解説　平成6年3月　社団法人　地盤工学会

付録3.2　鉄塔基礎形状の選定

3.2.1　土質の概要

送電線ルート調査測量の実施進展に伴って鉄塔位置が定まると、その建設箇所における最適の基礎形状を選定することになる。

時には、基礎形状を想定しながら鉄塔の位置を、きめ細かく調整して、調査を進めて行くこともしばしば行われる。

このため鉄塔位置の概略の地形、地盤状況等がある程度把握できた段階で、基礎の基本的形状を選択して調査作業に反映させることが大切である。基礎形状の決定には、現地の地形、地盤、地層、地質等の条件のほか、鉄塔の規模、種類、機能と基礎に加わる荷重の大きさや施工時の使用機材、用地事情、資機材の運搬方法、工期等の多面的諸条件を考慮する必要がある。このため基礎型の規準は定められないが、調査の段階で所要となる概略の基礎形状は次のような考え方のもとに選定すれば妥当と考えられる。

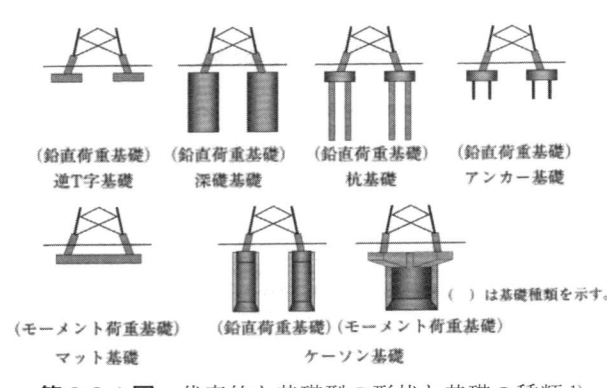

第3.2.1図　代表的な基礎型の形状と基礎の種類[1]

3.2.2　地形から見た基礎形状の選定

(1)　平坦地

鉄塔位置とその周辺の地形高低差が小さく斜面勾配があっても10度程度でほぼ平坦といえる場所では、最も標準的な逆T字型の基礎を選定するのが一般的である。

(2)　緩傾斜地

斜面勾配が20度程度以下ならば、特に近傍に池や湧水箇所など特殊な状況が見られない場合、逆T字型基礎が選定されることが多い。傾斜地で所定の引揚力が得られない場合には、地層にもよるが、床板部を横に掘り拡げた拡底逆T字型基礎を検討する場合もある。

(3)　急傾斜地

想定する基礎体側面部にあたる斜面が25度～35度程度の急斜面である場合には、基礎の側面低抗力と施工時のことも考え合せ、掘削時に開口部が小さくできる深礎基礎を選定することが最近は多くなってきている。

このほか、地形上特別な状況が見られる箇所では、その特質に合致した基礎形状を実状に合せて選定すべきである。例えば岩盤の点在する山腹箇所では、その大きさ、地山に対する固定度合が十分期待できるならば、これを利用した基礎形状を考慮することだとが必要である。市街地等で地形的に全く平坦であっても敷地の使用範囲をコンパクト化できる深礎基礎の適用も行われつつある。また河川敷等では、洪水位と流水対策を考慮した門型基礎も用いられている。

3.2.3　地盤状況から見た基礎形状の選定

(1)　軟弱地盤(沖積層)

地表面下数mの掘削深さで、鉄塔基礎として所要の耐力を持った地盤の存在が考えられない場合には、杭基礎を選定するのが一般的である。

使用する杭の種類は、軟弱層の深さ(支持層の深さ位置)によって検討され、大略次のようだ考え方で選択することになる。ただし、一般に地下水位が高い場合が多いことから、いずれの場合も地盤下に設ける基礎体には、ほぼ全面的に地下水による浮力の影響を受けると考えて、基礎を設計する必要がある。

(i)　軟弱層の深さが10～30m程度の沖積平野の水田、畑地帯等では、その深さにより既製杭（PHC杭、鋼管杭）または場所打ち杭を打設し、その上に浅型の逆T字型基礎を設けるのが一般的である。地盤が非常に軟弱となる場合には、基礎間の相対変位が大きくなるため、これを制御するために、4脚を一体化したマット型の杭基礎(べた基礎)を適用した方が良い場合もある。

(ii)　軟弱層の深さが10m程度で、地層中に礫や転石が含まれ、既製杭の打込みに問題があると想定される場合には、全周旋回型オールケーシング方式の場所打ち杭か、井筒基礎が考えられる。

(iii)　軟弱層の深さが30m以上にも及ぶと想定される場合は、1m以上の口径の大きい場所行コンクリート杭や長尺鋼管杭の適用がしばしば見られる。

(2)　丘陵地(洪積層台地)

鉄塔基礎としての所要地耐力をもつ地層(支持層)が一般的にそれほど深くないところに存在するので、設計荷重が比較的小さな基礎では、逆T字型基礎が選定されることが多い。通常は地下水位が低くその影響はあまり受けないと考えられるが、洪積地は地

層ごとに固結度が千差万別であり，この点を留意して検討する必要がある。ローム質地盤など粘性土が主体となっている場合は，標準よりやや床板幅を広くした逆 T 字型基礎が，反対に砂質土層が主体をなす丘陵地盤などでは，柱体部を長めにし，床板幅を狭くした逆 T 字基礎が設計耐力上有利になる。

また，設計荷重が大きい場合には，杭を打設する必要があり，レキを多く含むことなどから，全周旋回型オールケーシング方式の場所打ち杭が選択される場合が多い。

(3) 山岳地(風化岩層・岩盤)

鉄塔が建設される山岳地の大部分は程度の差はあるが風化岩の地盤とみてさしつかえない場合がほとんどである。設計荷重が比較的小さな鉄塔では，逆 T 字型基礎で対応できる場合が多く，基礎荷重が大きい場合は拡底逆 T 基礎や，深礎基礎などの適用が必要となる。また，風化層が非常に深い場合もあり，このような場合には深礎基礎を使用することが一般的である。

古くは鉄塔規模が小さくコンクリートの運搬に問題がある場合には，鋼材をいかだ状に組合せた鋼材基礎が採用された例もあるが，最近はあまり採用されていない。

地表面近くから比較的良質の岩盤が存在して，掘削が困難なときはロックアンカーを用いた基礎にすることが有利な場合もある。この場合，ロックアンカーの引き抜き耐力について，事前に耐力確認試験を実施することが望ましい。

3.2.4 基礎形状選定に対する調査

鉄塔位置と基礎形式の選定に必要な自然条件に関する各情報を得るための調査事項は下記の通りである。

(i) 気象条件に関する調査……雨量，積雪，気温等。
(ii) 自然災害に関する調査……地震，土石流，地すべり，崩壊。

この予備的調査として，文献調査と現地踏査を実施する。地盤調査のための踏査ではその地域の自然条件を把握し，地形，地盤，地質についての情報の洞察に努め，鉄塔位置と基礎形状選定の基礎資料にすべきである。

(1) 地盤調査にあたっての山地部特有の問題点

山地部は，平地部と比較して，地盤そのものが鉄塔基礎の支持地盤として良質である場合が多いが，鉄塔位置とその基礎型の選択にあたって特に留意すべき問題点は，地すべり，土石流，岩崩，雪崩など，地形地質に起因する自然災害の影響を受ける可能性である。降雨量や積雪等の誘因条件と合せて調査し，あらかじめ鉄塔位置をこれらの危険箇所からの回避することが重要である。

そのほか急傾斜地の地表層の滑り，崩落の可能性や地層の流れ，盤方向にも注意すべきである。場所によっては，火山性溶岩の分布範囲や，火山灰の層厚なども目を向けるべき問題点である。

(2) 地盤調査にあたっての平地部特有の問題点

平地部には，沖積低地や河岸段丘，埋立地等各種の地盤があるが，地盤調査にあたっての問題点として，地下水位の位置とその上昇程度があげられる。また，緩い砂地盤では，地震時における地盤の液状化の可能性があり，緩い砂地盤やシルトの多い軟弱地盤では地下水の汲み上げや大規模な埋め立て等に伴う地盤沈下現象と，これに基づく基礎杭に働く負の摩擦力（ネガティブフリクション）も留意すべき事項である。

そのほか工事中のことまで考えて軟弱地での杭打工事に伴う地盤振動の伝播や地盤中の有機物と鋼杭等に対する'腐食性にも注目すべきであると共に，近隣施設や住民に対する施工時の影響調査も十分にしておく必要がある。

なお予備的調査の際，地形地質，地盤などに関する情報把握の一助となる資料として第3.2.1～3表を，また地盤の断面図の例を第3.2.2図。第3.2.3図に示す。

第3.2.1表 地表踏査で観察すべき事項[2]

対象	項目	内容
地形	渓谷	谷幅，谷筋の曲がり，山腹斜面，河川勾配，水深など
	尾根	尾根幅，尾根の屈曲，ケルンコルン・ケルンバットなど
	平坦面	隆起準平原，火山性台地，段丘など
	特殊地形	カルスト，地すべり，崩壊，断層谷など
露頭	地質構成	岩種，岩相，地質年代など
	岩質	硬軟，風化・変質の状態など
	割れ目	分布，性状，連続性，節理・片理面の特性など
	地質構造	整合，不整合，断層，シーム，褶曲，層理，片理，貫入などの状況と地層境界面の性状
露頭のない箇所	被覆物	種類，成因（表土，崖錐，扇状地堆積物，段丘礫層など）
		性状（粒度配合，礫の岩種・形状，締まり具合，含水状態）
		分布（厚さ，広がり，成層，連続性など）
	植生	樹種，樹齢，人口林，自然林，根曲がりなど
表流水地下水	本・枝沢	流量，伏流，消滅，湧出，水質，季節変化など
	温泉・噴気	量，温度，含有成分，分布など
	地下水	湧出口の分布・形状，湧出量，水質，水温，季節変化など

第3.2.2表　植生から推測できる土木工学的情報

項目	推 測 内 容
植生の種類から推測できること	○ 広葉樹，竹林……崖錐や粘土質の未固結堆積物，崩壊跡地，沢地形，集水しやすい地形 ○ 成育の良い杉林……表土が厚く，水が浸透しやすいところ ○ 陽樹（赤松など）……表土が薄い所，含水が低くやせた所 ○ 柳，イチヂク，フキなど……地下水の高い粘性土，地すべり地，大崩壊地 ○ イタドリ，クズ，タケニグサなどの群落……崩壊跡地，伐採跡地に真先に生えるもので，斜面が十分安定していないことが多い ○ ミカン，梨，栗などの果樹園……排水のよい砂質土壌，崖錐，扇状地 ○ 桑畑……火山灰質の養分の乏しい所 ○ 水田……排水の悪い土壌 ○ 山腹斜面の棚田……地すべり地
その他の植生状況から推測される事項	○ 植生の粗密……粗な所は表土が薄く含水が低い，密な所は表土が厚く含水が高い ○ 植生の配列……植物の生長模様の分布から表土の厚薄，含水の多少，地質構造などが推測される（土層構成の特異点，過去の崩壊地跡） ○ 変異樹形，根形異常……強風，なだれ，地すべり，崩壊などに起因する

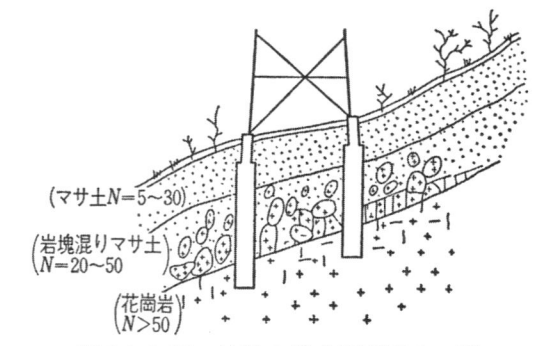

第3.2.2図　地盤の模式断面図の一例

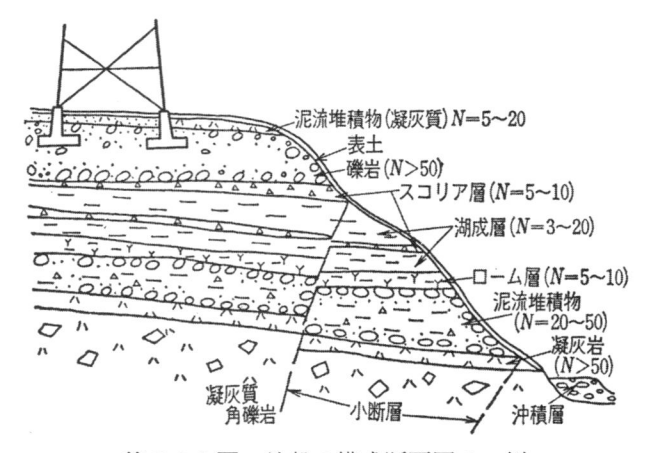

第3.2.3図　地盤の模式断面図の一例

第3.2.3表　写真判読によって把握する地形・地質要素

区分		要素	判読内容
地形要素	斜面	異常地形 ┤ 地すべり地	地すべり地の範囲，タイプ，移動方向，土塊の厚さ，運動状況，今後の推移の推定
		崩壊地	崩壊地の分布，深さ，今後の推移の推定
		崩壊跡地	崩壊跡地の分布，復旧状況と今後の推移の推定
		区分不明の異常地形	明確に区分できない異常地形の分布，規模
		不安定斜面 ┤ 地すべり危険斜面	匍行ぎみの斜面など，地すべり危険斜面の分布と性状
		崩壊危険斜面	崩壊頻発斜面，伐採跡地など崩壊危険斜面の分布と性状
		落石危険斜面	露岩地，急崖面など落石の危険が高い斜面の分布
		なだれ危険斜面	なだれ頻発斜面など，なだれ発生の危険が高い斜面の分布
		沢なだれ危険斜面	沢なだれ発生危険斜面の分布
		急崖面	斜面傾斜50°以上，崖高5m以上の急斜面の分布
		大規模土工斜面	大規模な切土斜面の分布
	渓流	土石流危険渓流	土石流頻発渓流，発生危険渓流の分布
		土石流危険扇状地	土石流の流出が予想される扇状地の分布
		氾濫，冠水危険箇所	洪水時に土砂氾濫や冠水の危険が高い箇所の分布
		洗掘危険箇所	渓流屈曲部など，流水による洗掘危険箇所の分布
		0次谷（ガリー）	浸食作用が活発で，土石流発生などが予想される0次谷の分布
地質要素	地質構造	地質分布	地層の分布，走向・傾斜など地質構造の概略の把握
		断層破砕線	断層や破砕線（フラクチャー・トレース）の分布と規模
		破砕帯	破砕帯の分布，性状の推定
	岩盤	岩相	岩種の推定
		岩質	硬さ，割れ目頻度など岩質の推定
		風化・変質	風化層の発達状況や，変質程度の推定
	未固結堆積物	軟弱地盤	沖積層などの軟弱地盤の分布と区分，性状の推定
		崖錐堆積物	崖錐堆積物の分布と性状の推定
その他		土地利用 植生状況	送電線ルート周辺の土地利用，植生状況の把握

参考文献

1) 電気共同研究　第 58 巻　第 3 号　送電用鉄塔基礎の設計　平成 14 年 10 月　社団法人　電気共同研究会
2) ダムの調査　土木学会　1989

付録 3.3 鉄塔敷地設計

3.3.1 はじめに

地山の安定化，自然環境の保全，公園内など行政機関の指導等もあり，施工後の鉄塔敷地は原形復旧の傾向にある。土の処理方法も，鉄塔敷地外へ搬出することが一般化してきている。しかし，主脚継．根巻コンクリートの適用の制限などによる脚別整地あるいは若干の残土処理を目的とするよう壁などを施工することがあるので，ここでは先ず半整地（脚別整地）の設計，施工例について示し，地山の安定のために重要な，植生工，土留め工，降水処理の一般的な方法について示す。

3.3.2 半整地

(1) 施工対象

半整地はできるだけ原地盤を変形させないように脚付近のみ整地を行うもので，基礎の柱体天端が原地盤より指定値以上となる場合は盛土し，柱体天端が原地盤より出ない場合は原地盤を切取りして柱体天端を出すようにする。

第3.3.1図に半整地の例を示す。大形鉄塔の場合はとくに主脚材をつたって流れる水の量が多いので，自然環境、社会環境などを十分考慮する。排水処理については，後述するように，その対策を別途たてる必要がある。

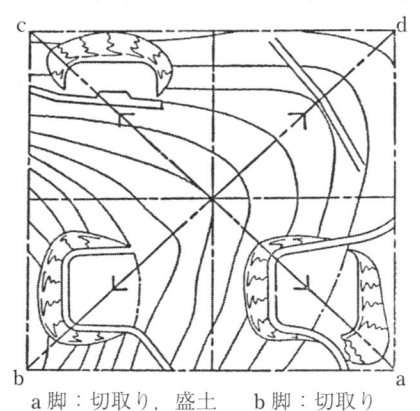

(2) 切取り

切取り法面勾配は硬く締った土砂または普通土および粘性土の場合は 1:0.8～1.0 を標準とするが，締っていない土砂の場合は 1:1.2 程度と法面勾配を緩やかにする。

第3.3.1表に参考のため日本道路協会[1]の切取り法面勾配の標準値を示す。

切取りの高さが5mを超す場合は犬走りを付けるとともに第3.3.1表のごとく勾配を緩くする。

(3) 盛土

盛土の法面勾配は一般に 1:1.2 を標準とするが，盛土の高さが 1.5m 以上は 1:1.5 を，また土質の悪い場合および盛土の高さが3m以上になる場合は犬走りを設けるか，法面勾配をゆるくするなどとくに配慮する。第3.3.2表に参考のため日本道路協会[1]の盛土法面の標準勾配を示す。第3.3.2図に盛土の法面の名称を，また第3.3.3図に切取り盛土の種類を示す。

第3.3.1表 切取り法面勾配の標準[1]

地山の土質		切土高	勾配
硬 岩			1:0.3～1:0.8
軟 岩			1:0.5～1:1.2
砂	密実でない粒度分布の悪いもの		1:1.5～
砂質土	密実なもの	5m以下	1:0.8～1:1.0
		5～10m	1:1.0～1:1.2
	密実でないもの	5m以下	1:1.0～1:1.2
		5～10m	1:1.2～1:1.5
砂利または岩塊混じり砂質土	密実なもの，または粒度分布のよいもの	10m以下	1:0.8～1:1.0
		10～15m	1:1.0～1:1.2
	密実でないもの，または粒度分布の悪いもの	10m以下	1:1.0～1:1.2
		10～15m	1:1.2～1:1.5
粘 性 土		10m以下	1:0.8～1:1.2
岩塊または玉石混じりの粘性土		5m以下	1:1.0～1:1.2
		5～10m	1:1.2～1:1.5

a脚：切取り，盛土　　b脚：切取り
c脚：盛土　　　　　　d脚：原形

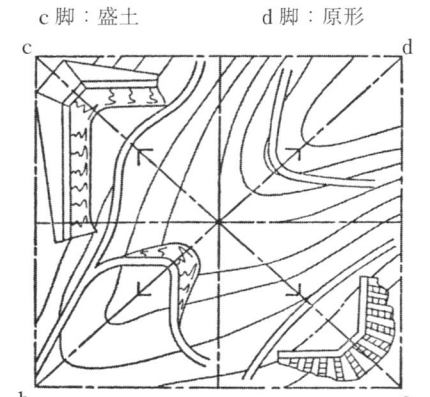

a脚：石積　　　　　　b脚：切取り
c脚：コンクリートよう壁　d脚：原形

第3.3.1図 半整地（1脚整地の例）

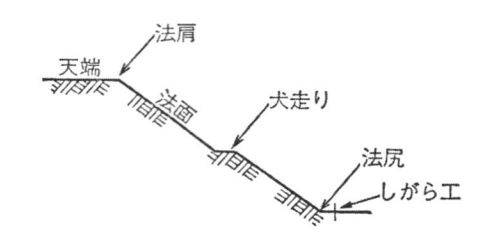

第3.3.2図 盛土法面の名称

第3.3.2表 盛土材料および盛土高に対する法面勾配[1]

盛土材料	盛土高(m)	勾配	摘要
粘度の良い砂(S),礫および細粒分混じり礫(G)	5m以下	1:1.5～1:1.8	基礎地盤の支持力が十分にあり,浸水の影響のない盛土に適用する。( )の統一分類は代表的なものを参考に示す。標準のり面勾配の範囲外の場合は安定計算を行う。
	5～15m	1:1.8～1:2.0	
粘度の悪い砂(SG)	10m以下	1:1.8～1:2.0	
岩塊(ずりを含む)	10m以下	1:1.5～1:1.8	
	10～20m	1:1.8～1:2.0	
砂質土(SF),硬い粘質土,硬い粘土(洪積層の硬い粘質土,粘土,関東ロームなど)	5m以下	1:1.5～1:1.8	
	5～10m	1:1.8～1:2.0	
火山灰質粘性土(V)	5m以下	1:1.8～1:2.0	

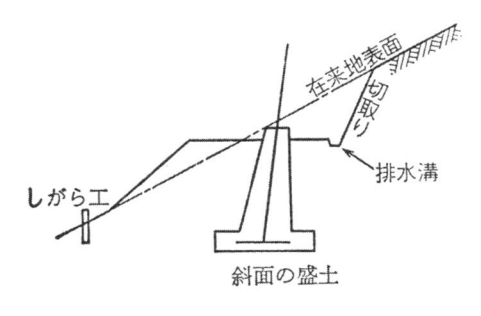

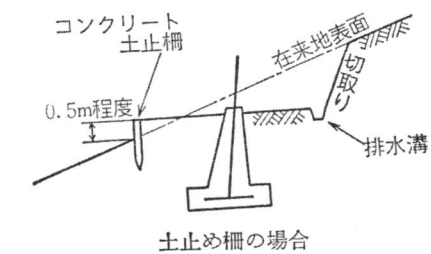

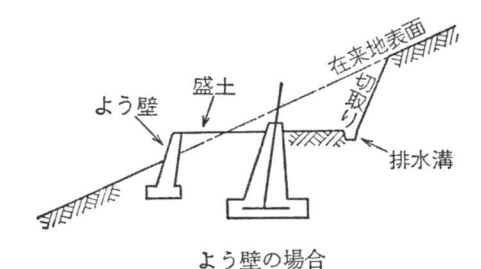

第3.3.3図 切取り盛土の種類

3.3.3 構造物によらないのり面保護

(1) のり面保護工の種類と目的

上記の脚周りの半整地,施工時における重機通路の確保などによる切取りのり面・盛土のり面,および施工により裸地化した急勾配の原地山斜面などは,必要に応じて,のり面保護工を施し,長期的な地山の安定を確保する必要がある。対策工は大きく,植生工と構造物によるのり面保護工に分かれ,その主な工種と目的は第3.3.3表[1]の通りである。

一般的には裸地化した斜面およびのり面の勾配が,安定勾配に比べて十分に緩い場合には,植生工によって地山の降雨などによる表面侵食を図り,地山の安定化を図る。一般的には,軟岩や粘性土で,1:1.0～1.2,砂や粘性土で1:1.5よる緩い範囲であれば,植生工のみで侵食や表層崩落をある程度防止できると考えられる。また,これより急傾斜となる場合は,植生工のみでは安定化は困難であり,のり枠工や編柵工などの併用が必要であり,1:0.8以上の勾配となると構造物によるのり面保護工が必要となる。

また,湧水が多い場合や,鉄塔による雨水の集中が懸念される場合には,表面排水工や地下排水工などが必要となる。

第3.3.3表 のり面保護工の工種と目的[1]

分類	工種	目的・特徴
植生工	種子散布工客土吹付工植生基材吹付工張芝工植生マット工植生シート工	浸食防止,凍上崩落抑制,全面植生(緑化)
	植生筋工筋芝工	盛土のり面の浸食防止,部分植生
	植生土のう工	不良土,硬質土のり面の浸食防止
	苗木設置吹付工	浸食防止,景観形成
	植栽工	景観形成
構造物によるのり面保護工	編柵工じゃかご工	のり面表層部の浸食や湧水による土砂流出の抑制
	プレキャスト枠工	中詰が土砂やぐり石の空詰めの場合は浸食防止
	モルタル・コンクリート吹付工石張工ブロック張工	風化,浸食,表面水の浸透防止
	コンクリート張工吹付枠工現場打ちコンクリート枠工	のり面表層部の崩落防止,多少の土圧を受けるおそれのある箇所の土留め,岩盤はく落防止
	石積,ブロック積擁壁工ふとんかご工井桁組擁壁工コンクリート擁壁工	ある程度の土圧に対抗
	補強土工(盛土補強土工,切土補強土工)ロックボルト工グラウンドアンカー工杭工	すべり土塊の滑動力に対抗

(2) 植生工

植生工は，のり面の勾配や地山表面の固さなどによって，生育の適否が大きく変化する。第3.3.4表にのり面勾配と植物の生育の関係を第3.3.5表に土の硬度と植物の生育の関係を示す。これらの関係を踏まえると共に，鉄塔敷地としての利用形態を考慮して，適切な種子の配合を行い，植生工を実施する必要がある。特に，植生した対象地を草本によるものとするか，低木を交えたものにするか，高木を主体としたものにするかの判断は，鉄塔の保安伐採範囲と密接に関係していることから，総合的に判断して目標となる植物群落を検討する必要がある。また，その散布量の算定にあたっては，発芽率，発生期待本数などを考慮して決める必要がある。一般に，外来種は発芽率が高いものが多い。また，郷土植物は発芽率が低く，年によるばらつきが大きく，手に入る量も限られるため，計画的に種を確保することが必要である。肥料も導入する植物に合わせて適切に選定する必要がある。

植生工は様々な種類が存在する。その中で，送電線の鉄塔敷地によく用いられる人力施工による植生工の種類と特徴を第3.3.6表に示す。植生工の実施にあたっては，適切な時期に実施することも重要であり，一般には4月～6月の春施工が良い。この時期に施工できない場合は，わらむしろ張工などの保護工が必要となる場合が多い。

第3.3.4表 のり面勾配と植物の生育[2]

のり面勾配	植物の生育状態
1：1.7以下 （30度以下）	高木が優古する植物群落の復元が可能である。 周辺から在来種の侵入が容易で，植物の生育が良好である。植生被覆が完成すれば表面侵食はほとんどなくなる。
1：1.7～1：1.4 （30～35度）	生育が旺盛である。 35度は，放置した場合に周辺からの自然侵入によって植物群落が成立する限界角度。
1：1.4～1：1 （35～45度）	生育が良好である． （中・低木が優古し，草本類が地表を覆う植物群落の造成が好ましい。）
1：1～1：0.8 （45～60度）	生育がやや不良になる。侵入種が減る。 （低木や草本類からなる丈の低い植物群落の造成が好ましい。） （高木を導入すると，将来，基盤が不安定になることもある。）
1：0.6以上 （60度以上）	生育が著しく不良になる（樹高が低くなる）。草本類は衰退が早い。 （岩の節理などへの根の伸長を期待し，主として低木類の導入が好ましい。）

第3.3.5表 土の硬度からみた植物の生育[2]

基盤の硬度	植物の生育状態
10mm未満	乾燥のため発芽不良になることが多い。定着したものの生育は良好。
粘性土　10～23mm 砂質土　10～25mm	地上部，地下部とも生育は良好になる。 樹木の植栽にも適する。
粘性土　23～30mm 砂質土　25～30mm	一般に，根系の土中への伸長が妨げられる（樹木植栽には不適）。 根系の土中への伸長が妨げられる（樹木植栽には不適）
30mm以上	根系の伸長が不可能である（根の領域の造成が必要）。
軟岩・硬岩	根系の伸長が不可能である（生育基盤の造成が必要）。 （岩に節理がある場合には，木本類の根系の伸長は可能）

注）1．基盤の硬度は，山中式土壌高度計による。
　　2．土壌硬度は粘性土では23mm以上，砂質土では25mm以上の場合，根の地中への侵入が妨げられるので，樹木植栽は不適である。

3.3.4 構造物によるのり面保護工

(1) 構造物によるのり面保護工の種類

送電線の施工跡地に対する構造物によるのり面保護工としては，編柵工，じゃかご工，石張工・ブロック張工，モルタル吹付工，よう壁工などが用いられる。この他，地すべりなどの抑止のために，杭工，アンカー工，水抜き工なども用いられることがある。以下に簡単にそれぞれの工種について，概要を示す。

(2) 編柵工（しがら工）

植物が十分に生育するまでの間，のり表面の土砂の流出を防ぐ目的で用いられる場合が多い。のり面に直径10cm～15cm長さ1.0m～2.0m程度の松丸太などを1.0m～1.5m程度のピッチで打ち込み，上部30cm～50cm程度を表面に出す場合と，表面には一切出さない場合（隠ししがら工）がある。第3.3.4図に例を示す。

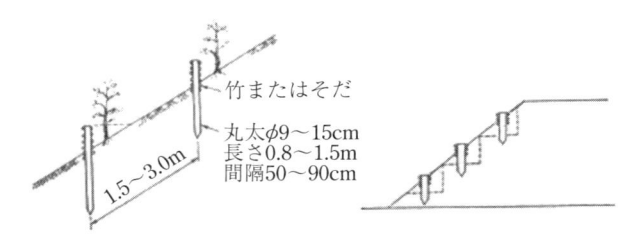

(a) 柵の一部を表面に出す場合　(b) 段切による編柵工の設置

第3.3.4図 編柵工の例[1]

(3) じゃかご工

じゃかごは切取りのり面などで，特に湧水が懸念される場合や，崩壊箇所の復旧，凍上などでのり面が崩れ易い場合などに用いる。じゃかごは詳しくは第3.3.5図にしめすように，円筒状の形となる所謂じゃ

第3.3.6表　人力施工による植生工の種類と特徴[2]

工　種	張　芝　工	植生シート工	植生マット工	植生土のう工（植生袋工）	植　栽　工
施工方法	全面または市松に張り付ける	全面または帯状に張り付ける	植生シートより厚めの資材を全面に張り付ける	土のうまたは植生袋を固定する	植え穴を掘って苗木などを植え付ける
使用材料　基材	切り芝，ロール芝	種子，肥料などを装着したむしろなど	繊維紙袋に土，種子などを詰め，つなげたもの	繊維袋に土または改良土種子などを詰めた物	苗木，成木ポット苗
使用材料　植物	切り芝（野芝）ロール芝（外来草本）	外来，在来草本種子	草本植物（種子）木本植物（種子）	木本種子，外来，在来草本種子	樹木類つる性植物
使用材料　肥料	化成肥料緩効性肥料	高度化成肥料	化成肥料緩効性肥料	堆肥，PK肥料緩効性肥料	堆肥，PK肥料緩効性肥料
補助材料	目ぐし，播土，目土	目ぐし播土，目土	止め杭，アンカー	目ぐし，アンカーピン	支柱
併用工		埋枝工，埋幹工，植栽工	客土種子吹付工	溝切工，枠工	植生基材吹付工
施工後の耐侵食性	比較的大きい	大きい	大きい	大きい	小さい
適用条件　土質等	切土面（硬度25mm以下）盛土面	盛土面	切土面（硬度25mm以下）盛土面	切土面（肥料分の少ない土砂または硬質土砂，岩）	盛土面（硬度25mm以下の土砂）
適用条件　勾配	<1:1	<1:1	<1:1	<1:1	<1:1.5
備考	・小面積で造園的効果が必要である場合に使用	・むしろのほか，繊維フェルト状のものもある・肥料分の少ない土質では追肥管理を必要とする	・植生シート工よりやせ地に適用する	・勾配が1:1より急なところでは落下することがある・草本種子を使用する場合には，保肥性の大きい土砂とする	・活着率を高めるには堆肥のほか，高吸水性ポリマーやソフトセラミックスを用いるとよい・植え穴からの浸透水による破壊に注意を要する
工種標準図	切芝(ベタ張り)／目ぐし	植生シート／押えなわ／目ぐし	植生マット／アンカー	植生土のう／のり杭工	苗木／植え穴

かごと，直方形の形となるふとんかごの2種類がある。鉄線や鉄枠などの中に数十cm程度の大きめの石を入れたものが普通であるが，現場の掘削岩や，コンクリートがらなどを充填することも可能である。

(a) じゃかご　　(b) ふとんかご

第3.3.5図　じゃかごの例[1]

(4) 石張工，ブロック張工

石張工，ブロック張工はのり面の風化防止などを主な目的として，1:1.0以下の緩勾配で粘着力のない土砂，泥岩等の軟岩，崩れ易い粘性土のり面に用いることが多い。この他局部的にのり面勾配を標準より急にする場合などにも用いられている。一般には高さ5m以内，のり長7m以内が多い。第3.3.6図に施工例を示す。

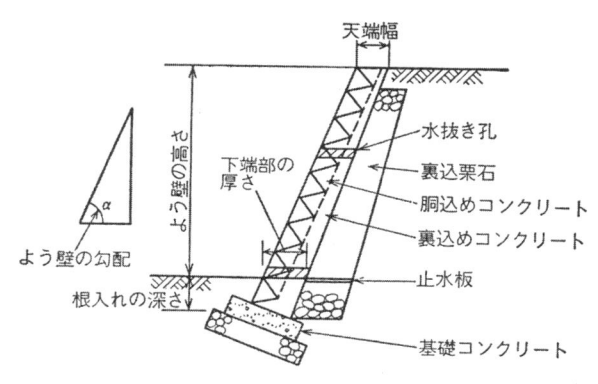

第3.3.6図　石積，ブロック張工の例

(5) モルタル吹付工

風化しやすい岩,風化して剥げ落ちる懸念のある岩などに適用する。表面からの浸透水などによって急激に風化が進み易い岩で必要な場合が多い。吹き付けの厚さは7cm～10cm程度であり,一般には金網を長さ1m前後の鉄棒(アンカー)によって張り付け,ここにモルタルを吹き付ける方式をとる場合が多い。第3.3.7図に施工例をしめす。法肩部は極力地表面水が吹付面の裏側に入らないように施工することが重要であり,これを怠ると吹付面の裏側が空洞化することがよく起こる。また,水抜き工が詰まらないようにすることも同じ理由で重要である。

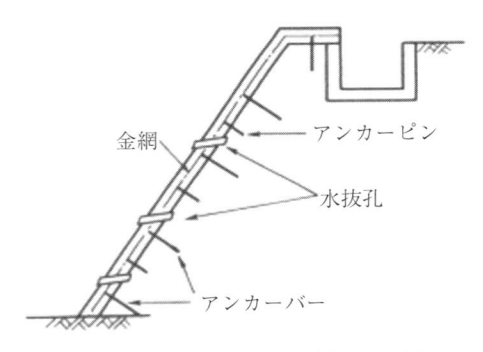

第3.3.7図 モルタル吹付工の例

(6) よう壁工

安定なのり勾配で切土や盛土を行なうことが地形や用地などの関係で不可能な場合に用いる方法である。よう壁には,様々な種類があり,第3.3.9図にその例を示す。送電線の鉄塔敷地などではよう壁高さ5m以下の小さなものが殆どであるが,特によう壁の基礎部の安定が不十分となると,よう壁全体が倒壊する危険があるため,その基礎部はしっかりした地山の上にする必要がある。また,基礎部の地山が不安定な場合は,安定な地山まで杭を打設するなど適切な方法と取る必要がある。よう壁の裏側は砕石を詰め込むなど,排水に留意することも重要であり,水圧が掛かり難くすることが必要である。

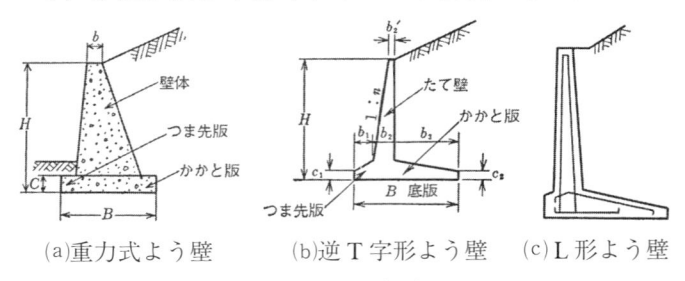

(a)重力式よう壁　(b)逆T字形よう壁　(c)L形よう壁

第3.3.8図 よう壁の例

3.3.5 排水処理

鉄塔敷地内を含む鉄塔施工施工跡地周辺の裸地化した斜面,盛土面,切取り面を降雨や融雪期の流水から保護するため,必要に応じて十分な排水処理を行なう必要がる。鉄塔敷地内において,よく用いられるものとしては,表面排水工としての分散排水工,集中排水工,および浸透水の処理をするための水抜き工などがある。特に大型の鉄塔などでは,鉄塔によって水が鉄塔敷地内により集中する傾向があると考えられており,特に鉄塔の主柱材や部材の交点には鉄塔を伝わった雨が集中する。これらを念頭に入れて,適切に表面排水を行なう必要がある。また,地盤や地形によっては,鉄塔の表層ではなく,深部に浸透水が集中し,地すべりや崩壊などの原因となる場合がある。このような場合には,暗渠や水抜き工などを実施して適切に排水をする溝を設ける必要がある。また,脚周りにおいて整地を施した場合には以下の点を一般には留意することが良く,これらを図で表すと,第3.3.10図のようになる。

(i) 盛土面・切取り面の上方から水が流れてくるおそれのあるときは,法面保護のため上側に排水溝を設ける。

(ii) 切取り法面より流れ落ちる水に対しては,その法尻に排水溝を設ける。

(iii) 排水溝の断面は,鉄塔から流下する水量を考慮して決定するとともに,素掘り排水溝の場合は洗掘されないようにあまり急勾配としない。また,末端部は切盛土面や周辺部に悪影響を与えない位置まで延長し拡散させるか,沢や水路等に放流する。

(iv) 整地面は,水が盛土法面を流れ落ちていかないように排水溝側にゆるい傾斜をつける。

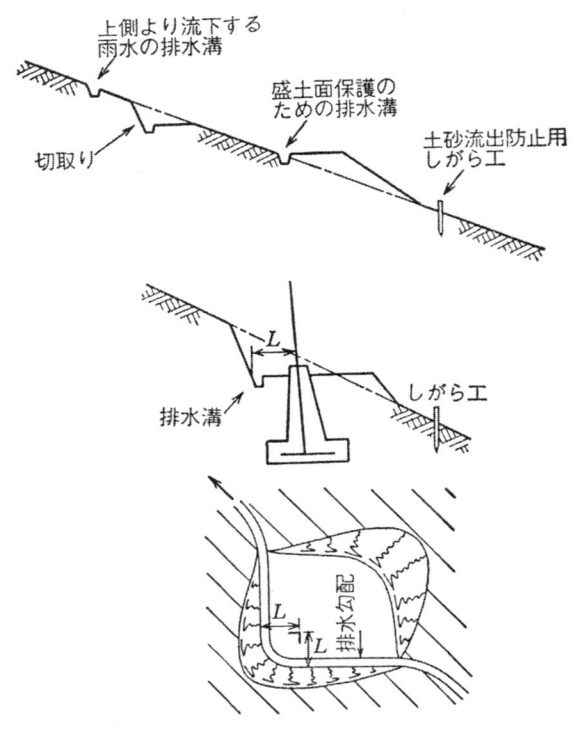

第3.3.10図 排水溝の設置

参考文献

1) 道路土工　のり面工・斜面安定工指針　平成11年3月　社団法人　日本道路協会
2) のり面保護工　設計・施工の手引き　農業土木事業会編　社団法人　農山漁村文化協会　平成2年9月

付録 4. テレビ受信調査

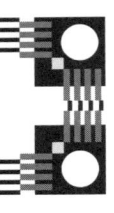

4.1 テレビ受信についての概要

(1) 基礎知識

(i) 電波の性質

水面に石を投げると落下点を中心に同心円の波紋が広がっていくが、電波も同様に電界(磁界)の変化が伝わっていく。

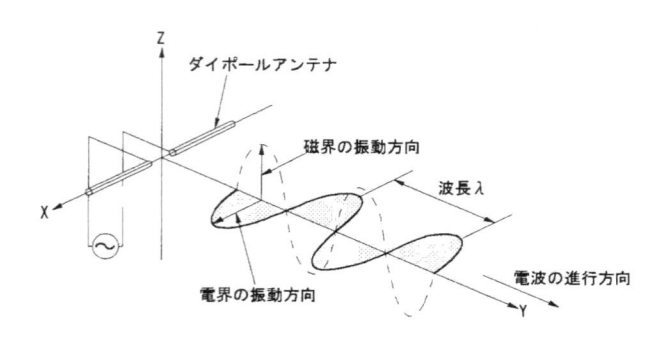

第4.1.1図 テレビ電波の波長と偏波面

この振動が単位時間に伝わる距離を伝搬速度と云い、大気中ではほぼ光速(3×10^8 m/s)である。

また、この波の最大値から次の最大値までの距離を波長と云い、伝搬速度との関係は、次の通りである。

$$波長 = \frac{伝搬速度}{周波数}$$

わが国のテレビ放送の電波にはVHF帯(30～300MHz)のうち90～222MHz(1～12ch)とUHF帯(300～3,000MHz)のうち470～770MHz(13～62ch)ならびに衛星放送でSHF帯も使用されている。

テレビ電波は光と同じように直進・反射・屈伸のほか回折や干渉の性質があるほか、次のような特徴がある。

(a) 金属、コンクリートなどは反射しやすい。
(b) 反射面が大きく高いものほど反射が強い。
(c) 電波が反射面に直角方向に当たる場合が最も反射しやすい。

(ii) テレビ電波の伝わり方

(a) 自由空間での電波の伝わり方

送信アンテナから空間に放射された電波は、光と同様に広がりながら伝搬するので、送信アンテナから $2d$ [m] 離れた地点を通過する電波の単位面積あたりのエネルギー(電力)は、d だけ離れた地点を通過する電波のエネルギーの1/4となり、距離の2乗に反比例して減衰することになる。

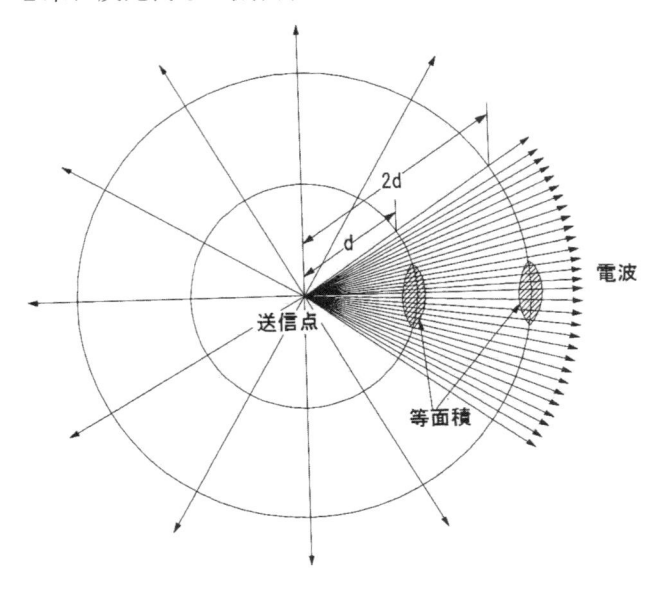

第4.1.2図 テレビ電波の拡散

(b) 平面大地上での電波の伝わり方

実際の送受信点間は大地上にあり、受信点の電界強度は、送信点から受信点に直接伝搬する直接波と大地で反射する大地反射波との合成となる。

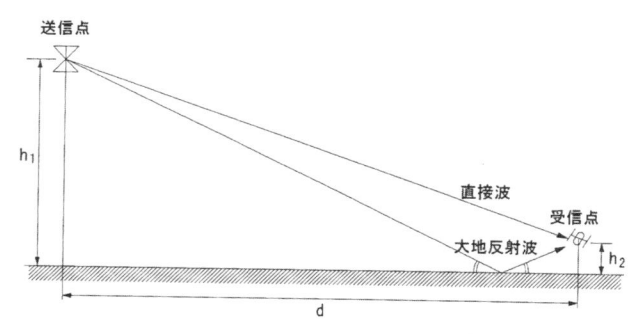

第4.1.3図 平面大地上の電波伝搬

また、直接波と大地反射波の位相差により、受信アンテナ高を変えたときの受信電界強度は、第4.1.4図のように変化する。これをハイトパターンという。

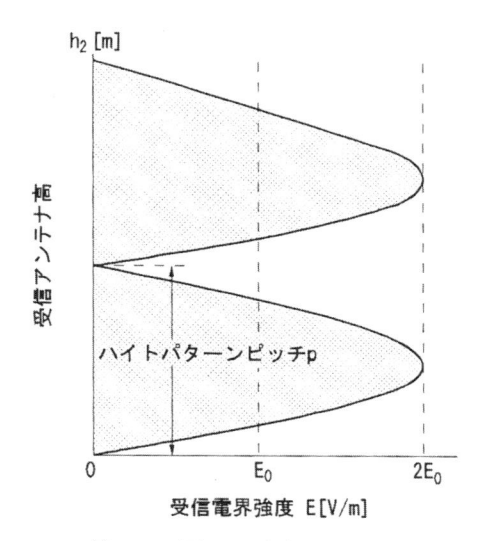

第4.1.4図　ハイトパターン

(2) テレビ障害の種類
(ⅰ) ゴースト障害

ある受信点で，送信所から最短距離で到達した電波（希望波）と建造物等で反射してきた電波（反射波）を受信した場合，反射波の方が希望波より遅れて到達する。テレビ受像機では左から右へ走査しており，時間的に遅れて受信した反射波は第4.1.5図のように本来の映像の右側に影のようになって現れ二重像となる。この影のことをゴーストと呼ぶ。

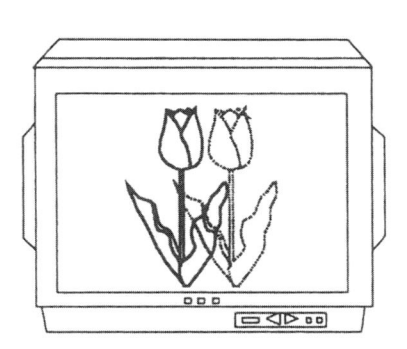

第4.1.5図　ゴースト

(ⅱ) スノーノイズ障害

テレビ画面全体に雪が降ったようにチラチラ像でキメが荒くなった現象である。これは，山や建造物等によりテレビ電波が遮られたり放送局から遠い場合などでテレビ受像機の受信能力以下に電波が弱まった場合に発生する。

なお，テレビ受像機に受信アンテナからのケーブルが繋がっていない場合もこのような現象となる場合がある。

(ⅲ) パルスノイズ（メダカノイズ）障害

テレビ画面上に多数のメダカが泳いでいるように白い斑点が走る現象で，ひどい時には画面全体になる場合がある。

これは，自動車・電気鉄道・電気製品の各種モーター・高周波利用設備・ネオン灯などの火花が原因で発生する。

送電線や配電線の場合は，碍子の連結部分から発生することがある。

(ⅳ) ビート障害

テレビ画面上に縞模様が現れて見づらくなることがある。このような妨害をビート障害と呼ぶ。原因としては，無線機による不要電波の混信・テレビ用受信ブースタの異常動作・同一チャンネルの他の放送局による混信のほか，共聴システムやテレビ受像機の異常で発生することがある。

(3) ゴースト発生のしくみ

建造物による障害は，建造物の種類や形態，送信アンテナの高さや距離，付近の地形や他の建造物の影響等によって異なるが，第4.1.6図のように建造物の後方に発生する遮蔽障害と前方に発生する反射障害とがある。

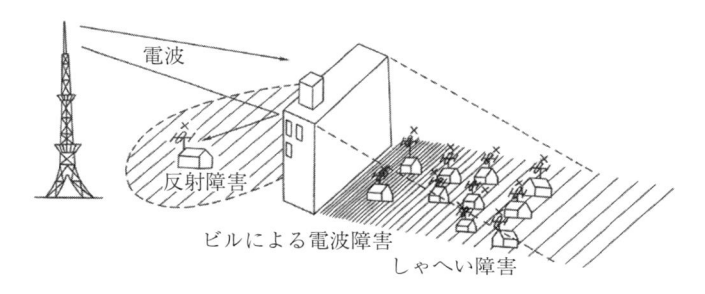

第4.1.6図　遮蔽障害と反射障害

(ⅰ) 建造物による反射障害

受信アンテナに直接波（D）が90dBμ/mで受信されている視聴者宅に，70dBμ/mで建造物からの反射波（U）が到達すると，直接波（D）と反射波（U）の強さの比（DU比）は20dBで，ゴースト障害が発生する。

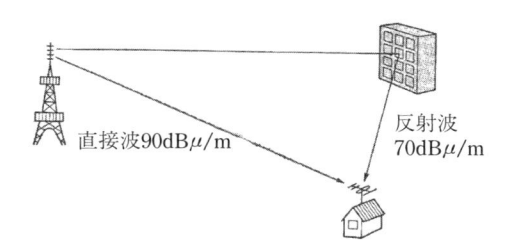

第4.1.7図　建造物による反射障害

(ⅱ) 建造物による遮蔽障害

送信アンテナから遠方の弱電界地域では，建造物の後方（蔭）ではテレビ電波が遮られ，スノー障害などの遮蔽障害が発生する。

しかしながら，都市部などの中強電界地域では建造物等によってテレビ電波が低下しても画質の劣化に至らないことが多い。

受信アンテナで直接波が 90dBμ/m で受信されている視聴者宅に 50dBμ/m の反射波が到達してもDU 比は 40dB で障害は発生しないが，第 4.1.8 図のように送信アンテナと視聴者宅の間にビルが建設され，直接波が 20 dBμ/m 減衰し視聴者宅の受信する電波が 70dBμ/m になった場合，DU 比は 20dB となり，画質の劣化が生じることになり，遮蔽障害の発生である。

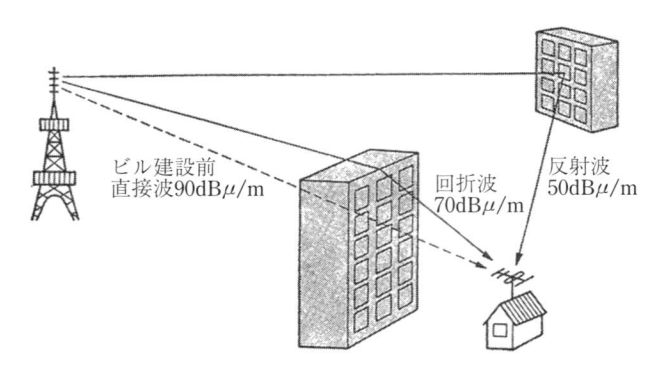

第 4.1.8 図 ビル陰障害発生のしくみ

(ⅲ) 送電線による受信障害

建造物による受信障害は，テレビ電波を光学的な障害として処理するが，送電線では電気的に取り扱うので注意が必要である。

送電線に電波が入射すると，電線は無限長アンテナに見なされて同一周波数の電流が誘起され，その波長と同じ電波が 180° 位相が遅れて空間の遮蔽方向と反射方向に再放射される。

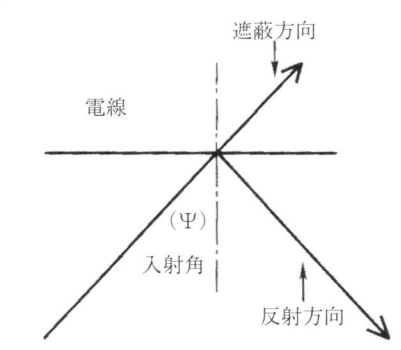

第 4.1.9 図 電波の入射角と反射・遮蔽方向

この再放射される電波は散乱波で，電線の太さ・導体数・回線数によって変わる。また，各相電線からの合成された再放射波（360°方向へ反射波する）は電線からの距離，相間の垂直間隔および入射波の波長によって位相が変化するので第 4.1.10 図のように送電線近傍で複雑に変化し，離れるに従い緩やかになる。

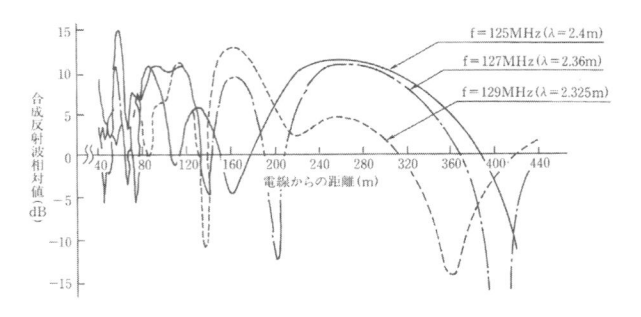

第 4.1.10 図 位相合成反射距離特性例

(a) 電線に入射する電波の入射角損失と通路差

入射角が 0°の場合が最も強い反射波が発生し，入射角が大きくなるほど弱くなる。

入射角が 45°以上になると，通路差が小さくなり（テレビ画面上のゴースト幅が狭くなる）障害が小さくなる。

(b) テレビ電波の偏波面と送電線の関係

送電線は水平に張られているため水平偏波のテレビ電波の場合は影響が大きく，特に送電線の 3 相間の垂直間隔が低域チャンネルに共振し，電線に帯磁して再放射するため障害が広範囲に及ぶことがある。

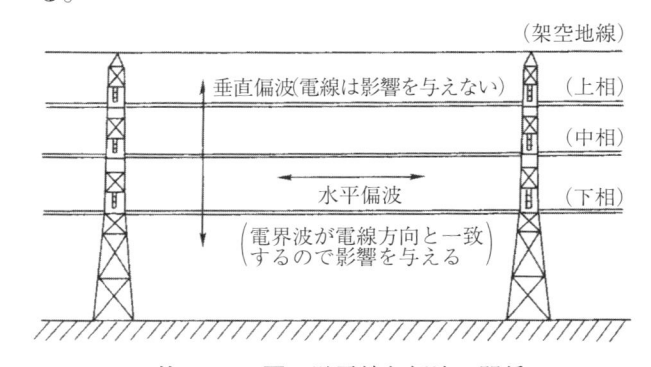

第 4.1.11 図 送電線と偏波の関係

(c) 送電線路の鉄塔

送電線路の鉄塔は，その部材の組み方によってLC 回路が構成され，周波数によっては障害が発生するが，電線路に比較するとその範囲は狭い。

鉄塔の障害は，物理的な影響が懸念されるため建造物として扱うことが望ましい。

(4) 評価基準

テレビゴーストは映像の種類・背景とのコントラスト等により障害の度合いが異なるが，下記の評価基準をもとに人間の目と耳で行う主観評価が採用されている。

限界値	評価点	評価語	評価基準
検知限>	5	きわめてよい	妨害が認められない
	4	良い	妨害があるが気にならない
許容限>	3+	やや良い	妨害が少し気になる
	3	普通	妨害が気になるが邪魔にならない
我慢限>	3-	やや悪い	妨害が少し邪魔になる
	2	悪い	妨害がひどく邪魔になる
	1	受信不能	————

評価基準は妨害の種類によって，上記表の「妨害」をゴースト (G)，スノー (S)，ノイズ (N)，パルス (P) 等に置き換えて表現することが出来る。

(5) テレビ受信障害の予測

送電線を起因とするテレビ障害範囲の予測計算法については「送電線路によるテレビ電波障害発生範囲予測計算法ガイドブック（増補・改訂版）昭和59年7月，電力中央研究所，電力応用電子技術研究会・テレビ電波障害分科会」の手法を採用するが，実際の計算に当たっては「送電線路によるテレビ電波障害発生範囲予測計算プログラムおよびマニュアル（VHF，UHF，反射，遮蔽）昭和63年8月改訂，東京電力株式会社」などを使用して障害範囲の設定を行う。

なお，鉄塔ならびに一般の建造物の障害予測は「建造物によるテレビ受信障害調査要領，平成10年4月，(社)日本ＣＡＴＶ技術協会」に従うことが望ましい。

(6) テレビ受信状況調査

受信状況調査はテレビ受信障害の対策を実施する場合，その基礎となるもので対策範囲や対策方法を策定する上で重要である。

(i) 電界強度測定

電界強度測定は，測定車を用いて路上でテレビ電波の測定を行うもので，予測計算により障害が予測される地域もしくは障害が発生している地域で，電界の分布がどのようになっているかを調査するものである。

測定は，電界強度と画質を調査するほか，必要に応じて PDUR 測定・水平パターン測定・ハイトパターン測定・水平スライド測定等行う。

尚，受信アンテナは，通常 10m の高さで行う。

(ii) 測定地点の選定

測定地点は，交通事情や周囲の建造物や配電線等の状況を考慮して，これらの影響を受けない地点を選定する。

測定地点数はできるだけ効率的に受信状況が把握できるように選定すべきで，高低差のある地形や地点により写りが変化する場合には注意が必要である。

また，反射側でゴースト障害が予測される地域では，測定時のゴーストの通路差や水平パターン図から容易に影響度を判断できるため粗で良いが，特に送電線の遮蔽側では既設建造物の影響とが相乗され複雑な電波状態となることを考慮して，密に選定する必要がある。

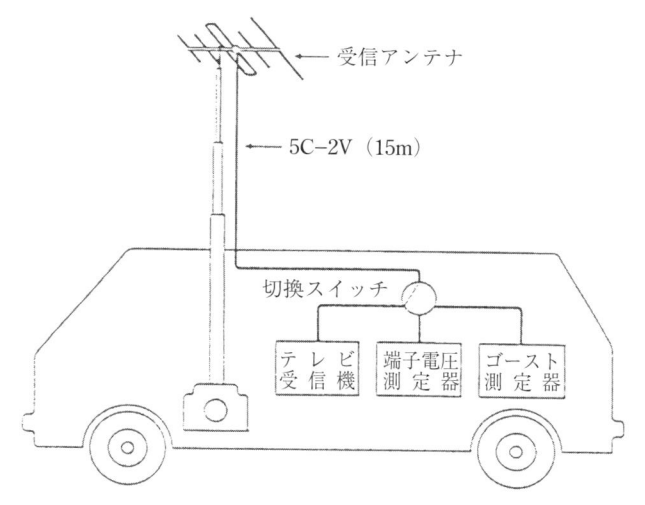

第 4.1.12 図 電界強度測定車例

(7) 改善対策

テレビ受信画像は，評価「3」を受認の限度と考え，送電設備を建設したことにより評価「3-」以下となった場合には，評価「3」以上に改善する必要がある。

改善対策は，一般に個別アンテナ調整方式とするが，受信局を変更するあるいは，デジタル放送受信に切り替えるなどの方法も考えられる。

また，個別アンテナ方式による改善が困難な場合は，共同受信方式の採用する必要がある。

4.2 地上デジタル放送

(1) 地上デジタル放送の伝送

(i) 地上デジタル放送の特徴

地上デジタル放送は，狭い周波数帯域で大量の情報を伝送する圧縮技術，妨害によって生じた情報の誤りを訂正する技術，映像・音声・データ・制御信号などを「0」「1」で統一的に扱うことにより，次の特徴がある。

・デジタルハイビジョンなどの高品質な放送や多チャネル放送が可能である。
・ゴースト障害を受けにくい。
・携帯機器による移動受信が可能である。
・SFN（単一周波数ネットワーク）技術により，周波数の有効利用が可能である。
・BS デジタル放送方式など他メディアとの整合性がとれる。

(ii) 伝送方式の基本

放送局におけるOFDM（Orthogonal Frequency Division Multiplexing，直交周波数分割多重方式）の生成を第4.2.1図に示し，デジタル化された映像・音声・データは，多重化部でトランスポートストリーム（TS）と呼ばれる信号形式に多重化される。

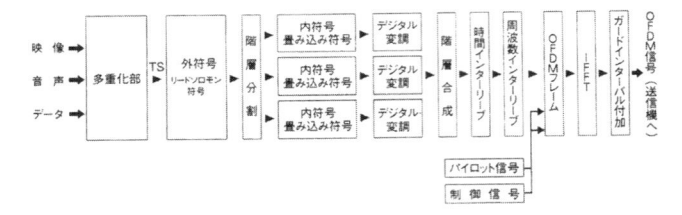

第4.2.1図 放送局でのOFDM信号の生成

地上アナログテレビ放送のチャンネル帯域幅は6MHzであるが，地上デジタル放送ではこの帯域幅を14分割し，その中の13個を使用して放送を行う。このため，伝送帯域幅は5.57MHzとなる。また，個々の13の周波数ブロックをセグメントと呼んでいる。

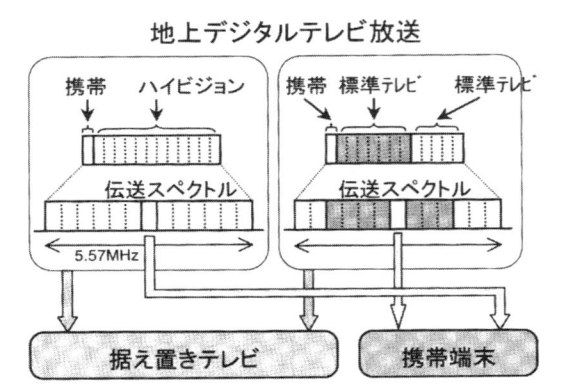

第4.2.2図 セグメント伝送の概念

(iii) 誤り訂正

誤り訂正とは，雑音や干渉などで発生するデータの誤りを訂正して情報を正しく復元する技術である。地上デジタル放送では，RS符号と畳み込み符号により二重の誤り訂正を行う。誤り訂正符号のイメージを第4.2.3図に示している。

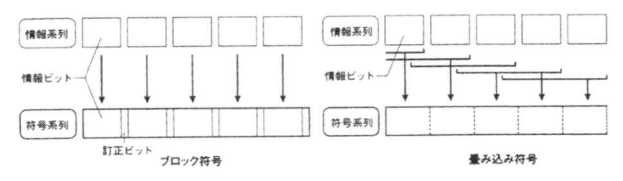

第4.2.3図 誤り訂正符号

(iv) 変調方式

OFDMで伝送される各搬送波はデジタル変調され，地上デジタル放送では大きな情報レートを必要とするため位相・振幅を利用する64QAMが，移動体等には誤りに強い位相変化を利用したQPSKが用いられる。

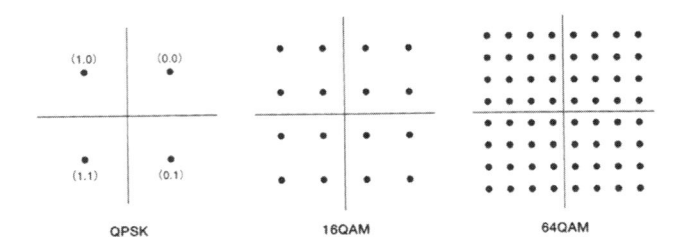

第4.2.4図 デジタル変調の振幅位相図

(v) インターリーブ

地上デジタル放送では，誤り訂正が十分機能するようにデータを送る順序の並び替えを行う。これをインターリーブといい，時間インターリーブと周波数インターリーブの2種類がある。

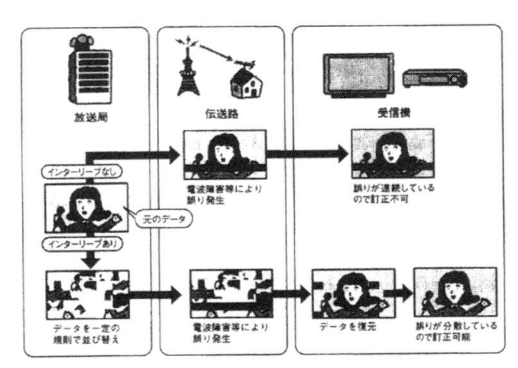

第4.2.5図 インターリーブの効果イメージ

(vi) ガードインターバル

ガードインターバルはマルチパス妨害に対する緩衝期間として信号長に余裕を付けて伝送するものである。

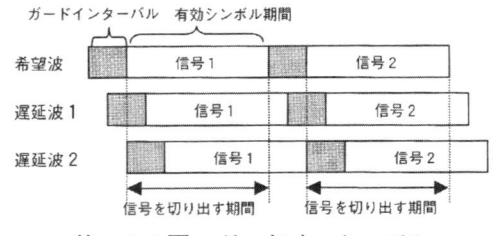

第4.2.6図 ガードインターバル

(vii) OFDM

地上デジタル放送は，マルチキャリア方式で数千本の搬送波からなる伝送方式で，一連のデータを多数の搬送波に振り分けて同時に伝送するものである。

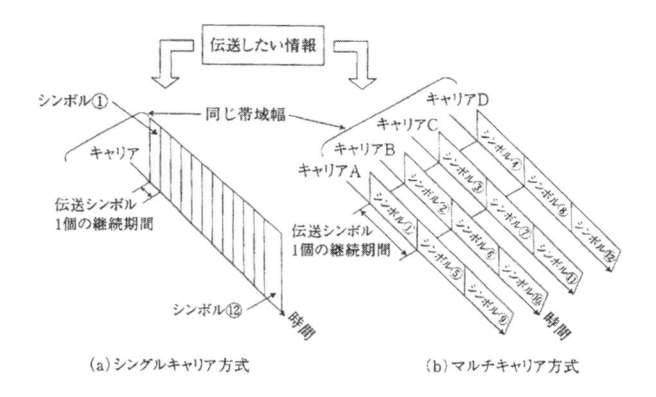

(a) シングルキャリア方式　(b) マルチキャリア方式

第4.2.7図　伝送イメージ

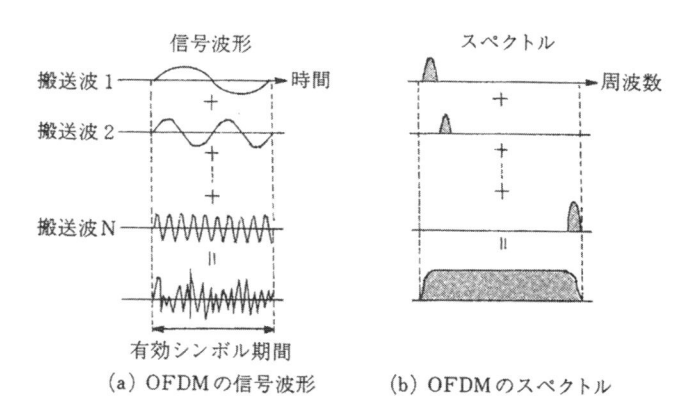

(a) OFDMの信号波形　(b) OFDMのスペクトル

第4.2.8図　OFDMの信号波形例

(viii) 放送ネットワーク

地上デジタル放送は，ガードインターバルにより同一チャンネルの電波が混信した場合も誤りなく信号を復号することができるため，複数の送信所でも同じチャネルで放送することが出来る。このネットワークをSFNといい，従来のアナログ放送ならびにガードインターバルの期間を超える場合はMFNを用いる。

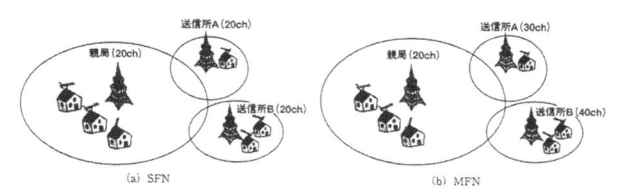

(a) SFN　(b) MFN

第4.2.9図　放送ネットワークの構築例

(2) ビット誤り率と受信電界強度
(i) ビット誤り率（BER）と所要CN比

一定期間内に伝送したビット数のうち，何ビットの誤り率が発生したかをビット誤り率（BER）として表示する。

デジタル放送では，内符号訂正（ビタビ復号）後のビット誤り率（BER）が 2×10^{-4} 以下であれば，外符号訂正後のBERが 10^{-11} 以下になり，画質劣化が検知できない疑似エラーフリーとなる。

この画質劣化が検知できないしきい値を「所要BER」，BERが 2×10^{-4} となるときのCN比を「所要CN比」という。

(ii) 所要電界強度

アナログUHF放送のサービスエリアに於ける所要電界強度は，70dB(μV/m)と電波法で定められているが，デジタル放送の所要電界強度は，アナログ放送に比べて雑音に対する信号レベルが低い値で受信可能なことから60dB(μV/m)となっている。

(iii) クリフエフェクト

テレビ放送の受信画質は，アナログ放送では受信状況が劣化するにつれて受信画質も劣化する。しかしながら，デジタル放送では受信状況がかなりの劣化状態にあっても受信画像は確認できる。

デジタル放送は，受信状況がある程度劣化しても誤り訂正機能等により画質の劣化を生じない。しかしながら，誤り訂正能力の限界を超えると急激な画質劣化を生じ受信不能状態となる。

クリフエフェクト（Cliff effect）は崖効果といい，デジタル放送の受信状況について説明したものである。

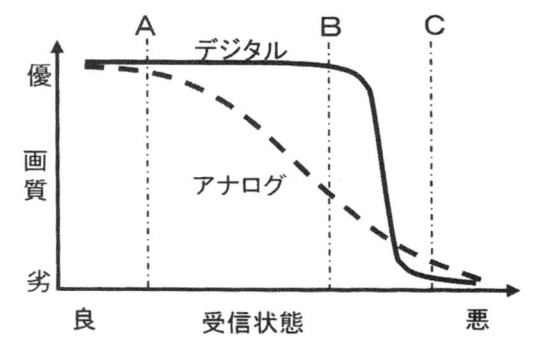

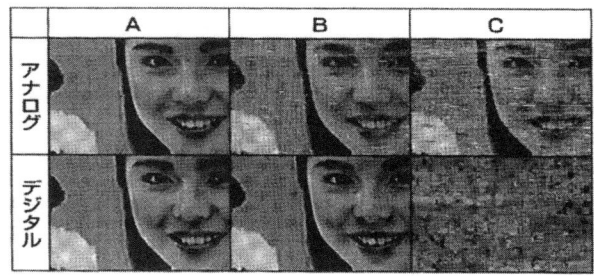

第4.2.10図　受信状況と受信画質

(3) 地上デジタル放送の調査
(i) 品質評価

デジタル放送の品質評価は，下記の3段階とし，測定においては可能な限り長時間受信画像を観測してブロックノイズや画面フリーズの有無を確認する。

第4.2.1表　品質評価基準

評価表示	評　価　基　準
○	良好に受信
△	ブロックノイズや画面フリーズが認められる
×	受信不能

(ii) 調査項目

アナログ放送とデジタル放送との調査項目は，下記のような違いがある。

第4.2.2表　調査測定項目

調査測定項目	デジタル	アナログ	使用測定器等
受信機入力端子電圧	○	○	レベル計，電界強度測定器，スペクトルアナライザー，地上デジタル放送受信特性測定器
受信画質評価	△	○	アナログ受信機，デジタル受信機*4
受信画像写真	△	○	カメラ
振幅周波数特性波形	○*1	−	スペクトルアナライザー　地上デジタル放送受信特性測定器
BER	△*2	−	ビット誤り率測定器　地上デジタル放送受信特性測定器
PDUR	△*3	△	PDUR計
遅延プロファイル	△	−	遅延プロファイル測定器
MER（コンスタレーション）	△	−	MER測定器
水平パターン	△	△	
ハイトパターン	△	△	

(注)　○：要測定項目　　△：必要に応じて確認または測定する項目
*1　振幅周波数特性波形から遅延波の状況（遅延プロファイル）を計算により求めることができる。
*2　振幅周波数特性波形から計算によりBERを求めることができる。
*3　アナログ放送からデジタル放送のマルチパス状況を推定する場合に使用
*4　BERが測定できる端子を有する受信機を使用

(iii) 受信機入力端子電圧の測定

地上デジタル放送の受信機入力端子電圧は帯域(5.57MHz)内にある全搬送波の総電力を測定し，そのレベルを平均値で表示する。

なお，アナログ放送の場合は75Ω終端における同期先頭値電圧$1\mu V$に対する電圧比としてデシベル$dB\mu$で表示している。

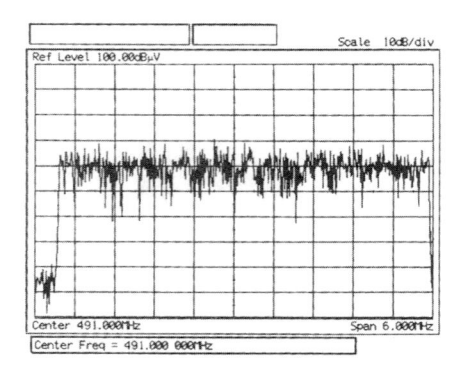

第4.2.11図　デジタル波の振幅周波数特性波形例

(iv) 等価CN比

デジタル波（OFDM波）は多数の搬送波により構成されており，各搬送波の誤りビット数がわかれば，帯域全体のBER値を求めることができる。

マルチパスがない場合の振幅周波数特性波形は，第4.2.12図に示すように平坦な波形であり，CN比は搬送波とノイズのレベル比となる。

第4.2.13図に示すCN比とビタビ復号後のBERの関係カーブにより，CN比からBER値を求めることができる。

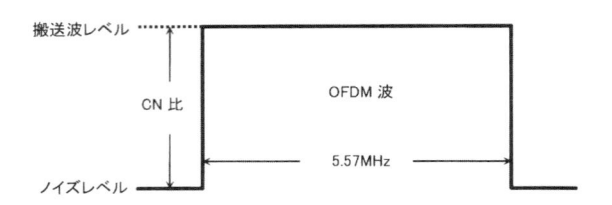

第4.2.12図　マルチパスの影響を受けていない振幅周波数特性波形

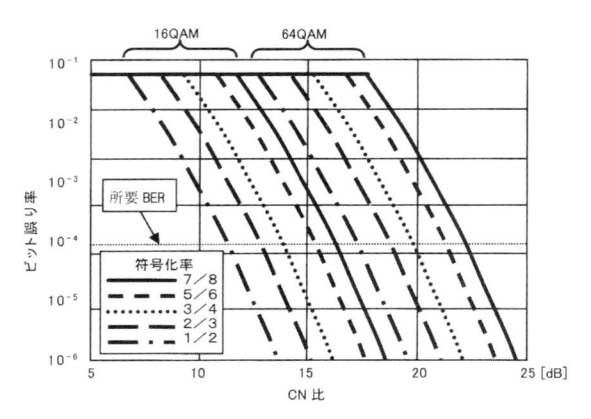

第4.2.13図　変調方式・符号化率別のCN比対BERカーブ

一方，マルチパスが加わった場合には，第4.2.14図に示すように振幅周波数特性波形にリップルが生じる。CN比とBER値には指数関数的な関係があるため，各搬送波のCN比の単純平均からBERを求めることはできない。

このことから，マルチパスがある場合のCN比は，CN比とBERカーブから各搬送波の誤りビット数の累計値を求め，マルチパスがない場合の誤りビット数と等しいCN比に置き換えて表すことができる。このCN比を等価CNといい，建造物等の障害予測検討に用いられる。

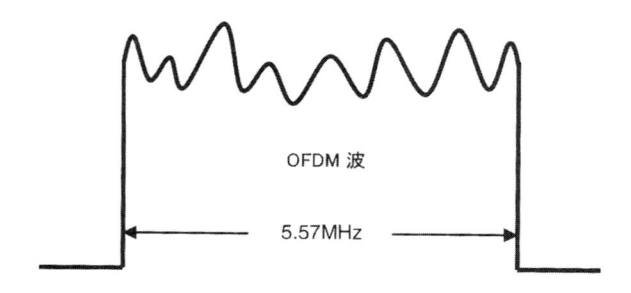

第4.2.14図　マルチパスの影響を受けた振幅周波数特性波形

(4) 送電線路によるデジタル地上波のテレビ障害
(i) 反射障害

送電線による反射障害は，直接波と送電線からの反射波（再輻射波）とが受信されることにより発生する。

デジタル放送ではガードインターバル処理によって遅延波による影響は大幅に低減されており，受信電界が大きく等価CN比が概ね30dB以上確保できる場合には遅延波のDU比の大きさに関係なく画像受信に必要な所要BERを確保することができ正常な画像受信が可能となる。ただし，受信電界が低く等価CNが30dB以下となる場合には遅延波の大きさにより所要BERを満たさない可能性があるので注意が必要である。

なお，実測によればVHF帯のアナログ放送に比べてUHF帯のデジタル放送の送電線路からの反射波は小さく測定器の測定限界以下となっていることから，実質的に送電線の反射波による障害はほとんど発生しないと思われる。

(ii) 遮蔽障害

送電線による遮蔽障害は，送信アンテナからの直接波と送電線から再輻射された電波が合成され受信電界が低下することにより発生する。

VHF帯とUHF帯の波長の違いから散乱波の広がりはデジタル放送の方が小さい。また，実測値および予測計算でも遮蔽量は1相あたり±2dB以内であり，遮蔽障害が発生する範囲は非常に小さくなる。

ただし，送電線建設前の受信電界が受信限界付近で所要BERを満たす等価CNを確保できない場合には，わずか数dBの低下でも画像再生不可が発生するので注意が必要である。

(iii) 送電鉄塔の影響

ハイトパターンの最大値については，実測値と予測計算値を比較した結果，送電鉄塔により2〜3dBの遮蔽が発生する可能性がわかっている。一方，鉄塔による反射については，測定器の測定限界以下の値であり，BER特性の劣化はほとんどないと思われる。

ただし，デジタル放送の周波数帯はUHF帯のため遮蔽の発生は特定の高さ・場所で強く発生し測定位置の変化による受信特性の変化が激しくなることが多い。アンテナの位置を1m程度調整することで，遮蔽量を少なくすることが可能とも思われる。

(iv) 予測計算の手順

送電線のテレビ障害予測計算の手順を第4.2.15図に示す。

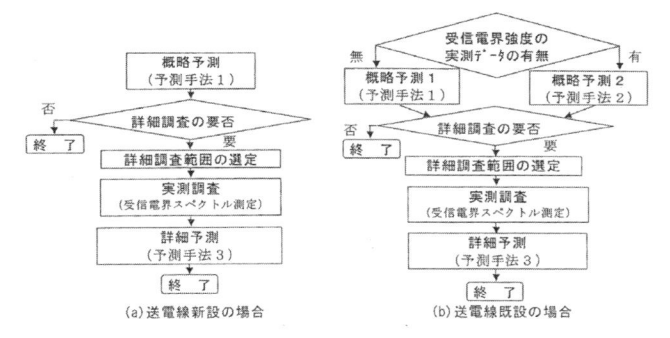

第4.2.15図 予測計算フロー

(5) 地上デジタル放送の障害予測についての留意点

(i) 障害予測範囲外に発生する障害の対応

デジタル放送における建造物等障害は，アナログ放送と同様に障害予測範囲外であっても散発的に障害が発生することがある。

デジタル放送の障害は，ブロックノイズ・画像の静止（フリーズ）あるいは受信不能など，誰でもわかる障害のため十分な配慮が必要である。

(ii) 受信障害の特徴

デジタル放送の受信障害は，強電界地域ではアナログ放送に比べて狭い範囲となるが，弱電界地域ではアナログ放送と同程度となる。

(iii) 置局による影響

地上デジタル放送は，親局と同一周波数を使用するSFNを構築できるが，この子局によりあらたな遅延波が生じ，等価CN比が変化することで障害範囲が変化することがある。

(iv) 共同受信施設内で発生する受信障害

集合住宅などの共同受信施設の受信アンテナにおいて所要BERを満足し良好な受信ができていても端末の受信者宅では，テレビ受信機の入力端子電圧の低下や伝搬特性による振幅周波数特性波形にリップルが生じることにより受信不良となる場合がある。

参考文献
(1) 「テレビサービスノート」（東京電設サービス株式会社・H2.8）
(2) 「第1級有線テレビジョン放送技術 テキスト（調査・技術）」（社団法人 日本CATV技術協会・H16.11）
(3) 「建造物障害予測の手引き（地上デジタル放送2005.3）」（社団法人 日本CATV技術協会・H17.3）
(4) 「送電線路によるディジタル地上波テレビ障害発生範囲予測手法の高精度化（その2）〜予測手法の高精度化と適用方策〜」（情報研究所・H16.3）

付録5. 各種予測計算

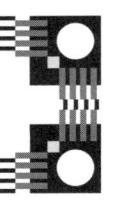

付録5.1 電界強度予測計算

(1) 電界強度予測計算の目的

特別高圧架空電線が静電誘導作用によって一般公衆に不快感，不安感を与えることがないように，電線地上高の決定，遮蔽設備対策の要否などの検討が必要となる。

このため，電界強度の予測計算が必要となるとともに，その計算結果は工事計画届など官庁出願の関連資料として活用される。

静電誘導とは，送電線下の電界中に絶縁された導電体があると対地との間に電位差を生ずる現象である。この導電体に人体が接触すると刺激を感知し，その際放電電流が人体を通過する。また接地された導電体に人体が接触したときも同じである。この時の通電電気量は通常の感電における安全限界値に比べ，はるかに低い領域にあり，人体に障害をおよぼすものではないが，接触の条件，心理条件，地域条件によっては公衆に不安感や不快感を与えることがある。

(2) 電界強度予測計算例

送電線下の電界強度及び電界強度分布図例を第5.1.1図，第5.1.2図に示す。

(3) 電界強度の制限値

技術基準においては，地表高1mにおいて3kV/m以下となるよう規定されている。
（電技省令第27条及び解釈第102条）

ただし，人の往来が少ない場所[※1]では，技術基準上の制限値は規定されていないため，電気共同研究第31巻第5号「超高圧架空送電線の静電誘導」の推奨値である5kV/mが一般に用いられている。

※1 人の往来が少ない場所とは「田畑，山林その他の人の往来が少ない場所において，人に危険を及ぼすおそれがないように施設する」場所を指す。

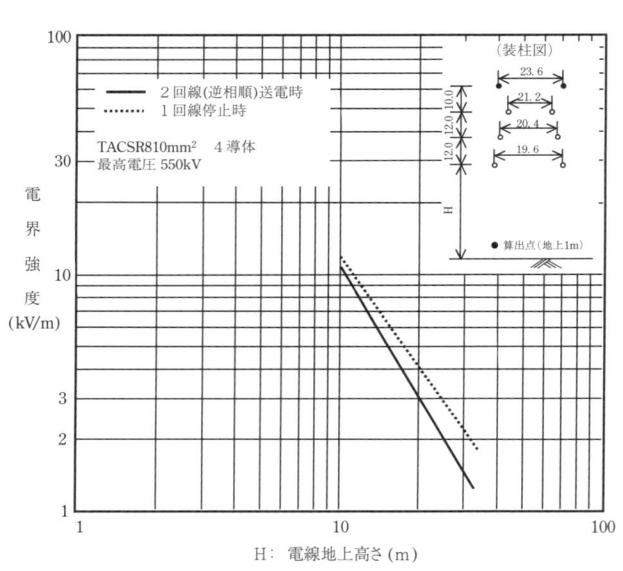

第5.1.1図 電線地上高と電界強度の関係

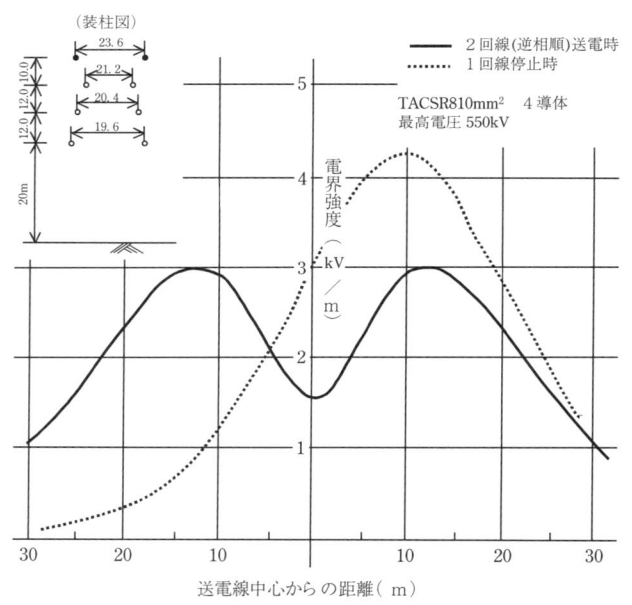

第5.1.2図 送電線下の電界強度分布図

付録5.2 ラジオ受信障害予測計算（コロナノイズ）

ラジオ等の受信障害を発生させるコロナノイズとは，導体から発生する気中コロナ放電による高周波の雑音電流が，送電線に沿って伝搬し，又雑音電界として送電線周辺に放射され，放送波電界の弱い地域において送電線と受信機が接近している場合，受信障害が発生する。

ラジオ等の受信機の雑音障害は，受信機の入力端子における信号の電界強度 (S) と架空送電線路から発生する雑音電界強度 (N) の比 (S/N 比) により決定される。

雑音電界強度の予測計算については様々研究がなされており，各種の実験式が使用されている。その一例を記述する。

(1) **計算式**
(ⅰ) 晴天時の雑音電界強度 N 予測式

$$N = [(3.7G_{max} - 12.2) \pm 3]$$
$$+ 40\log_{10}(d/2.53) + 20\log_{10}(10h/L^2)$$
$$- 12(\log_{10}f)^2 - 17\log f \quad [dB\mu V/m]$$

(5.2.1)

N：雑音電界強度〔dBμV/m〕
G_{max}：最大導体表面電位の傾き〔kV/cm〕

$$G_{max} = \frac{18CV}{nr}\left\{1 + \frac{2(n-1)r}{s}\sin\frac{\pi}{n}\right\}$$

C：作用静電容量〔μF/km〕
$\quad C = 0.02413/\log_{10}(D/r)$
D：相間の幾何平均距離
$\quad D = (D_{ab}D_{bc}D_{ca})^{1/3}$

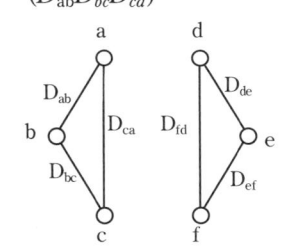

V：対地電圧〔kV〕
n：素導体数〔条〕
r：素導体半径〔cm〕
s：素導体間隔〔cm〕
d：素導体の外径〔cm〕
h：導体地上高〔m〕
L：導体と雑音電界予測点までの直線距離〔m〕
f：放送周波数〔Hz〕

(ⅱ) 雨天時の雑音電界強度 Nm，Np 予測式

雑音電界強度は降雨強度の増加とともに増加し，強雨になると飽和する傾向にある。この飽和した雑音電界強度 (Nm) は (5.2.1) 式の〔 〕内を次式に置き換え算出される。

$Gp \leq 17kV/cm$ の場合〔$10.5Gp - (Gp/2)^2 - 31$〕
$Gp > 17kV/cm$ の場合〔$4.37Gp - (Gp/4)^2 + 19.5$〕
Gp：素導体下面の電位の傾き〔kV/cm〕

$$Gp = \frac{18CV}{nr}\left\{1 + \frac{2(n-1)r}{s}\sin\frac{\pi}{n}\right\}\cos p$$

p：G_{max} が鉛直線と成す角〔°〕

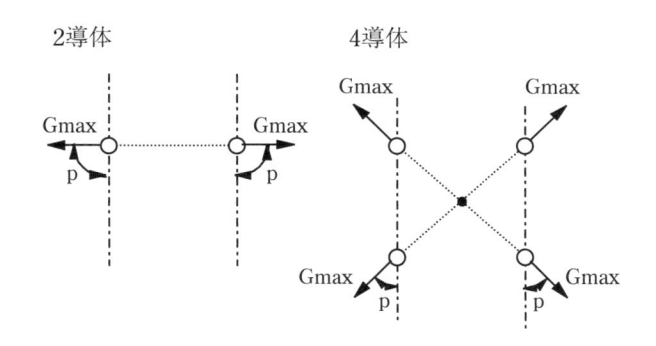

任意の降水量における雑音電界強度 (Np) は雨天時飽和雑音電界強度 (Nm) と晴天時雑音電界強度 (N) から，(5.2.2) 式により算定される。

$$Np = \frac{Nm - N}{\frac{\alpha}{P}\left(\frac{2.53}{d}\right)^2 + 1} + N \quad [dB\mu V/m]$$

(5.2.2)

$\alpha = -0.16(G_{max}^2/Gp) + 3.72$
p：降水量〔mm/h〕

(2) **現地調査**
送電線周辺の民家などを代表地点として，現地において代表する放送周波の受信電界強度 (S) を測定する。

また，測定点と送電線の位置関係をトータルステーション等で測定し，予測計算のデータとする。

(3) **許容値**
S/N 比の許容値は，「電磁誘導計算書および電波障害検討書の取り扱いについて」(37 公局第 852 号，1962 年 11 月 19 日) により使用電圧 170kV 以上の送電線を対象に，雨天時に 20dB 以上とされている。

雨天時の S/N 比が 20dB 未満の場合には障害防止対策を施す必要がある。

(4) **障害防止対策**
障害防止対策としては，N 値の抑制と S 値の増強があり，対策例を記述する。
(ⅰ) 送電線の多導体化
(ⅱ) 電線地上高の増加
(ⅲ) 受信アンテナの移動（送電線から離す）
(ⅳ) 受信アンテナの高利得化

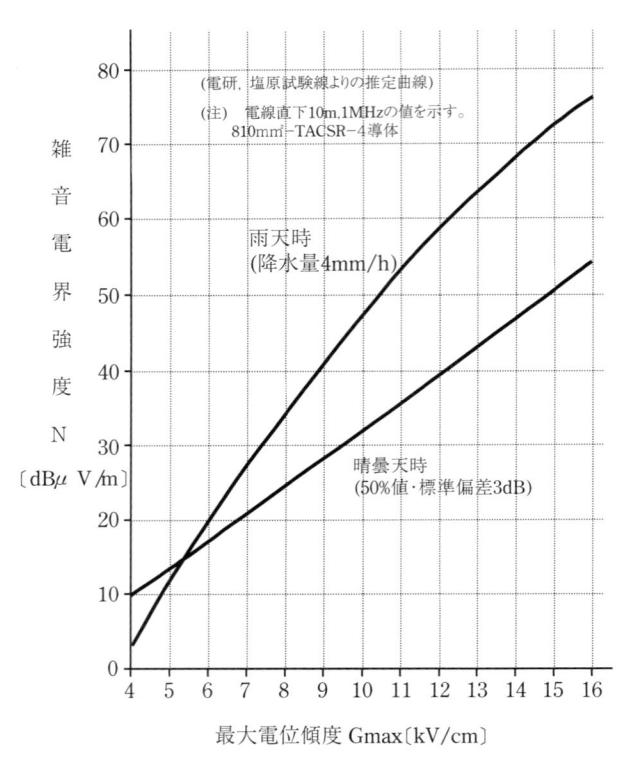

[図：最大電位傾度 Gmax〔kV/cm〕（横軸 4〜16）と雑音電界強度 N〔dBμV/m〕（縦軸 0〜80）の関係グラフ。雨天時（降水量4mm/h）曲線と晴曇天時（50%値・標準偏差3dB）曲線を示す。（電研,塩原試験線よりの推定曲線）（注）電線直下10m,1MHzの値を示す。810mm²-TACSR-4導体］

第5.2.1図　最大電位傾度と雑音電界強度の関係例

第5.2.1表　放送電界強度ならびに S/N 推定表（例）

番号	鉄塔番号	市町村名	水平距離 d (m)	最下線地上高 h (m)	放送電界強度 S(dBμ/m) NHK第1	放送電界強度 S(dBμ/m) NHK第2	放送電界強度 S(dBμ/m) 民放	民家付近雑音電界強度 N(dBμ/m) NHK第1 晴曇天時	NHK第1 雨天時	NHK第2 晴曇天時	NHK第2 雨天時	民放 晴曇天時	民放 雨天時	S/N(dB) NHK第1 晴曇天時	NHK第1 雨天時	NHK第2 晴曇天時	NHK第2 雨天時	民放 晴曇天時	民放 雨天時	障害対象民家数（戸） S/N 20dB未満	S/N 20dB以上30dB未満	摘要
2	No.9〜No.10	北九州市八幡西区大字畑	63	91	78	64	72							78.0	78.0	64.0	64.0	72.0	72.0			北九州局 NHK第1 540(kHz) 北九州局 NHK第2 1602(kHz) 北九州局 民放 RKB 1197(kHz)
3	No.12〜No.13	北九州市八幡西区東石坂町	44	58	77	69	73							77.0	77.0	69.0	69.0	73.0	73.0			
〜																						
12	No.21〜No.22	北九州市八幡西区楠橋上方2丁目	64	65	82	66	73							82.0	82.0	66.0	66.0	73.0	73.0			九州局 NHK第1 540(kHz) 福岡局 NHK第2 1017(kHz) 福岡局 民放 RKB 1278(kHz)

（注）雑音電界強度の欄のうち空欄は0dB以下の地点を示す

付録5.3 電磁誘導電圧計算

電磁誘導電圧は，送電線路の地絡故障による地絡電流によって，近接する通信線に発生する誘導電圧で，その値は送電線路と通信線との関係位置から計算する。

電磁誘導電圧の計算方法は「電気学会誘導調整委員会報告書（昭和38年6月）」に示された誘導調整基準に基づき，竹内式あるいは深尾式を用いて計算する。

ただし，通信線管理者との協定等により現在では，竹内式による計算が広く採用されているが，さらに詳細な計算を必要とする場合には，カーソンポラチェック (Carson-pollaczek) 式を使用することもある。

5.3.1 竹内式

竹内式は，後述するカーソンポラチェック式の近似式として竹内氏によって考案された電磁誘導電圧の簡易計算式であるが，精度も高く，実用的な計算式として広く用いられている。

(1) 計算方法

この計算方式は，送電線路と通信線の離隔距離から平均相互インピーダンスを図表により求めて，電磁誘導電圧を計算する方法で，1/50,000又は1/25,000 地形図等に GIS や CAD を利用し，送電線路と通信線の関係位置を第5.3.1図のように記入し，離隔距離を求めて第5.3.2図の計算図表および(5.3.1) 式により計算する。

なお送電線路と通信線の離隔距離が5km以上の部分は省略する。

(2) 計算式

$$V = K\{\Sigma(\ell r \cdot Z_{mp}) + \Sigma(\ell c \cdot Z_{mc})\} \cdot I \, [\text{V}] \quad (5.3.1)$$

V：通信線に誘起する電磁誘導電圧〔V〕
K：各種遮蔽係数の積 ($K = K_1 \cdot K_2 \cdots$)
K_1：通信線の電磁誘導遮蔽係数
　　　　　　　　　　　　（第5.3.4(2)項参照）
K_2：架空地線の電磁誘導遮蔽係数
　　　　　　　　　　　　（第5.3.4(3)項参照）
ℓr：平行または斜行区間の通信線の
　　　　　　　送電線への投影長〔km〕
　　　　　　　　　　　　（第5.3.1図参照）
ℓc：交差点から第一曲折点までの通信線の
　　　　　　　送電線への投影長〔km〕
　　　　　　　　　　　　（第5.3.1図の ℓ_1, ℓ_2）
Z_{mp}：平行または斜行区間の平均相互インピーダンスで (5.3.2) 式により b_m' を算出し，第5.3.2図により求める〔Ω/km〕

$$b_m' = \frac{b_1 + b_2}{2}\sqrt{100\sigma} \quad (5.3.2)$$

b_m'：通信線近接区間の大地導電率基準値 0.01S/m に対する等価離隔距離〔m〕
σ：当該地域の大地導電率（電気学会発行の「日本の大地導電率」の値または実測値）〔S/m〕
b_1, b_2：平行区間または斜行区間両端の送電線との水平面上の離隔距離〔m〕
　　　　　　　　　　　　（第5.3.1図参照）
Z_{mc}：交差区間の平均相互インピーダンスで (5.3.3) 式により b_c' を算出して第5.3.2図より求める。〔Ω/km〕

$$b_c' = c_1\sqrt{100\sigma} \text{ および } c_2\sqrt{100\sigma} \quad (5.3.3)$$

b_c'：通信線との交差区間の大地導電率基準値0.01S/m に対する等価離隔距離〔m〕
c_1, c_2：交差区間両端の送電線との水平面上の離隔距離〔m〕
　　　　　　　　　　　　（第5.3.1図参照）
I：起誘導電流〔A〕

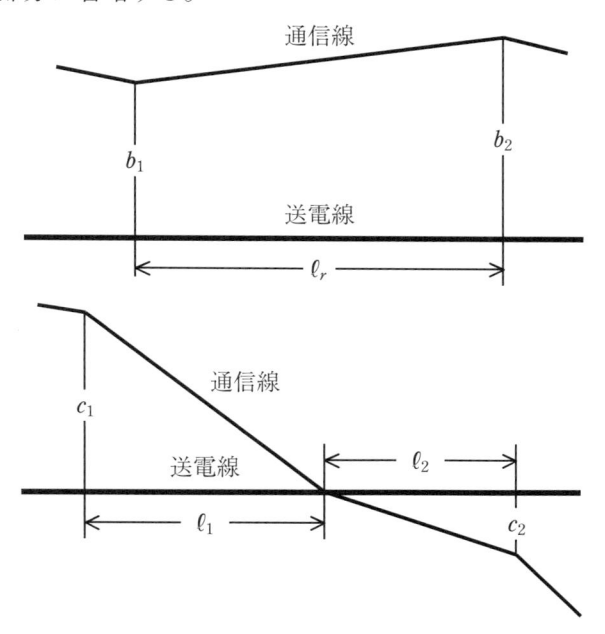

第5.3.1図 送電線と通信線の離隔距離図

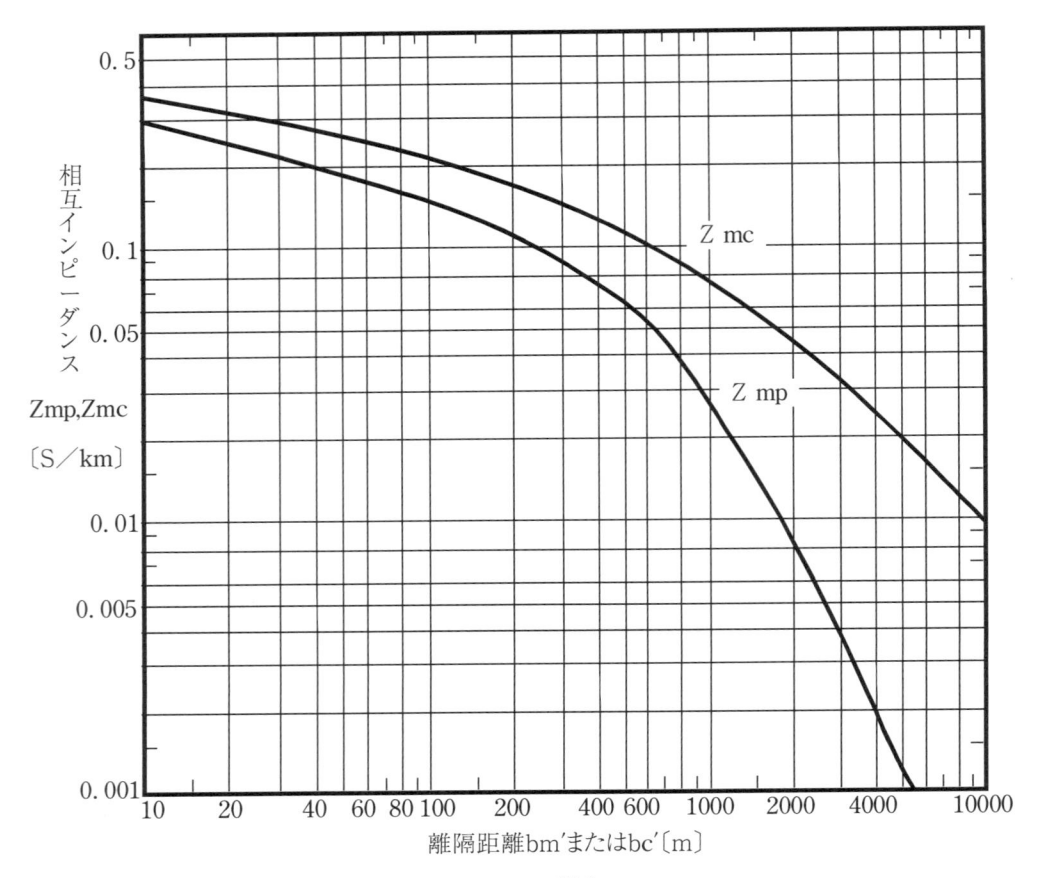

(a) 50Hzの場合

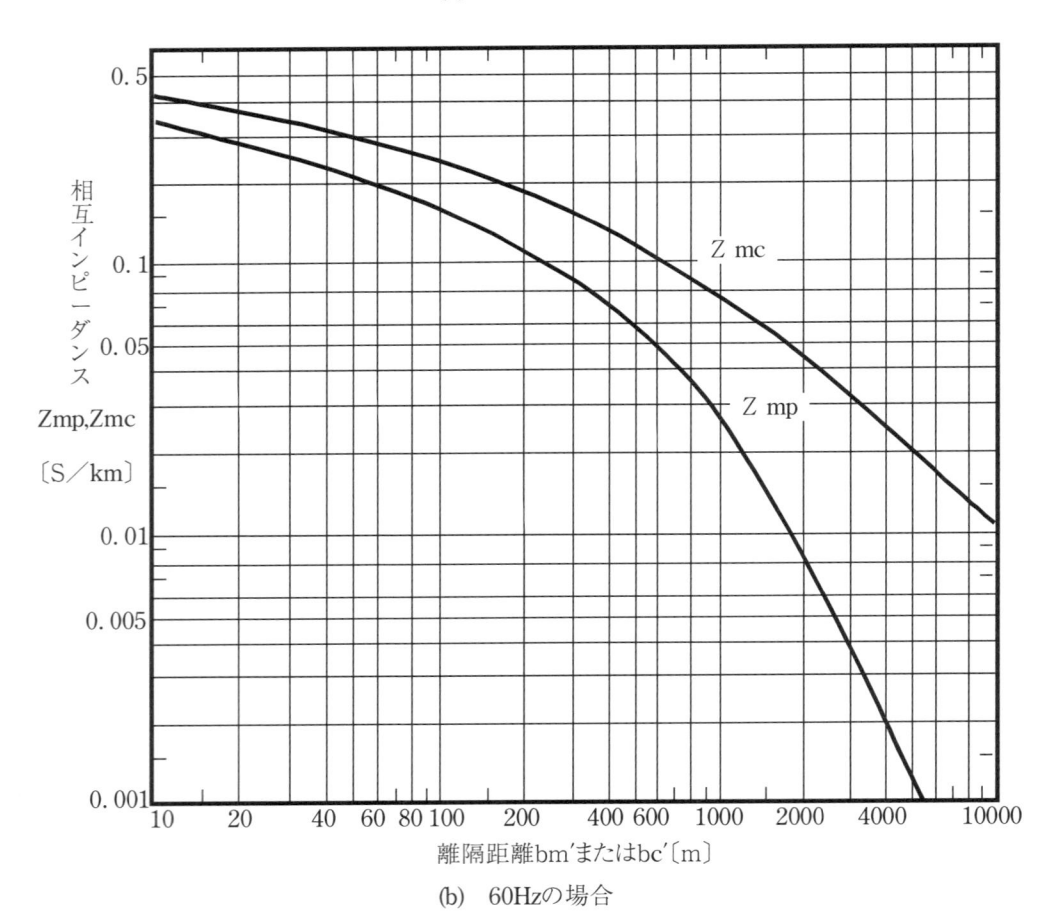

(b) 60Hzの場合

第5.3.2図 相互インピーダンス計算図

5.3.2 深尾式

深尾式は実測調査の結果から深尾氏が導き出した実験式である。現在では通信線の誘導電圧予測に使用されることは少なくなったが，参考までに記載する。

(1) 計算方法

この計算方式は，実測結果に基づいた実験式であり，第5.3.3図のような送電線路と通信線の関係位置のときの電磁誘導電圧を(5.3.4)式により求める。平均離隔距離は1/50,000又は1/25,000の地図に記入した離隔図によって計算する。なお，送電線路と通信線の離隔距離が5km以上の部分は省略する。

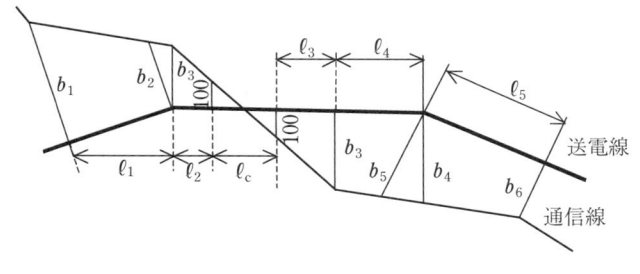

第5.3.3図 送電線と通信線の離隔図

(2) 計算式

$$V = k \cdot f \left[\frac{\ell_1}{\frac{1}{2}(b_1+b_2)} + \frac{\ell_2}{\frac{1}{2}(b_3+100)} + \frac{\ell_3}{\frac{1}{2}(100+b_3)} \right.$$
$$\left. + \frac{\ell_4}{\frac{1}{2}(b_3+b_4)} + \frac{\ell_5}{\frac{1}{2}(b_5+b_6)} + \cdots + \frac{\ell_{c1}}{100} \cdots \right] I \cdot K \ [\mathrm{V}]$$

(5.3.4)

V：通信線に誘起する電磁誘導電圧 $[\mathrm{V}]$

K：各種遮蔽係数の積 ($K = K_1 \cdot K_2 \cdots$)

K_1：通信線の電磁誘導遮蔽係数
　　　　　　　　　　（第5.3.4(2)項参照）

K_2：架空地線の電磁誘導遮蔽係数
　　　　　　　　　　（第5.3.4(3)項参照）

I：起誘導電流 $[\mathrm{A}]$

f：起誘導電流の周波数 $[\mathrm{Hz}]$

b：送電線路と通信線の水平距離
　（第5.3.3図 b_1，$b_2 \cdots$）$[\mathrm{m}]$

ℓ：b_1，b_2間の通信線と送電線路上の投影長
　（第5.3.3図の ℓ_1，ℓ_2）$[\mathrm{m}]$

ℓ_c：離隔距離100m以内の通信線の送電線路上の投影長（第5.3.3図の $\ell_c \cdots$）$[\mathrm{m}]$

k：地質によって定まる定数（第5.3.1表参照）

第5.3.1表 電磁誘導電圧計算の定数

地　　　　　域	平　地	山　地
富山県，長野県，静岡県以東の本州および北海道	0.00025	0.0005
上記以外の地域	0.0004	0.0008
参考：概算標準値として	0.0006	

5.3.3 カーソンポラチェック式

カーソンポラチェック式は1962年にJ.R.CarsonとF.Pollaczekによって，おのおの別々に発表された電磁界方程式を用いた，大地帰路電流による相互インダクタンスの式であり，この式は交流送電線からの誘導電圧予測計算に用いる最も重要な式である。

近年では通信線管理者との協議により竹内式が広く使用されているが，さらに詳細な計算を必要とする場合この計算式により算出する。

(1) 計算方法

この計算方式は，大地帰路電流にもとづく相互インピーダンスを求めて，電磁誘導電圧を計算する方法で，竹内式と同様に1/50,000又は1/25,000地図等に送電線路と通信線の関係位置を第5.3.1図のように記入し，離隔距離を求めて第5.3.2表および(5.3.5)式により計算する。

(2) 計算式

カーソンポラチェックの一般式は下記のとおりである。

$$V = \Sigma(\omega M \ell K) I \quad [\mathrm{V}] \quad (5.3.5)$$

V：通信線に誘起する電磁誘導電圧 $[\mathrm{V}]$

ω：角周波数 $\omega = 2\pi f \ [\mathrm{rad/s}]$

M：送電線と通信線間の単位長当たりの相互インダクタンス $[\mathrm{H/km}]$

ℓ：通信線の送電線への投影長 $[\mathrm{km}]$

K：各種遮蔽係数の積 ($K = K_1 \cdot K_2 \cdots$)

K_1：通信線の電磁誘導遮蔽係数
　　　　　　　　　　（第5.3.4(2)項参照）

K_2：架空地線の電磁誘導遮蔽係数
　　　　　　　　　　（第5.3.4(3)項参照）

I：起誘導電流値 $[\mathrm{A}]$

Mは相互インダクタンスであり，(5.3.6)式，(5.3.7)式または(5.3.8)式によって求める。

$k \cdot d < 0.5$ のとき

$$M = \left[4.6 \log_{10} \frac{2}{kd} - 0.1544 + \frac{2\sqrt{2}}{3}k(h+y) \right.$$
$$\left. -j \left\{ \frac{\pi}{2} - \frac{2\sqrt{2}}{3}k(h+y) \right\} \right] \times 10^{-4} \ [\mathrm{H/km}]$$

(5.3.6)

$0.5 \leq k \cdot d \leq 10$ のとき

$$M = \left[4\frac{Kei'(kx)}{kx} - j4\left\{\frac{Ker'(kx)}{kx} + \frac{1}{(kx)^2}\right\}\right] \times 10^{-4}$$
〔H/km〕 (5.3.7)

$k \cdot d > 10$ のとき

$$M = -j\frac{4}{(kx)^2} \times 10^{-4} \quad \text{〔H/km〕} \quad (5.3.8)$$

d：両線間の直線距離〔m〕

$$d = \sqrt{x^2 + (h-y)^2}$$

　　x：両線間の水平離隔〔m〕
　　h, y：送電線および通信線の地上高〔m〕

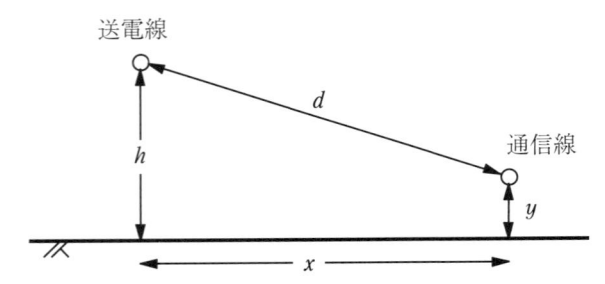

第5.3.4図 送電線と通信線の離隔距離図

$k = \sqrt{4\pi\omega\sigma \times 10^{-7}}$

　σ：当該地域の大地導電率
　（電気学会発行の「日本の大地導電率」の値
　または実測値）
　　　　　　　　　　　　　　　　〔S/m〕

Ker'およびKei'は変形ベッセル関数であり，第5.3.2表より求める。

なお，離隔が数百m以下の場合は(5.3.9)式を用いて実用上十分な場合が多い。

$$M = \left(4.6\log_{10}\frac{2}{kd} - 0.1544 - j\frac{\pi}{2}\right) \times 10^{-4} \text{〔H/km〕}$$
(5.3.9)

5.3.4 電磁誘導電圧計算に使用する諸定数

電磁誘導電圧の計算に必要な起誘導電流および架空地線，通信線の遮蔽係数ならびに大地導電率などの諸定数は協議によって決められた数値を使用する。

(1) 起誘導電流

起誘導電流の値は当該送電線路の系統構成によって決まるもので，将来の系統構成を想定して算出するが，直接接地系統（187kV以上）の送電線では，とくに起誘導電流が大きく誘導対策が必要な場合が多い。

(i) 高抵抗接地系統の起誘導電流

高低抗接地系統送電線（154kV以下）の地絡事故時の地絡電流（起誘導電流）は第5.3.5図に示すように，発変電所の変圧器の中性点接地抵抗の値によって決まるもので，故障点の位置に関係なく，一つの送電線では一定（一般には数百A）で，故障点から両側に流れる電流値のうち大きな値を用いて電磁誘導電圧を計算する。

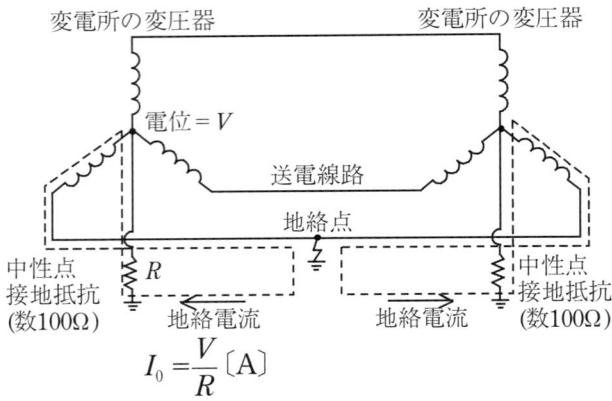

第5.3.5図 高抵抗接地系統の地絡電流

$$I_0 = \frac{V}{R} \text{〔A〕}$$

(ii) 直接接地系統の起誘導電流

直接接地系統送電線（187kV以上）は第5.3.5図の変圧器の中性点に接地抵抗を入れないで直接接地した系統のため，1線地絡電流は，送電線のインピーダンスによって決まる。このため地絡故障点が発変電所に近いほど地絡電流は大きくなり，第5.3.6図のような起誘導電流曲線図により示される。

この曲線図から通信線に対する電磁誘導電圧が最大となる位置を故障点と仮定して起誘導電流を求める。

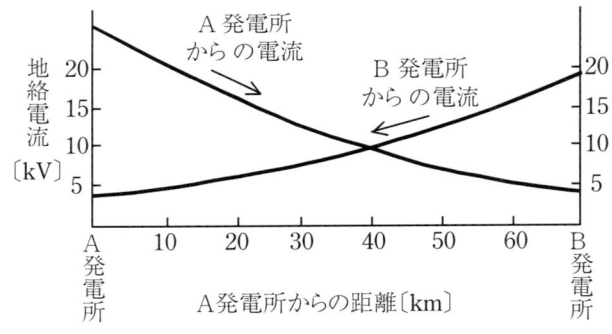

第5.3.6図 起誘導電流曲線（例）

第5.3.7図にこの方法を示すと，送電線に近接，平行した通信線に最大の電磁誘導電圧を誘起させるのは，通信線の両末端のa点またはb点の位置で故障の場合である。したがって，a点地絡の場合の地絡電流I_aとb点の場合の地絡電流I_bを比較して大きいほうの電流であるI_bを起誘導電流として使用する。

第5.3.2表　ベッセル関数表（その1）

kx	Ker′(Kx)	Kei′(Kx)
0	0	0
0.1	− 9.9609593	+ 0.1459748
0.2	− 4.9229485	+ 0.2229268
0.3	− 3.2198652	+ 0.2742921
0.4	− 2.3520699	+ 0.3095140
0.5	− 1.8197998	+ 0.3332038
0.6	− 1.4565386	+ 0.3481644
0.7	− 1.1909433	+ 0.3563095
0.8	− 0.9873351	+ 0.3590425
0.9	− 0.8258687	+ 0.3574432
1.0	− 0.6946039	+ 0.3523699
1.1	− 0.5859053	+ 0.3445210
1.2	− 0.4946432	+ 0.3344739
1.3	− 0.4172274	+ 0.3227118
1.4	− 0.3570551	+ 0.3096416
1.5	− 0.2941816	+ 0.2956081
1.6	− 0.2451147	+ 0.2809038
1.7	− 0.2026818	+ 0.2657772
1.8	− 0.1659424	+ 0.2504385
1.9	− 0.1341282	+ 0.2350657
2.0	− 0.1066010	+ 0.2198079
2.1	− 0.0828234	+ 0.2047897
2.2	− 0.0623373	+ 0.1901137
2.3	− 0.0447479	+ 0.1758638
2.4	− 0.0297123	+ 0.1621069
2.5	− 0.0169298	+ 0.1488954
2.6	− 0.0061358	+ 0.1362689
2.7	+ 0.0029043	+ 0.1242558
2.8	+ 0.0103990	+ 0.1128748
2.9	+ 0.0165342	+ 0.1021362
3.0	+ 0.0214762	+ 0.0920431
3.1	+ 0.0253738	+ 0.0825922
3.2	+ 0.0283603	+ 0.0737752
3.3	+ 0.0030554	+ 0.0655794
3.4	+ 0.0320662	+ 0.0579881
3.5	+ 0.0329386	+ 0.0509821
3.6	+ 0.0334087	+ 0.0445394
3.7	+ 0.0334030	+ 0.0386364
3.8	+ 0.0330400	+ 0.0332480
3.9	+ 0.03238046	+ 0.02834832
4.0	+ 0.03147849	+ 0.02391062
4.1	+ 0.03038179	+ 0.01990804
4.2	+ 0.02913242	+ 0.01631367
4.3	+ 0.02776730	+ 0.01310084
4.4	+ 0.02631868	+ 0.01024331
4.5	+ 0.02181454	+ 0.00771543
4.6	+ 0.02327908	+ 0.00549240
4.7	+ 0.02173300	+ 0.00354976
4.8	+ 0.02019391	+ 0.00186478
4.9	+ 0.01867661	+ 0.00041522
5.0	+ 0.01719340	− 0.00081998

ベッセル関数表（その2）

Kx	Ker′(Kx)	Kei′(Kx)
5.1	+ 0.01575436	− 0.00186079
5.2	+ 0.01436757	− 0.00272605
5.3	+ 0.01303935	− 0.00343349
5.4	+ 0.01177446	− 0.00399969
5.5	+ 0.01057633	− 0.00444016
5.6	+ 0.00944717	− 0.00476928
5.7	+ 0.00838818	− 0.00500041
5.8	+ 0.00739967	− 0.00514584
5.9	+ 0.00648121	− 0.00521689
6.0	+ 0.00563171	− 0.00522392
6.1	+ 0.00484957	− 0.00517637
6.2	+ 0.00413275	− 0.00508283
6.3	+ 0.00347886	− 0.00495106
6.4	+ 0.00288523	− 0.00478803
6.5	+ 0.002348995	− 0.004600032
6.6	+ 0.001867130	− 0.004392632
6.7	+ 0.001436521	− 0.004170782
6.8	+ 0.001053999	− 0.003938849
6.9	+ 0.000716382	− 0.003700661
7.0	+ 0.000420510	− 0.003459509
7.1	+ 0.000163267	− 0.003218285
7.2	− 0.000058386	− 0.002979421
7.3	− 0.000247403	− 0.002744978
7.4	− 0.000406628	− 0.002516671
7.5	− 0.000538787	− 0.002295904
7.6	− 0.000646478	− 0.002083800
7.7	− 0.000732165	− 0.001881234
7.8	− 0.000798170	− 0.001688855
7.9	− 0.000846677	− 0.001507120
8.0	− 0.000879724	− 0.001336313
8.1	− 0.000899210	− 0.001176567
8.2	− 0.000906891	− 0.001027888
8.3	− 0.000904388	− 0.000890168
8.4	− 0.000893190	− 0.000763209
8.5	− 0.000874656	− 0.000646733
8.6	− 0.000850022	− 0.000540398
8.7	− 0.000820407	− 0.000443813
8.8	− 0.000786819	− 0.000356543
8.9	− 0.000750159	− 0.000278127
9.0	− 0.000711231	− 0.000208079
9.1	− 0.000670745	− 0.000145903
9.2	− 0.000629326	− 0.000091093
9.3	− 0.000587517	− 0.000043145
9.4	− 0.000545789	− 0.000001559
9.5	− 0.000504544	+ 0.000034154
9.6	− 0.000464122	+ 0.000064485
9.7	− 0.000424805	+ 0.000089887
9.8	− 0.000386830	+ 0.000110811
9.9	− 0.000350379	+ 0.000127684
10.0	− 0.000315597	+ 0.000140914

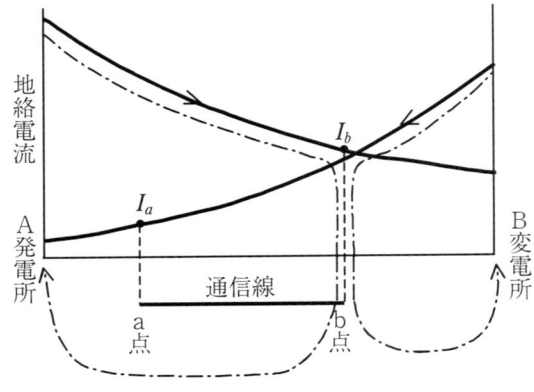

第5.3.7図 起誘導電流の求め方

起誘導電流に影響を与える故障点抵抗については，電流の方向を考慮し発変電所から故障点までの距離及び架空地線の種類により決定する。

(2) 通信線の遮蔽係数 K_1

通信線の遮蔽係数はケーブルを使用した場合線種施設状況により第5.3.3表の値が一般に使用されている。

第5.3.3表 通信線の電磁遮蔽係数 (60Hz)

線路種別			遮蔽係数	記事
架空線路	遮蔽層のないケーブル		1.0	
	遮蔽層のあるケーブル		0.95	注(2)
地下線路	管路内ケーブル	V 遮蔽層のないケーブル	1.0	
		V 遮蔽層のあるケーブル	0.95	注(2)
		SA + Pl	0.6	
		SA$_B$ + Pl / SA + Pb / SA$_B$ + Pb 管路布設長連続2km未満	0.6	注(3)
		管路布設長連続2km以上	0.2	
		I + Pl	0.6	
		I$_B$ + Pl / I + Pb / I$_B$ + Pb	0.2	
	直埋ケーブル		0.2	

(注) (1) 表中の記号は次のとおりである。
　　V：硬質ビニール管　Pb：鉛被非ケーブル
　　SA：塗覆装鋼管　Pl：外被がプラスチックであるケーブル
　　I：鋳鉄管
　　(SA$_B$，I$_B$ はマンホール内で管相互をボンドした場合)
(2) アルミ被誘導遮蔽ケーブルの場合には遮蔽特性曲線から求める。
(3) 管路布設長は誘導区域内のものに限る。ただし誘導区域内に局がある場合には管路長はその点で区切って考える。

(3) 架空地線の遮蔽係数 K_2

送電線に架設されている架空地線による遮蔽効果は電気抵抗の低い電線を使用するほど，また架空条数の多いほどすぐれている。また発電所から数km以内では架空地線の分流効果により遮蔽効果が良くなる。遮蔽係数は一般に (5.3.10) 式により求め通信管理者との協定により決定する。

$$K_2 = 1 - \frac{Z_{13}}{Z_{33}} \tag{5.3.10}$$

Z_{13}：送電線と架空地線間の大地帰路相互インピーダンス〔Ω/km〕
Z_{33}：架空地線の大地帰路自己インピーダンス〔Ω/km〕
Z_{13}・Z_{33} は (5.3.11) 式～(5.3.14) 式による。

架空地線が1条の場合

$$Z_{13} = \omega\left\{\frac{\pi}{2} + j4.6\log_{10}\frac{2}{k\overline{d_1}}\right\} \times 10^{-4} \quad 〔\Omega/km〕 \tag{5.3.11}$$

$$Z_{33} = rs + \omega\left\{\frac{\pi}{2} + j\left(4.6\log_{10}\frac{2}{ka} + \frac{\mu s}{2}\right)\right\} \times 10^{-4} \quad 〔\Omega/km〕 \tag{5.3.12}$$

架空地線が2条の場合

$$Z_{13} = \omega\left\{\frac{\pi}{2} + j4.6\log_{10}\frac{2}{k\overline{d_2}}\right\} \times 10^{-4} \quad 〔\Omega/km〕 \tag{5.3.13}$$

$$Z_{33} = \frac{rs}{2} + \omega\left\{\frac{\pi}{2} + j\left(4.6\log_{10}\frac{2}{k\sqrt{ads}} + \frac{\mu s}{4}\right)\right\} \times 10^{-4} \quad 〔\Omega/km〕 \tag{5.3.14}$$

ω：角速度 $2\pi f$〔rad/s〕
f：周波数〔Hz〕
k：$\sqrt{4\pi\omega\sigma \times 10^{-7}}$
$\overline{d_1}$：電力線と架空地線との幾何平均間隔〔m〕
rs：架空地線1条の抵抗〔Ω/km〕
μs：架空地線の比透磁率
a：架空地線の半径〔m〕
$\overline{d_2}$：架空地線2条の場合の電力線と架空地線との幾何平均間隔〔m〕
ds：架空地線2条の間隔〔m〕
σ：大地導電率 (S/m)

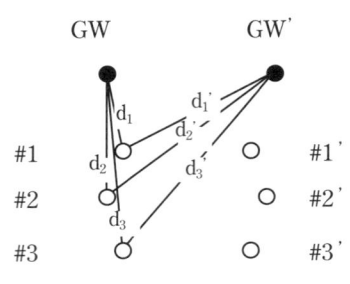

第5.3.8図 電線配置図

幾何平均間隔計算方法

$d_1 = GW \sim \#1$ 間距離〔m〕
$d_1' = GW' \sim \#1$ 間距離〔m〕
$\vdots$
$d_3' = GW' \sim \#3$ 間距離〔m〕
$\bar{d}_2 = \sqrt[6]{d_1 \times d_1' \cdots \times d_3'}$ 〔m〕

(4) 大地導電率 σ

(i) 計算に必要な大地導電率は，電気学会発行の「日本の大地導電率」の値を使用する。大地導電率は地質の年代，降雨量，地下水位その他土地の状況によって相違するので，局地的に正確な大地導電率を必要とする場合には実測によって数値を求める。

(ii) 大地導電率の実測

大地導電率の実測はL-10形大地比抵抗測定器が主として用いられ，第5.3.9図のように電極を配置して測定する。なお，この詳細は送電線建設技術研究会発行の架空送電線路工事業者用教材「基礎編4.1.4 埋設地線」の項を参照すること。

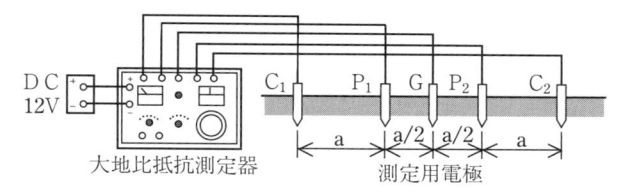

第5.3.9図 大地導電率測定方法

(注) 大地導電率の単位と換算

カーソンポラチェック式，竹内式にはMKS単位であるS/mを用いる。

また，導電率の測定に使用されている大地比抵抗測定器ではΩ·m（比抵抗）で測定結果が得られる。したがって，これらの単位系の相互換算を必要とすることが多い。代表的な数値について関係を示すと第5.3.4表のようになる。

また，一般には第5.3.10図の換算グラフを使用すればよい。

第5.3.4表

比抵抗 (ρ)	導電率 (σ)
10 Ω·m	10^{-1} S/m
10^2 Ω·m	10^{-2} S/m
10^3 Ω·m	10^{-3} S/m

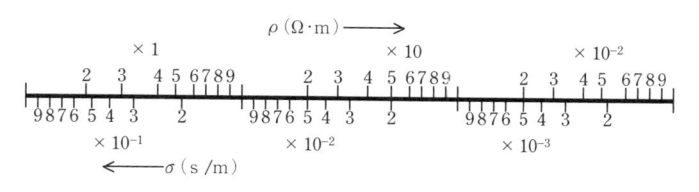

第5.3.10図 ρ と σ の関係

(5) その他

通信線管理者との協議により，橋梁，トンネル，管路，ガードケーブルなどについても遮蔽物とみなし，遮蔽係数を適用することがある。

5.3.5 計算例

同一条件下での竹内式，深尾式およびカーソンポラチェック式の計算例を記載する。

(1) 計算条件

起誘導電流	$I = 2,400$ A
送電線路周波数	$f = 50$ Hz
通信線の遮蔽係数	$K_1 = 0.95$
架空地線の遮蔽係数	$K_2 = 0.504$
地質係数	$S = 5 \times 10^{-4}$

(2) 離隔図

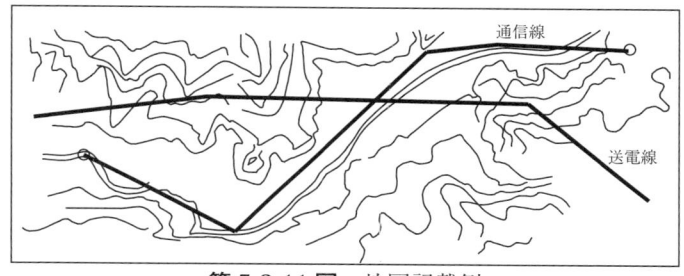

第5.3.11図 地図記載例

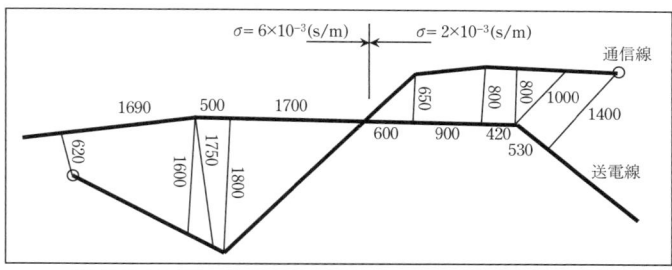

第5.3.12図 離隔図（竹内式，カーソン・ポラチェック式）

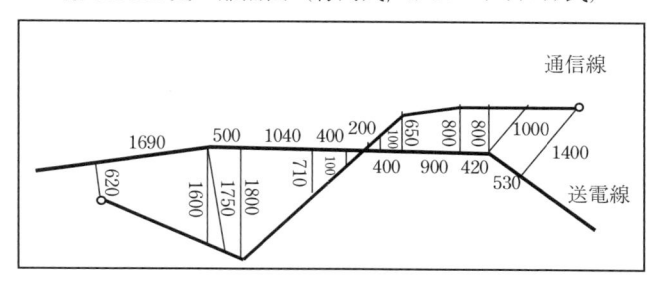

第5.3.13図 離隔図（深尾式）

(3) 計算表

第5.3.5表　誘導電圧予測計算書（竹内式）

σ (s/m)	b_1, b_2 (m)	$\dfrac{b_1+b_2}{2}$ (m)	$b_m{}'$, $b_c{}'$ (m)	Z_m [Z_{mp}, Z_{mc}] (Ω/km)	ℓ [l_r, l_c] (km)	$Z_m \cdot \ell$ (Ω)	$\Sigma\, Z_m \cdot \ell$ (Ω)	遮蔽係数 K K_1	K_2	起誘導電流 I (A)	電磁誘導電圧 V (V)
6×10^{-3}	620	1185	918	0.0319	1.690	0.0539	0.387	0.95	0.504	2400	$K\{\Sigma(\ell_r \cdot Z_{mp}) + \Sigma(\ell_c \cdot Z_{mc})\} \cdot I$ = 0.95 × 0.504 × 0.387 × 2400 = 444 (V)
	1750										
	1600										
	1800	1700	1317	0.0194	0.500	0.0097					
	0	1800	1394	0.0594	1.700	0.1010					
2×10^{-3}	650	650	291	0.145	0.600	0.0870					
		725	324	0.0815	0.900	0.0734					
	800	800	358	0.0761	0.420	0.0320					
	800										
	1000	1200	537	0.0559	0.530	0.030					
	1400										

第5.3.6表　誘導電圧予測計算書（深尾式）

地質係数 k	b_1, b_2 (m)	$\dfrac{b_1+b_2}{2}$ (m)	ℓ (m)	$\dfrac{\ell}{\frac{1}{2}(b_1+b_2)}$	$\Sigma\, \dfrac{\ell}{\frac{1}{2}(b_1+b_2)}$	遮蔽係数 K_1	K_2	起誘導電流 (A)	電磁誘導電圧 V (V)
5×10^{-4}	620	1185	1690	1.426	8.809	0.95	0.504	2400	$5 \times 10^{-4} \times 50 \times 8.809 \times 0.95 \times 0.504$ = 0.105 0.105 × 2400 = 252.0（V）
	1750	—	—	—					
	1600	1700	500	0.294					
	1800	1255	1040	0.828					
	710	405	400	0.987					
	100	100	200	2.000					
	100	375	400	1.066					
	650	725	900	1.241					
	800	800	420	0.525					
	800	—	—	—					
	1000	1200	530	0.442					
	1400								

第 5.3.7 表 誘導電圧予測計算書（カーソンポラチェック式）

σ (s/m)	b_1, b_2 (m)	$\dfrac{b_1+b_2}{2}$ (m)	ℓ (km)	$\lvert M \rvert$ (H/km)	$\omega M\ell$ (Ω)	$\sum \omega M\ell$ (Ω)	遮蔽係数 K K_1	遮蔽係数 K K_2	起誘導電流 (A)	電磁誘導電圧 V (V)
6×10^{-3}	620	1185	1.69	100×10^{-6}	0.0531	0.3585	0.95	0.504	2400	$\sum (\omega M\ell K_1 K_2) I$ $= 0.3585 \times 0.95 \times 0.504 \times 2400$ $= 412 \text{(V)}$
	1750									
	1600	1700	0.5	61×10^{-6}	0.0096					
	1800	900	1.7	139×10^{-6}	0.0742					
2×10^{-3}	0	325	0.6	417×10^{-6}	0.0786					
	650	725	0.9	275×10^{-6}	0.0777					
	800	800	0.42	259×10^{-6}	0.0342					
	800									
	1000	1200	0.53	187×10^{-6}	0.0311					
	1400									

付録 5.4 静電誘導電流計算

静電誘導電流は，送電線路から近接通信線に与える常時静電誘導作用により発生する誘導電流で，その値は相互の静電結合容量と送電線電圧によって計算する。

5.4.1 計算式

送電線電圧が 15kV 以上の場合の静電誘導電流計算は電技解釈第 102 条に示されている，澁澤元治氏の式を根拠とする近似計算式によることが一般的である。

(1) 計算方法

この計算方式は，送電線路と通信線の離隔距離を通信線管理者の資料や測量成果により求めて，静電誘導電流を計算する方法で，1/25,000 地図等に送電線路と通信線の関係位置を第 5.4.1 図のように記入し，離隔距離を求めて (5.4.1) 式により計算する。

(2) 計算式

$$i_T = V_k \cdot D_1 \times 10^{-3} \left(0.33n + 26 \Sigma \frac{\ell_1}{b_1 \cdot b_2} \right) \cdot \lambda$$

(5.4.1)

i_T：通信線の静電誘導電流 〔μA〕
V_k：送電線の最高電圧 〔kV〕
D_1：送電線の線間距離 〔m〕
b_1, b_2：送電線と通信線の離隔（直線）距離 〔m〕
（第 5.4.1 図参照）
ℓ_1：b_1, b_2 間の通信線の亘長 〔m〕
（第 5.4.1 図参照）

なお送電線路と通信線が交差する場合は，送電線電圧が 60kV 以下のときは交差点の前後各 50m，60kV を超える場合は交差点の前後各 100m の部分はこの計算に加えない。

n：送電線と通信線の交差回数
λ：遮蔽係数

$\Sigma \dfrac{\ell_1}{b_1 \cdot b_2}$ は (5.4.2) 式により求める。

$$\Sigma \frac{\ell_1}{b_1 \cdot b_2} = \frac{\ell_1}{b_1 \cdot b_2} + \frac{\ell_2}{b_2 \cdot b_3} + \frac{\ell_3}{b_3 \cdot b_4} + \frac{\ell_4'}{b_4 \cdot b_5} + \frac{\ell_4''}{b_6 \cdot b_7} + \frac{\ell_5}{b_7 \cdot b_8} \cdots\cdots$$

(5.4.2)

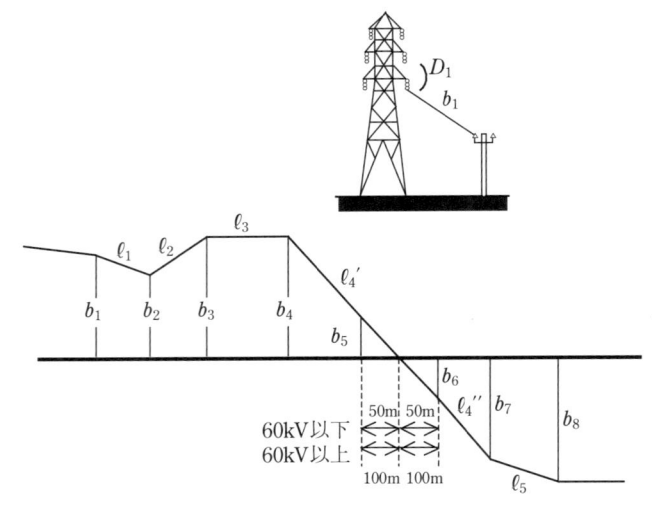

第 5.4.1 図 送電線と通信線の離隔距離図

(3) 遮蔽係数

通信線の遮蔽層およびメッセンジャーワイヤーや架空地線は静電誘導障害を軽減する遮蔽効果を持っている。通信ケーブルの種類，メッセンジャーワイヤーの架設条数による遮蔽係数は第 5.4.1 表のとおりである。

表 5.4.1 表 静電誘導遮蔽係数

種　　類	遮蔽係数
通信線に設置されるメッセンジャーワイヤー（架空地線）（1 条）	0.7
同　　　上（2 条）	0.6
同　　　上（3 条）	0.5
同　　　上（4 条）	0.4
吊線付ケーブル，SD ワイヤー吊線の接地	0.25
しゃへい層付ケーブル（鉛被，アルミシースケーブル）	0
地中埋設ケーブル（含トラフ内布設通信線）	0

(4) 静電誘導電流計算例
(i) 離隔距離図

(ii) 計算条件

最高電圧	$V_k = 275$kV
線間距離	$D_1 = 5.44$m
交差回数	$n = 1$
遮蔽係数	$\lambda = 0.7$

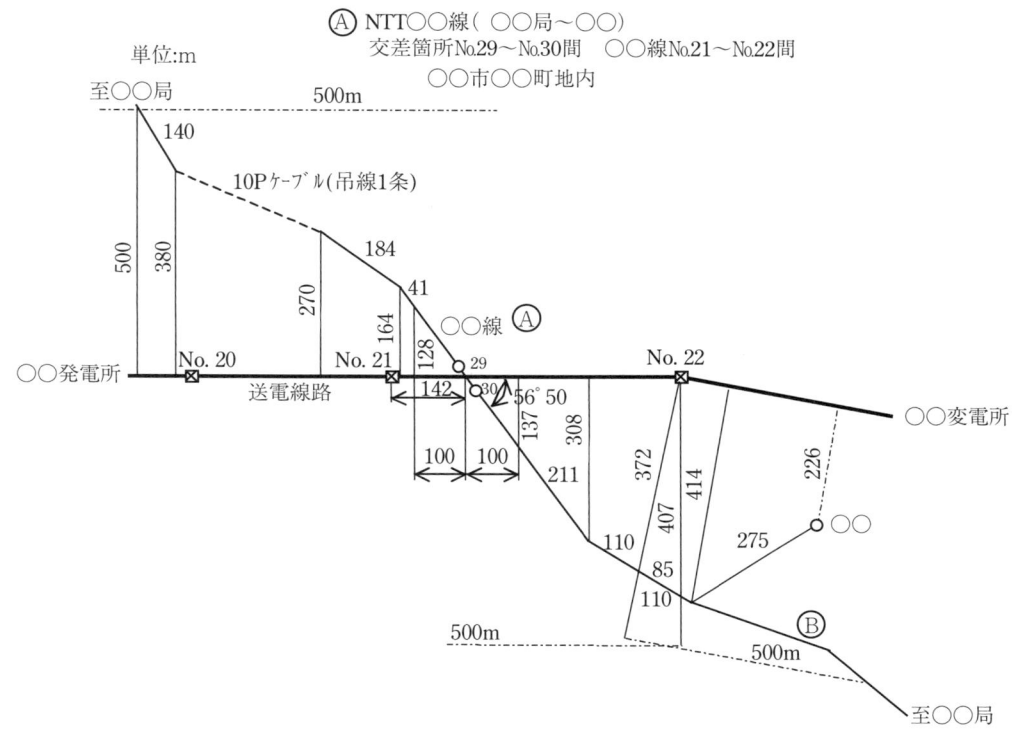

(iii) 計算表

計 算 表				
b_1	b_2	$b_1 \times b_2$	ℓ_1	$\dfrac{\ell_1}{b_1 \times b_2}$
500	380	190,000	140	0.00074
270	164	44,280	184	0.00416
164	128	20,992	44	0.00210
137	308	42,196	214	0.00507
308	407	125,356	195	0.00156
372	414	154,000	110	0.00071
414	226	93,564	275	0.00294
$\Sigma \dfrac{\ell_1}{b_1 \times b_2}$				0.0173

$$iT = V_k \times D_1 \times 10^{-3} \times \left(0.33n \times 26 \times \Sigma \dfrac{\ell_1}{b_1 \times b_2}\right) \times \lambda$$

$= 275 \times 5.44 \times 10^{-3}$
$\quad \times (0.33 \times 1 + 26 \times 0.0173) \times 0.7$
$= (0.494 + 0.673) \times 0.7$
$= 0.817 \, [\mu A]$

付録5.5 マイクロ波通信回線障害計算

マイクロ波通信回線への通信障害予測では，鉄塔や電線等が電波伝搬路（第1フレネルゾーン）内に入ることにより発生することからこれらの離隔計算や必要に応じ遮蔽損失計算を行う必要がある。

5.5.1 離隔計算

離隔計算では，マイクロ波通信回線両端の固定無線局の位置（緯度・経度・標高）と送電線路の位置から送電線路とマイクロ波通信回線の交差点を求める。
次に交差点における第1フレネルゾーンの中心標高及び深さ（半径）から，総務省「電波法関係審査基準」の第1フレネルゾーン計算式を使用し，(5.5.1)式により，鉄塔と電線との離隔距離を求める。

(1) 交差点の位置

マイクロ波通信回線と送電線路の位置関係についてはGISやCADにより第5.5.1図のように図示し，各点から交点までの距離dを求める。
CADにより図示する場合は，免許状に記載されている緯経度から，平面直角座標系（メートル表示）へ変換し図示する。
また，データを入手した回線は支障とならない場合でも免許人へ提示するために図示しておく。

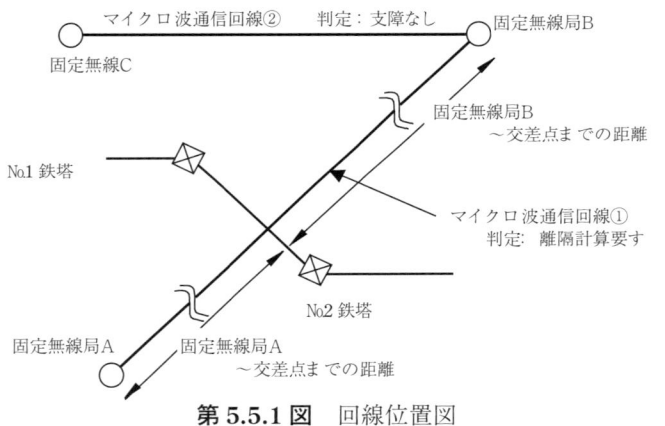

第5.5.1図 回線位置図

(2) 離隔計算式

$$Cl = hc - \delta - H \text{ [m]} \quad (5.5.1)$$

Cl：離隔距離〔m〕
H：交差地点の送電線路最頂部標高〔m〕
　　（送電線路が下部の場合）
δ：交差点における
　　第1フレネルゾーンの深さ〔m〕

$$\delta = \sqrt{\lambda \frac{d_1 d_2}{d_0}} \text{ [m]} \quad (5.5.2)$$

λ：マイクロ回線周波数の波長〔m〕

$$\lambda = \frac{c}{f} \text{ [m]}$$

c：自由空間中の光速
　　3×10^8〔m/s〕
f：マイクロ回線周波数〔Hz〕
$d_2 \cdot d_1$：各無線局から交差点までの距離〔m〕
d_0：無線局間の距離〔m〕
hc：交差点における第1フレネルゾーンの中心標高〔m〕

$$hc = h_1 + \frac{d_1}{d_0}(h_2 - h_1) - \frac{d_1 d_2}{2kR_0} \text{ [m]}$$

$$(5.5.3)$$

$h_1 \cdot h_2$：無線局送受信点中心標高〔m〕
k：等価地球半径係数
　　（日本では4/3が標準値）
R_0：地球の平均半径
　　（6.37×10^6〔m〕）

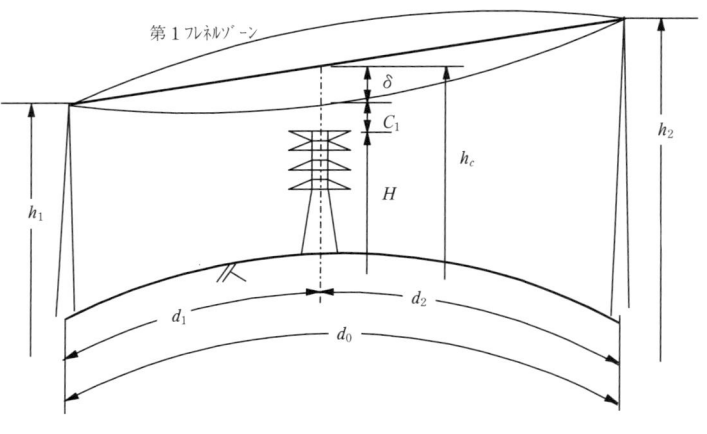

第5.5.2図 伝播路断面図

5.5.2 遮蔽損失計算

遮蔽損失計算では，離隔計算により鉄塔や電線が第1フレネルゾーン内に入ることが判明した場合，電波伝搬路の遮蔽損失計算を行う。
第1フレネルゾーンの断面積に占める遮蔽面積の比率から，(5.5.4)式または(5.5.5)式により，遮蔽損失量を求める。
なお，第1フレネルゾーン内に電線が入る場合は，通常遮蔽損失は自由空間損失に対し極僅かであるため，協議により無対策で許可される場合がある。
協議においては，損失量についてデシベル単位とは別に損失倍率（デシベル換算表　第5.5.1表参照）で協議を行うこともある。
電力損失を求める場合

$$L_{s_1} = -10\log_{10}\left(1-\frac{\sigma}{A}\right)[\text{dB}] \quad (5.5.4)$$

電圧損失を求める場合

$$L_{s_2} = -20\log_{10}\left(1-\frac{\sigma}{A}\right)[\text{dB}] \quad (5.5.5)$$

Ls_1：遮蔽による電力損失量〔dB〕
Ls_2：遮蔽による電圧損失量〔dB〕
σ：遮蔽物の投影面積〔m²〕
A：交差点での第1フレネルゾン断面積〔m²〕

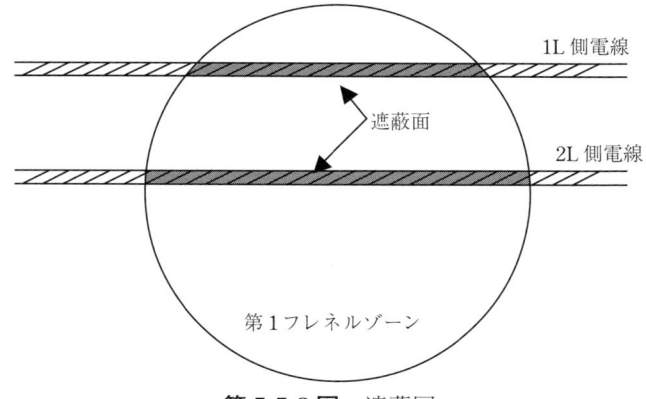

第5.5.3図 遮蔽図

第5.5.1表 デシベル換算表（参考）

遮蔽損失 (dB)	電力損失倍率	電圧損失倍率
0.1	0.977	0.990
0.2	0.955	0.977
0.3	0.933	0.967
0.4	0.912	0.955
0.5	0.981	0.945
0.6	0.871	0.933
0.7	0.854	0.924
0.8	0.832	0.912
0.9	0.813	0.903
1.0	0.794	0.891
2.0	0.631	0.794
3.0	0.501	0.708
4.0	0.398	0.631
5.0	0.316	0.562
10.0	0.100	0.316

受信レベルの目安として使用し，上記表内に記載なき損失については下記の例により求める。

（例）

遮蔽損失 15.8dB の場合

15.8dB = 10.0dB + 5dB + 0.8dB であり上表より
電力損失倍率 0.100 × 0.316 × 0.832 = 0.026
となり，遮蔽後の受信レベルは遮蔽前のレベルの約 0.026 倍となる。

付録6. 主要な関係法令

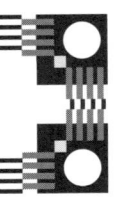

(2005.4.1現在)

1. **電気事業法**（昭.39.7.11法律第170号，改正：平.16.6.9法律第94号）
   ≪関連法令≫
   ・電気事業法施行令（昭.40.6.15政令第206号，改正：平.16.10.27政令第328号）
   ・電気事業法施行規則（平.7.10.18通商産業省令第77号，改正：平.17.3.30経済産業省令第48号）
   ・電気設備に関する技術基準を定める省令（平.9.3.27通商産業省令第52号，改正：平.17.3.10経済産業省令第18号）
   ・電気設備の技術基準の解釈について（平.9.5.資源エネルギー庁制定，改正：平.16.7.6）

法律の主な条文と内容（抜粋）	関連法令または説明
【目的】 第1条　電気事業の運営を適正かつ合理的ならしめることによって，電気の使用者の利益を保護し，及び電気事業の健全な発達を図るとともに電気工作物の工事，維持及び運用を規制することによって，公共の安全を確保し，及び環境の保全を図ることを目的とする。 【定義】 第2条　この法律において，次の各号に掲げる用語の意義は，当該各号に定めるところによる。 　一　一般電気事業　一般の需要に応じ電気を供給する事業をいう。 　三　卸電気事業　一般電気事業者にその一般電気事業の用に供するための電気を供給する事業であって，その事業の用に供する電気工作物が経済産業省令で定める要件に該当するものをいう。 　五　特定電気事業　特定の供給地点における需要に応じ電気を供給する事業をいう。 　七　特定規模電気事業　電気の使用者の一定規模の需要であって経済産業省令で定める要件に該当するもの（以下「特定規模需要」という。）に応ずる電気の供給（第17条第1項第一号に規定する供給に該当するもの及び同項の許可を受けて行うものを除く。）を行う事業であって，一般電気事業者がその供給区域以外の地域における特定規模需要に応じ他の一般電気事業者が維持し，及び運用する電線路を介して行うもの並びに一般電気事業者以外の者が行うものをいう。 　九　電気事業　一般電気事業，卸電気事業，特定電気事業及び特定規模電気事業をいう。 　十六　電気工作物　発電，変電，送電若しくは配電又は電気の使用のために設置する機械，器具，ダム，水路，貯水池，電線路その他の工作物をいう。 【電気工作物等の変更】 第9条　第6条第2項第四号の事項について経済産業省令で定める重要な変更をしようとするときは，経済産業大臣に届け出なければならない。	【電気工作物の重要な変更】 規則第10条　法第9条第1項の経済産業省令で定める重要な変更は，つぎのとおりとする。 　三　送電用のものに係る変更であって，次のいずれかに該当するもの 　　イ　他の電気事業者の電気事業の用に供する電気工作物と電気的に接続するための送電線路であって，電圧30万ボルト（直流にあっては，17万ボルト）以上のものに係る変更（設置の場所の変更のうち経過地の変更及び設置の方法の変更を除く。） 　　ハ　電圧30万ボルト（直流にあっては，17万ボルト）以上の送電線路であって，長さ10km以上のものに係る変更（設置の場所の変更

法律の主な条文と内容（抜粋）	関連法令または説明
2　第6条第2項第二号の事項に変更があったとき，又は，同項第四号の事項の変更（前項に規定するものを除く。）をしたときは，遅滞なく，その旨を経済産業大臣に届け出なければならない。 3　第1項の規定による届出をした電気事業者は，その届出が受理された日から20日を経過した後でなければ，その届出に係る変更をしてはならない。 4　経済産業大臣は，第1項の規定による届出の内容がその届出をした電気事業者の電気事業の適確な遂行に支障を及ぼすおそれがないと認めるときは，前項に規定する期間を短縮することができる。 5　経済産業大臣は，第1項の規定による届出の内容がその届出をした電気事業者の電気事業の適確な遂行に支障を及ぼすおそれがあると認めるときは，その届出をした電気事業者に対し，その届出を受理した日から20日以内に限り，その届出の内容を変更し，又は中止すべきことを命ずることができる。 【工事計画】 第47条　事業用電気工作物の設置又は変更の工事であって，公共の安全の確保上特に重要なものとして経済産業省令で定めるものをしようとする者は，その工事の計画について経済産業大臣の認可を受けなければならない。（以下省略） 第48条　事業用電気工作物の設置又は変更の工事（前条第1項の経済産業省令で定めるものを除く。）であって，経済産業省令で定めるものをしようとする者は，その工事の計画を経済産業大臣に届け出なければならない。その工事の計画の変更（経済産業省令で定める軽微なものを除く。）をしようとするときも，同様とする。 2　前項の規定による届出をした者は，その届出が受理された日から30日を経過した後でなければ，その届出に係る工事を開始してはならない。（以下省略） 【一時使用】 第58条　電気事業者は，次に掲げる目的のため他人の土地又はこれに定着する建物その他の工作物を利用することが必要であり，かつ，やむを得ないときは，その土地等の利用を著しく妨げない限度において，これを一時使用することができる。 　一　電気事業の用に供する電線路に関する工事の施行のため必要な資材若しくは車両の置場，土砂の捨場，作業場，架線のためのやぐら又は索道の設置 　二　天災，事変その他の非常事態が発生した場合において，緊急に電気を供給するための電線路の設置 　三　電気事業の用に供する電気工作物の設置のための測標の設置 （以下省略） 【立入り】 第59条　電気事業者は，電気事業の用に供する電気工作物に関する測量又は実地調査のため必要があるときは，経済産業大臣の許可を受	のうち，経過地の変更及び設置の方法の変更であって変更する部分の長さが10km未満のものを除く。） 【電気工作物等の変更の届出】 規則第11条　法第9条第1項の規定による電気事業の用に供する電気工作物の変更の届出をしようとする者は，様式第八の電気工作物変更届出書に次の書類を添えて提出しなければならない。 （内容省略） 3　法第9条第2項の規定による電気事業の用に供する電気工作物の変更の届出をしようとする者は，様式第八の電気工作物変更届出書を提出しなければならない。 規則第62条 ⎫ 規則第63条 ⎬：工事計画の認可等 規則第64条 ⎭　（法47条関連－内容省略） 規則第65条 ⎫：工事計画の事前届 規則第66条 ⎭　出（法48条関連－内容省略） 土地収用法第11条，第12条，第13条参照

法律の主な条文と内容（抜粋）	関連法令または説明
けて，他人の土地に立ち入ることができる。 【通行】 第60条　電気事業者は，電気事業の用に供する電線路に関する工事又は電線路の維持のため必要があるときは，他人の土地を通行することができる。 【植物の伐採又は移植】 第61条　電気事業者は，植物が電気事業の用に供する電線路に障害を及ぼし，若しくは及ぼすおそれがある場合又は植物が電気事業の用に供する電気工作物に関する測量若しくは実地調査若しくは電気事業の用に供する電線路に関する工事に支障を及ぼす場合において，やむを得ないときは，経済産業大臣の許可を受けて，その植物を伐採し，又は移植することができる。 【公共用の土地の使用】 第65条　電気事業者は，道路，橋，溝，河川，堤防その他公共の用に供せられる土地に電気事業を行う事業の用に供する電線路を設置する必要があるときは，その効用を妨げない限度において，その管理者の許可を受けて，これを使用することができる。	

2．土地収用法（昭.26.6.9法律第219号，改正：平.16.12.3法律第155号）
　《関連法令》
　　・土地収用法施行令（昭.26.10.27政令第342号，改正：平.17.3.24政令第60号）
　　・土地収用法施行規則（昭.26.10.27建設省令第33号，改正：平.17.3.29国土交通省令第24号）

法律の主な条文と内容（抜粋）	関連法令または説明
【目的】 第1条　公共の利益となる事業に必要な土地等の収用又は使用に関し，その要件，手続及び効果並びにこれに伴う損失の補償等について規定し，公共の利益の増進と私有財産との調整を図り，もって国土の適正且つ合理的な利用に寄与することを目的とする。 【土地の収用又は使用】 第2条　公共の利益となる事業の用に供するため土地を必要とする場合において，その土地を当該事業の用に供することが土地の利用上適正且つ合理的であるときは，この法律の定めるところにより，これを収用し，又は使用することができる。 【土地を収用し，又は使用することができる事業】 第3条　土地を収用し，又は使用することができる公共の利益となる事業は，次の各号のいずれかに該当するものに関する事業でなければならない。 　十七　電気事業法による一般電気事業，卸電気事業又は特定電気事業の用に供する電気工作物	

法律の主な条文と内容（抜粋）	関連法令または説明
【収用し，又は使用することができる土地等の制限】 第4条　この法律又は他の法律によって，土地等を収用し，又は使用することができる事業の用に供している土地等は，特別の必要がなければ，収用し，又は使用することができない。 【事業の準備のための立入権】 第11条　事業の準備のために他人の占有する土地に立ち入って測量又は調査をする必要がある場合においては，起業者は，事業の種類並びに立ち入ろうとする土地の区域及び期間を記載した申請書を当該区域を管轄する都道府県知事に提出して立入の許可を受けなければならない。（以下省略） 【立入の通知】 第12条　他人の占有する土地に立ち入ろうとする者は，立ち入ろうとする日の5日前までに，その日時及び場所を市町村長に通知しなければならない。（以下省略） 【立入の受忍】 第13条　土地の占有者は，正当な理由がない限り，立入を拒み，又は妨げてはならない。 【障害物の伐採及び土地の試掘等】 第14条　起業者又はその命を受けた者若しくは委任を受けた者は，事業の準備のために他人の占有する土地に立ち入って測量又は調査を行うに当り，やむを得ない必要があって，障害となる植物若しくはかき，さく等を伐除しようとする場合又は当該土地に試掘若しくは試すい若しくはこれに伴う障害物の伐除を行おうとする場合において，当該障害物又は当該土地の所有者及び占有者の同意を得ることができないときは，当該障害物の所在地を管轄する市町村長の許可を受けて当該障害物を伐除し，又は当該土地の所在地を管轄する都道府県知事の許可を受けて当該土地に試掘等を行うことができる。 2　前項の規定によって障害物を伐除しようとする者又は土地に試掘等を行おうとする者は，伐除しようとする日又は試掘等を行おうとする日の3日前までに，当該障害物又は当該土地の所有者及び占有者に通知しなければならない。 3　障害物が山林，原野その他これらに類する土地にあって，あらかじめ所有者及び占有者の同意を得ることが困難であり，且つ，障害物の現状を著しく損傷しない場合においては，起業者又はその命を受けた者若しくは委任を受けた者は，前2項の規定にかかわらず，当該障害物の所在地を管轄する市町村長の許可を受けて，直ちに，障害物を伐除することができる。この場合においては，障害物を伐除した後，遅滞なく，その旨を所有者及び占有者に通知しなければならない。 4　前項の規定は，第1項の規定による土地の試掘又は試すいに伴う障害物の伐除をする場合には適用しない。	

法律の主な条文と内容（抜粋）	関連法令または説明
【証票等の携帯】 第15条　他人の占有する土地に立ち入ろうとする者は，その身分を示す証票及び都道府県知事の許可証を携帯しなければならない。 【事業の認定】 第16条　起業者は，当該事業又は当該事業の施行により必要を生じた第3条各号の一に該当するものに関する事業のために土地を収用し，又は使用しようとするときは，この節の定めるところに従い，事業の認定を受けなければならない。 【事業の認定に関する処分を行う機関】 第17条　事業が次の各号の一に掲げるものであるときは，国土交通大臣が事業の認定に関する処分を行う。 　二　事業を施行する土地（以下「起業地」という。）が二以上の都道府県の区域にわたる事業 　三　一の都道府県の区域をこえ，又は道の区域の全部にわたり利害の影響を及ぼす事業その他の事業で次に掲げるもの 　　ヘ　電気事業法による一般電気事業（供給区域が一の都府県の区域内にとどまるものを除く。），卸電気事業（供給の相手方たる一般電気事業者の供給区域が一の都府県の区域内にとどまるものを除く。）又は特定電気事業（供給地点が一の都府県の区域内にとどまるものを除く。）の用に供する電気工作物に関する事業 【事業の認定の要件】 第20条　国土交通大臣又は都道府県知事は，申請に係る事業が左の各号のすべてに該当するときは，事業の認定をすることができる。 　一　事業が第3条各号の一に掲げるものに関するものであること。 　二　起業者が当該事業を遂行する充分な意思と能力を有する者であること。 　三　事業計画が土地の適正且つ合理的な利用に寄与するものであること。 　四　土地を収用し，又は使用する公益上の必要があるものであること。 【土地調書及び物件調書の作成】第36条　（内容省略） 【収用又は使用の裁決の申請】第39条　（内容省略）	【事業認定申請書の添付書類の様式】 規則第3条　法第18条第2項各号に掲げる添付書類は，それぞれ次に定めるところによって作成し，正本一部及び前条の規定による事業認定申請書と同じ部数の写しを提出するものとする 一　法第18条第2項第一号の事業計画書は，次に掲げる事項を記載するものとし，その内容を説明する参考書類があるときは，併せて添付するものとする。（詳細省略） 二　法第18条第2項第二号の起業地を表示する図面は，次に定めるところによって作成し，符号は，国土地理院発行の五万分の一の地形図の図式により，これにないものは適宜のものによるものとする。（詳細省略） 三　法第18条第2項第二号の事業計画を表示する図面は，縮尺百分の一から三千分の一程度までのもので，施設の位置を明らかに図示するものとし，施設の内容を明らかにするに足りる平面図を添付するものとする。 四　法第18条第2項第四号の起業地内に法第4条に規定する土地がある場合の土地に関する調書の様式は，別記様式第六とし，その土地を表示する図面は，縮尺百分の一から三千分の一程度までのものとする。

3. 自然公園法（昭.32.6.1 法律第161号，改正：平.16.6.9 法律第84号）

≪関連法令≫
- 自然公園法施行令（昭.32.9.30 政令第298号，改正：平.17.3.30 政令第89号）
- 自然公園法施行規則（昭.32.10.11 厚生省令第41号，改正：平.17.3.29 環境省令第8号）

法律の主な条文と内容（抜粋）	関連法令または説明
【目的】 第1条　すぐれた自然の風景地を保護するとともに，その利用の増進を図り，もって国民の保健，休養及び教化に資することを目的とする。 【特別地域】 第13条　環境大臣は国立公園について，都道府県知事は国定公園について，当該公園の風致を維持するため，公園計画に基づいて，その区域（海面を除く。）内に，特別地域を指定することができる。 3　特別地域内においては，次の各号に掲げる行為は，国立公園にあっては環境大臣の，国定公園にあっては都道府県知事の許可を受けなければ，してはならない。 　一　工作物を新築し，改築し，又は増築すること。 　二　木竹を伐採すること。 　三　鉱物を掘削し，又は土石を採取すること。 　十　高山植物その他の植物で環境大臣が指定するものを採取し，又は損傷すること。 　十二　屋根，壁面，塀，橋，鉄塔，送水管その他これらに類するものの色彩を変更すること。 5　都道府県知事は，国定公園について第三項の許可をしようとする場合において，当該許可に係る行為が当該国定公園の風致に及ぼす影響その他の事情を考慮して環境省令で定める行為に該当するときは，環境大臣に協議し，その同意を得なければならない。 【特別保護地区】 第14条　環境大臣は国立公園について，都道府県知事は国定公園について，当該公園の景観を維持するため，特に必要があるときは，公園計画に基づいて，特別地域内に特別保護地区を指定することができる。 3　特別保護地区内においては，次の各号に掲げる行為は，国立公園にあっては環境大臣の，国定公園にあっては都道府県知事の許可を受けなければ，してはならない。 　一　前条第3項第一号から第六号まで，第八号，第九号，第十二号及び第十三号に掲げる行為 5　都道府県知事は，国定公園について第3項の許可をしようとする場合において，当該許可に係る行為が当該国定公園の景観に及ぼす影響その他の事情を考慮して環境省令で定める行為に該当するときは，環境大臣に協議し，その同意を得なければならない。 【利用調整地区】 第15条　当該公園の風致又は景観の維持とその適正な利用を図るため，特に必要があるときは，公園計画に基づいて，特別地域内に利用調整地区を指定することができる。	【特別地域の区分】 規則第9条の2 　一　第一種特別地域（特別保護地区に準ずる景観を有し，特別地域の内では風致を維持する必要性が最も高い地域であって，現在の景観を極力保護することが必要な地域をいう。） 　二　第二種特別地域（第一種特別地域及び第三種特別地域以外の地域であって，特に農林漁業活動についてはつとめて調整を図ることが必要な地域をいう。） 　三　第三種特別地域（特別地域のうちでは風致を維持する必要性が比較的低い地域であって，特に通常の農林漁業活動については原則として風致の維持に影響を及ぼすおそれが少ない地域をいう。） 【特別地域，特別保護地区内における行為の許可申請書】 規則第10条第3項　申請に係る行為の場所の面積が1ha以上である場合又は申請に係る行為がその延長が2km以上若しくはその幅員が10m以上となる計画になっている道路の新築である場合にあっては，第1項の申請書には，前項各号に掲げる図面のほか，次に掲げる事項を記載した書類を添えなければならない。 　一　当該行為の場所及びその周辺の植生，動物相その他の風致又は景観の状況並びに特質 　二　当該行為により得られる自

法律の主な条文と内容（抜粋）	関連法令または説明
【普通地域】 第26条　国立公園又は国定公園の区域の内特別地域及び海中公園地区に含まれない区域内において，次に掲げる行為をしようとする者は，国立公園にあっては環境大臣に対し，国定公園にあっては都道府県知事に対し，環境省令で定めるところにより，行為の種類，場所，施行方法及び着手予定日その他環境省令で定める事項を届け出なければならない。 　一　その規模が環境省令で定める基準を超える工作物を新築し，改築し，又は増築すること。 　五　鉱物を掘削し，又は土石を採取すること。 　六　土地の形状を変更すること。 5　第1項の届出をした者は，その届出をした日から起算して30日を経過した後でなければ，当該届出に係る行為に着手してはならない。 【指定】 第59条　都道府県は，条例の定めるところにより，区域を定めて都道府県立自然公園を指定することができる。 【保護及び利用】 第60条　都道府県は，条例の定めるところにより，都道府県立自然公園の風致を維持するためその区域内に特別地域を，都道府県立自然公園の風致の維持とその適正な利用を図るため特別地域内に利用調整地区内及び当該都道府県立自然公園の区域のうち特別地域に含まれない区域内における行為につき，それぞれ国立公園の特別地域，利用調整地区又は普通地域内における行為に関する規定による規制の範囲内において，条例で必要な規制を定めることができる。 　　注：規制等については，各県が定める県条例，規則等を確認のこと。	然的，社会経済的な効用 　三　当該行為が風致又は景観に及ぼす影響の予測及び当該影響を軽減するための措置 　四　当該行為の施行方法に代替する施行方法により当該行為の目的を達成し得る場合にあっては，当該行為の施行方法及び当該方法に代替する施行方法を風致又は景観の保護の観点から比較した結果 注：環境影響評価書に準じた書類が必要となる。 4　環境大臣又は都道府県知事は，第1項に規定する申請書の提出があった場合において，申請に係る行為が当該行為の場所又はその周辺の風致又は景観に著しい影響を及ぼすおそれの有無を確認する必要があると認めたときは，申請者に対し，前項各号に掲げる事項を記載した書類の提出を求めることができる。 規則第11条：特別地域，特別保護地区内の行為の許可基準（内容省略） 　注：特別保護地区及び第一種特別地区内の送電線建設は実際上不可能である。 【普通地域内における行為の届出】 規則第13条の16　法第26条第1項の規定による届出は，行為の種類，場所，施行方法，着手予定日及び第3項に規定する事項を記載した届出書を提出して行うものとする。 【工作物の基準】 規則第14条　法26条第1項第一号に規定する環境省令で定める基準は，次の各号に掲げる区域

法律の主な条文と内容（抜粋）	関連法令または説明
	の区分に従い，工作物の種類ごとに当該各号に定めるとおりとする。 一　海面以外の区域 　ハ　鉄塔　高さ 30m 　　（ほか省略）

4. 自然環境保全法（昭.47.6.22 法律第 85 号，改正：平.16.6.9 法律第 84 号）

≪関連法令≫
・自然環境保全法施行令（昭.48.3.31 政令第 38 号，改正：平.11.12.3 政令第 387 号）
・自然環境保全法施行規則（昭.48.11.9 総理府令第 62 号，改正：平.17.3.29 環境省令第 8 号）

法律の主な条文と内容（抜粋）	関連法令または説明
【目的】 第 1 条　自然公園法その他の自然環境の保全を目的とする法律と相まって，自然環境を保全することが特に必要な区域等の自然環境の適正な保全を総合的に推進することにより，広く国民が自然環境の恵沢を享受するとともに，将来の国民にこれを継承できるようにし，もって，現在及び将来の国民にこれを継承できるようにし，もって，現在及び将来の国民の健康で文化的な生活の確保に寄与することを目的とする。 【指定】 第 14 条　環境大臣は，その区域における自然環境が人の活動によって影響を受けることなく原生の状態を維持しており，かつ，政令で定める面積以上の面積を有する土地の区域であって，国又は地方公共団体が所有するもののうち，当該自然環境を保全することが特に必要なものを原生自然環境保全地域として指定することができる。 【行為の制限】 第 17 条　原生自然環境保全地域内においては，次の各号に掲げる行為をしてはならない。ただし，環境大臣が学術研究その他公益上の事由により特に必要と認めて許可した場合又は非常災害のために必要な応急措置として行う場合は，この限りでない。 一　建築物その他の工作物を新築し，改築し，又は増築すること。 二　宅地を造成し，土地を開墾し，その他土地の形質を変更すること。 六　木竹を伐採し，又は損傷すること。 七　木竹以外の植物を採取し，若しくは損傷し，又は落葉若しくは落枝を採取すること。 【指定】 第 22 条　環境大臣は，原生自然環境保全地域以外の区域で次の各号のいずれかに該当するもののうち，自然的社会的諸条件からみてその区域における自然環境を保全することが特に必要なものを自然環境保全地域として指定することができる。	注：原生自然環境保全地域内の送電線建設は，実際上不可能である

― 213 ―

法律の主な条文と内容（抜粋）	関連法令または説明
【特別地区】 第25条　環境大臣は，自然環境保全地域に関する保全計画に基づいて，その区域内に，特別地区を指定することができる。 4　特別地区においては，次に掲げる行為は，環境大臣の許可を受けなければ，してはならない。 　一　第17条第1項第一号から第五号までに掲げる行為 　二　木竹を伐採すること。 【野生動植物保護地区】 第26条　環境大臣は，特別地区内における特定の野生動植物の保護のために特に必要があると認めるときは，自然環境保全地域に関する保全計画に基づいて，その区域内に，当該保護すべき野生動植物の種類ごとに，野生動植物保護地区を指定することができる。 3　何人も，野生動植物保護地区内においては，当該野生動植物保護地区に係る野生動植物を捕獲し，若しくは殺傷し，又は採取し，若しくは損傷してはならない。 【普通地区】 第28条　自然環境保全地域の区域のうち特別地区及び海中特別地区に含まれない区域内において次の各号に掲げる行為をしようとする者は，環境大臣に対し，環境省令で定めるところにより，行為の種類，場所，施行方法及び着手予定日その他環境省令で定める事項を届け出なければならない。 　一　その規模が環境省令で定める基準をこえる建築物その他の工作物を新築し，改築し，又は増築すること。 　二　宅地を造成し，土地を開墾し，その他土地の形質を変更すること。 4　第1項の規定による届出をした者は，その届出をした日から起算して30日を経過した後でなければ，当該届出に係る行為に着手してはならない。 【都道府県自然環境保全地域の指定】 第45条　都道府県は，条例で定めるところにより，その区域における自然環境が自然環境保全地域に準ずる土地の区域で，その区域の周辺の自然的社会的諸条件からみて当該自然環境を保全することが特に必要なものを都道府県自然環境保全地域として指定することができる。 【保全】 第46条　都道府県は，都道府県自然環境保全地域における自然環境を保全するため，条例で定めるところにより，その区域内に特別地区を指定し，かつ，特別地区内及び都道府県自然環境保全地域の区域のうち特別地区に含まれない区域内における行為につき，それぞれ自然環境保全地域の特別地区又は普通地区における行為に関する規定による規制の範囲内において必要な規制を定めることができる。 <u>注：規制等については，各県が定める県条例，規則等を確認のこと。</u>	【特別地区内の行為の許可基準】 規則第17条　法第25条第6項の環境省令で定める基準は，次の各号に掲げる行為の区分に従い，当該各号に定めるとおりとする。 　一　工作物を新築すること。 　　ハ　次に掲げる工作物 　　　当該新築の方法並びに当該工作物の規模及び形態が，新築の行われる土地及びその周辺の土地の区域における自然環境の保全に支障をおよぼすおそれが少ないこと。 　　（ラ）電気事業法第2条第1項第十六号に規定する電気工作物 【普通地区内における行為の届出書】 規則第26条　法第28条第1項の規定による届出は，行為の種類，場所，施行方法，着手予定日及び第3項に規定する事項を記載した届出書を提出して行うものとする。 【工作物の基準】 規則第27条　法28条第1項第一号の環境省令で定める基準は，次の各号に掲げる区域の区分に従い，工作物の種類ごとに当該各号に定めるとおりとする。 　一　海面以外の区域 　　ロ　道路　幅員2m 　　ハ　鉄塔，煙突，電柱その他これらに類するもの　30m

5. 景観法（平.16.6.18 法律第110号）

≪関連法令≫
・景観法施行令（平.16.12.15 政令第398号，改正：平.16.12.27 政令第422号）
・景観法施行規則（平.16.12.15 国土交通省令第100号）

法律の主な条文と内容（抜粋）	関連法令または説明
【目的】 第1条　この法律は，我が国の都市，農山漁村等における良好な景観の形成を促進するため，景観計画の策定その他の施策を総合的に講ずることにより，美しく風格のある国土の形成，潤いのある豊かな生活環境の創造及び個性的で活力ある地域社会の実現を図り，もって国民生活の向上並びに国民経済及び地域社会の健全な発展に寄与することを目的とする。 【景観計画】 第8条　景観行政団体は，都市，農山漁村その他市街地又は集落を形成している地域及びこれと一体となって景観を形成している地域における次の各号のいずれかに該当する土地の区域について，良好な景観の形成に関する計画（以下「景観計画」という。）を定めることができる。 　一　現にある良好な景観を保全する必要があると認められる土地の区域 　二　地域の自然，歴史，文化等からみて，地域の特性にふさわしい良好な景観を形成する必要があると認められる土地の区域 　三　地域間の交流の拠点となる土地の区域であって，当該交流の促進に資する良好な景観を形成する必要があると認められるもの 　四　住宅市街地の開発その他建築物若しくはその敷地の整備に関する事業が行われ，又は行われた土地の区域であって，新たに良好な景観を創出する必要があると認められるもの 　五　地域の土地利用の動向等からみて，不良な景観が形成されるおそれがあると認められる土地の区域 2　景観計画においては，次に掲げる事項を定めるものとする。 　一　景観計画の区域（以下「景観計画区域」という。） 　二　景観計画区域における良好な景観の形成に関する方針 　三　良好な景観の形成のための行為の制限に関する事項とともに，当該活用を行なうに当たっては，次項の規定によるほか，用途を指定する等当該活用に係る土地の利用が当該活用の目的に従って適正に行なわれるようにするための必要な措置を講じなければならない。 3　前項第三号の行為の制限に関する事項には，政令で定める基準に従い，次に掲げるものを定めなければならない。 　一　第16条第1項第四号の条例で同項の届出を要する行為を定める必要があるときは，当該条例で定めるべき行為 　二　次に掲げる制限であって，第16条第3項若しくは第6項又は第17条第1項の規定による規制又は措置の基準として必要なもの 　　イ　建築物又は工作物の形態又は色彩その他の意匠（以下「形態意匠」という。）の制限 　　ロ　建築物又は工作物の高さの最高限度又は最低限度	注：景観行政団体とは都道府県，政令指定都市，中核都市をいう。 【景観計画において条例で届出を要する行為を定めるものとする場合の基準】 令第4条　法第8条第3項第一号の届出を要する行為に係る同項の政令で定める基準は，次の各号のいずれかに該当する行為であって，当該景観計画区域における良好な景観の形成のため制限する必要があると認められるものを定めることとする。 　一　土地の開墾，土石の採取，鉱物の掘採その他の土地の形質の変更 　二　木竹の植栽又は伐採 　三　さんごの採取 　四　屋外における土石，廃棄物，再生資源その他の物件の堆積 　五　水面の埋立て又は干拓 　六　夜間において公衆の観覧に供するため，一定の期間継続して建築物その他の工作物又は物件（屋外にあるものに限る。）の外観について行う照明 　七　火入れ 【景観計画において建築物の形態意匠等の制限を定める場合の基準】 令第5条　法第8条第3項第二号の制限に係る同項の政令で定める基準は，次のとおりとする。 　一　建築物の建築等又は工作物の建設等の制限は，次に掲げるものによること。 　　イ　建築物又は工作物の形態意匠の制限は，建築物又は

法律の主な条文と内容（抜粋）	関連法令または説明
ハ　壁面の位置の制限又は建築物の敷地面積の最低限度 ニ　その他第16条第1項の届出を要する行為ごとの良好な景観の形成のための制限 【届出及び勧告等】 第16条　景観計画区域内において，次に掲げる行為をしようとする者は，あらかじめ，国土交通省令（第四号に掲げる行為にあっては，景観行政団体の条例。）で定めるところにより，行為の種類，場所，設計又は施行方法，着手予定日その他国土交通省令で定める事項を景観行政団体の長に届け出なければならない。 一　建築物の新築，増築，改築若しくは移転，外観を変更することとなる修繕若しくは模様替又は色彩の変更（以下「建築等」という。） 二　工作物の新設，増築，改築若しくは移転，外観を変更することとなる修繕若しくは模様替又は色彩の変更（以下「建設等」という。） 三　都市計画法第4条第12項に規定する開発行為その他政令で定める行為 四　前三号に掲げるもののほか，良好な景観の形成に支障を及ぼすおそれのある行為として景観計画に従い景観行政団体の条例で定める行為 2　前項の規定による届出をした者は，その届出に係る事項のうち，国土交通省令で定める事項を変更しようとするときは，あらかじめ，その旨を景観行政団体の長に届け出なければならない。 3　景観行政団体の長は，前2項の規定による届出があった場合において，その届出に係る行為が景観計画に定められた当該行為についての制限に適合しないと認めるときは，その届出をした者に対し，その届出に係る行為に関し設計の変更その他の必要な措置をとることを勧告することができる。 4　前項の勧告は，第1項又は第2項の規定による届出のあった日から30日以内にしなければならない。 【行為の着手の制限】 第18条　第16条第1項又は第2項の規定による届出をした者は，景観行政団体がその届出を受理した日から30日を経過した後でなければ，当該届出に係る行為に着手してはならない。 第61条　市町村は，都市計画区域又は準都市計画区域内の土地の区域については，市街地の良好な景観の形成を図るため，都市計画に，景観地区を定めることができる。 2　景観地区に関する都市計画には，都市計画法第8条第3項第一号及び第三号に掲げる事項のほか，第一号に掲げる事項を定めるとともに，第二号から第四号までに掲げる事項のうち必要なものを定めるものとする。この場合において，これらに相当する事項が定められた景観計画に係る景観計画区域内においては，当該都市計画は，当該景観計画による良好な景観の形成に支障がないように定めるものとする。 一　建築物の形態意匠の制限	工作物が一体として地域の個性及び特色の伸長に資するものとなるように定めること。この場合において，当該制限は，建築物又は工作物の利用を不当に制限するものではないように定めること。 ロ　建築物若しくは工作物の高さの最高限度若しくは最低限度又は壁面の位置の制限若しくは建築物の敷地面積の最低限度は，建築物又は工作物の高さ，位置及び規模が一体として地域の特性にふさわしいものとなるように定めること。 三　法第16条第1項第四号に掲げる行為の制限は，当該行為後の状況が地域の景観と著しく不調和とならないように，制限する行為ごとに必要な行為の方法又は態様について定めること 【景観計画区域内における行為の届出】 規則第1条　法第16条第1項の規定による届出は，同項に規定する事項を記載した届出書を提出して行うものとする。

法律の主な条文と内容（抜粋）	関連法令または説明
二　建築物の高さの最高限度又は最低限度 三　壁面の位置の制限 四　建築物の敷地面積の最低限度 【工作物の形態意匠等の制限】 第72条　市町村は，景観地区内の工作物について，政令で定める基準に従い，条例で，その形態意匠の制限，その高さの最高限度若しくは最低限度又は壁面後退区域における工作物の設置の制限を定めることができる。この場合において，これらの制限に相当する事項が定められた景観計画に係る景観計画区域内においては，当該条例は，当該景観計画による良好な景観の形成に支障がないように定めるものとする。 【準景観地区の指定】 第74条　市町村は，都市計画区域及び準都市計画区域外の景観計画区域のうち，相当数の建築物の建築が行われ，現に良好な景観が形成されている一定の区域について，その景観の保全を図るため，準景観地区を指定することができる。 【準景観地区内における行為の規制】 第75条　市町村は，準景観地区内における建築物又は工作物について，景観地区内におけるこれらに対する規制に準じて政令で定める基準に従い，条例で，良好な景観を保全するため必要な規制をすることができる。 2　市町村は，準景観地区内において，開発行為その他政令で定める行為について，政令で定める基準に従い，条例で，良好な景観を保全するため必要な規制をすることができる。	

6. 都市計画法（昭.43.6.15法律第100号，改正：平.16.6.18法律第111号）

≪関連法令≫
・都市計画法施行令（昭.44.6.13政令第158号，改正：平.16.12.15政令第399号）
・都市計画法施行規則（昭.44.8.25建設省令第49号，改正：平.17.3.7国土交通省令第12号）

法律の主な条文と内容（抜粋）	関連法令または説明
【目的】 第1条　都市計画の内容及びその決定手続，都市計画制限，都市計画事業その他都市計画に関し必要な事項を定めることにより，都市の健全な発展と秩序ある整備を図り，もって国土の均衡ある発展と公共の福祉の増進に寄与することを目的とする。 【区域区分】 第7条　都市計画区域について無秩序な市街化を防止し，計画的な市街化を図るため必要があるときは，都市計画に，市街化区域と市街化調整区域との区分を定めることができる。 2　市街化区域は，すでに市街地を形成している区域及びおおむね10年以内に優先的かつ計画的に市街化を図るべき区域とする。	【法第29条第1項第三号の政令で定める公益上必要な建築物】 令第21条　法第29条第1項第三号の政令で定める公益上必要な建築物は，次に掲げるものとする。 十四　電気事業法第2条第1項第九号に規定する電気事業（同項第七号に規定する特定規模電気事業を除く。）の用

法律の主な条文と内容（抜粋）	関連法令または説明
3　市街化調整区域は，市街化を抑制すべき区域とする。 【開発行為の許可】 第29条　都市計画区域又は準都市計画区域内において開発行為をしようとする者は，あらかじめ，国土交通省令で定めるところにより，都道府県知事の許可を受けなければならない。ただし，次に掲げる開発行為については，この限りではない。 　三　駅舎その他の鉄道の施設，社会福祉施設，医療施設，学校教育法による学校，公民館，変電所その他これらに類する政令で定める公益上必要な建築物の建築の用に供する目的で行う開発行為	に供する同項第十六号に規定する電気工作物を設置する施設である建築物 <u>注：ただし，都市計画区域においては，原則として事業認定が認められないため，極力回避することが望ましい。</u> 注：風致地区及び地区計画等の区域内における建築等の規制も定められている。

7. 都市公園法（昭.31.4.20 法律第79号，改正：平.16.6.18 法律第109号）
　≪関連法令≫
　　・都市公園法施行令（昭.31.9.11 政令第290号，改正：平.16.12.27 政令第422号）
　　・都市公園法施行規則（昭.31.10.9 建設省令第30号，改正：平.17.3.29 国土交通省令第23号）

法律の主な条文と内容（抜粋）	関連法令または説明
【目的】 第1条　この法律は，都市公園の設置及び管理に関する基準等を定めて，都市公園の健全な発達を図り，もって公共の福祉の増進に資することを目的とする。 【都市公園の占用の許可】 第6条　都市公園に公園施設以外の工作物その他の物件又は施設を設けて都市公園を占用しようとするときは，公園管理者の許可を受けなければならない。 2　前項の許可を受けようとする者は，占用の目的，占用の期間，占用の場所，工作物その他の物件又は施設の構造その他地方公共団体の設置に係る都市公園にあっては条例で，国の設置に係る都市公園にあっては国土交通省令で定める事項を記載した申請書を公園管理者に提出しなければならない。 4　第1項の規定による都市公園の占用の期間は，10年をこえない範囲内において政令で定める期間をこえることができない。これを更新するときの期間についても，同様とする。 第7条　公園管理者は，前条第1項又は第3項の許可の申請に係る工作物その他の物件又は施設が次の各号に掲げるものに該当し，都市公園の占用が公衆のその利用に著しい支障を及ぼさず，かつ，必要やむを得ないと認められるものであって，政令で定める技術的基準に適合する場合に限り，前条第1項又は第3項の許可を与えることができる。 　一　電柱，電線，変圧塔その他これらに類するもの	【占用に関する制限】 令第16条　都市公園の占用については，次に掲げるところによらなければならない。 　一　電線は，やむを得ない場合を除き，地下に設けること。

8. 文化財保護法（昭.25.5.30 法律第 214 号，改正：平.16.6.9 法律第 84 号）

≪関連法令≫
- 文化財保護法施行令（昭.50.9.9 政令第 267 号，改正：平.16.12.27 政令第 422 号）
- 埋蔵文化財の発掘又は遺跡の発見の届出等に関する規則

　　　　　　　　　　　（昭.29.6.29 文化財保護委員会規則第 5 号，改正：平.17.3.28 文部科学省令第 11 号）

法律の主な条文と内容（抜粋）	関連法令または説明
【目的】 第 1 条　文化財を保存し，かつ，その活用を図り，もって国民の文化的向上に資するとともに，世界文化の進歩に貢献することを目的とする。 【文化財の定義】 第 2 条　文化財とは次に掲げるものをいう。（詳細省略） 　一　有形文化財　　二　無形文化財　　三　民俗文化財 　四　記念物　　　　五　伝統的建造物群 【指定】 第 27 条，第 56 条の 3，第 56 条の 10，第 69 条，第 83 条の 4 　文部科学大臣は，重要なものを重要文化財，国宝(第 27 条，第 56 条の 3)，重要民俗文化財(第 56 条の 10)および史跡名勝天然記念物，特別史跡名勝天然記念物(第 69 条)に指定することができる。また，市町村の申し出により，重要伝統的建造物群保存地区(第 83 条の 4)として選定することができる。 【現状変更等の制限】 第 43 条，第 80 条　重要文化財及び史蹟名勝天然記念物に関しその現状を変更し，又はその保存に影響を及ぼす行為をしようとするときは，文化庁長官の許可を受けなければならない。 【調査のための発掘に関する届出，指示及び命令】 第 57 条　土地に埋蔵されている文化財（以下「埋蔵文化財」という。）について，その調査のため土地を発掘しようとする者は，文部科学省令の定める事項を記載した書面をもって，発掘に着手しようとする日の 30 日前までに文化庁長官に届け出なければならない。 【土木工事等のための発掘に関する届出及び指示】 第 57 条の 2　土木工事その他埋蔵文化財の調査以外の目的で，貝づか，古墳その他埋蔵文化財を包蔵する土地として周知されている土地を発掘しようとする場合には，前条第 1 項の規定を準用する。この場合において，同項中「30 日前」とあるのは，「60 日前」と読み替えるものとする。 【遺跡の発見に関する届出，停止命令等】 第 57 条の 5　土地の所有者又は占有者が出土品の出土等により貝づか，住居跡，古墳その他遺跡と認められるものを発見したときは，第 57 条第 1 項の規定による調査に当たって発見した場合を除き，その現状を変更することなく，遅滞なく，文部科学省令の定める事項を記	注：左記【指定】に関する条文は，各条を一括して記載したものである。 規則第 2 条：土木工事等による発掘の場合の届出書の記載事項及び添付書類（内容省略） 規則第 4 条：遺跡発見の場合の届出書の記載事項及び添付書類（内容省略）

法律の主な条文と内容（抜粋）	関連法令または説明
載した書面をもって，その旨を文化庁長官に届け出なければならない。 2　文化庁長官は，前項の届出があった場合において，当該届出に係る遺跡が重要なものであり，かつ，その保護のため調査を行う必要があると認めるときは，その土地の所有者又は占有者に対し，期間及び区域を定めて，その現状を変更することとなるような行為の停止又は禁止を命ずることができる。ただし，その期間は，3箇月を超えることができない。 【都道府県又は市の教育委員会が処理する事務】 第99条　文化庁長官の権限に属する事務の全部又は一部は，都道府県又は市の教育委員会が行うこととすることができる。	注：法99条，令第5条に基づき関係届出等は，都道府県又は市に行うことになる。

9. 鳥獣の保護及び狩猟の適正化に関する法律（平.14.7.12法律第88号，改正：平.16.6.9法律第84号）

≪関連法令≫
- 鳥獣の保護及び狩猟の適正化に関する法律施行令（平.14.12.20政令第391号）
- 鳥獣の保護及び狩猟の適正化に関する法律施行規則（平.14.12.26環境省令第28号，改正：平.17.3.29環境省令第8号）

法律の主な条文と内容（抜粋）	関連法令または説明
【目的】 第1条　鳥獣の保護を図るための事業を実施するとともに，鳥獣による生活環境，農林水産業又は生態系に係る被害を防止し，併せて猟具の使用に係る危険を予防することにより，鳥獣の保護及び狩猟の適正化を図り，もって生物の多様性の確保，生活環境の保全及び農林水産業の健全な発展に寄与することを通じて，自然環境の恵沢を享受できる国民生活の確保及び地域社会の健全な発展に資することを目的とする。 【鳥獣保護区】 第28条　環境大臣又は都道府県知事は，鳥獣の保護を図るため特に必要があると認めるときは，鳥獣の種類その他鳥獣の生息の状況を勘案してそれぞれ次に掲げる区域を鳥獣保護区として指定することができる。 　一　環境大臣にあっては，国際的又は全国的な鳥獣の保護の見地からその鳥獣の保護のため重要と認める区域 　二　都道府県知事にあっては，地域の鳥獣の保護の見地からその鳥獣の保護のため重要と認める当該都道府県内の区域であって前号の区域以外の区域 【特別保護地区】 第29条　環境大臣又は都道府県知事は，それぞれ鳥獣保護区の区域内で鳥獣の保護又は鳥獣の生息地の保護を図るため特に必要があると認める区域を特別保護地区として指定することができる。 7　特別保護地区の区域内においては，次に掲げる行為は，第1項の規定により環境大臣が指定する特別保護地区にあっては環境大臣の，同項の規定により都道府県知事が指定する特別保護地区にあっては	

法律の主な条文と内容（抜粋）	関連法令または説明
都道府県知事の許可を受けなければ，してはならない。 一　建築物その他の工作物を新築し，改築し，又は増築すること。 三　木竹を伐採すること。	

10. 森林法（昭.26.6.26 法律第249号，改正：平.16.12.1 法律第147号）

≪関連法令≫
- 森林法施行令（昭.26.7.31 政令第276号，改正：平.17.4.1 政令第132号）
- 森林法施行規則（昭.26.8.1 農林省令第54号，改正：平.17.4.1 農林水産省令第62号）

法律の主な条文と内容（抜粋）	関連法令または説明
【目的】 第1条　森林計画，保安林その他の森林に関する基本的事項を定めて，森林の保続培養と森林生産力の増進とを図り，もって国土の保全と国民経済の発展とに資することを目的とする。 【開発行為の許可】 第10条の2　地域森林計画の対象となっている民有林（保安林並びに保安施設区域内及び海岸保全区域内の森林を除く。）において開発行為（土石又は樹根の採掘，開墾その他の土地の形質を変更する行為で，森林の土地の自然的条件，その行為の態様等を勘案して政令で定める規模をこえるものをいう。）をしようとする者は，農林水産省令で定める手続に従い，都道府県知事の許可を受けなければならない。ただし，次の各号の一に該当する場合は，この限りでない。 三　森林の土地の保全に著しい支障を及ぼすおそれが少なく，かつ，公益性が高いと認められる事業で農林水産省令で定めるものの施行として行なう場合 【伐採及び伐採後の造林の届出】 第10条の8　森林所有者等は，地域森林計画の対象となっている民有林（保安林及び保安施設地区の区域内の森林を除く。）の立木を伐採するには，農林水産省令で定める手続に従い，あらかじめ，市町村の長に森林の所在場所，伐採面積，伐採方法，伐採齢，伐採後の造林の方法，期間及び樹種その他農林水産省令で定める事項を記載した伐採及び伐採後の造林の届出書を提出しなければならない。（以下省略） 【指定】 第25条　農林水産大臣は，次の各号（指定しようとする森林が民有林である場合にあっては，第一号から第三号まで）に掲げる目的を達成するため必要があるときは，森林を保安林として指定することができる。 一　水源のかん養　　　　二　土砂の流出の防備 三　土砂の崩壊の防備　　四　飛砂の防備 五　風害，水害，潮害，干害，雪害又は霧害の防備 六　なだれ又は落石の危険の防止　七　火災の防備 八　魚つき　　　　　　　九　航行の目標の保存 十　公衆の保健　　　　　十一　名所又は旧跡の風致の保存	【開発行為の規模】 令第2条の3　法第10条の2第1項の政令で定める規模は，専ら道路の新設又は改築を目的とする行為でその行為に係る土地の面積が1haをこえるものにあっては道路（路肩等を除く）の幅員3mとし，その他の行為にあっては土地の面積1haとする。 【開発行為の許可の申請】 規則第2条　法第10条の2第1項の許可を受けようとする者は，申請書（二通）に開発行為に係る森林の位置図及び区域図並びに次に掲げる書類を添え，都道府県知事に提出しなければならない。 【開発行為の許可を要しない事業】 規則第3条　法第10条の2第1項第三号の農林水産省令で定める事業は，次の各号のいずれかに該当するものに関する事業とする。 十八　電気事業法第2条第1項第一号に規定する一般電気事業，同項第三号に規定する卸電気事業又は同項第五号に規定する特定電気事業の用に供

法律の主な条文と内容（抜粋）	関連法令または説明
【都道府県知事の指定】 第25条の2　都道府県知事は，前条第1項第一号から第三号までに掲げる目的を達成するため必要があるときは，重要流域以外の流域内に存する民有林を保安林として指定することができる。 2　都道府県知事は，前条第1項第四号から第十一号までに掲げる目的を達成するため必要があるときは，民有林を保安林として指定することができる。 【解除】 第26条　農林水産大臣は，保安林（民有林にあっては，第25条第1項第一号から第三号までに掲げる目的を達成するため指定され，かつ，重要流域内に存するものに限る。）について，その指定の理由が消滅したときは，遅滞なくその部分につき保安林の指定を解除しなければならない。 2　農林水産大臣は，公益上の理由により必要が生じたときは，その部分につき保安林の指定を解除することができる。 【都道府県知事の解除】 第26条2　都道府県知事は，民有林である保安林（第25条第1項第一号から第三号までに掲げる目的を達成するため指定されたものにあっては，重要流域以外の流域内に存するものに限る。）について，その指定の理由が消滅したときは，遅滞なくその部分につき保安林の指定を解除しなければならない。 2　都道府県知事は，民有林である保安林について，公益上の理由により必要が生じたときは，その部分につき保安林の指定を解除することができる。 【指定又は解除の申請】 第27条　保安林の指定若しくは解除に利害関係を有する地方公共団体の長又はその指定若しくは解除に直接の利害関係を有する者は，農林水産省令で定める手続に従い，森林を保安林として指定すべき旨又は保安林の指定を解除すべき旨を書面により農林水産大臣又は都道府県知事に申請することができる。 2　都道府県知事以外の者が前項の規定により保安林の指定又は解除を農林水産大臣に申請する場合には，その森林の所在地を管轄する都道府県知事を経由しなければならない。 【保安林における制限】 第34条　保安林においては，政令で定めるところにより，都道府県知事の許可を受けなければ，立木を伐採してはならない。 2　保安林においては，都道府県知事の許可を受けなければ，立竹を伐採し，立木を損傷し，家畜を放牧し，下草，落葉若しくは落枝を採取し，又は土石若しくは樹根の採掘，開墾その他の土地の形質を変更する行為をしてはならない。 【保安施設地区】…第41条（指定），第44条（保安林に関する規定の準用），第47条（保安林への転換）　（内容省略）	する同項第十六号に規定する電気工作物 【伐採及び伐採後の造林の届出書の記載事項】 規則第6条　法第10条の8第1項の農林水産省令で定める事項は，次のとおりとする。 一　伐採樹種 二　伐採の期間 三　伐採後の造林の方法別及び樹種別の造林面積 四　伐採後に植栽する樹種別の植栽本数 五　伐採後において当該伐採跡地が森林以外の用途に供されることとなる場合にあっては，その供されることとなる用途 【伐採及び伐採後の造林の届出】 規則第7条　法第10条の8第1項の届出書は，伐採を開始する日前90日から30日までの間に提出しなければならない。 規則第15条：保安林の指定等の申請（内容省略） 【伐採の許可】 令第4条の2第1項，第2項 　択伐による立木の伐採につき法第34条第1項の許可を受けようとする者は，その伐採を開始する日の30日前までに，都道府県知事に，次に掲げる事項を記載した伐採許可申請書を提出しなければならない。 一　伐採箇所の所在 二　伐採樹種 三　伐採材積 四　伐採の方法 五　伐採の期間 六　その他

11. 河川法（昭.39.7.10 法律第167号，改正：平.16.6.9 法律第84号）

≪関連法令≫
・河川法施行令（昭.40.2.11 政令第14号，改正：平.16.10.27 政令第328号）
・河川法施行規則（昭.40.3.13 建設省令第7号，改正：平.17.3.7 国土交通省令第12号）

法律の主な条文と内容（抜粋）	関連法令または説明
【目的】 第1条　河川について，洪水，高潮等による災害の発生が防止され，河川が適正に利用され，流水の正常な機能が維持され，及び河川環境の整備と保全がされるようにこれを総合的に管理することにより，国土の保全と開発に寄与し，もって公共の安全を保持し，かつ，公共の福祉を増進することを目的とする。 【一級河川】 第4条　この法律において「一級河川」とは，国土保全上又は国民経済上特に重要な水系で政令で指定したものに係る河川で国土交通大臣が指定したものをいう。 【二級河川】 第5条　この法律において「二級河川」とは，前条の政令で指定された水系以外の水系で公共の利害に重要な関係があるものに係る河川で都道府県知事が指定したものをいう。 【河川区域】 第6条　この法律において「河川区域」とは，次の各号に掲げる区域をいう。 　一　河川の流水が継続して存する土地及び地形，草木の生茂の状況その他その状況が河川の流水が継続して存する土地に類する状況を呈している土地（河岸の土地を含み，洪水その他異常な天然現象により一時的に当該状況を呈している土地を除く。）の区域 　二　河川管理施設の敷地である土地の区域 　三　堤外の土地（政令で定めるこれに類する土地及び政令で定める遊水地を含む。）の区域のうち，第一号に掲げる区域と一体として管理を行う必要があるものとして河川管理者が指定した区域 【土地の占用の許可】 第24条　河川区域内の土地を占用しようとする者は，国土交通省令で定めるところにより，河川管理者の許可を受けなければならない。 【工作物の新築等の許可】 第26条　河川区域内の土地において工作物を新築し，改築し，又は除却しようとする者は，国土交通省令で定めるところにより，河川管理者の許可を受けなければならない。 【土地の掘削等の許可】 第27条　河川区域内の土地において土地の掘削，盛土若しくは切土その他土地の形状を変更する行為（前条第一項の許可に係る行為のためにするものを除く。）又は竹木の栽植若しくは伐採をしようとする	法第9条：一級河川の管理 　　　　　　　　（内容省略） 法第10条：二級河川の管理 　　　　　　　　（内容省略） 【この法律の規定を準用する河川】 法第100条　一級河川及び二級河川以外の河川で市町村長が指定したもの（以下「準用河川」という。）については，この法律中二級河川に関する規定を準用する。 【土地の占用の許可の申請】 規則第12条第2項　前項の申請書には，次の各号に掲げる図書を添付しなければならない。 　一　土地の占用に係る事業の計画の概要を記載した図書 　二　縮尺五万分の一の位置図 　三　実測平面図 　四　面積計算書及び丈量図 　五　土地の占用に係る行為又は事業に関し，他の行政庁の許可，認可その他の処分を受けることを必要とするときは，その処分を受けていることを示す書面又は受ける見込みに関する書面 　六　その他参考となるべき事項を記載した図書 【工作物の新築等の許可の申請】 規則第15条第2項　前項の申請書には，次の各号に掲げる図書に添付しなければならない。 　一　新築等に係る事業の計画の概要を記載した図書 　二　縮尺五万分の一の位置図 　三　工作物の新築又は改築に係

法律の主な条文と内容（抜粋）	関連法令または説明
者は，国土交通省令で定めるところにより，河川管理者の許可を受けなければならない。 【河川保全区域】 第54条　河川管理者は，河岸又は河川管理施設を保全するため必要があると認めるときは，河川区域に隣接する一定の区域を河川保全区域として指定することができる。 3　河川保全区域の指定は，当該河岸又は河川管理施設を保全するため必要な最小限度の区域に限つてするものとし，かつ，河川区域の境界から50mこえてしてはならない。ただし，地形，地質等の状況により必要やむを得ないと認められる場合においては，50mをこえて指定することができる。 【河川保全区域における行為の制限】 第55条　河川保全区域内において，次の各号の一に掲げる行為をしようとする者は，国土交通省令で定めるところにより，河川管理者の許可を受けなければならない。ただし，政令で定める行為については，この限りでない。 　一　土地の掘さく，盛土又は切土その他土地の形状を変更する行為 　二　工作物の新築又は改築 参　考 河川法第4条第1項の水系を指定する政令 （昭和40年3月24日政令第43号，改正：昭和50年4月8日政令第111号） 　内閣は，河川法第4条第1項の規定に基づき，この政令を制定する。 　河川法第4条第1項の水系は，次の各号に掲げるものとする。 （詳細省略） 〔全国で109の水系が指定されている。〕	る土地の実測平面図 四　工作物の設計図（工作物の除却にあっては，構造図） 五　工事の実施方法を記載した図書 六　占用する土地の面積計算書及び丈量図 七　河川管理者以外の者がその権原に基づき管理する土地において新築等を行う場合又は河川管理者以外の者がその権原に基づき管理する工作物について改築若しくは除却を行う場合にあっては，当該新築等を行うことについて申請者が権原を有すること又は権原を取得する見込みが十分であることを示す書面 八　新築等に係る行為又は事業に関し，他の行政庁の許可，認可その他の処分を受けることを必要とするときは，その処分を受けていることを示す書面又は受ける見込みに関する書面 九　その他参考となるべき事項を記載した図書 規則第16条：土地の掘削等の許可の申請（内容省略） 【河川保全区域における行為の許可の申請】 規則第30条　第15条の規定は工作物の新築又は改築に関する法第55条第1項第一号又は第二号の規定による許可の申請について，第16条の規定は法第55条第1項第一号の規定による許可の申請について準用する

12. 急傾斜地の崩壊による災害の防止に関する法律（昭.44.7.1法律第57号，改正：平.14.2.8法律第1号）

≪関連法令≫
- 急傾斜地の崩壊による災害の防止に関する法律施行令（昭.44.7.31政令第206号，改正：平.16.10.27政令第328号）
- 急傾斜地の崩壊による災害の防止に関する法律施行規則（昭.44.7.31建設省令第48号）

法律の主な条文と内容（抜粋）	関連法令または説明
【目的】 第1条　急傾斜地の崩壊による災害から国民の生命を保護するため，急傾斜地の崩壊を防止するために必要な措置を講じ，もって民生の安定と国土の保全とに資することを目的とする。 【定義】 第2条　この法律において急傾斜地とは，傾斜度が30度以上である土地をいう。 【急傾斜地崩壊危険区域の指定】 第3条　都道府県知事は，この法律の目的を達成するために必要があると認めるときは，関係市町村長の意見をきいて，崩壊するおそれのある急傾斜地で，その崩壊により相当数の居住者その他の者の危害が生ずるおそれのあるもの及びこれに隣接する土地のうち，当該急傾斜地の崩壊が助長され，又は誘発されるおそれがないようにするため，第7条第1項各号に掲げる行為が行なわれることを制限する必要がある土地の区域を急傾斜地崩壊危険区域として指定することができる。 2　前項の指定は，この法律の目的を達成するために必要な最小限度のものでなければならない。 【行為の制限】 第7条　急傾斜地崩壊危険区域内においては，次の各号に掲げる行為は，都道府県知事の許可を受けなければ，してはならない。ただし，非常災害のために必要な応急措置として行なう行為，当該急傾斜地崩壊危険区域の指定の際すでに着手している行為及び政令で定めるその他の行為については，この限りでない。 　一　水を放流し，又は停滞させる行為その他水の浸透を助長する行為 　二　急傾斜地崩壊防止施設以外の施設又は工作物の設置又は改造 　三　のり切，切土，掘削又は盛土 　四　立木竹の伐採 　五　木竹の滑下又は地引による搬出 　六　土石の採取又は集積 【土地の保全等】 第9条　急傾斜地崩壊危険区域内の土地の所有者，管理者又は占有者は，その土地の維持管理については，当該急傾斜地崩壊危険区域内における急傾斜地の崩壊が生じないように努めなければならない。	【法第7条第1項ただし書の政令で定める行為】 令第2条　法第7条第1項ただし書の政令で定める行為は，次の各号に掲げる行為とする。 　十八　電気事業法第47条第1項又は第2項の規定による認可を受けた者が行う当該認可に係る工事の実施に係る行為 【急傾斜地崩壊危険区域における行為等の届出の手続】 規則第4条　法第7条第3項又は第13条第1項の規定による届出は，都道府県知事の定めるところにより，書面を提出しなければならない。

13. 地すべり等防止法（昭.33.3.31法律第30号，改正：平.16.6.9法律第94号）

≪関連法令≫
- 地すべり等防止法施行令（昭.33.5.7政令第112号，改正：平.14.2.8政令第27号）
- 地すべり等防止法施行規則（昭.33.5.27農林省・建設省令第1号，改正：平.14.4.1農林水産省・国土交通省令第3号）

法律の主な条文と内容（抜粋）	関連法令または説明
【目的】 第1条　地すべり及びぼた山の崩壊による被害を除却し，又は軽減するため，地すべり及びぼた山の崩壊を防止し，もって国土の保全と民生の安定に資することを目的とする。 【定義】 第2条　この法律において地すべりとは，土地の一部が地下水等に起因してすべる現象又はこれに伴って移動する現象をいう。 【地すべり防止区域の指定】 第3条　主務大臣は，この法律の目的を達成するため必要があると認めるときは，関係都道府県知事の意見をきいて，地すべり区域（地すべりしている区域又は地すべりするおそれのきわめて大きい区域をいう。以下同じ。）及びこれに隣接する地域のうち地すべり区域の地すべりを助長し，若しくは誘発し，又は助長し，若しくは誘発するおそれのきわめて大きいもの（以下これらを「地すべり地域」と総称する。）であって，公共の利害に密接な関連を有するものを地すべり防止区域として指定することができる。 2　前項の指定は，この法律の目的を達成するため必要な最小限度のものでなければならない。 【ぼた山崩壊防止区域の指定】第4条　（内容省略） 【工事原因者の工事の施行】 第14条　都道府県知事は，その施行する地すべり防止工事以外の工事又は地すべり防止工事の必要を生じさせた行為により自ら施行する必要を生じた地すべり防止工事を当該他の工事の施行者又は他の行為者に施行させることができる。 【行為の制限】 第18条　地すべり防止区域内において，次の各号の一に該当する行為をしようとする者は，都道府県知事の許可を受けなければならない。 　一　地下水を誘致し，又は停滞させる行為で地下水を増加させるもの，地下水の排水施設の機能を阻害する行為その他地下水の排除を阻害する行為 　二　地表水を放流し，又は停滞させる行為その他地表水のしん透を助長する行為 　三　のり切又は切土で政令で定めるもの 　四　地すべり防止施設以外の施設又は工作物で政令で定めるものの新築又は改良 　五　地すべりの防止を阻害し，又は地すべりを助長し，若しくは誘	令第5条　法第18条第1項第三号の政令で定めるのり切又は切土は，のり切にあってはのり長3m以上のものとし，切土にあっては直高2m以上のものとする。 2　法第18条第1項第四号の政令で定める施設又は工作物は，次の各号に掲げるものとする。 　三　載荷重が1m²につき10t以上の施設又は工作物 3　法第18条第1項第四号の政令で定める行為は，次の各号に掲げるものとする。 　一　地表から深さ2m以上の掘削又は地すべり防止施設から5m以内の地域における掘削

法律の主な条文と内容（抜粋）	関連法令または説明
発する行為で政令で定めるもの 【ぼた山崩壊防止区域内の行為の制限】第42条　（内容省略） 【主務大臣等】 第51　地すべり防止区域又はぼた山崩壊防止区域の指定及び管理についての主務大臣は，次のとおりとする。 一　砂防法第2条の規定により指定された土地の存する地すべり地域又はぼた山に関しては，国土交通大臣 二　森林法第25条第1項若しくは第25条の2第1項若しくは第2項の規定により指定された保安林又は同法第41条の規定により指定された保安施設地区の存する地すべり地域又はぼた山に関しては，農林水産大臣 三　前二号に該当しない地すべり地域又はぼた山のうち， 　イ　土地改良法第2条第2項に規定する土地改良事業が施行されている地域又は同法の規定により土地改良事業計画の決定されている地域の存する地すべり地域又はぼた山に関しては，農林水産大臣 　ロ　イに該当しない地すべり地域又はぼた山に関しては，国土交通大臣	

14. 砂防法（明.30.3.30 法律第29号，改正：平.16.6.9 法律第84号）

≪関連法令≫
・砂防法施行規程（明.30.10.26 勅令第382号，改正：平.14.11.7 政令第329号）

法律の主な条文と内容（抜粋）	関連法令または説明
第2条　砂防設備を要する土地又は此の法律に依り治水上砂防の為一定の行為を禁止若しくは制限すべき土地は国土交通大臣之を指定す。 第4条　第2条に依り国土交通大臣の指定したる土地においては都道府県知事は治水上砂防のため一定の行為を禁止若しくは制限することができる。 注：条文中の「カタカナ」は「ひらがな」に変更して表示	規程第3条　砂防法第4条により禁止若しくは制限すべき行為は都道府県の条例をもってこれを定める。 注：概略次のような行為 （禁止行為） 　○　砂防設備を損傷する行為 （制限行為） 　①　土地の掘削等その他の土地の形状を変更する行為 　②　土石の採取，鉱物の採掘 　③　立木竹の伐採 　④　施設又は工作物の新築，改築，移転又は除去 　⑤　その他

15. 道路法（昭.27.6.10 法律第180号，改正：平.16.12.1 法律第147号）

≪関連法令≫
- 道路法施行令（昭.27.12.4 政令第479号，改正：平.17.4.1 政令第125号）
- 道路法施行規則（昭.27.8.1 建設省令第25号，改正：平.16.3.15 国土交通省令第14号）

法律の主な条文と内容（抜粋）	関連法令または説明
【目的】 第1条　道路網の整備を図るため，道路に関して，路線の指定及び認定，管理，構造，保全，費用の負担区分等に関する事項を定め，もって交通の発達に寄与し，公共の福祉を増進することを目的とする。 【工事原因者に対する工事施行命令等】 第22条　道路管理者は，道路に関する工事以外の工事により必要を生じた道路に関する工事又は道路を損傷し，若しくは汚損した行為若しくは道路の補強，拡幅その他道路の構造の現状を変更する必要を生じさせた行為により必要を生じた道路に関する工事又は道路の維持を当該工事の執行者又は行為者に施行させることができる。 【道路管理者以外の者の行う工事】 第24条　道路管理者以外の者は，第12条，第13条第3項又は第19条から第22条までの規定による場合の外，道路に関する工事の設計及び実施計画について道路管理者の承認を受けて道路に関する工事又は道路の維持を行うことができる。但し，道路の維持で政令で定める軽易なものについては，道路管理者の承認を受けることを要しない。 【道路の占用の許可】 第32条　道路に次の各号のいずれかに掲げる工作物，物件又は施設を設け，継続して道路を使用しようとする場合においては，道路管理者の許可を受けなければならない。 　一　電柱，電線，変圧塔，郵便差出箱，公衆電話所，広告塔その他これらに類する工作物 　二　水管，下水道管，ガス管その他これらに類する物件 　三　鉄道，軌道その他これらに類する施設 　四　歩廊，雪よけその他これらに類する施設 　五　地下街，地下室，通路，浄化槽その他これらに類する施設 　六　露店，商品置場その他これらに類する施設 　七　前各号に掲げるものを除く外，道路の構造又は交通に支障を及ぼす虞のある工作物，物件又は施設で政令で定めるもの 2　前項の許可を受けようとする者は，左の各号に掲げる事項を記載した申請書を道路管理者に提出しなければならない。 　一　道路の占用の目的 　二　道路の占用の期間 　三　道路の占用の場所 　四　工作物，物件又は施設の構造 　五　工事実施の方法 　六　工事の時期 　七　道路の復旧方法	【道路管理者以外の者の行う軽易な道路の維持】 令第3条　法24条但書に規定する道路の維持で政令で定める軽易なものは，道路の損傷を防止するために必要な砂利又は土砂の局部的補充その他道路の構造に影響を与えない道路の維持とする。 【道路の構造又は交通に支障を及ぼすおそれのある工作物等】 令第7条　法第32条第1項第七号に規定する政令で定める工作物，物件又は施設は，次に掲げるものとする。 　一　看板，標識，旗ざお，パーキングメータ，幕及びアーチ 　二　工事用板囲，足場，詰所その他の工事用施設 　三　土石，竹木，瓦その他の工事用材料（以下省略） 【占用の期間】 令第9条　占用の期間は，電気事業法の規定に基づいて設ける電柱，電線については10年以内とし，その他の占用物件については5年以内としなければならない。占用の期間が満了した場合において，これを更新しようとする場合の期間についても，同様とする。 （条文一部割愛） 【占用の場所】 令第10条　占用物件を地上に設ける場合においては，次の各号に掲げるところによらなければならない。 　一　占用物件の地面に接する部分の位置は，法面，側こう上

法律の主な条文と内容（抜粋）	関連法令または説明
3　第1項の規定による許可を受けた者は，前項各号に掲げる事項を変更しようとする場合においては，その変更が道路の構造又は交通に支障を及ぼす虞のないと認められる軽易なもので政令で定めるものである場合を除く外，あらかじめ道路管理者の許可を受けなければならない。 4　第1項又は前項の規定による許可に係る行為が道路交通法第77条第1項の規定の適用を受けるものである場合においては，第2項の規定による申請書の提出は，当該地域を管轄する警察署長を経由して行なうことができる。この場合において，当該警察署長は，すみやかに当該申請書を道路管理者に送付しなければならない。 5　道路管理者は，第1項又は第3項の規定による許可を与えようとする場合において，当該許可に係る行為が道路交通法第77条第1項の規定の適用を受けるものであるときは，あらかじめ当該地域を管轄する警察署長に協議しなければならない。 【水道，電気，ガス事業等のための占用の特例】 第36条　水道法，工業用水道事業法，下水道法，鉄道事業法，全国新幹線鉄道整備法，ガス事業法，電気事業法，電気通信事業法の規定に基づき，水管，下水道管，公衆の用に供する鉄道，ガス管又は電柱，電線若しくは公衆電話所を道路に設けようとする者は，第32条第1項又は第3項の規定による許可を受けようとする場合においては，これらの工事を実施しようとする日の1月前までに，あらかじめ当該工事の計画書を道路管理者に提出しておかなければならない。 【道路管理者以外の者の行う工事等に要する費用】 第57条　第24条の規定により道路管理者以外の者の行う道路に関する工事又は道路の維持に要する費用は，同条の規定により道路管理者の承認を受けた者又は道路の維持を行う者が負担しなければならない。 参　考 道路交通法 （昭.35.6.25法律第105号，最終改正：平.16.6.18法律第113号） 【道路の使用の許可】 第77条　次の各号のいずれかに該当する者は，それぞれ当該各号に掲げる行為について当該行為に係る場所を管轄する警察署長の許可を受けなければならない。 　一　道路において工事若しくは作業をしようとする者又は当該工事若しくは作業の請負人 　二　道路に石碑，銅像，広告板，アーチその他これらに類する工作物を設けようとする者 （以下省略）	若しくは路端寄り又は歩道内の車道寄りとすること。ただし，占用物件の種類又は道路の構造により，道路の構造又は交通に著しい支障を及ぼすおそれのない限り，分離帯，ロータリーその他これらに類する道路の部分とすることができる。（以下省略） 2　道路が交差し，接続し，又は屈曲する場所の地上には，占用物件を設けてはならない。ただし，電線及び電柱については，この限りでない。 【電柱，電線又は公衆電話所の占用の場所】 令第11条　電柱，電線又は公衆電話所の占用については，前条第2項又は第3項の規定によるほか，次の各号に掲げるところによらなければならない。 　一　道路の敷地外に，当該場所に代わる適当な場所がなく公益上やむを得ない場所であること。 　二　電柱又は公衆電話所は，法敷に設けること。ただし，歩道を有する道路にあっては，歩道内の車道寄りに設けることができる。 　三　同一線路に係る電柱は，道路の同一側に設け，かつ，歩道を有しない道路にあって，その対側に占用物件がある場合においては，これと8m以上の距離を保たせること。ただし，道路が交差し，接続し，又は屈曲する場所においては，この限りでない。 　四　地上電線の高さは，路面から5m以上とすること。

16. 航空法（昭.27.7.15 法律第231号，改正：平.16.6.9 法律第88号）
≪関連法令≫
- 航空法施行令（昭.27.9.16 政令第421号，改正：平.17.2.2 政令第15号）
- 航空法施行規則（昭.27.7.31 建設省令第56号，改正：平.17.3.7 国土交通省令第12号）

法律の主な条文と内容（抜粋）	関連法令または説明
【目的】 第1条　国際民間航空条約の規定並びに同条約の附属書として採択された標準，方式及び手続に準拠して，航空機の航行の安全及び航空機の航行に起因する障害の防止を図るための方法を定め，並びに航空機を運航して営む事業の適正かつ合理的な運営を確保してその利用者の利便の増進を図ることにより，航空の発達を図り，もって公共の福祉を増進することを目的とする。 【定義】 第2条第7項　この法律において進入表面とは，着陸帯の短辺に接続し，且つ，水平面に対し上方へ50分の1以上で国土交通省令で定める勾配を有する平面であって，その投影面が進入区域と一致するものをいう。 8　この法律において水平表面とは，飛行場の標点の垂直上方45mの点を含む水平面のうち，この点を中心として4,000m以下で国土交通省令で定める長さの半径で描いた円周で囲まれた部分をいう。 9　この法律において転移表面とは，進入表面の斜辺を含む平面及び着陸帯の長辺を含む平面であって，着陸帯の中心線を含む鉛直面に直角な鉛直面との交線の水平面に対する勾配が進入表面又は着陸帯の外側上方へ7分の1であるもののうち，進入表面の斜辺を含むものと当該斜辺に接する着陸帯の長辺を含むものとの交線，これらの平面と水平表面を含む平面との交線及び進入表面の斜辺又は着陸帯の長辺により囲まれる部分をいう。 【物件の制限等】 第49条　何人も，公共の用に供する飛行場について第40条の告示があった後においては，その告示で示された進入表面，転移表面又は水平表面（これらの投影面が一致する部分については，これらのうち最も低い表面とする。）の上に出る高さの建造物，植物その他の物件を設置し，植栽し，又は留置してはならない。但し，仮設物その他の国土交通省令で定める物件（進入表面又は転移表面に係るものを除く。）で飛行場の設置者の承認を受けて設置し又は留置するもの及び供用開始の予定期日前に除去される物件については，この限りでない。 【航空障害燈】 第51条　地表又は水面から60m以上の高さの物件の設置者は，国土交通省令で定めるところにより，当該物件に航空障害燈を設置しなければならない。但し，国土交通大臣の許可を受けた場合は，この限りでない。	【航空障害灯の種類及び設置基準】 規則第127条　法第51条の規定により設置する航空障害灯は，高光度航空障害灯，中光度白色航空障害灯，中光度赤色航空障害灯及び低光度航空障害灯とし，その設置の基準は，次のとおりとする。 二　第132条の2第1項第一号，第二号及び第四号に掲げる物件で150m以上の高さのものには，すべての方向の航空機から当該物件を認識できるように高光度航空障害灯を1個以上設置すること。 四　第132条の2第1項第一号，第二号及び第四号に掲げる物件で150m未満の高さのものには，次に掲げる位置に，すべての方向の航空機から当該物件を認識できるように中光度白色航空障害灯を1個以上設置すること。 五　第二号及び前号の物件以外の物件（第132条の2第1項各号に掲げる物件に限る。）には，次に掲げる位置に，すべての方向の航空機から当該物件を認識できるように中光度赤色航空障害灯又は低光度航空障害灯を1個以上設置すること。 六　次に掲げる物件のうち航空機の航行に特に危険があると国土交通大臣が認めたものの前号イに規定する位置及び当該位置から下方に順に一つ置きの同号ロに規定する位置（最も低い位置を除く。）には，中光度赤色航空障害灯を設置すること。 イ　90m以上の高さの物件

法律の主な条文と内容（抜粋）	関連法令または説明
【昼間障害標識】 第51条の2　昼間において航空機からの視認が困難であると認められる煙突，鉄塔その他の国土交通省令で定める物件で地表又は水面から60m以上の高さのものの設置者は，国土交通省令で定めるところにより，当該物件に昼間障害標識を設置しなければならない。 2　国土交通大臣は，国土交通省令で定めるところにより，前項の規定により昼間障害標識を設置すべき物件以外の物件で，航空機の航行の安全を著しく害するおそれがあるものに昼間障害標識を設置しなければならない。 注：詳細は，「航空障害灯／昼間障害標識の設置等に関する解説・実施要領」（平成15年12月　国土交通省航空局航行視覚援助業務室）が公開されているので参照のこと。（国土交通省航空局ＨＰ参照） 　なお，参考に当該実施要領付録1「航空障害灯及び昼間障害標識の設置免除の事務処理基準」を以下に記載する。（送電線関係部分を抜粋） 参　考 付録1　航空障害灯及び昼間障害標識の設置免除の事務処理基準 （平成15年12月25日より適用） 　航空法第51条第1項ただし書の規定により航空障害灯を設置しないことを許可し，又は航空法施行規則第132条の2第1項の規定により昼間障害標識を設置しないことを承認する事務処理基準は，次のとおりとする。 1．許可又は承認基準 　航空障害灯及び昼間障害標識の設置免除基準は次のとおりとする。ただし，(1)，(2)及び(6)の基準に適合する物件であって，低空飛行を行う可能性のある海岸，湖，河川の附近に設置される場合等で許可又は承認することが適当でないと認められるものにあっては，この限りでない。 　(1)　地上高60m以上100m未満の物件で次のいずれかに該当するもの 　　イ．当該物件から2kmの範囲内に当該物件の海抜高よりも高い山がある場合 　　ロ．当該物件から500mの範囲内に当該物件の海抜高よりも高い他の障害物件があり，その障害物件に航空障害灯が設置されている場合（航空障害灯に限る。） 　　ハ．当該物件から200mの範囲内に当該物件の海抜高よりも高い他の障害物件があり，その障害物件に昼間障害標識が設置されている場合（昼間障害標識に限る。） 　　ニ．当該物件から500mの範囲内に当該物件の海抜高よりも高い他の障害物件があり，その障害物件に高光度航空障害等または中光度白色航空障害灯が設置されている場合（昼間障害標識に限る。）	【昼間障害標識設置物件】 規則第132条の2　法第51条の2第1項の規定により昼間障害標識を設置しなければならない物件は，次に掲げるもの（国土交通大臣が昼間障害標識を設置する必要がないと認めたもの及び高光度航空障害灯又は中光度白色航空障害灯を設置するものを除く。）とする。 一　煙突，鉄塔，柱その他の物件でその高さに比しその幅が著しく狭いもの（その支線を含む。） 二　骨組構造の物件 三　架空線及び繋留気球（その支線を含む。） 【昼間障害標識の種類 　及び設置基準】 規則第132条の3　法第51条の2第1項又は第2項の規定により設置する昼間障害標識は，塗色，旗及び標示物とし，その設置の基準は，物件の種類ごとに次の表に掲げるところによる。 （注：物件の種類－鉄塔等の場合） 一　最上部から黄赤と白の順に交互に帯状に塗色すること。この場合において，帯の幅は，210m以下の高さの物件にあっては，その七分の一（その他詳細省略） 【届出】 規則第238条　次の表の上欄に掲げる者は，同表中欄に掲げる場合に該当することとなったときには，遅滞なく同表下欄に掲げる事項，氏名又は名称，住所その他必要な事項を付記してその旨を国土交通大臣に届け出なければならない。 七　航空障害灯の設置者 　…法51条第1項又は第2項

法律の主な条文と内容（抜粋）	関連法令または説明
(2) 地上高100m以上150m以下の物件で次のいずれかに該当するもの 　イ．当該物件から1kmの範囲内に当該物件の海抜高よりも高い山がある場合 　ロ．当該物件から200mの範囲内に当該物件の海抜高よりも高い他の障害物件があり，その障害物件に航空障害灯が設置されている場合（航空障害灯に限る。） 　ハ．当該物件から200mの範囲内に当該物件の海抜高よりも高い他の障害物件があり，その障害物件に高光度航空障害等または中光度白色航空障害灯が設置されている場合（昼間障害標識に限る。） (3) 構造上又は技術的に航空障害灯又は昼間障害標識の設置が困難な物件であって，他の何等かの方法によってこれにかわる措置がとられておりその効果が認められるもの (6) 広範な地域にわたる送電線鉄塔群内の地上高150m以下の送電線鉄塔及び架空線で，航空障害灯及び昼間障害標識（高光度航空障害灯及び中光度白色障害灯を含む。）が設置される鉄塔間に直線的に配置され，一連の送電線鉄塔群の連続性が確保されるため，航空機の航行の安全性を害するおそれがないと認められるもの	の規定により航空障害灯を設置した場合 九　昼間障害標識の設置者 　…法第51条の2第1項の規定により昼間障害標識を設置した場合 【職権の委任】 規則第240条　法及びこの省令に規定する国土交通大臣の権限で次に掲げるものは，地方航空局長に行わせる。 二十二　法第51条第1項ただし書の規定による許可 五十五　第132条の2第1項の規定による権限 六十五　第238条の規定による届出の受理

17. 国有林野の管理経営に関する法律（昭.26.6.23 法律第246号，改正：平.11.12.22 法律第160号）

≪関連法令≫
・国有林野の管理経営に関する法律施行令（昭.29.6.1 政令第121号，改正：平.15.9.25 政令第443号）
・国有林野の管理経営に関する法律施行規則（昭.26.6.23 農省令第40号，改正：平.17.3.7 農林水産省令第18号）

法律の主な条文と内容（抜粋）	関連法令または説明
【目的】 第1条　国有林野について，管理経営に関する計画を明らかにするとともに，貸付け，売払い等に関する事項を定めることにより，その適切かつ効率的な管理経営の実施を確保することを目的とする。 【定義】 第2条　この法律において国有林野とは，次に掲げるものをいう。 一　国の所有に属する森林原野であって，国において森林経営の用に供し，又は供するものと決定し，国有財産法第3条第2項第四号の企業用財産となっているもの 二　国の所有に属する森林原野であって，国民の福祉のための考慮に基づき森林経営の用に供されなくなり，国有財産法第3条第3項の普通財産となっているもの 【国有林野の貸付，売払等】 第7条　第2条第一号の国有林野は，次の各号のいずれかに該当する	【申請】 規則第14条　国有林野を借り受け，又は使用しようとする者は，次に掲げる事項を記載した申請書に当該国有林野の位置図及び実測図を添えて，森林監理署長に提出しなければならない。 3　第1項の申請で分収林，共用林野その他その上に第三者の権利が存する国有林野に係るものにあっては，申請書に当該権利者の承諾書を添えなければならない。 4　行政庁の許可，認可，承認その他の処分を必要とする事業のための申請にあっては，申請書

法律の主な条文と内容（抜粋）	関連法令または説明
場合には，その用途又は目的を妨げない限度において，契約により，貸し付け，又は貸付以外の方法により使用させることができる。 一　公用，公共用又は公益事業の用に供するとき。 二　土地収用法その他の法令により他人の土地を使用することができる事業の用に供するとき。 三　第6条の2第1項の計画に従って整備される公衆の保健の用に供する施設の用に供するとき。 四　放牧又は採草の用に供するとき。 五　その用途又は目的を妨げない限度において，貸し付け，又は使用させる面積が5haを超えないとき。	にその処分を証する書類を添えなければならない。 【境界標及び標識の設置】 規則第16条　借受人又は使用者は，借受地又は使用地に境界標並びに面積，用途，期間及び借受人又は使用者の氏名又は名称及び住所を記載した標識を設置しなければならない。森林管理署長の承認を受けた場合は，この限りでない。

18. 国有財産法（昭.23.6.30 法律第73号，改正：平.16.6.18 法律第112号）

≪関連法令≫
- 国有財産法施行令（昭.23.8.20 政令第246号，改正：平.16.12.27 政令第422号）
- 国有財産法施行細則（昭.23.9.28 大蔵省令第92号，改正：平.16.3.31 財務省令第38号）

法律の主な条文と内容（抜粋）	関連法令または説明
【処分等の制限】 第18条　行政財産は，これを貸し付け，交換し，売り払い，譲与し，信託し，若しくは出資の目的とし，又はこれに私権を設定することができない。ただし，行政財産である土地について，その用途又は目的を妨げない限度において，国が地方公共団体若しくは政令で定める法人と一棟の建物を区分して所有するためこれらの者に当該土地を貸し付け，又は地方公共団体若しくは政令で定める法人がその経営する鉄道，道路その他政令で定める施設の用に供する場合においてこれらの者のために当該土地に地上権を設定するときは，この限りでない。 【処分等】 第20条　普通財産は，第21条から第31条までの規定によりこれを貸し付け，交換し，売り払い，譲与し，信託し，又はこれに私権を設定することができる。 2　普通財産は，法律で特別の定をした場合に限り，これを出資の目的とすることができる。 【貸付期間】 第21条　普通財産の貸付けは，次の期間を超えることができない。 一　植樹を目的として，土地及び土地の定着物（建物を除く。）を貸し付ける場合は，60年 二　前号の場合を除くほか，土地及び土地の定着物を貸し付ける場合は，30年 三　建物その他の物件を貸し付ける場合は，10年 2　前項の貸付期間は，これを更新することができる。この場合においては，更新のときから同項の期間をこえることができない。	【行政財産に地上権を設定することができる法人】 令第12条の3　法第18条第1項ただし書の規定により国において行政財産である土地に地上権を設定することができる政令で定める法人は，次に掲げる法人とする。 三　電気事業法第2条第1項第十号に規定する電気事業者 【行政財産に地上権を設定することができる場合の施設】 令第12条の4　法第18条第1項ただし書に規定する政令で定める施設は，次に掲げる施設とする。 二　電線路

19. 消防法（昭.23.7.24 法律第186号，改正：平.17.3.31 法律第21号）

≪関連法令≫
- 消防法施行令（昭.36.3.25 政令第37号，改正：平.17.3.31 政令第101号）
- 消防法施行規則（昭.36.4.1 自治省令第6号，改正：平.17.3.22 総務省令第33号）
- 危険物の規制に関する政令（昭.34.9.26 政令第306号，改正：平.17.2.18 政令第23号）
- 危険物の規制に関する規則（昭.34.9.29 総理府令第55号，改正：平.17.3.24 総務省令第37号）

法律の主な条文と内容（抜粋）	関連法令または説明
【目的】 第1条 火災を予防し，警戒し及び鎮圧し，国民の生命，身体及び財産を火災から保護するとともに，火災又は地震等の災害に因る被害を軽減し，もって安寧秩序を保持し，社会公共の福祉の増進に資することを目的とする。 第10条 指定数量以上の危険物は，貯蔵所以外の場所でこれを貯蔵し，又は製造所，貯蔵所及び取扱所以外の場所でこれを取り扱つてはならない。 ④ 製造所，貯蔵所及び取扱所の位置，構造及び設備の技術上の基準は，政令でこれを定める。	【製造所の基準】 規制に関する政令第9条 法第10条第4項の製造所の位置，構造及び設備の技術上の基準は，次のとおりとする。 一 製造所の位置は，次に掲げる建築物等から当該製造所の外壁又はこれに相当する工作物の外側までの間に，それぞれ当該建築物等について定める距離を保つこと。 ホ 使用電圧が7千ボルトをこえ3万5千ボルト以下の特別高圧架空電線 　　水平距離3m以上 ヘ 使用電圧が3万5千ボルトをこえる特別高圧架空電線 　　水平距離5m以上

20. 火薬類取締法（昭.25.5.4 法律第149号，改正：平.16.6.9 法律第94号）

≪関連法令≫
- 火薬類取締法施行令（昭.25.10.31 政令第323号，改正：平.16.10.27 政令第328号）
- 火薬類取締法施行規則（昭.25.10.31 通商産業省令第88号，改正：平.17.3.11 経済産業省令第21号）

法律の主な条文と内容（抜粋）	関連法令または説明
【目的】 第1条 火薬類の製造，販売，貯蔵，運搬，消費その他の取扱を規制することにより，火薬類による災害を防止し，公共の安全を確保することを目的とする。 【許可の基準】 第7条 経済産業大臣又は都道府県知事は，第3条又は第5条の許可の申請があった場合には，その申請を審査し，第3条の許可の申請については左の各号に適合し，第5条の許可の申請については第三号及び第四号に適合していると認めるときでなければ，許可をしてはならない。 一 製造施設の構造，位置及び設備が，経済産業省令で定める技術上の基準に適合するものであること。	【用語の定義】 規則第1条 この省令において次の各号に掲げる用語の意義は，それぞれ当該各号に定めるところによる。 十 第三種保安物件 家屋（第一種保安物件又は第二種保安物件に属するものを除く。），鉄道，軌道，汽船の常航路又はけい留所，石油タンク，ガスタンク，発電所，変電所及び工場 十一 第四種保安物件 国道，都道府県道，高圧電線，火薬

法律の主な条文と内容（抜粋）	関連法令または説明
【貯蔵】 第11条　火薬類の貯蔵は，火薬庫においてしなければならない。但し，経済産業省令で定める数量以下の火薬類については，この限りでない。 2　火薬類の貯蔵は，経済産業省令で定める技術上の基準に従ってこれをしなければならない。 【火薬庫】 第12条第3項　都道府県知事は，第1項の規定による許可の申請があった場合において，その火薬庫の構造，位置及び設備が，経済産業省令で定める技術上の基準に適合するものであると認めるときでなければ，許可をしてはならない。 第14条　火薬庫の所有者又は占有者は，火薬庫を，その構造，位置及び設備が第12条第3項の技術上の基準に適合するように維持しなければならない。	類取扱所及び火気の取扱所 【定置式製造設備に係る技術上の基準】 規則第4条　製造設備が定置式製造設備である製造施設における製造施設の構造，位置及び設備の技術上の基準は，次の各号に掲げるものとする。 （内容省略…第四号において物件別に保安距離を定めている。） 【保安距離】 規則第23条　火薬庫は，第2項から第5項までに規定する場合を除き，その貯蔵量に応じ火薬庫の外壁から保安物件に対し次の表の保安距離をとらなければならない。（詳細省略） 参考：1級及び2級火薬庫 　爆薬40t以下第4種保安物件 　　　　　　　　　　170 m以上 　爆薬20t以下第4種保安物件 　　　　　　　　　　140 m以上

21．電波法（昭.25.5.2 法律第131号，改正：平.17.3.31 法律第21号）
　≪関連法令≫
　　・電波法施行令（平.13.7.23 政令第245号，改正：平.16.7.9 政令第228号）
　　・電波法施行規則 抄（昭.25.11.30 電波管理委員会規則第14号，改正：平.17.4.1 総務省令第70号）

法律の主な条文と内容（抜粋）	関連法令または説明
【目的】 第1条　電波の公平且つ能率的な利用を確保することによって，公共の福祉を増進することを目的とする。 第102条　総務大臣の施設した無線方位測定装置の設置場所から1km以内の地域に，電波を乱すおそれのある建造物又は工作物であって総務省令で定めるものを建設しようとする者は，あらかじめ総務大臣にその旨を届け出なければならない。 【伝搬障害防止区域の指定】 第102条の2　総務大臣は，890メガヘルツ以上の周波数の電波による特定の固定地点間の無線通信で次の各号の一に該当するものの電波伝搬路における当該電波の伝搬障害を防止して，重要無線通信の確保を図るため必要があるときは，その必要の範囲内において，当該電波伝搬路の地上投影面に沿い，その中心線と認められる線の両側	

法律の主な条文と内容（抜粋）	関連法令または説明
それぞれ100m以内の区域を伝搬障害防止区域として指定することができる。（各号以下省略） 【伝搬障害防止区域における高層建築物等に係る届出】 第102条の3　（内容省略） 　注：「電波法による伝搬障害の防止に関する規則（昭.39.8.31郵政省令第16号，改正：平.16.7.12総務省令第107号）」第4条（届出の除外）において，送電線は届出が除外されている。 【伝搬障害の有無等の通知】 第102条の5（内容省略） 【重要無線通信障害原因となる高層部分の工事の制限】 第102条の6（内容省略） 【重要無線通信の障害防止のための協議】 第102条の7　前条に規定する建築主及び当該伝搬障害防止区域に係る重要無線通信を行う無線局の免許人は，相互に，相手方に対し，当該重要無線通信の電波伝搬路の変更，当該高層部分に係る工事の計画の変更その他当該重要無線通信の確保と当該高層建築物等に係る財産権の行使との調整を図るため必要な措置に関し協議すべき旨を求めることができる。	【届出を要する建造物等】 規則第51条　法第102条の規定によって届出を要する建造物又は工作物は，左の通りとする。 一　無線方位測定装置の設置場所から1km以内の地域に建設しようとする左に掲げるもの。 (2) 架空線及び架空ケーブル (3) 建物（木造，石造，コンクリート造その他の構造のものを含む。）但し，高さが無線方位測定装置の設置場所における仰角二度未満のものを除く。 (4) 左に掲げるもの。但し，高さが前(3)の但書の範囲のものを除く。 (一) 鉄造，石造及び木造の塔及び柱並びにこれらの支持物件

22. 環境影響評価法（平.9.6.13法律第81号，改正：平.16.3.31法律第10号）
　≪関連法令≫
　・環境影響評価法施行令（平.9.12.3政令第346号，改正：平.16.5.26政令第181号）
　・環境影響評価法施行規則（平.10.6.12総務省令第37号，改正：平.12.8.14総務省令第94号）

法律の主な条文と内容（抜粋）	関連法令または説明
【目的】 第1条　土地の形状の変更，工作物の新設等の事業を行う事業者がその事業の実施に当たりあらかじめ環境影響評価を行うことが環境の保全上極めて重要であることにかんがみ，環境影響評価について国等の責務を明らかにするとともに，規模が大きく環境影響の程度が著しいものとなるおそれがある事業について環境影響評価が適切かつ円滑に行われるための手続その他所要の事項を定め，その手続等によって行われた環境影響評価の結果をその事業に係る環境の保全のための措置その他のその事業の内容に関する決定に反映させるための措置をとること等により，その事業に係る環境の保全について適正な配慮がなされることを確保し，もって現在及び将来の国民の健康で文化的な生活の確保に資することを目的とする。 注：本法律において送電線路については，事業の対象外になっているため，条文省略。　具体的には，各自治体が定める条例等による。	

23. 海岸法（昭.31.5.12 法律第101号，改正：平.14.2.8 法律第1号）

≪関連法令≫
- 海岸法施行令（昭.31.11.7 政令第332号，改正：平.16.10.27 政令第328号）
- 海岸法施行規則（昭.31.11.10 農林省・運輸省・建設省令第1号，改正：平.16.12.2 農林水産省・国土交通省令第2号）

法律の主な条文と内容（抜粋）	関連法令または説明
【目的】 第1条　津波，高潮，波浪その他海水又は地盤の変動による被害から海岸を防護するとともに，海岸環境の整備と保全及び公衆の海岸の適正な利用を図り，もって国土の保全に資することを目的とする。	
【海岸保全区域の占用】 第7条　海岸管理者以外の者が海岸保全区域（公共海岸の土地に限る。）内において，海岸保全施設以外の施設又は工作物を設けて当該海岸保全区域を占用しようとするときは，主務省令で定めるところにより，海岸管理者の許可を受けなければならない。	規則第3条：海岸保全区域の占用の許可（内容省略）
【海岸保全区域における行為の制限】 第8条　海岸保全区域内において，次に掲げる行為をしようとする者は，主務省令で定めるところにより，海岸管理者の許可を受けなければならない。ただし，政令で定める行為については，この限りでない。 　一　土石を採取すること。 　二　水面又は公共海岸の土地以外の土地において，他の施設等を新設し，又は改築すること。 　三　土地の掘削，盛土，切土その他政令で定める行為をすること。 2　前条第二項の規定は，前項の許可について準用する。	規則第4条：海岸保全区域における制限行為の許可（内容省略）

24. 港湾法（昭.25.5.31 法律第218号，改正：平.16.6.9 法律第84号）

≪関連法令≫
- 港湾法施行令（昭.26.1.19 政令第4号，改正：平.16.4.1 政令第147号）
- 港湾法施行規則（昭.26.11.22 運輸省令第98号，改正：平.17.3.7 国土交通省令第12号）

法律の主な条文と内容（抜粋）	関連法令または説明
【目的】 第1条　この法律は，交通の発達及び国土の適正な利用と均衡ある発展に資するため，環境の保全に配慮しつつ，港湾の秩序ある整備と適正な運営を図るとともに，航路を開発し，及び保全することを目的とする。	
【港湾区域内の工事等の許可】 第37条　港湾区域内において又は港湾区域に隣接する地域であって港湾管理者が指定する区域内において，左の各号の一に掲げる行為をしようとする者は，港湾管理者の許可を受けなければならない。 　一　港湾区域内の水域（政令で定めるその上空及び水底の区域を含む。）又は公共空地の占用	【港湾区域内の工事等の許可】 令第13条　法第37条第1項第一号の政令で定める区域は，水域の上空100mまでの区域及び水底下60mまでの区域とする。

25. 海上交通安全法（昭.47.7.3 法律第 115 号，改正：平.16.4.21 法律第 36 号）

≪関連法令≫
- 海上交通安全法施行令（昭.48.1.26 政令第 5 号，改正：平.13.12.28 政令第 434 号）
- 海上交通安全法施行規則（昭.48.3.27 運輸省令第 9 号，改正：平.16.4.1 国土交通省令第 51 号）

法律の主な条文と内容（抜粋）	関連法令または説明
【目的】 第1条　この法律は，船舶交通がふくそうする海域における船舶交通について，特別の交通方法を定めるとともに，その危険を防止するための規制を行なうことにより，船舶交通の安全を図ることを目的とする。 【航路及びその周辺の海域における工事等】 第30条　次の各号のいずれかに該当する者は，当該各号に掲げる行為について海上保安庁長官の許可を受けなければならない。ただし，通常の管理行為，軽易な行為その他の行為で国土交通省令で定めるものについては，この限りでない。 　一　航路又はその周辺の政令で定める海域において工事又は作業をしようとする者 　二　前号に掲げる海域（港湾区域と重複している海域を除く。）において工作物の設置（現に存する工作物の規模，形状又は位置の変更を含む。）をしようとする者 【航路及びその周辺の海域以外の海域における工事等】 第31条　次の各号のいずれかに該当する者は，あらかじめ，当該各号に掲げる行為をする旨を海上保安庁長官に届け出なければならない。ただし，通常の管理行為，軽易な行為その他の行為で国土交通省令で定めるものについては，この限りでない。 　一　前条第1項第一号に掲げる海域以外の海域において工事又は作業をしようとする者 　二　前号に掲げる海域（港湾区域と重複している海域を除く。）において工作物の設置をしようとする者	【許可を要しない行為】 規則第24条　法第30条第1項ただし書の国土交通省令で定める行為は，次に掲げる行為とする。 　三　海面の最高水面からの高さが 65m をこえる空域における行為 規則第25条：許可の申請 　　　　（内容省略） 【届出を要しない行為】 規則第26条　法第31条第1項ただし書の国土交通省令で定める行為は，次に掲げる行為とする。 　三　電気事業法による電気事業の用に供する電気工作物（電線路及び取水管並びにこれらの附属設備に限る。）の設置

26. 港則法（昭.23.7.15 法律第 174 号，改正：平.16.4.21 法律第 36 号）

≪関連法令≫
- 港則法施行令（昭.40.6.22 政令第 219 号，改正：平.16.8.27 政令第 262 号）
- 港則法施行規則（昭.23.10.9 運輸省令第 29 号，改正：平.17.3.11 国土交通省令第 15 号）

法律の主な条文と内容（抜粋）	関連法令または説明
【目的】 第1条　この法律は，港内における船舶交通の安全及び港内の整とんを図ることを目的とする。 【工事等の許可及び進水等の届出】 第31条　特定港内又は特定港の境界附近で工事又は作業をしようとする者は，港長の許可を受けなければならない。 2　港長は，前項の許可をするに当り，船舶交通の安全のために必要な措置を命ずることができる。	

27. 振動規制法（昭.51.6.10 法律第 64 号，改正：平.16.6.9 法律第 94 号）

≪関連法令≫
・振動規制法施行令（昭.51.10.22 政令第 280 号，改正：平.14.12.26 政令第 397 号）
・振動規制法施行規則（昭.51.11.10 総理府令第 58 号，改正：平.13.3.5 環境省令第 5 号）

法律の主な条文と内容（抜粋）	関連法令または説明
【目的】 第 1 条　工場及び事業場における事業活動並びに建設工事に伴って発生する相当範囲にわたる振動について必要な規制を行うとともに，道路交通振動に係る要請の措置を定めること等により，生活環境を保全し，国民の健康の保護に資することを目的とする。 【定　義】 第 2 条　この法律において「特定施設」とは，工場又は事業場に設置される施設のうち，著しい振動を発生する施設であって政令で定めるものをいう。 2　この法律において「規制基準」とは，特定施設を設置する工場又は事業場（以下「特定工場等」という。）において発生する振動の特定工場等の敷地の境界線における大きさの許容限度をいう。 3　この法律において「特定建設作業」とは，建設工事として行われる作業のうち，著しい振動を発生する作業であって政令で定めるものをいう。 【地域の指定】 第 3 条　都道府県知事は，住居が集合している地域，病院又は学校の周辺の地域その他の地域で振動を防止することにより住民の生活環境を保全する必要があると認めるものを指定しなければならない。 【規制基準の設定】 第 4 条　都道府県知事は，前条第 1 項の規定による指定をするときは，環境大臣が特定工場等において発生する振動について規制する必要の程度に応じて昼間，夜間その他の時間の区分及び区域の区分ごとに定める基準の範囲内において，当該指定に係る地域について，これらの区分に対応する時間及び区域の区分ごとの規制基準を定めなければならない。 2　市町村は，前条第 1 項の規定により指定された地域の全部又は一部について，当該地域の自然的，社会的条件に特別の事情があるため，前項の規定により定められた規制基準によっては当該地域の住民の生活環境を保全することが十分でないと認めるときは，条例で，環境大臣の定める範囲内において，同項の規制基準に代えて適用すべき規制基準を定めることができる。 【特定建設作業の実施の届出】 第 14 条　指定地域内において特定建設作業を伴う建設工事を施工しようとする者は，当該特定建設作業の開始の日の 7 日前までに，環境省令で定めるところにより，次の事項を市町村長に届け出なければならない。ただし，災害その他非常の事態の発生により特定建設作業を緊急に行う必要がある場合は，この限りでない。	【特定建設作業】 令第 2 条　法第 2 条第 3 項の政令で定める作業は，別表第 2 に掲げる作業とする。ただし，当該作業がその作業を開始した日に終わるものを除く。 （別表第 2） 一　くい打機（もんけん及び圧入式くい打機を除く。），くい抜機（油圧式くい抜機を除く。）又はくい打くい抜機（圧入式くい打くい抜機を除く。）を使用する作業 四　ブレーカー（手持式のものを除く。）を使用する作業（作業地点が連続的に移動する作業にあっては，1 日における当該作業に係る二地点間の最大距離が 50m を超えない作業に限る。） 規則第 10 条：特定建設作業の実施の届出（内容省略）

28. 騒音規制法（昭.43.6.10 法律第 98 号，改正：平.16.6.9 法律第 94 号）

≪関連法令≫
- 騒音規制法施行令（昭.43.11.27 政令第 324 号，改正：平.14.12.26 政令第 397 号）
- 騒音規制法施行規則（昭.46.6.22 厚生省・農林省・通商産業省・運輸省・建設省令第 1 号, 改正：平.12.8.14 総理府令第 94 号）

法律の主な条文と内容（抜粋）	関連法令または説明
【目的】 第 1 条　工場及び事業場における事業活動並びに建設工事に伴って発生する相当範囲にわたる騒音について必要な規制を行なうとともに，自動車騒音に係る許容限度を定めること等により，生活環境を保全し，国民の健康の保護に資することを目的とする。 【定義】 第 2 条　この法律において「特定施設」とは，工場又は事業場に設置される施設のうち，著しい騒音を発生する施設であって政令で定めるものをいう。 2　この法律において「規制基準」とは，特定施設を設置する工場又は事業場（以下「特定工場等」という。）において発生する騒音の特定工場等の敷地の境界線における大きさの許容限度をいう。 3　この法律において「特定建設作業」とは，建設工事として行なわれる作業のうち，著しい騒音を発生する作業であって政令で定めるものをいう。 【地域の指定】 第 3 条　都道府県知事は，住居が集合している地域，病院又は学校の周辺の地域その他の騒音を防止することにより住民の生活環境を保全する必要があると認める地域を，特定工場等において発生する騒音及び特定建設作業に伴って発生する騒音について規制する地域として指定しなければならない。 【規制基準の設定】 第 4 条　都道府県知事は，前条第 1 項の規定により地域を指定するときは，環境大臣が特定工場等において発生する騒音について規制する必要の程度に応じて昼間，夜間その他の時間の区分及び区域の区分ごとに定める基準の範囲内において，当該地域について，これらの区分に対応する時間及び区域の区分ごとの規制基準を定めなければならない。 2　市町村は，前条第 1 項の規定により指定された地域の全部又は一部について，当該地域の自然的，社会的条件に特別の事情があるため，前項の規定により定められた規制基準によっては当該地域の住民の生活環境を保全することが十分でないと認めるときは，条例で，環境大臣の定める範囲内において，同項の規制基準にかえて適用すべき規制基準を定めることができる。 【特定建設作業の実施の届出】 第 14 条　指定地域内において特定建設作業を伴う建設工事を施工しようとする者は，当該特定建設作業の開始の日の 7 日前までに，環境	【特定建設作業】 令第 2 条　法第 2 条第 3 項の政令で定める作業は，別表第 2 に掲げる作業とする。ただし，当該作業がその作業を開始した日に終わるものを除く。 （別表第 2） 一　くい打機（もんけんを除く。），くい抜機又はくい打くい抜機（圧入式くい打くい抜機を除く。）を使用する作業（くい打機をアースオーガーと併用する作業を除く。） 三　さく岩機を使用する作業（作業地点が連続的に移動する作業にあって，1 日における当該作業に係る二地点の最大距離が 50m を超えない作業に限る。） 四　空気圧縮機（電動機以外の原動機を用いるものであって，その原動機の定格出力が 15kW 以上のものに限る。）を使用する作業（さく岩機の動力として使用する作業を除く。） 六　バックホウ（一定の限度を超える大きさの騒音を発生しないものとして環境大臣が指定するものを除き，原動機の定格出力が 80kW 以上のものに限る。）を使用する作業 七　トラクターショベル（一定の限度を超える大きさの騒音を発生しないものとして環境大臣が指定するものを除き，原動機の定格出力が 70kW 以上のものに限る。）を使用する作業 八　ブルドーザー（一定の限度を超える大きさの騒音を発生

法律の主な条文と内容（抜粋）	関連法令または説明
省令で定めるところにより，次の事項を市町村長に届け出なければならない。ただし災害その他非常の事態の発生により特定建設作業を緊急に行う必要がある場合は，この限りでない。	しないものとして環境大臣が指定するものを除き，原動機の定格出力が40kW以上のものに限る。）を使用する作業 規則第10条：特定建設作業の実施の届出（内容省略）

29. 農地法（昭.27.7.15 法律第229号，改正：平.16.12.3 法律第152号）

《関連法令》
- 農地法施行令（昭.27.10.20 政令第445号，改正：平.17.3.9 政令第37号）
- 農地法施行規則（昭.27.10.20 農林省令第79号，改正：平.17.3.30 農林水産省令第47号）

法律の主な条文と内容（抜粋）	関連法令または説明
【目的】 第1条　この法律は，農地はその耕作者みずからが所有することを最も適当であると認めて，耕作者の農地の取得を促進し，及びその権利を保護し，並びに土地の農業上の効率的な利用を図るためその利用関係を調整し，もって耕作者の地位の安定と農業生産力の増進とを図ることを目的とする。 【農地又は採草放牧地の権利移動の制限】 第3条　農地又は採草放牧地について所有権を移転し，又は地上権，永小作権，質権，使用貸借による権利，賃借権若しくはその他の使用及び収益を目的とする権利を設定し，若しくは移転する場合には，政令で定めるところにより，当事者が農業委員会の許可（これらの権利を取得する者（政令で定める者を除く。）がその住所のある市町村の区域の外にある農地又は採草放牧地について権利を取得する場合その他政令で定める場合には，都道府県知事の許可）を受けなければならない。 【農地の転用の制限】 第4条　農地を農地以外のものにする者は，政令で定めるところにより，都道府県知事の許可（その者が同一の事業の目的に供するため4haを超える農地を農地以外のものにする場合には，農林水産大臣の許可）を受けなければならない。 【農地又は採草放牧地の転用のための権利移動の制限】 第5条　農地を農地以外のものにするため又は採草放牧地を採草放牧地以外のものにするため，これらの土地について第3条第1項本文に掲げる権利を設定し，又は移転する場合には，政令で定めるところにより，当事者が都道府県知事の許可を受けなければならない。	【農地又は採草放牧地の権利移動の制限の例外】 規則第3条　法第3条第1項第十号の農林水産省令で定める場合は，次に掲げる場合とする。 七　電気事業法第2条第1項第十号に規定する電気事業者が送電用又は配電用の電線を設置するため民法第269条ノ2第1項の地上権又はこれと内容を同じくするその他の権利を取得する場合 令第1条の7：農地を転用するための許可手続（内容省略） 令第1条の10：農地の転用の不許可の例外（内容省略） 令第1条の15：農地又は採草放牧地の転用のための権利移動についての許可手続（内容省略） 【農地の転用の制限の例外】 規則第5条　法第4条第1項第六号の農林水産省令で定める場合は，次に掲げる場合とする。

法律の主な条文と内容（抜粋）	関連法令または説明
	十九　電気事業者が送電用若しくは配電用の施設（電線の支持物及び開閉所に限る。），送電用若しくは配電用の電線を架設するための装置又はこれらの施設若しくは装置を設置するために必要な道路若しくは索道（以下「送電用電気工作物等」という。）の敷地に供するため農地を農地以外のものにする場合 【農地又は採草放牧地の転用のための権利移動の制限の例外】 規則第7条　法第5条第1項第四号の農林水産省令で定める場合は，次に掲げる場合とする。 　十三　電気事業者が送電用電気工作物等の敷地に供するため第一号の権利を取得する場合

30. 農業振興地域の整備に関する法律（昭.44.7.1法律第58号，改正：平.16.6.18法律第111号）
　《関連法令》
　・農業振興地域の整備に関する法律施行令（昭.44.9.26政令第254号，改正：平.15.9.25政令第438号）
　・農業振興地域の整備に関する法律施行規則（昭.44.9.26農林省令第45号，改正：平.17.1.12農林水産省令第2号）

法律の主な条文と内容（抜粋）	関連法令または説明
【目的】 第1条　この法律は，自然的経済的社会的諸条件を考慮して総合的に農業の振興を図ることが必要であると認められる地域について，その地域の整備に関し必要な施策を計画的に推進するための措置を講ずることにより，農業の健全な発展を図るとともに，国土資源の合理的な利用に寄与することを目的とする。 【農用地区域内における開発行為の制限】 第15条の15　農用地区域内において開発行為（宅地の造成，土石の採取その他の土地の形質の変更又は建築物その他の工作物の新築，改築若しくは増築をいう。）をしようとする者は，あらかじめ，農林水産省令で定めるところにより，都道府県知事の許可を受けなければならない。ただし，次の各号の一に該当する行為については，この限りでない。 　六　公益性が特に高いと認められる事業の実施に係る行為のうち農業振興地域整備計画の達成に著しい支障を及ぼすおそれが少ないと認められるもので農林水産省令で定めるもの	【法第15条の15第1項第六号の農林水産省令で定める行為】 規則第36条　法第15条の15第1項第六号の農林水産省令で定める行為は，次に掲げるものとする。 　二十七　電気事業法による一般電気事業，卸電気事業又は特定電気事業の用に供する電気工作物（発電の用に供する電気工作物を除く。）の設置又は管理に係る行為

31. 鉱業法（昭.25.12.20 法律第289号，改正：平.16.6.9 法律第94号）

≪関連法令≫
・鉱業法施行規則（昭.26.1.27 通商産業省令第2号，改正：平.17.3.11 経済産業省令第21号）

法律の主な条文と内容（抜粋）	関連法令または説明
【目的】 第1条　この法律は，鉱物資源を合理的に開発することによって公共の福祉の増進に寄与するため，鉱業に関する基本的制度を定めることを目的とする。 【掘採の制限】 第64条　鉱業権者は，鉄道，軌道，道路，水道，運河，港湾，河川，湖，沼，池，橋，堤防，ダム，かんがい排水施設，公園，墓地，学校，病院，図書館及びその他の公共の用に供する施設並びに建物の地表地下とも50m以内の場所において鉱物を掘採するには，他の法令の規定によって許可又は認可を受けた場合を除き，管理庁又は管理人の承諾を得なければならない。但し，当該管理庁又は管理人は，正当な事由がなければ，その承諾を拒むことができない。	

32. 砕石法（昭.25.12.20 法律第291号，改正：平.16.12.1 法律第147号）

≪関連法令≫
・砕石法施行令（昭.46.8.30 政令第279号，改正：平.16.3.24 政令第57号）
・砕石法施行規則（昭.26.1.31 通商産業省令第6号，改正：平.17.3.11 経済産業省令第21号）

法律の主な条文と内容（抜粋）	関連法令または説明
【目的】 第1条　この法律は，採石権の制度を創設し，岩石の採取の事業についてその事業を行なう者の登録，岩石の採取計画の認可その他の規制等を行ない，岩石の採取に伴う災害を防止し，岩石の採取の事業の健全な発達を図ることによって公共の福祉の増進に寄与することを目的とする。 【許可の基準】 第10条　経済産業局長は，左に掲げる場合においては，前条第1項の許可をしてはならない。 　一　その土地が鉄道，軌道，道路，水道，運河，港湾，河川，湖，沼，池，橋，堤防，ダム，かんがい排水施設，公園，墓地，学校，病院，図書館若しくはその他の公共の用に供する施設の敷地若しくは用地又は建物の敷地であるとき。 【認可の基準】 第33条の4　都道府県知事は，第33条の認可の申請があった場合において，当該申請に係る採取計画に基づいて行なう岩石の採取が他人に危害を及ぼし，公共の用に供する施設を損傷し，又は農業，林業若しくはその他の産業の利益を損じ，公共の福祉に反すると認めるときは，同条の認可をしてはならない。	 （注：法第33条－砕石計画の認可）

33. 絶滅のおそれのある野生動植物の種の保存に関する法律

(平.4.6.5 法律第75号，改正：平.16.6.9 法律第84号)

≪関連法令≫
・絶滅のおそれのある野生動植物の種の保存に関する法律施行令

(平.5.2.10 政令第17号，改正：平.17.1.6 政令第4号)

・絶滅のおそれのある野生動植物の種の保存に関する法律施行規則

(平.5.3.29 総理府令第9号，改正：平.17.3.29 環境省令第8号)

法律の主な条文と内容（抜粋）	関連法令または説明
【目的】 第1条　この法律は，野生動植物が，生態系の重要な構成要素であるだけでなく，自然環境の重要な一部として人類の豊かな生活に欠かすことのできないものであることにかんがみ，絶滅のおそれのある野生動植物の種の保存を図ることにより良好な自然環境を保全し，もって現在及び将来の国民の健康で文化的な生活の確保に寄与することを目的とする。	
【定義等】 第4条　この法律において「絶滅のおそれ」とは，野生動植物の種について，種の存続に支障を来す程度にその種の個体の数が著しく少ないこと，その種の個体の数が著しく減少しつつあること，その種の個体の主要な生息地又は生育地が消滅しつつあること，その種の個体の生息又は生育の環境が著しく悪化しつつあることその他のその種の存続に支障を来す事情があることをいう。 2　この法律において「希少野生動植物種」とは，次項の国内希少野生動植物種，第4項の国際希少野生動植物種及び次条第1項の緊急指定種をいう。 3　この法律において「国内希少野生動植物種」とは，その個体が本邦に生息し又は生育する絶滅のおそれのある野生動植物の種であって，政令で定めるものをいう。 4　この法律において「国際希少野生動植物種」とは，国際的に協力して種の保存を図ることとされている絶滅のおそれのある野生動植物の種（国内希少野生動植物種を除く。）であって，政令で定めるものをいう。 5　この法律において「特定国内希少野生動植物種」とは，次に掲げる要件のいずれにも該当する国内希少野生動植物種であって，政令で定めるものをいう。（以下省略）	【国内希少野生動植物種等】 令第1条　法第4条第3項の国内希少野生動植物種は，別表第一に掲げる種とする。 2　法第4条第4項の国際希少野生動植物種は，別表第二に掲げる種とする。 3　法第4条第5項の特定国内希少野生動植物種は，別表第三に掲げる種とする。 (注：別表第一　国内希少野生動植物種の代表的な種を以下に記載) ・がんかも科（シジュウカラガン） ・わしたか科（オオタカ，イヌワシ，オオワシ，オジロワシ，クマタカ） ・はやぶさ科（ハヤブサ） ・ふくろう科（シマフクロウ） ・とんぼ科（ベッコウトンボ） ・らん科（アツモリソウ）
【土地の所有者等の義務】 第34条　土地の所有者又は占有者は，その土地の利用に当たっては，国内希少野生動植物種の保存に留意しなければならない。	
【助言又は指導】 第35条　環境大臣は，国内希少野生動植物種の保存のため必要があると認めるときは，土地の所有者又は占有者に対し，その土地の利用の方法その他の事項に関し必要な助言又は指導をすることができる。	
【生息地等保護区】第36条，【管理地区】第37条	

法律の主な条文と内容（抜粋）	関連法令または説明
【立入制限地区】第38条，【監視地区】第39条 （以上，内容省略） 参　考 　「日本の絶滅のおそれのある野生生物－レッドデータブック－」（抜粋）（平.14.8 環境省発行） （鳥類関係） ○絶滅危惧ⅠA類……シジュウカラガン ○絶滅危惧ⅠB類……オジロワシ，イヌワシ，クマタカ ○絶滅危惧Ⅱ類　……オオワシ，オオタカ，ハヤブサ，チュウヒ，コクガン，ヒシクイ ○準絶滅危惧種　……ハイタカ，ミサゴ，ハチクマ，オオヒシクイ，マガン カテゴリー説明 ・絶滅危惧ⅠA類…ごく近い将来における野生での絶滅の危険性が極めて高い種 ・絶滅危惧ⅠB類…ⅠA類ほどではないが将来絶滅の危険性が高い種 ・絶滅危惧Ⅱ類　…絶滅の危険が増大している種 ・準絶滅危惧種　…現時点では絶滅危険度は小さいが，生息条件の変化によっては「絶滅危惧」に移行する可能性のある種 　上記鳥類のほか爬虫類・両生類，哺乳類，汽水・淡水魚類，植物Ⅰ，植物Ⅱ版が刊行されている。 （平成16年3月現在） <u>注：本ブックは法律上の効力を持たないが，絶滅のおそれのある野生生物の保護を進めていくための基礎的な資料として定めたもの。地域レベルでの把握が必要なことから各都道府県でも発行されている。</u>	

34．環境基本法（平.5.11.19 法律第91号，改正：平.16.6.2 法律第78号）

法律の主な条文と内容（抜粋）	関連法令または説明
【目的】 第1条　この法律は，環境の保全について，基本理念を定め，並びに国，地方公共団体，事業者及び国民の責務を明らかにするとともに，環境の保全に関する施策の基本となる事項を定めることにより，環境の保全に関する施策を総合的かつ計画的に推進し，もって現在及び将来の国民の健康で文化的な生活の確保に寄与するとともに人類の福祉に貢献することを目的とする。 【定義】 第2条　この法律において「環境への負荷」とは，人の活動により環境に加えられる影響であって，環境の保全上の支障の原因となるおそれのあるものをいう。 2　この法律において「地球環境保全」とは，人の活動による地球全体の温暖化又はオゾン層の破壊の進行，海洋の汚染，野生生物の種の減少その他の地球の全体又はその広範な部分の環境に影響を及ぼす事態に係る環境の保全であって，人類の福祉に貢献するとともに国民の健康で文化的な生活の確保に寄与するものをいう。 3　この法律において「公害」とは，環境の保全上の支障のうち，事業活動その他の人の活動に伴って生ずる相当範囲にわたる大気の汚染，水質の汚濁，土壌の汚染，騒音，振動，地盤の沈下（鉱物の掘採のための土地の掘削によるものを除く。）及び悪臭によって，人の	<u>注：本法律は目的のとおり国および地方公共団体が行うべきことについて定めている。</u>

法律の主な条文と内容（抜粋）	関連法令または説明
健康又は生活環境に係る被害が生ずることをいう。 【事業者の責務】第8条　【環境基準】第16条　（以上，内容省略）	

35. 廃棄物の処理及び清掃に関する法律（昭.45.12.25 法律第137号，改正：平.16.12.1 法律第147号）

≪関連法令≫
- 廃棄物の処理及び清掃に関する法律施行令（昭.46.9.23 政令第300号，改正：平.17.1.6 政令第5号）
- 廃棄物の処理及び清掃に関する法律施行規則（昭.46.9.23 厚生省令第35号，改正：平.17.3.30 環境省令第10号）

法律の主な条文と内容（抜粋）	関連法令または説明
【目的】 第1条　この法律は，廃棄物の排出を抑制し，及び廃棄物の適正な分別，保管，収集，運搬，再生，処分等の処理をし，並びに生活環境を清潔にすることにより，生活環境の保全及び公衆衛生の向上を図ることを目的とする。 【定義】 第2条　この法律において「廃棄物」とは，ごみ，粗大ごみ，燃え殻，汚泥，ふん尿，廃油，廃酸，廃アルカリ，動物の死体その他の汚物又は不要物であって，固形状又は液状のもの（放射性物質及びこれによって汚染された物を除く。）をいう。 4　この法律において「産業廃棄物」とは，次に掲げる廃棄物をいう。 　一　事業活動に伴って生じた廃棄物のうち，燃え殻，汚泥，廃油，廃酸，廃アルカリ，廃プラスチック類その他政令で定める廃棄物 【事業者の責務】 第3条　事業者は，その事業活動に伴って生じた廃棄物を自らの責任において適正に処理しなければならない。 【事業者の処理】 第12条　事業者は，自らその産業廃棄物の運搬又は処分を行う場合には，政令で定める産業廃棄物の収集，運搬及び処分に関する基準（以下「産業廃棄物処理基準」という。）に従わなければならない。 4　事業者は，前項の規定によりその産業廃棄物の運搬又は処分を委託する場合には，政令で定める基準に従わなければならない。 5　事業者は，前2項の規定によりその産業廃棄物の運搬又は処分を委託する場合には，当該産業廃棄物について発生から最終処分が終了するまでの一連の処理の行程における処理が適正に行われるために必要な措置を講ずるように努めなければならない。 【産業廃棄物管理票】 第12条の3　その事業活動に伴い産業廃棄物を生ずる事業者（中間処理業者を含む。）は，その産業廃棄物の運搬又は処分を他人に委託する場合には，環境省令で定めるところにより，当該委託に係る産業廃棄物の引渡しと同時に当該産業廃棄物の運搬を受託した者に対し，	【産業廃棄物】 令第2条　法第2条第4項第一号の政令で定める廃棄物は，次のとおりとする。（内容省略） 【産業廃棄物の収集，運搬，処分等の基準】 令第6条　法第12条第1項の規定による産業廃棄物の収集，運搬及び処分の基準は，次のとおりとする。（内容省略） 【産業廃棄物保管基準】 規則第8条　法第12条第2項の規定による産業廃棄物保管基準は，次のとおりとする。（内容省略） 【事業者の産業廃棄物の運搬，処分等の委託の基準】 令第6条の2　法第12条第4項の政令で定める基準は，次のとおりとする。（内容省略） 【産業廃棄物管理票の交付】 規則第8条の20　管理票の交付は，次により行うものとする。（内容省略） 【管理票の記載事項】 規則第8条の21　法第12条の3

法律の主な条文と内容（抜粋）	関連法令または説明
当該委託に係る産業廃棄物の種類及び数量，運搬又は処分を受託した者の氏名又は名称その他環境省令で定める事項を記載した産業廃棄物管理票を交付しなければならない。	第1項の環境省令で定める事項は，次のとおりとする。（内容省略）
【産業廃棄物処理業】 第14条　産業廃棄物の収集又は運搬を業として行おうとする者は，当該業を行おうとする区域（運搬のみを業として行う場合にあっては，産業廃棄物の積卸しを行う区域に限る。）を管轄する都道府県知事の許可を受けなければならない。ただし，事業者（自らその産業廃棄物を運搬する場合に限る。），専ら再生利用の目的となる産業廃棄物のみの収集又は運搬を業として行う者その他環境省令で定める者については，この限りでない。	【管理票の写しの保存期間】 規則第8条の26　法第12条の3第5項の環境省令で定める期間は，5年とする。 【産業廃棄物収集運搬業の許可の更新期間】 令第6条の9　法第14条第2項の政令で定める期間は，5年とする。

36. 建設工事に係る資材の再資源化等に関する法律（平.12.5.31 法律第104号，改正：平.16.12.1 法律第147号）

≪関連法令≫
- 建設工事に係る資材の再資源化等に関する法律施行令（平.12.11.29 政令第495号，改正：平.14.1.23 政令第7号）
- 建設工事に係る資材の再資源化等に関する法律施行規則（平.14.3.5 国土交通省・環境省令第1号）

法律の主な条文と内容（抜粋）	関連法令または説明
【目的】 第1条　この法律は，特定の建設資材について，その分別解体等及び再資源化等を促進するための措置を講ずるとともに，解体工事業者について登録制度を実施すること等により，再生資源の十分な利用及び廃棄物の減量等を通じて，資源の有効な利用の確保及び廃棄物の適正な処理を図り，もって生活環境の保全及び国民経済の健全な発展に寄与することを目的とする。	注：通称「建設リサイクル法」
【定義】 第2条　この法律において「建設資材」とは，土木建築に関する工事（以下「建設工事」という。）に使用する資材をいう。 2　この法律において「建設資材廃棄物」とは，建設資材が廃棄物（廃棄物の処理及び清掃に関する法律第2条第1項に規定する廃棄物をいう。以下同じ。）となったものをいう。 3　この法律において「分別解体等」とは，次の各号に掲げる工事の種別に応じ，それぞれ当該各号に定める行為をいう。（各号省略） 4　この法律において建設資材廃棄物について「再資源化」とは，次に掲げる行為であって，分別解体等に伴って生じた建設資材廃棄物の運搬又は処分（再生することを含む。）に該当するものをいう。 　一　分別解体等に伴って生じた建設資材廃棄物について，資材又は原材料として利用すること（建設資材廃棄物をそのまま用いることを除く。）ができる状態にする行為 　二　分別解体等に伴って生じた建設資材廃棄物であって燃焼の用に供することができるもの又はその可能性のあるものについて，熱	【特定建設資材】 令第1条　法第2条第5項のコンクリート，木材その他建設資材のうち政令で定めるものは，次に掲げる建設資材とする。 　一　コンクリート 　二　コンクリート及び鉄から成る建設資材 　三　木材 　四　アスファルト・コンクリート

法律の主な条文と内容（抜粋）	関連法令または説明
を得ることに利用することができる状態にする行為 5　この法律において「特定建設資材」とは，コンクリート，木材その他建設資材のうち，建設資材廃棄物となった場合におけるその再資源化が資源の有効な利用及び廃棄物の減量を図る上で特に必要であり，かつ，その再資源化が経済性の面において制約が著しくないと認められるものとして政令で定めるものをいう。 6　この法律において「特定建設資材廃棄物」とは，特定建設資材が廃棄物となったものをいう。 7　この法律において建設資材廃棄物について「縮減」とは，焼却，脱水，圧縮その他の方法により建設資材廃棄物の大きさを減ずる行為をいう。 8　この法律において建設資材廃棄物について「再資源化等」とは，再資源化及び縮減をいう。 9　この法律において「建設業」とは，建設工事を請け負う営業をいう。 10　この法律において「下請契約」とは，建設工事を他の者から請け負った建設業を営む者と他の建設業を営む者との間で当該建設工事の全部又は一部について締結される請負契約をいい，「発注者」とは，建設工事の注文者をいい，「元請業者」とは，発注者から直接建設工事を請け負った建設業を営む者をいい，「下請負人」とは，下請契約における請負人をいう。 11　この法律において「解体工事業」とは，建設業のうち建築物等を除却するための解体工事を請け負う営業をいう。 12　この法律において「解体工事業者」とは，第21条第1項の登録を受けて解体工事業を営む者をいう。 【建設業を営む者の責務】 第5条　建設業を営む者は，建築物等の設計及びこれに用いる建設資材の選択，建設工事の施工方法等を工夫することにより，建設資材廃棄物の発生を抑制するとともに，分別解体等及び建設資材廃棄物の再資源化等に要する費用を低減するよう努めなければならない。 2　建設業を営む者は，建設資材廃棄物の再資源化により得られた建設資材（建設資材廃棄物の再資源化により得られた物を使用した建設資材を含む。）を使用するよう努めなければならない。 【発注者の責務】 第6条　発注者は，その注文する建設工事について，分別解体等及び建設資材廃棄物の再資源化等に要する費用の適正な負担，建設資材廃棄物の再資源化により得られた建設資材の使用等により，分別解体等及び建設資材廃棄物の再資源化等の促進に努めなければならない。 【分別解体等実施義務】 第9条　特定建設資材を用いた建築物等に係る解体工事又はその施工に特定建設資材を使用する新築工事等であって，その規模が第3項又は第4項の建設工事の規模に関する基準以上のもの（以下「対象建設工事」という。）の受注者（以下「対象建設工事受注者」という。）又はこれを請負契約によらないで自ら施工する者（以下単に「自主	【建設工事の規模に関する基準】 令第2条　法第9条第3項の建設工事の規模に関する基準は，次に掲げるとおりとする。 一　建築物（建築基準法に規定する建築物をいう。）に係る解体工事については，当該建築物の床面積の合計が80m^{2}であるもの 二　建築物に係る新築又は増築の工事については，当該建築物の床面積の合計が500m^{2}であるもの

法律の主な条文と内容（抜粋）	関連法令または説明
施工者」という。）は，正当な理由がある場合を除き，分別解体等をしなければならない。 2　前項の分別解体等は，特定建設資材廃棄物をその種類ごとに分別することを確保するための適切な施工方法に関する基準として主務省令で定める基準に従い，行わなければならない。 3　建設工事の規模に関する基準は，政令で定める。 4　都道府県は，当該都道府県の区域のうちに，特定建設資材廃棄物の再資源化等をするための施設及び廃棄物の最終処分場における処理量の見込みその他の事情から判断して前項の基準によっては当該区域において生じる特定建設資材廃棄物をその再資源化等により減量することが十分でないと認められる区域があるときは，当該区域について，条例で，同項の基準に代えて適用すべき建設工事の規模に関する基準を定めることができる。 【対象建設工事の届出等】 第10条　対象建設工事の発注者又は自主施工者は，工事に着手する日の7日前までに，主務省令で定めるところにより，次に掲げる事項を都道府県知事に届け出なければならない。 【対象建設工事の届出に係る事項の説明等】 第12条　内容省略（右記注参照） 【対象建設工事の請負契約に係る書面の記載事項】 第13条　対象建設工事の請負契約の当事者は，建設業法第19条第1項に定めるもののほか，分別解体等の方法，解体工事に要する費用その他の主務省令で定める事項を書面に記載し，署名又は記名押印をして相互に交付しなければならない。 【再資源化等実施義務】 第16条　対象建設工事受注者は，分別解体等に伴って生じた特定建設資材廃棄物について，再資源化をしなければならない。 第17条　都道府県は，当該都道府県の区域における対象建設工事の施工に伴って生じる特定建設資材廃棄物の発生量の見込み及び廃棄物の最終処分場における処理量の見込みその他の事情を考慮して，当該都道府県の区域において生じる特定建設資材廃棄物の再資源化による減量を図るため必要と認めるときは，条例で，前条の距離に関する基準に代えて適用すべき距離に関する基準を定めることができる。 【発注者への報告等】 第18条　対象建設工事の元請業者は，当該工事に係る特定建設資材廃棄物の再資源化等が完了したときは，主務省令で定めるところにより，その旨を当該工事の発注者に書面で報告するとともに，当該再資源化等の実施状況に関する記録を作成し，これを保存しなければならない。	三　建築物に係る新築工事等であって前号に規定する新築又は増築の工事に該当しないものについては，その請負代金の額が1億円であるもの 四　建築物以外のものに係る解体工事又は新築工事等については，その請負代金の額が500万円であるもの 注：都道府県の条例により規模の引き下げが可能なため，確認が必要 注（法第12条）：対象建設工事の元請会社は，発注者に対し分別解体等の計画などについて書面を交付し説明する義務 【指定建設資材廃棄物の再資源化をするための施設までの距離に関する基準】 規則第3条　法第16条の主務省令で定める距離に関する基準は，50kmとする。

37．国有林野の活用に関する法律（昭.46.6.10 法律第 108 号，改正：平.13.7.11 法律第 107 号）
≪関連法令≫
・国有林野の活用に関する法律施行規則（昭.46.8.20 農林省令第 61 号，改正：平.12.9.1 農林水産省令第 82 号）

法律の主な条文と内容（抜粋）	関連法令または説明
【目的】 第 1 条　森林・林業基本法（昭和 39 年法律第 161）第 5 条の規定の趣旨に即し，国有林野の所在する地域における農林業の構造改善その他産業の振興又は住民の福祉の向上のための国有林野の活用につき，国の方針を明らかにすること等により，その適正かつ円滑な実施の確保を図ることを目的とする。 【国有林野の活用の推進】 第 3 条　農林水産大臣は，国有林野の所在する地域における農林業の構造改善その他産業の振興又は住民の福祉の向上に資するため，国有林野の管理及び経営の事業の適切な運営の確保に必要な考慮を払いつつ，次の各号に掲げる国有林野の活用で当該各号に掲げる者を相手方とするものを積極的に行うものとする。 　五　国有林野の所在する地域の産業の振興又は住民の福祉の向上のために必要な事業で公用，公共用又は公益事業の用に供する施設に関するものの用に供することを目的とする国有林野の活用 　　　…　当該事業を行う者 【国有林野の活用の適正な実施】 第 5 条　農林水産大臣は，第 3 条第 1 項各号に掲げる者から当該各号に掲げる国有林野の活用を受けたい旨の申出があったときは，必要な現地調査を行なって，すみやかに当該活用の適否を決定するとともに，当該活用を行なうに当たっては，次項の規定によるほか，用途を指定する等当該活用に係る土地の利用が当該活用の目的に従って適正に行なわれるようにするための必要な措置を講じなければならない。	

38．土地区画整理法（昭.29.5.20 法律第 119 号，改正：平.16.12.1 法律第 150 号）
≪関連法令≫
・土地区画整理法施行令（昭.30.3.31 政令第 47 号，改正：平.16.4.9 政令第 160 号）
・土地区画整理法施行規則（昭.30.3.31 建設省令第 5 号，改正：平.17.3.29 国土交通省令第 25 号）

法律の主な条文と内容（抜粋）	関連法令または説明
【目的】 第 1 条　この法律は，土地区画整理事業に関し，その施行者，施行方法，費用の負担等必要な事項を規定することにより，健全な市街地の造成を図り，もって公共の福祉の増進に資することを目的とする。 【建築行為等の制限】 第 76 条　次の各号に掲げる公告があった日後，第 103 条第 4 項の公告がある日までは，施行地区内において，土地区画整理事業の施行の障害となるおそれがある土地の形質の変更若しくは建築物その他の工作物の新築，改築若しくは増築を行い，又は政令で定める移動の容易でない物件の設置若しくはたい積を行おうとする者は，国土交	

法律の主な条文と内容（抜粋）	関連法令または説明
通大臣が施行する土地区画整理事業にあっては国土交通大臣の，その他の者が施行する土地区画整理事業にあっては都道府県知事の許可を受けなければならない。 【特別の宅地に関する措置】 第95条　次の各号に掲げる宅地に対しては，換地計画において，その位置，地積等に特別の考慮を払い，換地を定めることができる。 　四　電気工作物，ガス工作物その他の公益事業の用に供する施設で政令で定めるものの用に供している宅地	【公共の用に供する施設等】 令第58条第4項　法第95条第1項第四号に規定する政令で定める施設は，電気事業法第2条第1項第九号に規定する電気事業の用に供する電気工作物及びガス事業法にいうガス工作物とする

39. 測量法（昭.24.6.3 法律第188号，改正：平.16.12.1 法律第147号）

《関連法令》
- 測量法施行令（昭.24.8.31 政令第322号，改正：平.16.3.24 政令第54号）
- 測量法施行規則（昭.24.9.1 建設省令第16号，改正：平.16.3.16 国土交通省令第17号）

法律の主な条文と内容（抜粋）	関連法令または説明
【目的】 第1条　この法律は，国若しくは公共団体が費用の全部若しくは一部を負担し，若しくは補助して実施する土地の測量又はこれらの測量の結果を利用する土地の測量について，その実施の基準及び実施に必要な権能を定め，測量の重複を除き，並びに測量の正確さを確保するとともに，測量業を営む者の登録の実施，業務の規制等により，測量業の適正な運営とその健全な発達を図り，もって各種測量の調整及び測量制度の改善発達に資することを目的とする。 【測量】 第3条　この法律において「測量」とは，土地の測量をいい，地図の調製及び測量用写真の撮影を含むものとする。 【基本測量】 第4条　この法律において「基本測量」とは，すべての測量の基礎となる測量で，国土地理院の行うものをいう。 【公共測量】 第5条　この法律において「公共測量」とは，基本測量以外の測量のうち，小道路若しくは建物のため等の局地的測量又は高度の精度を必要としない測量で政令で定めるものを除き，測量に要する費用の全部若しくは一部を国又は公共団体が負担し，若しくは補助して実施するものをいう。 【基本測量及び公共測量以外の測量】 第6条　この法律において「基本測量及び公共測量以外の測量」とは，基本測量又は公共測量の測量成果を使用して実施する基本測量及び公共測量以外の測量（小道路若しくは建物のため等の局地的測量又は高度の精度を必要としない測量で政令で定めるものを除く。）をいう。	【日本経緯度原点及び日本水準原点】 令第2条　法第11条第1項第四号に規定する日本経緯度原点の地点及び原点数値は，次のとおりとする。 　一　地点　東京都港区麻布台二丁目18番1地内日本経緯度原点金属標の十字の交点 　二　原点数値　次に掲げる値 　　イ　経度　東経139度44分

法律の主な条文と内容（抜粋）	関連法令または説明
【測量標】 第10条　この法律において「測量標」とは，永久標識，一時標識及び仮設標識をいい，これらは，左の各号に掲げる通りとする。 　一　永久標識　三角点標石，図根点標石，方位標石，水準点標石，磁気点標石，基線尺検定標石，基線標石及びこれらの標石の代りに設置する恒久的な標識（験潮儀及び験潮場を含む。）をいう。 　二　一時標識　測標及び標杭をいう。 　三　仮設標識　標旗及び仮杭をいう。 【測量の基準】 第11条　基本測量及び公共測量は，次に掲げる測量の基準に従って行わなければならない。 　一　位置は，地理学的経緯度及び平均海面からの高さで表示する。ただし，場合により，直角座標及び平均海面からの高さ，極座標及び平均海面からの高さ又は地心直交座標で表示することができる。 　二　距離及び面積は，第3項に規定する回転楕円体の表面上の値で表示する。 　三　測量の原点は，日本経緯度原点及び日本水準原点とする。 　四　前号の日本経緯度原点及び日本水準原点の地点及び原点数値は，政令で定める。 2　前項第一号の地理学的経緯度は，世界測地系に従って測定しなければならない。 3　前項の「世界測地系」とは，地球を次に掲げる要件を満たす扁平な回転楕円体であると想定して行う地理学的経緯度の測定に関する測量の基準をいう。 　一　その長半径及び扁平率が，地理学的経緯度の測定に関する国際的な決定に基づき政令で定める値であるものであること。 　二　その中心が，地球の重心と一致するものであること。 　三　その短軸が，地球の自転軸と一致するものであること。 【測量標の移転の請求】 第24条　永久標識又は一時標識のき損その他その効用を害する虞がある行為を当該標識の敷地又はその附近でしようとする者は，理由を詳記した書面をもって都道府県知事を経由して（国又は都道府県が行為をしようとする場合においては，直接に），国土地理院の長に当該標識の移転を請求することができる。 3　国土地理院の長は，第1項の規定による請求に理由があると認めるときは，当該標識を移転し，理由がないと認めるときは，その旨を移転を請求した者に通知しなければならない。 4　前項の規定による標識の移転に要した費用は，移転を請求した者が負担しなければならない。 【測量標の使用】 第26条　基本測量以外の測量を実施しようとする者は，国土地理院の	28秒8759 　ロ　緯度　北緯35度39分 　　　　　　　　　　29秒1572 　ハ　原点方位角　32度20分 　　　　　　　　　　44秒756 　（前号の地点において真北を基準として右回りに測定した茨城県つくば市北郷一番地内つくば超長基線電波干渉計観測点金属標の十字の交点の方位角） 2　法第11条第1項第四号に規定する日本水準原点の地点及び原点数値は，次のとおりとする。 　一　地点　東京都千代田区永田町一丁目1番地内水準点標石の水晶板の零分画線の中点 　二　原点数値　東京湾平均海面上24.4140 m 【長半径及び扁平率】 令第2条の2　法第11条第3項第一号の政令で定める値は，次のとおりとする。 　一　長半径　6,378,137 m 　二　扁平率　298.257222101分の1 【測量標又は測量成果の使用承認申請書の様式】

法律の主な条文と内容（抜粋）	関連法令または説明
長の承認を得て，基本測量のために設置した測量標を使用することができる。 【測量成果の複製】 第29条　基本測量の測量成果のうち，地図その他の図表，成果表，写真又は成果を記録した文書を複製しようとする者は，国土地理院の長の承認を得なければならない。国土地理院の長は，複製しようとする者がこれらの成果をそのまま複製して，もっぱら営利の目的で販売するものであると認めるに足る充分な理由がある場合においては，承認をしてはならない。	規則第2条　法第26条及び第30条の規定による承認申請書の様式は，別表第二のとおりとする。（別表省略） 【測量成果の複製承認申請書の様式】 規則第4条　法第29条の規定による承認申請書の様式は，別表第四のとおりとする。（別表省略）

付録 7. 現地調査測量の安全心得

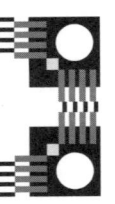

調査測量作業は，小人数編成で実施するため，未知な山野や冬山に立入る場合には危険を伴う。

また，平地においては，人家密集地や交通の頻繁な場所で作業することもあるため，特別な安全対策が必要であり，油断または不注意から災害を起こすことのないよう常に安全作業を心掛けなければならない。

作業に当っては，服装を正し，決められた作業規律を守るとともに，装備品を確認し，作業順序，方法および分担を打合せ，下記の安全心得を守ることが大切である。

7.1 出発前の心得

(1) 事前に地図，航空写真などにより綿密な計画検討を行ってから出発する。

(2) 車両を使用するときは，安全運転に心掛ける。

(i) 始業点検を十分に行う。
特にブレーキ関係の点検を忘れない。

(ii) 交通法規を守る。

(iii) 長距離運転のときは，運転手の交代要員をつける。

(3) 山地で余り人の立入らない地域で作業を行う場合は，その日の行程を必ず関係箇所に連絡しておく。

(4) 山間部では，宿舎と現場の往復に時間を要するので，余裕ある行程を定めて行動する。

(5) 山岳地，豪雪地などで行動する場合，装備の適否は時として，人命にかかわることもあるので，出発に際しては，作業地域の状況・作業内容により，下記のような装備を選定し，確認することが大切である。

(i) 山岳地の天候は急変することがあるから，人里からの距離，地域の特殊事情などを考慮して必要に応じて雨具，防寒衣，携帯ラジオまたは食料などを携行する。

(ii) 山地で分散して行動する場合は，相互の連絡のために，携帯電話，トランシーバを携行するものとし，出発前に通話範囲の確認や通話テストを行い十分点検しておく。一般の携帯電話では電波の届かない場所には衛星電話を携行することも考慮する。

(iii) 熊・猪などの野獣の生息する地域で行動する時は，携帯ラジオ・鈴・笛などを携行する。

(iv) 狩猟期には，狩猟許可区域を予め把握しておき，同地域に立入る場合は，黄色の防風防寒上着など目立つ被服の着用ならびに携帯ラジオを携行する。

(v) 飲料水は必ず水筒などに入れて携行し，生水は飲まない。

(6) 不慮の事故にそなえ，救急薬品（応急手当用として包帯，傷薬など）を常に携行するとともに，現場付近の病院の所在地，電話番号を確認しておく。

7.2 作業中の心得

(1) 山地では，状況に応じて2人以上が1組になって行動する。また，他の組との相互の連絡を密にし，勝手な行動をしない。

(2) 山地の歩行に際しては，常に地図あるいは簡易ＧＰＳ等で自分の位置を確認しながら進み，帰路および後日のため，要所に目印をつけるなど，順路案内を残しておく。

(3) 交通量の多い場所での作業では，必要に応じ交通監視員をつける。

(4) 竹などの切株による踏み抜き事故を起こさぬよう足もとに十分注意する。

(5) 既設送電線の地上高を測定する場合には，感電防止のため金属の箱尺またはポールを使用しない。

(6) たばこの吸殻など火気には十分注意する。

(7) 以下に示す作業は危険を伴うため特に注意する。

(i) 岩場や急傾斜地での作業

(ii) ナタを使用する場合

(iii) 樹木や鉄塔に登る場合

(iv) 杭打込み作業

(8) チェーンソーを使用する場合は，下記の保護具を備え付ける。

(a) 防振防寒の手袋（滑り止め付き）

(b) 耳覆い等の防音具

(c) プロテクター

(d) 防塵めがね

(9) 刈り払機を使用する場合は，下記に注意する。

(i) 刈払機は，造林作業に適した構造，強度を有するものを選ぶこと。

(ii) 緊急離脱装置及び飛散防護装置を備えたものであること。

(iii) 刈刃は，丸のこ刃又はこれと同等の性能と安

全性を有するものであること。
　(iv) 刈刃は，正しい目立てを行ったものを使用すること。
　(v) 刈刃の取り付けは，専用工具を使用し確実に取り付けたことを確認して使用すること。

7.3　その他の心得

(1) 積雪中の作業は，できるだけ避けるべきであるが，やむを得ない時は，十分な連絡方法を講じ，慎重に行う。
特に危険を伴うため．次の点に注意する．
　(i) 経験者の指導のもとに行動し，単独行動をしない。
　(ii) 天候の急変に備え，装備を整える。
　(iii) 十分な連絡方法を講じておく。
　(iv) 雪ぴには十分注意する。
　(v) なだれ発生のおそれがある箇所は避ける。

(2) 山道および冬山における車両の運転は，危険が伴うため，次の点に注意する。
　(i) 山道では，路肩，落石に注意し，必要に応じて誘導者をつける。
　(ii) 狭隘な山道に進入する際には，事前に方向転換が可能な場所や退避所の場所を確認しておく。
　(iii) 常に地元車両の通行を優先させ，駐車させる場合は，他の車の通行支障にならないようにする。
　(iv) 雪路では，状況に応じ，スノータイヤ，スタッドレスタイヤ，またはチエーンなどを装備して走行する。
　(v) 積雪やぬかるみに車輪がとられた場合に対処するため，スコップ，ロープ，砂など脱出に必要な用具を搭載する。

(3) 落雷の危険を感ずるようになったら金属製の身のまわり品を遠くへ手放し（5m以上），付近の窪地か岩かげに，できるだけ低くかがむ。（地面に伏せることは良くない）なお高い樹木の直下は危険なので5m以上離れた方が良い。

(4) 夏季は熱中症にならないよう体調を整え，通気性の良い服装でまた，帽子をかぶって作業する。睡眠不足や風邪気味など体調の悪いときは暑い日中の作業は控える。作業中は定期的に少しずつ水分（塩分0.1％程度の塩水もしくはスポーツドリンク）を補給する。熱中症かもしれないと思ったら以下に示す行動をとる。
　(i) 涼しい日陰に移動する
　(ii) 衣類をゆるめて休む
　(iii) 体を冷やす
　(iv) 水分を補給する

(5) 人を刺す蜂は，スズメバチ，アシナガバチ，ミツバチなどがある。蜂刺されで怖いのは，アナフィラキシーと呼ばれるショック症状で，蜂の毒に過敏に反応してしまうアレルギーを持った人の場合，くしゃみやじんましんなどの症状が出て，ときに呼吸困難や血圧低下などを起こし，危険な状態になることがある。しかし，こうした反応を示す人は，蜂毒アレルギーの人に限られる。アナフィラキシーショックは極めて短時間で起こるので，少しでも様子がおかしいと感じた場合は，救急車を呼ぶなど速やかに対処する。
　(i) 蜂を発見したときの対応方法
　(a) 蜂の巣を見つけたら近づかず，蜂を刺激しない。
　(b) 手で振り払わずに，そっと頭を隠すように姿勢を低くする。
　(c) 急いで走って逃げず，姿勢を低くし，顔を下向きに蜂の飛来方向と反対に後ずさりする。
　(ii) 蜂に刺されないような服装
　(a) 蜂は黒い色を好む傾向があるので，白っぽい服装にする。
　(b) 匂いのするものを攻撃する性質があるので，香水，整髪料はつけない。
　(iii) 蜂に刺された時の対処法
　(a) まず，傷口を流水でよく洗い流し，毒液吸引器で傷口から毒を絞り出す。
　(b) 口で吸った場合は，毒は必ず吐き出すようにする。
　(c) ステロイドを含有したかゆみ止め軟膏（ステロイド軟膏）を塗って病院で診てもらう。
　(d) じんましん，呼吸困難，腹痛，嘔吐，下痢，および血圧低下を伴うショックも症状はすぐに診療機関へ搬送する。
　(e) アンモニアは効き目がない。
　(f) 平成16年8月に厚生労働省から使用承認された補助治療剤として自己注射用エピネフリン注射液もあるが使用に際しては十分内容を把握する。(詳細については，「林材業労災防止協会」：
http://www.rinsaibou.or.jp/index.html
参照。)

(6) 「まむし」による被害に対しては応急処置を行い，事前に血清を保管している病院などを確認しておく。

付録8. 設計公式の証明

8.1 水平荷重による鉄塔裕度計算式
〔公式〕 2.3.6項の2.2式

$$W_w S_m \cdot \sin^2 \phi + 2T \sin \frac{\theta}{2}$$
$$\leq W_w S_0 \cdot \sin^2 \phi + 2T \sin \frac{\theta_0}{2}$$

W_w：架渉線の風圧荷重 (N/m)
$\quad W_w = P(D + 2k) \times 10^{-3}$
P：架渉線の風圧 (Pa) 　高温季荷重条件では980Pa
$\qquad\qquad\qquad\qquad$低温季荷重条件では490Pa
$\quad$なお，多導体の場合は，この90%とする。
D：架渉線の外径 (mm)
k：着氷雪の厚さ (mm) 　電技設計では6 mm
S_m：当該鉄塔の荷重径間長 (m) 　$S_m=(S_1+S_2)/2$
S_1, S_2：鉄塔の前後径間長 (m)
S_0：当該鉄塔の設計条件である径間長 (m)
ϕ：風向角 (度) 　普通鉄塔は90度，
$\quad$大型鉄塔で斜風を考慮する場合は60度
T：当該鉄塔の設計条件である架渉線張力 (N)
$\quad$(最大使用張力)
θ：当該鉄塔の水平角度 (度)
θ_0：当該鉄塔の設計条件である水平角度 (度)

式の左辺は現地適用した場合の荷重であり，右辺は設計条件による荷重である。

よって，左辺が右辺以下であれば，現地適用が可能となる。

左辺と右辺は同一形式であり，左辺のみを説明する。

$W_w S_m \cdot \sin^2 \phi$ は風圧荷重，$2T \sin (\theta/2)$ は水平角度荷重であり，これらの和が，線路直角方向に加わる水平荷重となる。

(1) 風圧荷重
若老径間の1/2の長さの架渉線に対し，風向角 ϕ の時，風圧 P は，それぞれ
$\quad P_1 = W_w \cdot S_1/2 \cdot \sin \phi$
$\quad P_2 = W_w \cdot S_2/2 \cdot \sin \phi$
ここで，風圧 P は鉄塔面に対し斜風となるため，横荷重面に対する風圧分力は，それぞれ
$\quad Q_1 = P_1 \cdot \sin \phi = W_w \cdot S_1/2 \cdot \sin^2 \phi$
$\quad Q_2 = P_2 \cdot \sin \phi = W_w \cdot S_2/2 \cdot \sin^2 \phi$
となり，若老を合算した風圧荷重 Q は，
$\quad Q = Q_1 + Q_2 = W_w \cdot S_m \cdot \sin^2 \phi$

となる。

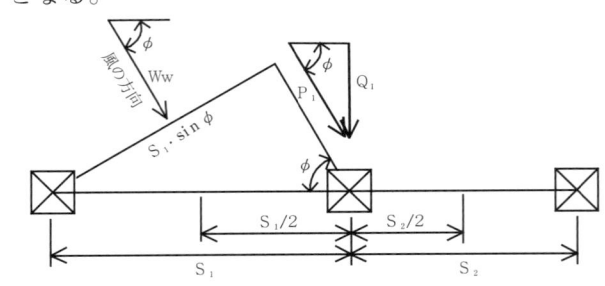

第8.1.1図

(2) 水平角度荷重
若老の架渉線張力 T を，第8.1.2図のように縦横方向に分ける。
$\quad$若 横方向：$A_1 = T \cdot \sin (\theta/2)$
$\quad$若 縦方向：$B_1 = T \cdot \cos (\theta/2)$
$\quad$老 横方向：$A_2 = T \cdot \sin (\theta/2)$
$\quad$老 縦方向：$B_2 = T \cdot \cos (\theta/2)$

縦方向の B_1 および B_2 は，逆方向となり打ち消され，横方向の A_1 および A_2 は，同方向のため加算される。

$\quad A = A_1 + A_2 = 2T \cdot \sin (\theta/2)$

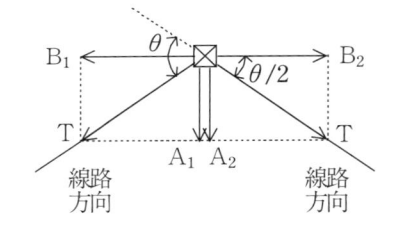

第8.1.2図

8.2 垂直荷重による鉄塔裕度計算式
〔公式〕 2.3.6項の2.3式

$$(Wc + Wi)S_m + T\left(\frac{h_1}{S_1} + \frac{h_2}{S_2}\right)$$
$$\leq (Wc + Wi)S_0 + T \Sigma \tan \delta_0$$

wc：架渉線の質量 (kg/m)
g：SI単位換算係数 (9.80665)
Wc：架渉線の重量 (N/m)
Wi：架渉線の着氷雪重量 (N/m)
$\quad Wc = g \cdot wc \qquad Wi = g \cdot \pi \rho k(D + k) \times 10^{-3}$
ρ：着氷雪の密度 (g/cm³) 　電技設計では0.9 g/cm³
k：着氷雪の厚さ (mm) 電技設計では6 mm
D：架渉線の外径 (mm)

S_1, S_2：鉄塔の前後径間長 (m)
h_1, h_2：前後の鉄塔との支持点高低差 (m)
　　当該鉄塔の支持点が隣接鉄塔より高い場合：正
　　　　　　　　　　　　　　　　低い場合：負
S_0：当該鉄塔の設計条件である径間長 (m)
T：当該鉄塔の設計条件である架渉線張力 (N)
　（最大使用張力）
$\Sigma \tan \delta_0$：当該鉄塔の設計条件である
　　　　　　　引下げ $\tan \delta_0$ の若老合計値

式の左辺は現地適用した場合の荷重であり，右辺は設計条件による荷重である。

よって，左辺が右辺以下であれば，現地適用が可能となる。

左辺と右辺は同一形式であり，左辺のみを説明する。

左辺は架渉線による垂直荷重を示すもので，これは弛度最下点までの架渉線重量に等しい。

よって，垂直荷重 V は，下式により求まる。

$$V = (Wc + Wi)\left\{\left(\frac{S_1}{2} + \frac{Th_1}{(Wc+Wi)S_1}\right) + \left(\frac{S_2}{2} + \frac{Th_2}{(Wc+Wi)S_2}\right)\right\}$$

$$= (Wc+Wi)\left(\frac{S_1}{2} + \frac{S_2}{2}\right)$$

$$+ (Wc+Wi)\left(\frac{Th_1}{(Wc+Wi)S_1} + \frac{Th_2}{(Wc+Wi)S_2}\right)$$

$$= (Wc+Wi)S_m + T\left(\frac{h_1}{S_1} + \frac{h_1}{S_2}\right)$$

第 8.2 図

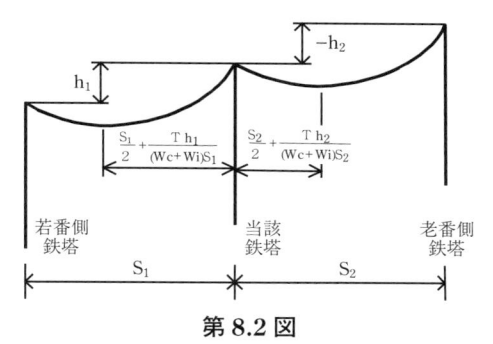

8.3　懸垂横振れ検討式
〔公式〕　2.3.7 項の 2.5 式

$$\tan \eta_{1S} \geq \frac{Ww \cdot S_m \cos^2 \frac{\theta}{2} + 2T_1 \sin \frac{\theta}{2} + \frac{Iw}{2n}}{Wc \cdot S_m + T_1\left(\frac{h_1}{S_1} + \frac{h_2}{S_2}\right) + \frac{I}{2n}}$$

η_{1S}：有風時に懸垂がいし装置が横振れしても，電線およびがいし装置の充電部と鉄塔間に所要絶縁間隔が確保できる許容横振れ角 (度)
wc：電線の質量 (kg/m)

g：SI 単位換算係数 (9.80665)
Wc：電線の重量 (N/m) $= g \cdot wc$
Ww：電線の風圧荷重 (N/m)

$$Ww = 980 \cdot \left(\frac{V}{40}\right)^2 D \cdot 10^{-3}$$

V：風速 (m/s)
D：電線の外径 (mm)
i：がいし装置の質量 (kg)
I：がいし装置の重量 (N) $= g \cdot i$
Iw：がいし装置の風圧 (N)

$$Iw = 1.4 \times 980 \cdot \left(\frac{V}{40}\right)^2 I_a$$

Ia：がいし装置の受風面積 (m²)
S_1, S_2：鉄塔の前後径間長 (m)
h_1, h_2：前後の鉄塔との支持点高低差 (m)
S_m：当該鉄塔の荷重径間長 (m)　$S_m = (S_1 + S_2)/2$
T_1：有風時の電線張力 (N)
θ：当該鉄塔の水平角度 (度)
n：導体数

懸垂がいし装置の横振れ時には，第 8.3.1 図のように，横荷重として荷重 A (電線風圧荷重 + 水平角度荷重) とがいし風圧 Iw が，垂直荷重として荷重 B (電線重量) とがいし重量 I が加わる。

これらの荷重は以下のとおり求められる。

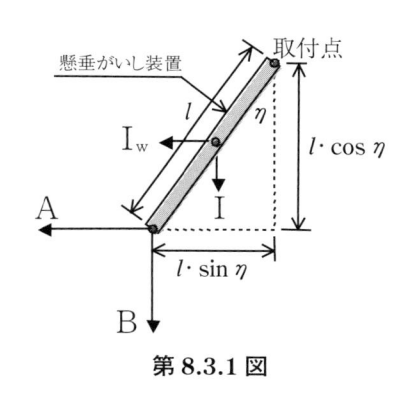

第 8.3.1 図

(1)　荷重 A
第 8.3.2 図のように，鉄塔 K の LM 面に直角方向の風圧を Ww とすると，若老径間の電線に直角となる電線風圧荷重 P は，

$P_1 = Ww \cdot S_1/2 \cdot \cos(\theta/2)$
$P_2 = Ww \cdot S_2/2 \cdot \cos(\theta/2)$

ここで，がいし装置の横振れ方向は，LM 面に直角方向となり，横振れ方向成分 Q は，それぞれ

$Q_1 = P_1 \cdot \cos(\theta/2) = Ww \cdot S_1/2 \cdot \cos^2(\theta/2)$
$Q_2 = P_2 \cdot \cos(\theta/2) = Ww \cdot S_2/2 \cdot \cos^2(\theta/2)$

となり，若老を合算した Q は

$Q = Q_1 + Q_2 = Ww \cdot S_m \cdot \cos^2(\theta/2)$

となる。

次の水平角度荷重は，8.1 水平荷重による鉄塔裕度計算式の一部と同じであり，荷重 A は
$$A = n\{Ww \cdot S_m \cdot \cos^2(\theta/2) + 2T \cdot \sin(\theta/2)\}$$
となる。

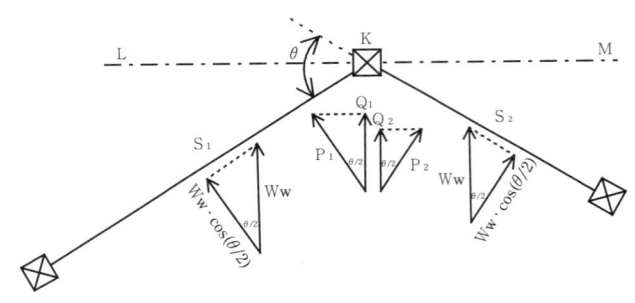

第 8.3.2 図

(2) 荷重 B

電線重量は，8.2 垂直荷重による鉄塔裕度計算式の一部と同じであり，荷重 B は，
$$B = n\{W_c \cdot S_m + T(h_1/S_1 + h_2/S_2)\}$$
となる。

ここで，がいし長さを ℓ とすると，横振れ角 η の時に横荷重および垂直荷重によるモーメントがそれぞれ等しく，釣り合うことから横荷重によるモーメント M_h は

$$\begin{aligned}
M_h &= A(\ell \cdot \cos \eta) + I_w(\ell/2 \cdot \cos \eta) \\
&= n\{Ww \cdot S_m \cdot \cos^2(\theta/2) + 2T \cdot \sin(\theta/2)\} \cdot \\
&\quad (\ell \cdot \cos \eta) + I_w(\ell/2 \cdot \cos \eta) \\
&= n\{Ww \cdot S_m \cdot \cos^2(\theta/2) + 2T \cdot \sin(\theta/2) \\
&\quad + I_w/2n\} \cdot \ell \cdot \cos \eta
\end{aligned}$$

垂直荷重によるモーメント Mv は

$$\begin{aligned}
M_v &= B(\ell \cdot \sin \eta) + I(\ell/2 \cdot \sin \eta) \\
&= n\{Wc \cdot S_m + T(h_1/S_1 + h_2/S_2)\} \cdot \ell \sin \eta \\
&\quad + I(\ell/2 \sin \eta) \\
&= n\{Wc \cdot S_m + T(h_1/S_1 + h_2/S_2) + I/2n\} \\
&\quad \cdot \ell \cdot \sin \eta
\end{aligned}$$

ここで，$M_h = M_v$ とすれば

$$\begin{aligned}
&\sin \eta / \cos \eta \\
&= \tan \eta \\
&= \frac{Ww \cdot S_m \cos^2 \dfrac{\theta}{2} + 2T_1 \sin \dfrac{\theta}{2} + \dfrac{Iw}{2n}}{Wc \cdot S_m + T_1\left(\dfrac{h_1}{S_1} + \dfrac{h_2}{S_2}\right) + \dfrac{I}{2n}}
\end{aligned}$$

8.4 カテナリー角検討式

〔公式〕 2.3.8 項の 2.10 式
$$\tan \alpha = \frac{1}{2T}\left(WcS + \frac{I}{n}\right) + \frac{h}{S}$$

α：カテナリー角 (度) 下向き：正数，上向き：負数
wc：架渉線の質量 (kg/m)
g：SI 単位換算係数 (9.80665)
Wc：架渉線の重量 (N/m) $Wc = g \cdot wc$
S：径間長 (m)
n：導体数
T：架渉線張力 (N)
　　耐張鉄塔：年平均気温，無風，無着雪時の張力
　　懸垂鉄塔：最高気温，無風，無着雪時の張力
　　　又は電線連続許容温度，無風，無着雪時の張力
h：隣接鉄塔との支持点高低差 (m)
　　隣接鉄塔より高い場合：正数
　　隣接鉄塔より低い場合：負数
i：耐張がいし装置の質量
I：耐張がいし装置の重量 (N) $= g \cdot i$
　　（懸垂がいし装置の場合は，重量ゼロ）

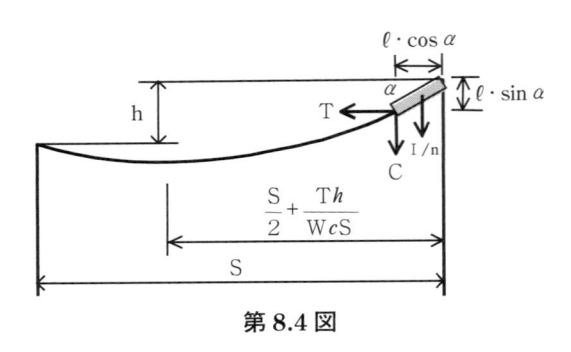

第 8.4 図

図 8.4 図において，電線最下点までの電線重量 C は
$$C = Wc \cdot S/2 + T \cdot h/s$$

がいし装置長さを ℓ，電線 1 条あたりのがいし装置重量を I/n とすると，右回りおよび左回りのモーメントは以下のとおりとなる。

・右回りモーメント
$$\begin{aligned}
M_R &= C \cdot \ell \cdot \cos \alpha + I/n \cdot \ell/2 \cdot \cos \alpha \\
&= (Wc\, S/2 + T \cdot h/s) \cdot \ell \cdot \cos \alpha \\
&\quad + I/n \cdot \ell/2 \cdot \cos \alpha
\end{aligned}$$

・左回りモーメント $M_L = T \cdot \ell \cdot \sin \alpha$

ここで，$M_R = M_L$ とすれば

$$\begin{aligned}
&\sin \alpha / \cos \alpha \\
&= \tan \alpha \\
&= \frac{Wc \cdot \dfrac{S}{2} + T\dfrac{h}{S} + \dfrac{I}{2n}}{T} \\
&= \frac{1}{2T}\left(WcS + \frac{I}{n}\right) + \frac{h}{S}
\end{aligned}$$

8.5 がいし装置強度検討式

〔公式〕 2.3.9 項の 2.11 式

$$\frac{G}{n\alpha} \geq \sqrt{\begin{aligned}&\left\{(Wc + Wi)\frac{S_1 + S_2}{2} + T\left(\frac{h_1}{S_1} + \frac{h_2}{S_2}\right) + \frac{I}{n}\right\}^2 \\ &+ \left\{Ww\frac{S_1 + S_2}{2}\cos^2\frac{\theta}{2} + 2T\sin\frac{\theta}{2} + \frac{Iw}{n}\right\}^2\end{aligned}}$$

G：懸垂がいし装置の強度 (N)
　　（V 吊懸垂がいし装置の場合は，片連のみの強度）

n：導体数
α：安全率
T：電線張力 (最大使用張力)(N)
θ：水平角度 (度)
S_1, S_2：鉄塔の前後径間長 (m)
h_1, h_2：前後の鉄塔との支持点高低差 (m)
　　　隣接鉄塔より高い場合：正数
　　　隣接鉄塔より低い場合：負数
wc：電線の質量 (kg/m)
Wc：電線の重量 (N/m) $Wc = g \cdot wc$
g：SI 単位換算係数 (9.80665)
Wi：電線の着氷雪重量 (N/m)
　　　$Wi = g \cdot \pi \rho k(D + k) \times 10^{-3}$
D：電線の外径 (mm)
ρ：着氷雪の密度 (g/cm^3)
　　　低温季荷重条件では 0.9 g/cm^3
k：着氷雪の厚さ (mm) 低温季荷重条件 6mm
i：懸垂がいし装置の質量
I：懸垂がいし装置の重量 (N)　$I = g \cdot i$
　（V 吊懸垂がいし装置の場合は , 片連のみの重量)
Ww：電線の風圧荷重 (N/m)
　　　$Ww = P(D + 2k) \times 10^{-3}$
P：電線の風圧 (Pa)
　　　高温季荷重条件では 980 Pa
　　　低温季荷重条件では 490 Pa

Iw：がいし装置の風圧 (N)
　　　$Iw = 1.4 \times P \cdot Ia$
Ia：がいし装置の受風面積 (m^2)

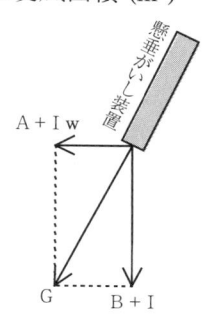

第 8.5 図

懸垂がいし装置に加わる荷重は , 垂直方向 $(B + I)$ と横方向 $(A + Iw)$ の合力となり , 安全率 α を見込むと以下のとおりとなる。

$B = n\{(Wc + Wi) \cdot S_m + T(h_1/S_1 + h_2/S_2)\}$
　$= nB'$
$A = n\{Ww \cdot S_m \cdot \cos^2(\theta/2) + 2T \cdot \sin(\theta/2)\}$
　$= nA'$
$G = \alpha\sqrt{(B+I)^2 + (A+I_w)^2}$
　$= \alpha\sqrt{(nB'+n \cdot I/n)^2 + (nA'+n \cdot Iw/n)^2}$
　$= n\alpha\sqrt{(B'+I/n)^2 + (A'+Iw/n)^2}$
$G/n\alpha = \sqrt{(B'+I/n)^2 + (A'+Iw/n)^2}$

© Soudensen kensetsugijutsu kenkyukai 2006

一般社団法人　送電線建設技術研究会
TLS-1　架空送電線路調査測量技術解説書

昭和60年 1月22日	第1版第1刷発行
平成18年 4月10日	改訂1版第1刷発行
令和 7年 4月17日	改訂1版第3刷発行

著　　　者　　一般社団法人　送電線建設技術研究会　技術委員会

発　行　所　　一般社団法人　送電線建設技術研究会
発　行　人　　　　　　　専務理事　齋藤　賢介
　　　　　　　ホームページ　http://www.sou-ken.or.jp/
　　　　　　　〒101-0047　東京都千代田区内神田2丁目3番6号　楓ビル4階
　　　　　　　電話(03)3253-6200／Fax(03)3253-6220

発　売　所　　株式会社　電気書院
　　　　　　　ホームページ　https://www.denkishoin.co.jp/
　　　　　　　〒101-0051　東京都千代田区神田神保町1丁目3番 ミヤタビル2階
　　　　　　　電話(03)5259-9160／Fax(03)5259-9162

印刷　株式会社シナノパブリッシングプレス
Printed in Japan ／ ISBN 987-4-485-99807-6

本書の著作権は、すべて一般社団法人送電線建設技術研究会が所有しています。
本書の全部又は一部を無断で複写、複製・翻訳及び磁気又は光記録媒体への入力等は、法律で定められた場合を除き、著作権者の権利侵害となりますので、これらの必要がある場合は、予め当研究会へご照会ください。